面向新工科的电工电子信息基础课程系列教材

教育部高等学校电工电子基础课程教学指导分委员会推荐教材

# 物联网技术导论

吴建飞　王宏义　郑黎明　编著

清華大学出版社

北　京

## 内容简介

为了总结物联网领域前沿技术，并为读者提供全面实用的指南，本书全面深入地探讨物联网领域的各个问题，内容涵盖物联网的概述、感知、传输和共性支撑四个主要方面，以及智慧交通、智能制造系统、智慧供应链和军事应用等具体领域的应用。每章在各自领域有所侧重，旨在帮助读者全面理解物联网技术的理论与方法。

概述篇系统地介绍物联网的起源、核心技术、主要特点和未来发展趋势，提供物联网领域的基础知识。感知篇详细讨论身份感知、位置感知、传感器、前沿感知技术等感知技术，揭示物联网在信息获取和处理方面的关键技术。传输篇重点关注物联网中的传输技术，包括无线广域网、短距离无线通信技术、前沿传输技术等，提供物联网数据传输的基础知识和应用场景。共性支撑篇则从编码标识与编目、安全与隐私、物联网平台等方面展开讨论，提供保障物联网安全的理论基础和实践经验。应用篇对智慧交通、智能制造系统、智慧供应链和军事应用等领域进行深入探讨，通过概述、案例分析和发展展望，展示物联网技术在不同领域的应用前景和创新成果。

本书既可作为高等学校物联网课程的教材，也可供相关领域的工程技术人员参考。



**图书在版编目（CIP）数据**

物联网技术导论/吴建飞，王宏义，郑黎明编著. -- 北京：清华大学出版社，2025. 1.
（面向新工科的电工电子信息基础课程系列教材）. -- ISBN 978-7-302-68097-0

Ⅰ. TP393.4;TP18

中国国家版本馆 CIP 数据核字第 20254MP585 号

**责任编辑**：文 怡 李 晔
**封面设计**：王昭红
**责任校对**：王勤勤
**责任印制**：杨 艳

**出版发行**：清华大学出版社
**网　　址**：https://www.tup.com.cn，https://www.wqxuetang.com
**地　　址**：北京清华大学学研大厦 A 座　　**邮　　编**：100084
**社 总 机**：010-83470000　　**邮　　购**：010-62786544
**投稿与读者服务**：010-62776969，c-service@tup.tsinghua.edu.cn
**质量反馈**：010-62772015，zhiliang@tup.tsinghua.edu.cn
**课件下载**：https://www.tup.com.cn，010-83470236
**印 装 者**：三河市铭诚印务有限公司
**经　　销**：全国新华书店
**开　　本**：185mm×260mm　　**印　　张**：20.75　　**字　　数**：516 千字
**版　　次**：2025 年 1 月第 1 版　　**印　　次**：2025 年 1 月第 1 次印刷
**印　　数**：1～1500
**定　　价**：69.00 元

产品编号：108803-01

# 序

习近平总书记强调，“要乘势而上，把握新兴领域发展特点规律，推动新质生产力同新质战斗力高效融合、双向拉动。”以新一代信息技术为主要标志的高新技术的迅猛发展，尤其在军事斗争领域的广泛应用，深刻改变着战斗力要素的内涵和战斗力生成模式。

为适应信息化条件下联合作战的发展趋势，以新一代信息技术领域前沿发展为牵引，本系列教材汇聚军地知名高校、相关企业单位的专家和学者，团队成员包括两院院士、全国优秀教师、国家级一流课程负责人，以及来自北斗导航、天基预警等国之重器的一线建设者和工程师，精心打造了“基础前沿贯通、知识结构合理、表现形式灵活、配套资源丰富”的新一代信息通信技术新兴领域“十四五”高等教育系列教材。

总的来说，本系列教材有以下三个明显特色：

(1) 注重基础内容与前沿技术的融会贯通。教材体系按照“基础—应用—前沿”来构建，基础部分即“场—路—信号—信息”课程教材，应用部分涵盖卫星通信、通信网络安全、光通信等，前沿部分包括5G通信、IPv6、区块链、物联网等。教材团队在信息与通信工程、电子科学与技术、软件工程等相关领域学科优势明显，确保了教学内容经典性、完备性和先进性的统一，为高水平教材建设奠定了坚实的基础。

(2) 强调工程实践。课程知识是否管用，是否跟得上产业的发展，一定要靠工程实践来检验。姚富强院士主编的教材《通信抗干扰工程与实践》，系统总结了他几十年来在通信抗干扰方面的装备研发、工程经验和技术前瞻。国防科技大学北斗团队编著的《新一代全球卫星导航系统原理与技术》，着眼我国新一代北斗全球系统建设，将卫星导航的经典理论与工程实践、前沿技术相结合，突出北斗系统的技术特色和发展方向。

(3) 广泛使用数字化教学手段。本系列教材依托教育部电子科学课程群虚拟教研室，打通院校、企业和部队之间的协作交流渠道，构建了新一代信息通信领域核心课程的知识图谱，建设了一系列“云端支撑，扫码交互”的新形态教材和数字教材，提供了丰富的动图动画、MOOC、工程案例、虚拟仿真实验等数字化教学资源。

# 序

教材是立德树人的基本载体，也是教育教学的基本工具。我们衷心希望以本系列教材建设为契机，全面牵引和带动信息通信领域核心课程和高水平教学团队建设，为加快新质战斗力生成提供有力支撑。

国防科技大学校长

中国科学院院士

新一代信息通信技术新兴领域

“十四五”高等教育系列教材主编

[signature]

2024年6月

# 前言

物联网技术作为连接世界各种设备、实现信息互通的关键技术之一，在军事、航空航天和民用领域均展现出重要作用。利用物联网技术，可实现智能感知和实时决策，提高作战效能和安全性；推动飞行器监测和通信的先进化，提高空中设备的安全性和可靠性；为智慧城市、智慧交通、智能家居等领域带来高效管理和智能化生活。物联网技术的全面应用为不同领域带来了前所未有的创新和发展机遇，可助力解决复杂问题，推动现代化和智能化的进程。随着技术不断进步，物联网将继续发挥关键作用，引领科技发展和社会进步，在未来人工智能技术、汽车电子、航空航天网络、5G 芯片、计算机网络等技术发展中扮演举足轻重的角色。

基于此，编者撰写《物联网技术导论》教材，以期进一步推动我国物联网事业的发展。国内外已有的物联网技术导论书籍通常着重介绍物联网的基本概念、技术组成和应用案例。本书的出版，将为当前我国蓬勃发展物联网领域提供系统、实用、先进的基础教学参考，推动强国建设的伟大征程。本书在编写过程中充分体现了以下特点。

（1）知识全面，内涵丰富。

本书按照概述篇、感知篇、传输篇、共性支撑篇、应用篇的结构编写，涵盖了物联网技术从末端的信息感知一直到顶层应用的全过程，为学习者提供了一个系统而全面的学习框架，使其能逐步深入了解物联网技术的方方面面，为未来在物联网领域的学习和工作奠定坚实的基础。

（2）由表及里，层层深入。

本书不仅介绍了物联网的基本原理和技术，还步步推进，深入剖析了与物联网相关的多个关键领域，如近距离无线通信、射频识别、无线传感器网络、物联网定位技术等，有望推动物联网与不同领域紧密结合的探索，为学习者提供更为全面和深入的知识体验。

（3）重视实践，案例生动。

本书精心选择了物联网在智慧交通、智能制造系统、智慧供应链等方面的应用，源于生活、贴近实际，使学习者不仅能够更直观地理解和掌握物联网技术的实际应用，还能够启发学习者思考如何将这些技术应用到实际工作和生活中，从而更好地解决现实工作中的问题。

本书覆盖了物联网的概念、系统结构、应用、关键技术、发展前景等方面，并深入探讨了传感器、无线通信、射频识别、无线传感器网络、定位技术、计算技术、安全技术等各个关键领域。可以说，本书提供了更为全面而深刻的知识体系。同时，本书深度剖析了前沿技术，为读者提供了更深层次的理解。学习本书，可以提高科研工作者及工程师调动和运用物联网知识的能力，掌握分析研究集成电路与器件物联网问题的方法，进而提高科研能力、科研水平及理论思维水平。研读本书，可以获取较为密集的、系统的、深广的

# 前言

物联网知识，从而提高读者对物联网的认识和理论水平，为物联网设备与系统的可靠性和稳定性提供保障。

限于编者的知识水平，书中难免会有疏漏，敬请专家、同行和读者指正。

编　者

2024 年 11 月

# 目录

PPT 课件

## 概 述 篇



## 感 知 篇

# 目录

## 目录

## 应 用 篇

# 目录

# 概述篇

# 第 1 章

# 物联网概述

## 1.1 起源与发展

### 1.1.1 物联网兴起背景

物联网作为互联网的延伸，实现了物与物之间的互联，凭借局部网络或互联网等通信技术，将传感器、控制器、机器、人员乃至各种物体以创新的方式相互连接，实现了人与物、物与物的紧密关联，进而推动了信息化进程和远程管理控制的实现。物联网融合了信息网络技术、传感器技术等先进科技，广泛应用于交通、物流、医疗、零售、监测、军事等关键领域，带来了前所未有的体验，并将深刻改变人类社会未来的生活方式和工作模式。

物联网被誉为信息技术革命的第三次浪潮，标志着继计算机、互联网、移动通信网之后，又一重大信息产业里程碑的诞生。其兴起源于社会发展的迫切需求，预示着全球范围内物联网时代的提前到来。物联网时代的降临，将对社会产生深远影响，其潜在价值难以估量。在新时代里，任何实物都能实现跨时空的互联，形成智能互动，极大地丰富和拓展了人类社会的交互方式。这种变革不仅具有显著的现实意义，更对社会进步产生了深远的推动作用，对于人类社会的发展具有极其重要的战略意义。

物联网是随着技术发展的不断演进而逐渐形成并提出的概念。在物联网的初期阶段，它与互联网有着诸多相似之处，主要应用于军事领域。20 世纪 90 年代左右，美国军方相继构建了多个局域传感网络，其中包括陆军的远程战场感应系统 REMBASS、海军的 FDS 项目和 CEC 项目等，这些举措都为物联网的后续发展奠定了坚实基础。

在全球经济一体化和信息网络化进程不断加速的时代背景下，技术创新浪潮汹涌澎湃。为了满足对个体产品精准标识与高效追踪的迫切需求，1999 年，美国麻省理工学院的自动识别实验室(Auto-ID)在美国统一代码委员会的大力支持下，提出了一个具有前瞻性的构想。该构想的核心在于依托计算机互联网，融合射频识别技术和无线数据通信技术，构建一个能够覆盖并互联世界万物的智能化系统，这就是物联网的雏形。物联网是指通过信息传感设备，按约定的协议，将任何物体与网络相连接，物体通过信息传播媒介进行信息交换和通信，以实现智能化识别、定位、跟踪、监管等功能。这一创新构想被业界广泛赞誉，被视为现代物流信息管理领域的一次颠覆性革新。

物联网的概念在 2005 年由国际电信联盟(ITU)给出了正式阐述，这一里程碑事件标志着物联网的发展进入了一个新的阶段。ITU 发布了《ITU 互联网报告：物联网》，深入介绍了物联网在意大利、日本、韩国和新加坡等国的实际应用案例，并前瞻性地提出了“物联网时代”的构想。在这个构想中，无论是微小的钥匙、手表、手机，还是庞大的汽车、楼房，只要嵌入微型射频标签芯片或传感器芯片，都能通过互联网实现物与物之间的信息交换。这一构想构建了一个无处不在的物联网，使得全球范围内的人与物、人与人、物与物之间的信息交互变得轻而易举，极大地拓宽了信息交互的边界和可能性。

2009 年，IBM 提出了具有深远影响的“智慧地球”构想，其中物联网被确立为核心支柱。IBM 坚信，通过将感应器无缝融入电网、铁路、桥梁、隧道、公路、建筑、供水系统、大坝、油气管道等广泛的应用场景中，并借助超级计算机和云计算技术的强大支持，就可以构筑起一个强大而智能的物联网，实现人类社会与物理系统的深度融合。这一构想得到了奥巴马的热烈响应，并被提升至国家级发展战略的层面。自此，物联网的概念逐渐得到广泛认同，并在全球范围内引发了对其研究与应用的热潮。

在物联网概念的诞生与崛起背后，至少有两个因素在发挥着决定性作用。首先，全球计算机及通信科技经历了巨大的颠覆性变革与发展，为物联网的兴起奠定了坚实的基础。其次，物资生产科技也取得了巨大的进步，使得物质之间产生相互联系的条件逐渐成熟。物联网在政治和经济领域所占据的地位，让人联想到互联网在当今社会的核心地位。物联网在推动国民经济发展、建设文明和谐社会、维护国家安全以及促进科学技术进步等方面，具有深远的战略意义，并对国家安全、经济和社会发展产生着重大而深远的影响。

### 1.1.2 物联网发展历程

物联网的萌芽发生在 1991 年，剑桥大学特洛伊计算机实验室的科学家在日常工作中经常需要下楼查看咖啡的煮制情况，但往往空手而归，这让科学家深感不便。为了解决这一问题，他们编写了一套程序，并在咖啡壶旁安装了便携式摄像机，利用计算机图像捕捉技术，以每秒 3 帧的速度将画面传递至实验室的计算机，使工作人员能够随时观察咖啡的煮制情况。到了 1993 年，这套原本简单的本地咖啡观测系统经过升级，以每秒 1 帧的速度接入互联网。令人惊讶的是，全世界有近 240 万人通过点击“咖啡壶”网站来查看这个实时画面，这就是广为人知的“特洛伊”咖啡壶事件。可以看出，网络数字摄像机的市场开发、技术应用以及后续的网络扩展都受到了这个世界上最著名的“特洛伊”咖啡壶的启发和影响。

1995 年，比尔·盖茨在其著作《未来之路》中提出了“物联网”的构想。他明确指出，虽然互联网已经实现了计算机之间的互联，却未能将万物紧密相连。由于网络终端技术的局限，这一宏大的设想在当时未能实现。比尔·盖茨还在书中细致描述了他构想中位于华盛顿湖边的别墅，这幢别墅由木材、玻璃、水泥和石头等传统建材构成，更融入了硅片和软件等现代科技元素。他详细阐述了这幢别墅的先进功能：当你踏入别墅，一个电子别针会自动夹住你的衣物，从而将你与别墅内的各种电子服务紧密相连。你所佩戴的电子附件能够准确识别你的身份和位置，从而为你提供贴心且个性化的服务。在黑暗中，电子别针会发出柔和的光芒，照亮你的前行之路。随着你在别墅中的移动，光线和音乐都会根据你的位置自动调整，而其他人可能听到完全不同的音乐，甚至根本听不到。电话铃声只会在你附近的话机上响起，手持式遥控器则让你轻松控制娱乐系统。电子别针还具备遥感功能，让你能够随心所欲地选择图片、录音、电影和电视节目。房间内的温度也会根据住户的喜好和时间进行自动调节，确保你始终处于最舒适的居住环境中。住户还可以通过简单的指令来控制别墅的各种场景。比尔·盖茨从互联网技术的发展前景和市场潜力的角度，描绘了一幅未来生活的宏伟蓝图，这正是人们向往的物联网生活。然而，受限于当时计算机技术和网络技术的发展水平，尤其是物联网核心技术 RFID 还不成熟，因此人们的关注重点仍主要集中在如何实现人与人之间的联系上。

直到 1999 年，美国自动识别实验室才首次提出了物联网的概念，这一构想主要基于物品编码、RFID 技术与互联网的融合。其核心在于美国自动识别实验室所研究的产品电子代码 EPC,借助射频识别、无线数据通信等技术,以计算机互联网为基础,构造了一个实物互联的网络。EPC 统一了全球物品编码方法,其容量可以为全球每个物品编码。EPC 主要在射频识别(RFID)中使用。EPC 的容量非常大,全球每件物品都可以通过 EPC 进行编码。简言之,物联网通过将射频识别装置、红外感应器等各类信息传感设备与互联网结合,形成了一个庞大的网络,使得各类物品都能与网络相连,实现自动识别和信息共享。EPC 的成功研制,标志着物联网时代的来临。

2005 年 11 月,国际电信联盟在突尼斯举行的信息社会世界峰会上发布了《ITU 互联网报告 2005:物联网》,正式提出了物联网的新概念。报告预示着无所不在的物联网通信时代即将到来,从轮胎到牙刷,从房屋到纸巾,世间万物皆可通过互联网主动交换信息。除了 RFID 技术,传感器技术、纳米技术、智能嵌入技术也将得到更广泛的应用。国际电信联盟进一步扩展了物联网的概念,提出了任意物体在任何时刻、任何地点实现互联的愿景,展示了无所不在的网络和计算的发展前景。随着计算机技术与通信技术的普及,人与人之间的联系变得简便,而物与物的联系则成为新的关注点,并在全球范围内掀起了物联网的热潮。

物联网兴起于 2009 年 1 月,在奥巴马就任美国总统后的一次"圆桌会议"上,IBM 首席执行官彭明盛提出了"智慧地球"的概念,建议新政府投资于新一代智慧型基础设施。该战略认为,新一代 IT 技术应广泛应用于各行各业,特别是将感应器嵌入电网、铁路、桥梁、隧道、公路、建筑、供水系统等物体中,形成物联网,并与互联网整合,实现人类社会与物理系统的深度融合。随着奥巴马将物联网确立为美国国家战略方向之一,全球目光纷纷聚焦物联网。同年 8 月,时任国务院总理温家宝访问中科院无锡高新微纳传感网工程技术研发中心,强调了加速物联网技术发展的重要性。随后,全国各地纷纷成立与物联网产业相关的组织,如南京大学成立了全国高校首家物联网研究院,中关村物联网产业联盟也正式成立。当前,各种技术的迅猛发展,为物联网的迅速崛起奠定了坚实的基础。从计算机发展的初期落后,到网络时代的逐渐接近世界水平,再到 RFID 时代的领先应用,如今在物联网时代,我国已与世界同步前行。

### 1.1.3 物联网国内外发展状况

物联网作为新兴的、跨学科的前沿信息领域,不仅引起了各国政府的广泛关注,更在科研和产业层面得到了大力推进。从我国到全球的主要国家和组织,都纷纷制定出台了与物联网紧密相关的战略规划,力促物联网的发展和应用。

在国际范围内,传感网的研究曾在 20 世纪末至 21 世纪初掀起热潮,虽然随后经历了一段平缓期,但近年来又重新受到全球瞩目。特别是美国提出的"智慧地球"计划,使得传感网成为各国综合实力较量的重要因素。

美国作为物联网领域的领军者,已将传感网技术视为关乎经济繁荣和国防安全的关键技术。智慧地球这种整合将带来更为精细和动态的生产生活管理,催生大量"聚合服务"应用,人-物应用、物-物应用不断被开发,预示着聚合服务巨大的市场潜力。

欧盟也于 2009 年 6 月制定了《欧盟物联网行动计划》,涉及监督、隐私保护、技术研发、基础设施保护等 14 个方面,以及隐私及数据保护、潜在危险、统计数据等一系列工作,旨在重振欧洲战略。在欧洲,物联网主要应用于企业管理、交通运输、医疗卫生等领域,例如,全球电源与自动设备制造商 ABB,在其位于芬兰赫尔辛基的工厂中,成功实施了 RFID 技术。

该技术主要用于追踪每年外运的高达20万件的传动装置，通过这一创新系统，显著提升了货物运输的追踪效率。ABB还利用RFID技术确保了对货物运输日期的准确记录，有效降低了物流和仓储任务外包所带来的风险。与此同时，瑞士的制药巨头诺华制药也在积极研发新型电子系统芯片。这种芯片可以嵌入药片中，旨在提醒患者按医嘱服药，从而增强药物的治疗效果。这一创新举措不仅展现了诺华制药在医药技术领域的领先地位，也体现了其对患者健康与用药安全的深度关怀。

日本和韩国则是U战略的先驱，通过U-Japan、U-Korea等计划，推动信息基础设施建设和信息技术应用，以解决社会问题并促进经济发展。例如，U-Japan计划注重泛在网络社会建设和信息通信ICT技术的广泛应用，而I-Japan战略则致力于构建个性化的物联网智能服务体系，确保日本在信息时代的国家竞争力。

此外，法国、德国、澳大利亚、新加坡等国家也在积极布局物联网发展战略，加快下一代网络基础设施的建设，以期推动社会与国民经济的全面发展。

中国是物联网发展起步较早的国家之一，目前与德国、美国、英国、韩国等国家一同站在物联网国际标准制定的前沿。我国传感网标准体系框架已经初步构建完成。2009年8月，国家领导人明确指出，要积极创建中国的传感网中心或感知中国中心，全力推进物联网的发展。2010年3月，加快物联网的研发应用首次写入中国政府工作报告，被确立为国家级的重大科技专项，并成为国家五大新兴战略性规划之一。各级政府部门积极响应，并出台一系列政策措施，以推动物联网产业的蓬勃发展。

目前，我国在物联网领域的发展形态主要以RFID、M2M、传感器网络（简称为传感网）3种技术为主。在RFID领域，我们已经成功将其应用于物流、城市交通、工业生产、食品追溯、移动支付等多个方面。特别值得一提的是，随着5G网络的启动运营，各大运营商纷纷推出了移动支付方式，为RFID技术的广泛应用提供了有力支持。

在M2M领域，电信运营商积极开拓M2M应用，发展相关业务，使得其在智能楼宇和路灯监控等领域得到了广泛应用。

在传感器网络方面，我国不仅在国际标准制定上取得了重要的话语权，还具备了坚实的产业基础。传感器网络在电力、交通、安防等相关领域的应用也开始展现出显著的成效。

总体来看，我国物联网产业呈现出蓬勃发展的态势，各部门、各地区都在积极响应国家号召，共同推动物联网产业的快速发展。

## 1.2 核心技术

### 1.2.1 自动识别技术

自动识别技术（Automatic IDentification，Auto-ID），作为计算机和通信技术发展的结晶，已经成为信息数据自动识读和自动输入计算机的关键方法。几十年来，这一技术在全球范围内迅猛发展，形成了一个涵盖条形码技术、磁（条）卡技术、光学字符识别、系统集成化、射频技术、声音识别及视觉识别等多个领域的综合性高新技术学科。这些技术不仅融合了计算机、光学、机电和通信技术，更展现出了强大的应用潜力。

自动识别技术的核心在于将信息编码进行定义和代码化，随后将这些代码加载到相应的载体上。通过特定的设备，这些定义好的信息能够被自动识别、采集，并实时输入信息处理系统中。这一过程无须人工干预，大大提高了数据处理的效率和准确性。

简单来说，自动识别技术是一种非人工的数据获取方式，它能够从被识别对象中提取标识信息或特征信息，并实时将这些数据输入计算机或其他微处理器控制设备中。这种高度自动化的信息或数据采集技术，不仅简化了数据处理的流程，还极大地提升了工作效率，为现代社会的信息化进程提供了强有力的支持。

自动识别系统是一个专注于信息处理的技术体系，它集成了传感器技术、计算机技术和通信技术等多方面的应用。在这一系统中，被识别信息作为输入端，经过一系列处理，最终输出已识别信息。其核心的信息处理环节，旨在通过变换和加工信息，实现快速而高效的应用。简单来说，自动识别系统的工作过程可以概括为图1-1所示，通过这一流程，系统能够高效完成信息的自动识别和处理。

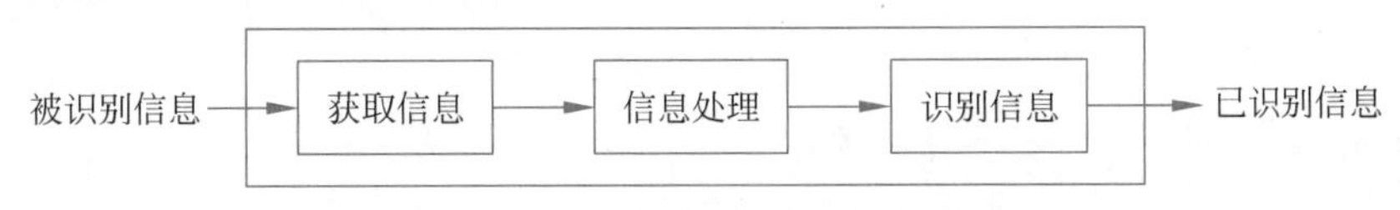


图1-1 自动识别系统的工作过程

物联网技术作为当前最炙手可热的技术之一，其应用已经深入人们日常生活的方方面面。在物联网技术中，自动识别技术起着至关重要的作用。通过自动识别技术，各种物品和设备可以被迅速地识别和追踪。常见的自动识别技术包括条形码(简称条码)、RFID等。条形码识别技术是一种广泛应用的自动识别技术，通过将代表不同编码的黑白条纹打印在物品上，可以实现物品的迅速识别。而RFID则是一种更加先进的自动识别技术，通过在物品上安装射频标签，可以实现对物品的远程识别和追踪，具有更高的安全性和便捷性。在物联网时代，自动识别技术将会发挥越来越重要的作用，为人们的生活带来更多便利和效率。

条形码识别技术起源于20世纪20年代，以其经济性和实用性成为目前最受欢迎的自动识别技术之一。该技术通过条形码符号来存储数据，并利用条形码识读设备实现数据的自动采集。在物品标识方面，条形码识别技术发挥着重要作用。条形码识别技术首先为某一物品分配一个唯一的代码，并以条形码的形式将其呈现并粘贴在物品上。随后，识读设备通过扫描并读取这些条形码符号，快速、准确地识别出物品的信息。因此，条形码识别技术在商业、邮政、图书管理、仓储、工业生产过程控制、交通等众多领域得到了广泛应用。其优势在于输入速度快、准确度高、成本低廉且可靠性强，从而在自动识别技术领域中占据了举足轻重的地位。

条形码本身是由一系列规则排列的条和空，以及对应的字符组成的标记。其中，“条”是指对光线反射率较低的部分，而“空”则是指对光线反射率较高的部分。这些条和空以特定的方式组合，形成能够表达一定信息的数据，这些数据能够被特定的设备识读并转换为与计算机兼容的二进制和十进制信息。

条形码的编码过程是通过“条”和“空”来构成二进制的0和1，从而表示特定的数字或字符，进而反映某种信息。不同的条形码编码方式有所不同，主要包括宽度调节编码法和模块组配编码法。其中，宽度调节编码法是一种常用的编码方法，其利用宽、窄两种单元来组成条形码符号中的条和空。窄单元代表逻辑0，宽单元代表逻辑1，宽单元的宽度通常是窄单元的2～3倍，如图1-2所示。这种编码方式能够清晰地区分不同的数据，从而实现准确的信息传递。

模块组配编码法是一种独特的条码编码技术，其核心在于条形码符号的字符并非随意构造,而是由一系列规定的模块精心组合而成。这种编码方法充分利用了模块的组合特性,实现了信息的精确表达。在编码过程中,条与空不再是简单的宽窄变化,而是由不同数量的模块巧妙组合而成。具体而言,一个模块宽度的条模块被用来表示二进制的 1,而同样宽度的空模块则代表二进制的 0。这种设计使得编码更加规范,易于识别和解读。通过模块组配编码法,条形码不仅实现了信息的存储,还确保了信息的准确传递。如图 1-3 所示,可以清晰地看到条与空模块的组合方式,以及如何对应到二进制数字,从而构成了完整的条形码符号。

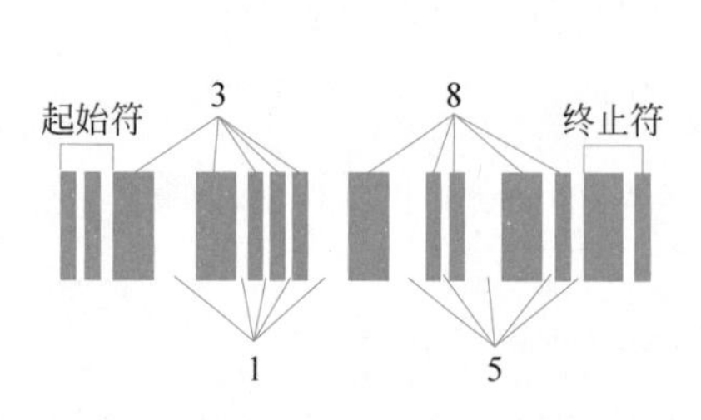


图 1-2　宽度调节法条形码符号结构

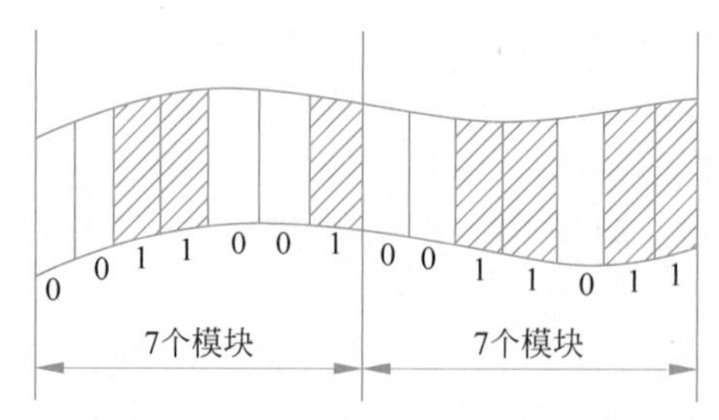


图 1-3　模块组配法条形码符号结构

射频识别技术是一种高效的信息传输与自动识别手段,通过特定的信号传输机制实现数据的自动读取与识别。其核心组成部分包括传输器、接收器、处理器、天线以及标签。传输器、接收器和处理器这三者协同工作,共同构成了射频识别系统的读写器。读写器在工作时,会主动发出射频信号,这些信号经过天线的精确传输,被标签所接收。标签在接收到信号后,会根据预设的反馈机制,将相关的信息反射回读写器。读写器在接收到反馈信号后,会对其进行处理,并将识别结果传输到主机设备中,从而完成整个信息的传输与识别过程。

这种技术的优势在于其非接触性和高速传输特性,使得射频识别技术在众多领域中都得到了广泛的应用。通过射频识别技术,我们可以实现对物品的快速、准确识别,提高工作效率,降低人为错误率,为现代社会的信息化进程提供了有力的技术支持。

### 1.2.2　物联网感知技术

感知技术作为物联网的信息源头,构成了物联网应用的核心基石,是捕获和辨识外部环境信息的关键。在信息感知的过程中,数据收集扮演着基础且至关重要的角色,通过节点将捕获的数据经由网络传递至汇聚节点。感知技术与基础网络设施的深度融合,共同构建了全面且多元化的感知服务体系。随着物联网应用场景的不断拓展与丰富,感知技术也呈现出日益多样化的趋势。除了 RFID 技术外,任何具备自动感知能力的技术均可纳入物联网感知技术体系中,共同推动物联网的持续发展与创新。

作为一种能够感知特定被测量并将其按照既定规律转化为可用输出信号的器件或装置,传感器的核心组成通常包括敏感元件和转换元件。根据信息论的凸性定理,传感器的性能与品质直接决定了传感系统获取自然信息的信息量及质量,这构成了构建高性能传感技术系统的首要关键环节。

信息处理环节涵盖了信号的预处理、后置处理、特征提取与选择等多方面,旨在提升信号的可用性和准确性。而识别任务的核心在于对经过处理的信息进行辨识与分类,这通常依赖于被识别对象与特征信息间的关联关系模型,通过辨识、比较、分类和判断等步骤,实现对输入特征信息集的有效处理。

传感技术不仅遵循信息论和系统论的基本原则，更融合了众多高新技术，被广泛应用于各个产业领域。作为现代科学技术发展的基石，传感技术受到了极大重视，其发展与完善对于推动整个科技进步具有重要意义。传感技术包含传感器技术、信号处理和通信等多种技术。

传感器技术作为当代科技发展的显著标志，已成为各国竞相争夺高新技术发展制高点的关键领域之一。该技术能够精准捕获“物”的详细信息，是构建物联网不可或缺的基石。若无先进的传感器技术作为支撑，通信技术和计算机技术将失去其存在的根基，如同无源之水、无本之木。传感器技术能够将物理世界中的生物量、化学量、物理量等按照既定规律转化为可处理的数字信号，从而为感知物理世界提供原始的、至关重要的信息来源。温度、压力、流量、速度等参数，均能成为传感器技术所感知的对象，进而为各类应用提供准确、可靠的数据支持。

传感器技术的核心在于传感器自身的构造与功能。传感器通常由敏感元件、转换元件、信号调节转换电路以及辅助电源等关键组件共同构成。其中，敏感元件作为直接接触并响应被测对象的部件，负责捕捉和感知待测信息；转换元件则承担将敏感元件捕捉到的信息转化为电信号的任务，以便于信息的传输和测量；转换电路则进一步处理这些电信号，将其转化为电量输出，以供后续的数据处理和分析。传感器的组成结构如图 1-4 所示，这一结构确保了传感器能够高效、准确地完成信息的感知与转换工作。

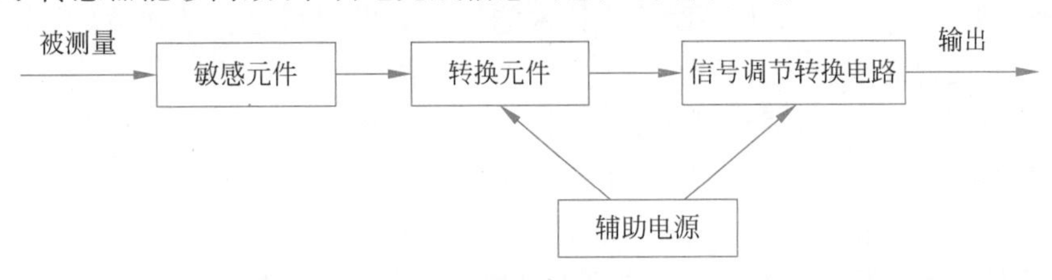


图 1-4　传感器的组成结构

传感器与执行器和控制器紧密集成，通过通信模块与网关实现互联，并利用工业总线、传感网等先进技术，共同构建了物联网的信息感知层。传感器能够捕捉并处理包括热、压、温、湿、声、光、电、振动、生物、化学等在内的各类信号的原始数据信息，为物联网提供丰富且多元的数据源。物联网系统依据这些数据进行处理、传输、深度分析和精准反馈，从而实现物与物、物与人之间的无缝信息交互。因此，传感器在物联网体系中具有举足轻重的作用，是构建智能化、互联互通的数字世界的核心要素。

随着电子技术的飞速发展，现代传感器技术正经历着从单一化向集成化、智能化、网络化方向的深刻变革。特别是智能传感器、多传感器信息融合技术和无线传感器网络等新兴技术的涌现，将传感器技术推向了新的发展高峰。通过应用新理论、新技术，采用新工艺、新结构和新材料，不断研发各类高性能、多功能的新型传感器，是提升传感器整体功能和性能的关键，也是推动物联网技术不断向前发展的重要基石。

目前，传感器技术的应用已广泛渗透至科学与国民经济的多个关键领域。在工业生产中，全自动流水生产线、全自动加工设备以及智能化检测仪器设备等广泛应用了各类传感器，提升了生产效率和产品质量。在家用电器领域，全自动洗衣机、电饭煲和微波炉等日常用品均依赖于传感器技术实现智能化操作。在医疗卫生领域，电子脉搏仪、体温计、医用呼吸机、超声波诊断仪、断层扫描（CT）及核磁共振诊断设备等均借助传感器技术提供精准的诊断和治疗支持。在军事国防领域，传感器的应用同样不可或缺，无论是侦测设备、红外夜视探测、雷达跟踪还是武器的精确制导，均离不开传感器的支持。此外，在航空航天领域，传感器的应用也极为广泛，如空中管制、导航、飞机的飞行管理和自动驾驶、仪表着陆盲降系统等均依赖于传感器技术。同时，人造卫星的遥感遥测也与传感器技术紧密相关，共同推动着物联网技术的深入发展。

### 1.2.3 物联网通信技术

物联网通信系统主要涵盖感知层通信与核心承载网通信两大核心领域。在感知层通信方面，主要聚焦于近距离网络传输技术，这些技术包括但不限于RFID(射频识别)、NFC(近场通信)、蓝牙技术、ZigBee、UWB(超宽带)、IrDA(红外数据技术)等，它们共同构成了物联网中关键信息的捕捉与初步传输机制。而在核心承载网通信方面，则主要关注传感器网络与传输网络之间的通信技术，这涉及如何将感知层收集的数据高效、准确地传输至更高层级的处理中心。此外，电信传输网络自身的通信技术应用也是核心承载网通信的重要组成部分，它确保了整个物联网通信系统的稳定性与可靠性。

感知层通信旨在将各类传感设备(包括数据采集设备及相关控制设备)所捕获的信息在短距离内高效传送至信息汇聚系统，进而实现与网络传输层的顺畅互联。该通信方式以近距离传输为特点，传输方式灵活多变，可适应不同应用场景。

作为一种非接触式自动识别技术，RFID通过无线电频率信号实现对目标对象的快速识别和数据获取，并且无须人工干预。该技术能够高效识别高速运动物体，并支持多标签同时识别，操作便捷高效。

作为一种短距离无线电通信技术，蓝牙技术支持移动电话、PDA、无线耳机、笔记本电脑等设备间的无线信息交换，通信距离通常在10m以内。蓝牙技术简化了移动通信终端间的通信过程，提升了数据传输效率，为无线通信的未来发展奠定了坚实基础。

NFC近距离无线通信技术具备识别和互联功能，可实现移动设备、消费电子产品、个人电脑和智能控制工具间的无线通信。NFC为消费者提供了简单直观的解决方案，便于实现设备间的快速连接和内容访问。

Wi-Fi技术是一种短程无线传输技术，具备高速率和高可靠性特点。在信号较强或无干扰的情况下，其速率可达到1Gb/s。在信号较弱或有干扰时，带宽可自适应调整为5Mb/s、2Mb/s和1Mb/s。在开放区域，通信距离可达305m，而在封闭区域，通信距离为76～122m。

核心承载网通信是物联网中负责数据传输的关键部分，它承担着将传感器网络收集的数据快速、可靠地传输至更高层级的处理中心的任务。在这个过程中，网络传输层发挥着至关重要的作用。网络传输层主要关注数据在不同网络节点之间的传输和转发，确保数据能够准确、高效地从源端传送到目标端。在物联网中，核心承载网通信需要依赖网络传输层提供的传输协议和技术，以实现数据的快速传输和实时处理。核心承载网通信与网络传输层密切相关，二者共同构建了物联网系统中数据传输的基础架构，保障了数据的安全、高效传输。

网络传输层是一个由数据通信主机(或服务器)、网络交换机、路由器等核心组件构成的计算机通信系统，它建立在数据传送网络的坚实支撑之上。在网络传输层通信系统中，支持计算机通信系统数据传送的关键网络包括公众固定网、公众移动通信网、公众数据网以及各类专用传送网。这些网络所依赖的主要通信技术涵盖M2M技术、Wireless HART技术、无线个域网(WPAN)以及移动通信等。值得注意的是，无线通信作为移动通信的核心基石，发挥着不可或缺的作用。当前，5G通信技术以其卓越的性能，正逐步迈向千兆移动网络和人工智能的新时代，为实现"万物互联"的愿景奠定坚实基础。

作为计算机网络技术与无线通信技术的融合创新，无线网络为移动设备提供了关键的物理接口，实现了物理层和数据链路层的核心功能。相较于传统的有线网络，无线网络以其独特的无线通信技术，解除了有线连接的束缚，赋予了用户更大的灵活性和便捷性。近年来，随着技术的不断进步，无线网络在学术、医疗、制造业以及仓储等多个领域的应用日益广泛。特别是当无线网络技术与Internet实现深度融合，其发展前景展现出无限可能性，预示着更加广阔的应用空间和更加丰富的创新机遇。

### 1.2.4 物联网数据处理技术

物联网作为数字世界与物理世界的桥梁，其技术革新与挑战的深度和广度难以估量。在物联网演进的过程中，硬件设备固然占据着重要地位，但构建高效互联系统以及实现智能化分析与处理的功能更是至关重要。随着物联网规模的不断扩大，海量数据的存储与智能处理问题日益突出，因此，需要采用更为先进的数据处理方法与机制来应对这些挑战。目前，"网格计算"和"云计算"等前沿技术正成为物联网数据处理的重要支柱，将极大地推动物联网的发展，并提供更加高效、智能的数据处理方案。

网格计算作为一种创新的计算范式，其核心目标在于构建一个能够显著提升和扩展企业内计算资源效率与利用率的系统，从而满足最终用户的多样化需求，并解决以往因计算、数据或存储资源不足而难以应对的问题。该模式通过互联网将地理分散的计算机互联，形成一台强大的"虚拟超级计算机"。在这个系统中，每台参与计算的计算机均作为"节点"存在，这些数以万计的节点共同构建成一个庞大的"网格"，因此得名网格计算。

这种虚拟超级计算机具备两大显著优势：一方面，其数据处理能力极为强大，能够轻松应对各种复杂的计算任务；另一方面，它能够高效利用网络上闲置的计算资源，实现资源的最优化利用。简言之，网格计算旨在将整个网络转化为一个巨型超级计算机，实现计算资源、存储资源、数据资源、信息资源、知识资源以及专家资源的全面共享与高效利用。

相较于传统的人际通信方式，物联网所生成的数据业务将呈现几何级数的增长。云计算以其动态可扩展性和资源按需分配的特性，更能契合物联网的业务需求。鉴于物联网的应用范围广泛，深入生活与社会的方方面面，故需借助云计算的协同处理能力，以应对日益庞大的数据处理需求。

物联网的经典架构通常划分为3层：感知层、网络层和应用层。在物联网的运作中，数据采集工作主要发生在感知层和应用层，随后这些数据被传输至数据中心。应用层则负责对这些数据进行处理和管理，是实现数据价值转化的关键环节。

面对物联网产生的海量数据，传统的数据处理模式显得力不从心。然而，云计算作为一种先进的数据服务模式，能够有效地应对物联网数据的基本特性。通过云存储和云服务技术，云计算实现了对物联网海量数据的高效采集、处理和管理，为物联网的进一步发展提供了强有力的技术支持。

关于云计算，IBM相关负责人指出，"蓝云"计划是IBM的重点项目，其战略地位可与2000年对Linux的鼎力支持相提并论。以银行业为例，当总行在周末进行业务结算时，往往需要调用庞大的计算资源。通过运用"云计算"技术，我们可以将总行系统中的非核心业务运算，如后勤管理、系统维护等，迁移至省一级银行的数据中心进行处理，从而确保总行数据中心具备充足的计算能力以应对核心业务需求。实现云技术与物联网的深度融合，将是解决物联网海量数据处理问题的关键所在。

### 1.2.5 物联网信息安全技术

在物联网领域中，最为突出且亟待解决的问题便是如何更有效地保障其安全性，确保在提供便捷服务的同时，为用户提供一个更为可靠、安全、有保障的环境。物联网的构建主要依赖于传感器、传输系统以及处理系统这 3 个核心要素。相应地，物联网的安全问题也主要体现在这 3 方面，包括数据采集安全、网络与信息系统安全以及信息处理安全。

物联网的三层架构如图 1-5 所示，其中，感知层在最底层，感知层在物联网系统中扮演着数据采集、处理以及环境监测等重要角色，为物联网系统提供了基础数据支持和实时监控功能，主要负责接入各类感知终端，如传感器、摄像头、单片机以及 GPRS 通信等模块采集原始数据。在这一层，主要的安全挑战在于确保数据采集的安全性。

网络层作为物联网的核心，负责将感知层的数据上传至应用层，并接收应用层的命令。它是网络信息交互的关键枢纽，能够实现移动通信网络、计算机网络、无线网络等异构网络的融合与协作。然而，该层的安全问题主要来源于这些异构网络自身的缺陷，主要涉及网络与信息系统安全。

应用层作为物联网的服务交互层，主要负责与用户进行交互以及部署各类应用服务，包括 Web 服务、应用集成、云平台以及解析服务等。其中，云平台负责海量数据的存储与分析处理，而信息处理的安全性则是该层面临的主要挑战。

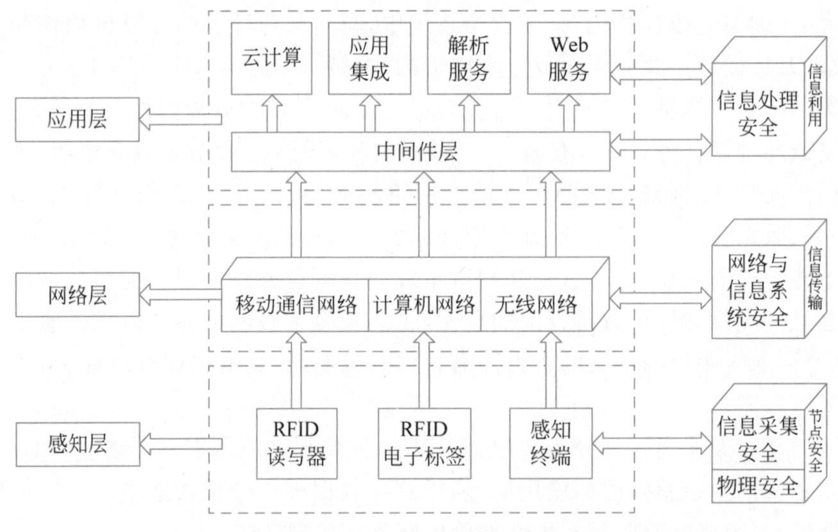


图 1-5 物联网的三层架构与安全问题对应图

为确保物联网的安全性，需从感知层、网络层和应用层 3 个层面分别着手，针对每层特有的安全问题制定切实可行的解决策略，从而为用户提供更加可靠、安全、有保障的服务。

在物联网三层架构下，针对信息安全问题，常用的关键技术主要包括数据加密、安全认证以及网络隔离等。其中，数据加密作为一种重要的信息安全手段，其核心在于通过加密算法对信息进行混淆、修改和封装，再由接收方利用相应的解密算法对信息进行还原。尽管数据加密无法完全阻止数据被窃取，但它能有效防止数据被轻易识别或篡改。

根据数据加解密方式的不同，加密技术可分为对称加密与非对称加密。对称加密涉及发送方在加密信息时生成一个密钥，该密钥是一段特定长度的二进制字符串，接收方在解密时使用相同的密钥。这种加密方式采用同一算法进行加解密，典型的算法包括数据加密标准(DES)算法、高级加密标准(AES)算法以及流密码算法(RC-4)等。以DES算法为例，它首先将明文信息按照64位长度进行分组，然后再加密为64位的密文，从而实现信息的安全传输。非对称加密算法是一种加密技术，与对称加密算法不同，非对称加密算法使用一对密钥(公钥和私钥)来进行加密和解密操作。其中，公钥用于加密，私钥用于解密，这种加密方式也称为公钥加密。非对称加密算法的工作原理主要是发送方获取接收方的公钥，用公钥对要发送的数据进行加密。加密后的数据通过公共网络传输给接收方。接收方收到加密数据后，使用自己的私钥对数据进行解密获取原始数据。非对称加密算法安全性高、便于进行密钥管理、可用于数字签名。常见的非对称加密算法包括RSA(Rivest-Shamir-Adleman)、DSA(Digital Signature Algorithm)等，它们在网络通信、电子商务等领域得到了广泛应用，保障了数据传输的安全性和隐私保护。

安全认证作为保障信息系统安全的重要技术，其核心在于对信息传输的源端和接收信息进行双重验证。具体而言，它首先验证信息发送者的身份合法性和数据来源的可靠性，以确保信息传输的源头安全可信；其次，通过对接收信息的完整性进行验证，有效防止信息在传输过程中被篡改或破坏，从而保障信息的安全性和完整性。这种双重验证机制为信息系统的安全运行提供了有力保障。根据认证对象的不同，认证技术主要分为消息认证和身份认证两大类。消息认证的主要目标是确保发送信息的真实性与完整性，常见的实现方式包括数字签名、时间戳和消息认证码等。而身份认证则侧重于验证发送者的身份合法性，其采用的认证技术包括口令认证、所有物认证、生物特征认证以及智能身份识别等多种方法。通过这两种认证技术的综合应用，能够有效提升信息系统的安全性和可靠性。

网络隔离在各类网络的安全域边界设置专门的隔离带，旨在有效防范非法网络入侵，同时确保受信任网络与不受信任网络之间能够保持信息的正常、安全传输，从而保障整个网络系统的安全稳定运行。网络隔离的实现主要涵盖物理隔离和逻辑隔离两种方式。物理隔离技术主要针对TCP/IP网络架构的物理链路层和IP层进行隔离，主要保护网络硬件实体及通信链路的环境安全，有效防御物理层面的人为破坏和网络攻击。而逻辑隔离则在网络物理链路保持互通的基础上，通过虚拟局域网(VLAN)进行网络划分，实现逻辑层面的隔离。VLAN工作于数据链路层，主要作用是将广播域的范围限定在单个VLAN内，并通过VLAN间的分组端口实现风险隔离和安全通信，从而增强网络的安全性和可控性。

## 1.3 主要特点

### 1.3.1 全面感知

物联网展现出了对信息和数据的整体感知的卓越特性。通过各种传感器和终端设备，物联网能够全方位、多维度地感知目标物体或环境的状态和属性数据，从而实现对目标的完整认知。物联网中海量、多种多样的传感器都是信息源，不同类型的传感器所感知的信息内容和信息格式各不相同。这些传感器周期性地进行数据和信息的采集，实现环境信息的实时获取和更新。这一特性不仅拓宽了对世界的理解，更提供了丰富的数据资源，助力各行各业的创新与发展。

在物联网的广阔领域中，海量的、多样化的传感器犹如无数双眼睛和耳朵，遍布全球各地，时刻警觉地监控着环境的变化与物体的状态。这些传感器各具特色，能够捕获包括温度、湿度、光照、位移等在内的多种类型信息，且每条信息都有其独特的内涵和格式。它们依照预设的频率，规律性地采集数据与信息，并实时传输至处理中心，确保获取到的环境信息始终新鲜且准确。这种实时更新机制使物联网在环境监测、智能控制等领域展现出强大的作用。

随着无线通信与智能技术的不断进步，物联网的感知能力亦日益增强。如今，人们已经能够借助 Wi-Fi、UWB、毫米波、RFID 等新技术实现无线非接触式感知，更加便捷地捕获环境数据。这种非接触式感知不仅提升了感知效率与精确度，还降低了成本与维护难度。

物联网凭借其强大的整体感知能力，开启了一个崭新的世界。随着传感器技术的持续优化、数据传输效率与处理能力的不断提升，物联网将在未来扮演更加重要的角色，推动各行各业的数字化转型与智能化升级。

### 1.3.2 可靠传输

物联网作为当今信息技术领域的重要分支，以其强大的连接能力和智能化应用，深刻改变着人们的生活方式和社会运行方式。物联网的核心在于其可靠传输的能力，它通过多种网络技术，如无线网络、有线网络、移动网络等，将感知到的数据实时、准确地传输到云端或其他设备，确保数据的完整性和实时性，从而实现了信息的无缝连接和高效流通。

物联网的可靠传输能力是其应用的基础。无论是智能家居、智慧交通，还是工业制造、环境监测等领域，都需要物联网技术来确保数据的完整性和实时性。通过物联网技术，可以实现对各种设备和环境的实时监控，获取丰富的数据资源，为决策提供有力支持。

在数据传输过程中，物联网采用了一系列先进的技术手段来保障数据的可靠性。首先，物联网通过对采集的数据进行加密处理，确保了数据在传输过程中的安全性和隐私性。其次，物联网采用了有效的路由协议、通信协议和网络安全协议，通过无处不在的无线通信网和骨干光纤通信网，实现了信息的快速、准确传输。这些协议和技术不仅提高了数据传输的效率和稳定性，也降低了数据传输过程中的错误率和丢包率。

同时，物联网还具备强大的数据处理和分析能力。通过对采集到的数据进行深入挖掘和分析，可以发现隐藏在数据背后的规律和趋势，为决策提供更加精准、科学的依据。此外，物联网还可以实现设备之间的协同工作，通过智能化控制和优化，提高设备的运行效率和使用寿命。

物联网以其可靠传输的能力，为各种应用提供了强有力的支持。物联网的可靠传输能力是其核心优势之一，物联网提供了丰富的数据资源和强大的智能化应用能力。随着物联网技术的不断发展和完善，它将在更多领域发挥重要作用，推动社会进步和经济发展，物联网将成为人们生活中不可或缺的一部分，创造更加智能、便捷的未来。

当然，物联网的发展也面临着一些挑战和问题，如数据安全、隐私保护、标准化等。因此，需要不断加强技术研发和创新，完善相关政策和法规，推动物联网技术的健康发展。同时，也需要加强对物联网技术的宣传和推广，提高公众对物联网的认知度和接受度，为物联网的广泛应用创造良好的社会环境。

### 1.3.3 智能处理

物联网还具备智能处理的特点，这一特性使得物联网在众多领域都展现出了巨大的应用潜力和价值。物联网的智能处理，不只是简单的数据传输和接收，更是通过一系列先进的技术手段，对海量的数据进行深度的处理和分析，从而提取出有价值的信息，为人们的决策和控制提供强有力的支持。

在物联网的体系中，云计算、大数据分析和人工智能等技术扮演着至关重要的角色。这些技术共同构成物联网智能处理的核心框架，使得物联网能够实现对数据的全面、深入处理。

云计算为物联网提供了强大的计算能力和存储能力。物联网设备采集到的数据，可以通过云计算平台进行高效存储和管理。同时，云计算平台还可以为物联网设备提供实时的计算服务，使得设备能够快速地处理和分析数据，满足各种实时性的需求。

大数据分析技术则是对物联网数据进行深度挖掘的关键。通过对海量的数据进行统计分析、模式识别等操作，大数据分析可以揭示出数据背后的规律和趋势，从而为决策提供有力的支持。在物联网领域，大数据分析可以帮助人们更好地理解设备的运行状态、预测未来的趋势，以及优化设备的运行策略等。

人工智能技术的应用，使得物联网的智能处理达到了一个新的高度。借助机器学习、深度学习等人工智能技术，物联网设备可以实现对数据的自主学习和自适应处理。这意味着，物联网设备可以不断地从数据中学习新的知识和规则，从而不断地优化自身的性能和行为。而数据在采集和传输过程中需要得到合适的处理。

预处理是一个非常重要的环节。预处理的主要目的是对原始数据进行清洗、去噪、格式转换等操作，以提高数据的质量和可用性。通过预处理，可以有效地减少数据中的冗余信息和噪声干扰，使得后续的处理和分析更加准确和高效。当信息发送到设备终端后，借助云计算、机器学习等各种智能计算技术，物联网的应用领域得到了极大的扩充。无论是在智能家居、智慧城市、工业制造还是农业生产等领域，物联网都展现出了广泛的应用前景。例如，在智能家居领域，物联网可以通过智能传感器和智能设备实现对家庭环境的实时监测和控制；在智慧城市领域，物联网可以通过对城市基础设施的智能化改造，提高城市管理的效率和水平；在工业制造领域，物联网可以通过对生产过程的实时监控和优化，提高生产效率和产品质量；在农业生产领域，物联网可以通过对农田环境的智能监测和管理，提高农作物的产量和品质。

此外，在通过传感器采集的海量信息中提取出有价值、有意义的数据也是物联网智能处理的一个重要方面。这些数据可以帮助人们更好地了解设备或系统的运行状态和性能表现，从而做出更加准确的决策和控制。同时，通过对这些数据的分析和挖掘，还可以发现一些新的应用场景和商业机会，为物联网的发展注入新的动力。

### 1.3.4 连接性

物联网还体现了物理世界和数字世界的连接性，这一特性不仅代表了技术的进步，更是对未来社会形态和生活方式的深远影响。物联网的核心在于将现实世界中的各种物体和信息进行数字化表示，通过网络进行传输和处理，进而实现对物理世界的实时感知和控制。

物联网通过将物理世界的实体转化为数字信号，突破了传统物理世界与数字世界之间的障碍。无论是智能家居中的电器设备，还是工业生产线上的机械臂，抑或是城市交通管理系统中的信号灯，这些物体在物联网的框架下，都被赋予了数字身份和属性。这些数字信息可以精确地描述物体的状态、位置、行为等特征，为后续的数据处理和分析提供了可能。

物联网通过网络连接实现了信息的实时传输。物联网利用无线通信技术，将分布在各个角落的物体连接在一起，形成了一个庞大的网络。这个网络不仅允许物体之间进行信息交换，还可以将物体的状态信息实时传输到云端或本地服务器。这种实时性确保能够及时获取物体的最新状态，并根据需要进行相应的控制操作。

物联网通过对数字信息的处理和分析，实现了对物理世界的智能感知和控制。借助大数据、云计算、人工智能等先进技术，可以对物联网收集到的海量数据进行深入挖掘和分析，提取出有价值的信息。这些信息可以帮助我们更好地了解物理世界的运行规律，预测未来的发展趋势，并做出相应的决策。同时，通过物联网的控制系统，我们还可以实现对物理世界的精准控制，提高生产效率、降低能耗、优化资源配置等。

物联网在物理世界与数字世界融合方面的应用广泛而深远。在智能家居领域，物联网使得我们可以通过手机或语音助手远程控制家中的电器设备，实现智能化生活；在工业领域，物联网通过实时监测生产线的运行状态，帮助企业实现精益化生产；在交通领域，物联网通过实时收集交通流量、路况等信息，为智慧交通系统的构建提供了有力支持；在医疗领域，物联网通过将医疗设备与患者身体连接在一起，实现了远程医疗监护和健康管理；在环保领域，物联网通过实时监测环境参数，为环境保护和可持续发展提供了数据支持。

此外，物联网还推动了物理世界与数字世界融合的创新发展。随着物联网技术的不断进步和应用场景的拓展，可以预见，未来将会有更多创新的物联网产品和服务涌现出来。这些产品和服务将进一步丰富生活方式、提高工作效率、改善社会福祉。

然而，物联网在物理世界与数字世界融合的过程中也面临着一些深层次的挑战和问题。首要问题是系统复杂性与脆弱性的权衡：随着连接设备数量的指数级增长，系统架构的复杂度急剧上升，这不仅增加了故障点，也扩大了潜在攻击面。此外，物联网的跨界性质引发了前所未有的法律和监管挑战，包括跨境数据流通、责任归属以及知识产权保护等问题。如何在促进创新与保护公众利益之间找到平衡，成为亟待解决的难题。

物联网体现了物理世界和数字世界的融合，这种融合不仅改变了与物理世界的交互方式，还提供了更多可能性和机遇。在未来，随着物联网技术的不断发展和完善，物理世界与数字世界的融合将更加紧密和深入，为人类社会的发展带来更多的创新和进步。

### 1.3.5 自治终端互联化

物联网中的设备可以形成自治终端互联化，这一特性是物联网技术发展的一个重要里程碑。自治终端互联化意味着物联网设备能够自主地进行信息交换、协作和决策，形成一个分布式的自治网络，从而实现更高效和灵活的资源利用和服务提供。

自治终端互联化使得物联网设备能够与人类进行更紧密的交互。传统的物联网系统往往依赖于人的干预和控制，而自治终端互联化则使得设备能够自主地感知、分析和响应人类的需求。例如，在智能家居领域，智能照明系统可以根据室内光线和人的活动情况自动调节亮度，智能空调可以根据室内温度和人的体温感知自动调整温度。这种交互方式不仅提高了生活的便利性，还使得人们能够更加专注于自己的需求，而无须过多关注设备的操作和控制。

自治终端互联化使得物联网设备之间能够实现自主协作。在物联网中，设备之间可以通过无线通信技术进行信息交换和共享，这使得它们能够相互协作，共同完成更复杂的任务。例如，在智慧交通系统中，各个路口的红绿灯可以通过自治终端互联化实现协同控制，根据交通流量和路况信息自动调整信号灯的时间和顺序，从而提高交通效率，减少拥堵现象。此外，在工业制造领域，通过物联网设备的自治终端互联化，可以实现生产线的自动化和智能化，提高生产效率和产品质量。

自治终端互联化还使得物联网形成了一个分布式的自治网络。传统的物联网系统往往依赖于中心化的服务器进行数据处理和控制，而自治终端互联化则使得每个设备都具有一定的自主性和智能性，能够参与网络的决策和管理。这种分布式的网络结构不仅提高了系统的可靠性和稳定性，还使得资源能够得到更高效的利用。例如，在能源管理领域，通过物联网设备的自治终端互联化，可以实现能源的分散式管理和优化调度，降低能源损耗，提高能源利用效率。

自治终端互联化也为物联网服务提供了更大的灵活性。由于设备能够自主地进行决策和协作，因此物联网系统可以根据实际需求进行动态调整和优化。例如，在智慧城市建设中，通过物联网设备的自治终端互联化，可以根据城市的发展和变化，灵活调整公共设施的运行策略和服务模式，以满足市民的需求和提高城市的运营效率。

然而，自治终端互联化也带来了一些挑战和问题。例如，如何确保设备之间的信息安全和隐私保护，如何避免设备之间的冲突和干扰，如何进行有效的网络管理和维护等。这些问题需要我们在推动物联网自治终端互联化发展的同时，加强技术研发和安全管理，确保物联网系统的稳定、安全和高效运行。

物联网中的设备形成自治终端互联化是物联网技术发展的重要趋势。它使得物联网设备能够与人类进行更紧密的交互，实现设备之间的自主协作，形成一个分布式的自治网络，从而实现更高效和灵活的资源利用和服务提供。虽然面临一些挑战和问题，但随着技术的不断进步和应用场景的拓展，我们有理由相信，物联网的自治终端互联化将为我们的生活带来更多的便利和创新。

### 1.3.6 普适服务智能化

物联网提供了普适服务智能化，这一特性在当今数字化时代显得尤为突出。通过云计算、大数据分析、人工智能等先进技术的融合应用，物联网得以挖掘和处理海量数据和信息，从而为用户提供个性化、智能化、多样化的服务，满足人们在不同场景下的各种需求。

物联网的智能化特性体现在其强大的数据处理能力上。物联网通过各类传感器和终端设备，不断收集现实世界中的数据，包括温度、湿度、光照、声音、图像等。这些数据经过云计算平台的处理和分析，可以提取出有价值的信息，进而为决策提供支持。同时，大数据分析技术能够帮助物联网系统发现数据之间的关联性和趋势，从而为用户提供更加精准的服务。

物联网的智能化还体现在其个性化服务方面。借助人工智能技术，物联网系统可以了解用户的习惯和需求，为用户提供定制化的服务。例如，在智能家居领域，物联网系统可以根据用户的生活习惯和喜好，自动调节室内温度、湿度和光线，为用户提供舒适的居住环境。在智慧交通领域，物联网系统可以根据交通流量和路况信息，为用户规划最佳的出行路线，提高出行效率。

物联网的智能化服务还具有多样化的特点。物联网系统可以应用于各个领域，包括工业、农业、医疗、教育等。在医疗领域，物联网可以通过对患者健康数据的实时监测和分析，为医生提供更加准确的诊断依据和治疗方案。在教育领域，物联网可以为学生提供个性化的学习资源和辅导服务，促进教育公平和质量的提升。

值得一提的是，物联网的智能化服务不仅满足了人们的当前需求，还在不断推动着社会的创新和进步。随着物联网技术的不断发展和完善，其智能化水平将不断提升，服务范围也将不断扩大。可以预见，物联网未来将在更多领域展现出其独特的价值和魅力，为人们的生活带来更多便利和惊喜。

然而，要实现物联网的普适服务智能化，还需要克服一些挑战和问题。例如，如何保障物联网系统的安全性和稳定性、如何处理海量数据的存储和分析、如何确保不同物联网系统之间的互联互通等。这些问题的解决需要政府、企业和社会各界的共同努力和协作。

物联网的普适服务智能化特性为生活带来了极大的便利和创新。通过云计算、大数据分析、人工智能等技术的融合应用，物联网将不断推动社会的进步和发展。

### 1.3.7 普通对象设备化

物联网实现了普通对象设备化，通过赋予普通物体感知、计算和通信的能力，物联网极大地扩展了人类对环境的感知范围和控制能力，为人们的生活带来了前所未有的便利和可能性。

物联网将普通对象转化为具备智能功能的设备。在传统观念中，物体只是静态存在，无法与环境进行交互或传递信息。然而，在物联网的框架下，这些普通物体被赋予了感知、计算和通信的能力，从而"活"了起来。普通物体通过传感器感知环境的变化，并通过计算单元处理数据，以及通过通信模块与其他设备或系统进行信息交换。这种转变使得物体不再是被动存在，而是成为能够主动参与和响应环境变化的智能设备。

物联网的普通对象设备化特点提升了对环境的感知能力。传统的环境感知往往依赖于人工观测和记录，这种方式不仅效率低下，而且容易受到人为因素的影响。而物联网通过将物体转化为智能设备，使得对环境信息的获取变得实时、准确。无论是温度、湿度、光照等物理参数的监测，还是人员、车辆等移动目标的跟踪，物联网都能够提供及时、准确的数据支持。这种能力的提升不仅能更好地了解环境状态，还为决策提供了科学依据。

物联网的普通对象设备化特点还增强了对环境的控制能力。传统的环境控制通常依赖于人工操作或预设程序，这种方式往往无法适应环境变化的需求。而物联网通过智能设备的互联互通，实现了对环境的精准控制。例如，在智能家居领域，可以通过手机或智能音箱控制家中的灯光、空调等设备，实现个性化的居住体验；在工业自动化领域，物联网可以通过对设备的实时监控和数据分析，实现生产过程的优化和节能降耗。这种控制能力的提升不仅提高了工作效率，还降低了能源消耗和环境污染。

物联网的普通对象设备化特点还具有广泛的应用前景。随着技术的不断进步和成本的降低，越来越多的普通物体将被纳入物联网的范畴。从家居用品到交通工具，从城市基础设施到农业生产设备，物联网的应用将渗透到生活的方方面面。这将为我们提供更加便捷、高效和智能的服务体验，推动社会的数字化转型和智能化升级。

然而，物联网的普通对象设备化特点也带来了一些挑战和问题。如何在设备互联的同时保障数据的端到端加密和传输安全，如何利用边缘计算和人工智能技术高效处理和分析海量异构数据，以及如何在多元化的设备生态系统中实现无缝的协议转换和语义互操作，这些都是需要产学研各方协同创新、深入探索的前沿课题。

## 1.4 发展趋势

物联网的蓬勃发展离不开互联网的深厚基础。互联网作为一种全新的、全球性的信息基础设施，为物联网的崛起提供了坚实的支撑。物联网作为互联网的延伸与拓展，正引领着世界信息技术革命的新潮流，为信息产业带来了第三次发展高峰。据预测，物联网所带来的产业价值可能远超互联网，展现出巨大的发展潜力。

在这一潮流下，美国、欧盟、日本、韩国等世界主要经济体纷纷制定物联网发展规划，均将物联网视为推动产业升级、经济复苏和确立全球竞争优势的关键力量。

随着物联网技术在全球范围内的迅速普及，其发展趋势日益明朗。除了具备互联网的一些基本特征外，物联网正朝着规模化、协同化和智能化方向迈进。尤其是国家政府层面的一些物联网项目，对实力企业具有强大的吸引力，将进一步推动物联网在各行业领域的广泛应用和深入发展。

构建全球化的物联网体系离不开物体间、企业间、行业间乃至国家与地区间的紧密联系。随着信息化产业和标准的不断完善，物联网实现了从简单识别和采集信息到实时感知、可控交互的飞跃，真正体现了物联网的核心价值。

然而，目前全球尚未形成统一的物联网体系架构，仍处于摸索和交流的阶段。因此，我们需要深入研究如何从现有的智能网体系过渡到未来的物联网体系架构。这包括探索端对端服务、异构系统融合、中性访问、分层明确的开放性分布式架构模型，研究基于对等节点的自主分布式架构模型，以及云计算、事件驱动架构、断开连接操作和同步性机理等关键技术。

在未来物联网体系架构的研究中，网络与业务的感知及黏合模型、网络功能与业务功能的抽象与封装以及基于角色的功能片设计等领域有望成为新的研究热点。

同时，我国也面临着技术创新、网络升级换代、业务融合以及新兴社会服务不断涌现等良好机遇。为了积极探索未来网络体系架构的发展道路，可以考虑从以下几个方面着手：一是从战略高度重视未来网络体系架构的研究与试验工作，以推动国家信息基础设施的改善和核心技术问题的解决；二是给予多种网络体系架构自由研究发展的空间，鼓励创新和多样性；三是并行发展基于现网改造和全新体系架构的思路，既考虑现有网络的完善，又鼓励全新网络体系结构的探索；四是通过知识产权和技术标准的制定，确立我国在全球信息技术领域的优势地位。

在当前传感器技术的发展趋势下，可以看到新材料开发与传感器智能化发展的紧密结合。传感器材料，作为传感器技术的基石，为技术升级提供了坚实的支撑。举例来说，硅基半导体材料因其易于微型化、集成化、多功能化、智能化的特点，以及半导体光热探测器的高灵敏度、高精度和非接触性等优点，正推动着红外、激光和光纤等现代传感器的进步。

在敏感材料领域，陶瓷和有机材料的发展尤为迅速。通过精密调配化学成分和采用不同配方混合原料，经过高精度成型烧结，能够获得对特定气体具有识别功能的敏感材料，进而制成新型气体传感器。此外，高分子有机敏感材料也展现出广泛的应用前景，可以制成热敏、光敏、气敏、湿敏、力敏、离子敏和生物敏等各类传感器。

随着传感器技术的不断发展，新型材料的研发也取得了显著进展，如纳米材料等。例如，美国NRC公司已成功开发出纳米 $ZrO_2$ 气体传感器，用于控制机动车辆尾气排放，对于环境保护具有显著效果，应用前景广阔。纳米材料具有庞大的界面和导通电阻小的特点，有利于传感器向微型化发展。未来随着科技的进步，将有更多新型材料问世。

智能化传感器是传感器技术发展的重要方向之一。它通常由主传感器、辅助传感器及微机硬件系统三大部分构成，具有检测判断和信息处理功能。例如，美国霍尼韦尔公司的ST-3000型传感器，就是一种集检测与信号处理于一体的智能传感器，具备微处理器和存储器功能，可测量差压、静压及温度等参数。而一些典型的智能化压力传感器中，主传感器负责测量被测压力参数，展现出智能化传感器在测量领域的广泛应用。

近年来，智能化传感器与人工智能技术的结合已成为新的发展趋势。基于模糊推理、人工神经网络和专家系统等人工智能技术的高度智能传感器，即软传感器技术，正逐渐崭露头角。在未来的发展中，智能化传感器有望进一步拓展至化学、电磁、光学和核物理等研究领域，为科技进步和社会发展提供强大的支持。物联网作为信息技术的新宠，正以其独特的魅力和巨大的潜力引领着世界信息产业的未来发展。需要通过深入研究和不断创新，推动物联网体系架构的完善和应用领域的拓展，为信息产业的持续繁荣做出积极贡献。

# 感知篇

# 第2章

视频

# 身份感知

身份感知主要解决"是谁"的问题。身份感知的前提是对目标或者对象进行标识，随着物联网应用的延伸，物联网覆盖的领域逐渐拓宽，物联网标识作为实现信息交换的根基和实现数据共享的纽带，其重要性日益凸显。

在现实世界中，标识无处不在。从街边店铺的牌匾，到我们每个人的身份证，都是物理世界中的标识。在万物互联的智能世界里，"物"也有自己的身份。这里的"物"不仅包括实体对象，如设备、产品；也包括非实体对象，如工序、流程。

## 2.1 标识与识别

物联网标识是指按一定规则赋予"物"易于识别、处理的标识符或代码，它是物联网对象在信息网络中的身份识别，是一个物理编码，通过物联网标识可以实现"物"的数字化。物联网标识分为网络标识和对象标识两种。网络标识是采用类似互联网域名 DNS 结构分层代码的形式来标识各级节点的数字地址，能够指向网络节点的存储位置，如机器的 IP 地址等。对象标识是物联网对象在物联网各环节、各应用领域的唯一符号，是物联网对象的身份象征，如手机的国际移动设备识别码(IMEI)等。

对物联网标识进行识别的过程即身份感知，身份感知(也就是物联网标识信息采集)的过程可分为手动采集和自动采集两类。手动采集方式主要是针对采用文字、数字等方式进行标识的对象，例如，手动登记人员的姓名信息、手动登记图书的编码信息等，由于手动采集方式作业效率不高且容易出错，目前对物联网标识进行识别主要采用自动采集的方式。对物联网标识进行自动采集依靠的是自动识别技术，主要包括条码识别技术、生物识别技术、图像识别技术、磁卡识别技术、射频识别技术等。

1. 条码识别技术

条码也称为条形码，是将宽度不等的多个黑条和空白，按照一定的编码规则排列，用来表达一组信息的图形标识符。1974 年 6 月，美国俄亥俄州特洛伊市的一家超市进行了世界上第一笔条码交易，首个使用条码的产品是一包箭牌口香糖，如图 2-1 所示。目前这包口香糖已成为美国历史博物馆的藏品。

条码分为一维条码和二维条码。一维条码是由平行排列的宽窄不同的线条和间隔组成的二进制编码。这些线条和间隔根据预定的模式进行排列，宽窄不同的线条和间隔的排列次序可以转化成数字或者字母。识读设备可以通过光学扫描对一维条码进行识别，即根据黑色线条和白色间隔

图 2-1 世界上最早采用条码的商品

对激光的不同反射来识别。二维条码技术是在一维条码无法满足实际应用需求的前提下产生的,二维条码能够在横向和纵向两个方向同时表达信息,因此能在很小的面积内表达大量的信息。

2. 生物识别技术

生物识别指通过获取和分析人身体和行为的特征来实现人的身份的自动鉴别,生物特征分为物理特征和行为特点两类。物理特征包括指纹、掌形、眼睛(视网膜和虹膜)、人体气味、脸型、皮肤毛孔、手腕、手的血管纹理和DNA等;行为特点包括签名、语音、行走的步态、击打键盘的力度等。声音识别、人脸识别、指纹识别是最为常见的生物识别技术。

声音识别是一种非接触的识别技术,用户可以很自然地接受。这种技术可以用声音指令实现"不用手"的数据采集,其最大特点就是不用手和眼睛,这对那些需要在采集数据同时还需要完成手脚并用的工作场合尤为适用。随着声音识别技术的迅速发展以及高效可靠应用软件的开发,声音识别系统在很多方面得到了应用。

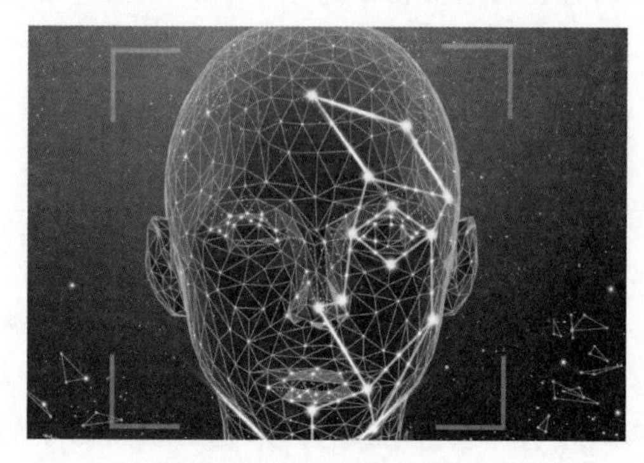

图 2-2 人脸识别示意

人脸识别特指利用分析比较人脸视觉特征信息进行身份鉴别的计算机技术,如图 2-2 所示。传统的人脸识别技术主要是基于可见光图像的人脸识别,这也是人们熟悉的识别方式。但这种方式有着难以克服的缺陷,尤其在环境光照发生变化时,识别效果会急剧下降,无法满足实际系统的需要。迅速发展起来的另一种解决方案是基于主动近红外图像的多光源人脸识别技术,它可以克服光线变化的影响,已经取得了卓越的识别性能,在精度、稳定性和速度方面的整体系统性能超过三维图像人脸识别。人脸识别系统主要包括4个组成部分,即人脸图像采集及检测、人脸图像预处理、人脸图像特征提取以及匹配与识别。

指纹是人类手指末端由凹凸的皮肤所形成的纹路,在人类出生之前指纹就已经形成并且随着个体的成长指纹的形状不会发生改变,只是明显程度的变化,而且每个人的指纹都是不同的,在众多细节描述中能进行良好的区分,指纹纹路有3种基本的形状:斗形、弓形和箕形。在指纹中有许多特征点,特征点提供了指纹唯一性的确认信息,这是进行指纹识别的基础,分为总体特征和局部特征,总体特征又包括了核心点(位于指纹纹路的渐近中心)、三角点(位于从核心点开始的第一个分叉点或者断点,或者两条纹路汇聚处、孤立点、折转处,或者指向这些奇异点)、纹数(指纹纹路的数量);局部特征是指纹的细节特征,在特征点处的方向、曲率、节点的位置,这些都是区分不同指纹的重要指标。指纹识别技术在众多生物体识别技术中属于比较成熟的一种,而且随着智能手机热潮的袭来,指纹识别已经广泛应用在智能手机领域,如手机解锁、支付信息、消息确认等。

3. 图像识别技术

图像识别也称为图像分类,是一种计算机视觉技术,允许机器对数字图像或视频中的对象进行识别和分类,图像识别的基本流程如图 2-3 所示。图像识别技术使用人工智能和机器学习算法来学习图像中的模式和特征,以准确识别它们。图像识别的目的是通过对图像中的对象进行识别和分类,使机器能够像人类一样解释视觉数据。图像识别技术在各个行业都有广泛的应用,包括制造业、医疗保健、零售业、农业和安全,可用于改善制造中的质量控制,检测和诊断医疗状况,增强零售业的客户体验,优化农业作物产量,并协助监视和安全措施。此外,图像识别有助于工作流程的自动化并提高各种业务流程的效率。

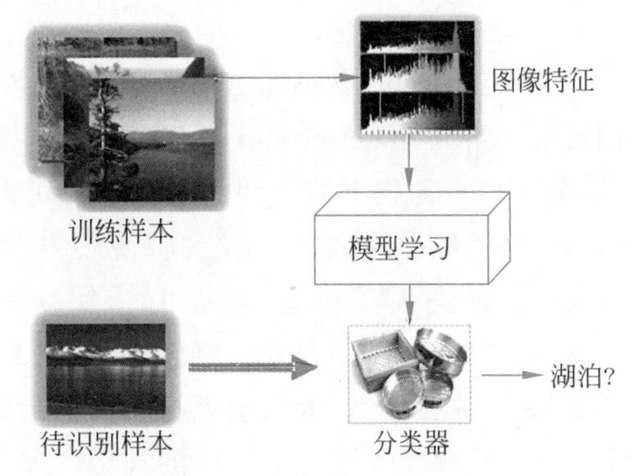

图 2-3 图像识别的基本流程

图像识别算法使用深度学习和神经网络来处理数字图像并识别图像中的模式和特征。这些算法在大型图像数据集上进行训练,以学习不同对象的模式和特征。然后使用经过训练的模型将新图像准确地分类为不同的类别。图像识别过程通常涉及以下步骤:

(1) 数据收集。图像识别的第一步是收集标记图像的大型数据集。这些标记图像用于训练算法识别不同类型图像中的模式和特征。

(2) 预处理。在将图像用于训练之前,需要对其进行预处理,以消除可能干扰图像识别过程的噪声、失真或其他伪影。此步骤可能涉及调整大小、裁剪或调整图像的对比度和亮度。

(3) 特征提取。预处理的下一步是从图像中提取特征。这涉及识别和隔离图像的相关部分,算法可以使用这些部分来区分不同的对象或类别。

(4) 模型训练。提取特征后,在标记的图像数据集上训练算法。在训练期间,该算法通过识别图像中的模式和特征来学习识别和分类不同的对象。

(5) 模型测试和评估。训练算法后,在单独的图像数据集上对其进行测试,以评估其准确性和性能。此步骤有助于识别模型中需要解决的任何错误或弱点。

(6) 部署。模型经过测试和验证后,可以进行部署,部署后算法可以将新图像准确地分类为不同的类别。

4. 磁卡识别技术

磁卡也叫磁条卡,是一种磁记录介质卡片,由高强度、高耐温的塑料或纸质涂覆塑料制成,防潮、耐磨且具有一定的柔韧性,携带方便、使用较为稳定可靠。我们使用的银行卡就是一种最常见的磁卡,具体如图 2-4 所示。

图 2-4 磁卡实物图

磁卡记录信息的方法是变化磁的极性,在磁性氧化的地方具有相反的极性,识别器才能够在磁条内分辨出这种磁性变化,这个过程称为磁变。解码器可以识读到磁性变化,并将它们转换回字母或数字的形式,以便由计算机来处理。磁卡技术能够在小范围内存储较大数量的信息,在磁条上的信息可以被重写或更改。

磁卡在使用过程中会受到诸多外界磁场因素的干扰,例如,手机等能够产生电磁辐射的设备会对磁卡的识别产生影响,多张磁卡放在一起时也会有影响。另外,磁卡受压、被折、长时间磕碰、暴晒、高温,磁条被划伤或弄脏等也会使磁卡无法正常使用。同时,在刷卡器上刷卡交易的过程中,磁头的清洁、老化程度,数据传输过程中受到干扰,系统错误动作,收银员操作不当等都可能造成磁卡无法使用,因此磁卡的使用范围已经开始有所减小。

5. IC卡识别技术

IC卡(Integrated Circuit Card,集成电路卡)也称智能卡(smart card)、智慧卡(intelligent card)、微电路卡(microcircuit card)或微芯片卡等,它是将一个微电子芯片嵌入卡基,做成卡片形式。IC卡与读卡器之间的通信方式可以是接触式或非接触式。由于IC卡具有体积小便于携带、存储容量大、可靠性高、使用寿命长、保密性强、安全性高等特点,已经广泛应用于金融、交通、医疗等行业,常见IC卡实物如图2-5所示。

按读取界面将IC卡分为接触式IC卡和非接触式IC卡两种。接触式IC卡通过IC卡读写设备的触点与IC卡的触点接触后进行数据的读写,国际标准ISO 7816对此类卡的机械特性、电气特性等进行了严格的规定。非接触式IC卡与IC卡读取设备无电路接触,通过光或其他无线技术非接触式的读写技术进行读写。卡内所嵌芯片除了CPU、逻辑单元、存储单元外,增加了射频收发电路,该类卡一般用在使用频繁、信息量相对较少、可靠性要求较高的场合。

6. 光学字符识别技术

光学字符识别技术(Optical Character Recognition,OCR)是采用光学的方式将文档资料转换成为原始资料黑白点阵的图像文件,然后通过识别软件将图像中的文字转换成文本格式,以便文字处理软件进一步编辑加工的系统技术,如图2-6所示。光学字符识别技术属于图形识别,其目的就是要让计算机知道它到底看到了什么,尤其是文字资料。OCR识别一般包括图像预处理、文字检测、文字识别等过程。

图2-5 常见的IC卡实物——SIM卡

图2-6 光学字符识别示意

1) 图像预处理

OCR图文识别的第一步是图像预处理,当我们将纸质文档或图片输入到OCR系统中时,系统会先对图像进行处理。这个过程包括图像的灰度化、二值化、去噪声等操作。灰度化将彩色图像转换为灰度图像,简化了图像的复杂度。接着,图像会被转化为二值图像,即将图像中的文字部分转为黑色,背景转为白色。去噪声操作则有助于去除图像中的杂乱信息,使文字更加清晰可辨认。

2) 文字检测

文字检测是在图像中定位和分割出文字区域。基于深度学习的文字检测方法通常使用卷积神经网络(CNN)进行特征提取,然后结合区域提议网络(RPN)或边界框回归等技术实现文字区域的定位和分割。这些算法能够处理不同字体、大小写、旋转角度、光照条件等复杂情况下的文字,并且能够自动适应不同场景的文字检测任务。

3）文字识别

文字识别是将图像中的文字转换为计算机可读的字符信息。基于深度学习的文字识别方法通常使用循环神经网络（RNN）或长短期记忆网络（LSTM）进行字符识别和转换。这些算法通过训练可以学习到不同字体、大小写、旋转角度等情况下文字的表示，从而在识别时能够处理各种情况。此外，为了提高识别准确率，还可以采用注意力机制、序列到序列等方法对文字序列进行建模和预测。

OCR识别技术的应用场景和行业非常广泛，涵盖了政府、金融、医疗、教育、物流、零售、制造等多个领域。

7. 射频识别技术

射频识别（Radio Frequency IDentification，RFID）技术是通过无线电波进行数据传递的自动识别技术，是一种非接触式的自动识别技术。

RFID系统主要由两个部分组成：读写器和标签。读写器通过射频信号向周围发送电磁波，而标签则在接收到电磁波后进行响应。标签（如图2-7所示）内部包含一个芯片和天线，芯片中存储着唯一的识别信息，如产品序列号、物流信息等。当标签感受到电磁波时，芯片会被激活并返回存储的信息。

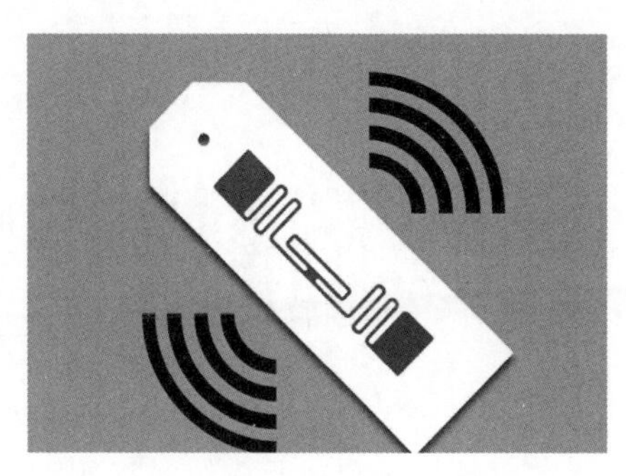

图2-7 射频识别电子标签

RFID技术的工作原理是：当读写器向标签发送射频信号时，标签内的天线感应到信号并从中获取能量。利用这部分能量，标签可以激活芯片，并将存储的信息通过响应信号的形式返回给读写器。读写器接收到标签的响应信号后，将其解码并传输给后台系统进行进一步的处理。

射频识别系统可工作于各种恶劣环境，与条码识别、磁卡识别技术和IC卡识别技术等相比，它以特有的无接触、抗干扰能力强、可同时识别多个物品等优点，逐渐成为应用领域最广泛的自动识别技术。

## 2.2 条码技术

作为一种高效、便捷的标识与自动识别技术，条码已经进入了人类生产生活的各个领域，在衣、食、住、行等方方面面几乎随处可以看到条码，例如，衣服的吊牌上、食品的包装上、房屋的设施上、出行的车票上。据统计，全球每天条码扫码次数高达上百亿次，并且还在以很快的速度增长。而在中国，条码的使用率更高，据统计全球约90%的二维码使用都在中国，早在2016年，我国的二维码平均每天扫码量已经达到了15亿次。

常见的条码是由反射率相差很大的黑条和白条排成的平行线图案。条码具有结构简单、信息采集速度快、可靠性高、灵活实用、成本低、识读设备结构简单等诸多优点，在商品流通、图书管理、邮政管理、银行系统等许多领域都得到广泛的应用。

条码技术的核心内容是通过利用光电扫描设备识读这些条形码符号来实现机器的自动识别，并快速、准确地把数据录入计算机进行数据处理，从而达到自动管理的目的。

随着零售业和消费市场的飞速扩大和发展，在全球范围内每天需要运用到条码扫描的次数已经过亿次,其应用范围涉及各个领域和行业,其中包括零售、物流、仓储、收银、医疗、食品以及高科技电子产品等,而且每天都在一些新增加的项目上持续用到条码技术。比如在物流业,物流中的货物分类、库位的分配、库位的查询、进出库信息、进出库盘点、产品查询等,如果用人力去做这些事,不仅浪费时间、人力、物力、财力等,还常常伴随着非常高的出错率,给大多数商家乃至整个物流业的发展带来颇多的困扰,而条码的应用极大地提高了作业效率。

条码可以分为一维条码和二维条码,如图 2-8 所示。一维条码简称一维码,是将宽度不等的多个黑条和空白,按照一定的编码规则排列来表示特定信息。二维条码简称二维码,是用特定的几何图形按一定规律在二维平面分布来表示特定信息,在代码编制上巧妙地利用构成计算机内部逻辑基础的 0、1 比特流的概念,使用若干与二进制相对应的几何形体来表示文字数值信息,通过图像输入设备或光电扫描设备自动识读以实现信息自动处理。

(a) 一维条码示例

(b) 二维条码示例

图 2-8 一维条码和二维条码

与一维码相比,二维码在数据存储容量、容错与可靠性等方面都具有明显优势。存储容量方面,一维码通常只能存储几十个字符,而二维码可以存储上千个字符,这使得二维码成为了更为强大的信息承载工具。无论是产品包装上的产品信息、电影票上的座位信息,还是交通工具上的车票信息,二维码都能提供更多的细节和实用性。容错与识别可靠性方面,二维码具备纠错能力,即使部分区域受损或模糊不清,扫码设备也能够自动修复并正确读取信息。相比之下,一维码受损时往往无法恢复原有信息,导致读取失败,这种纠错能力使得二维码在恶劣环境下的可靠性更高,例如,在分辨率较差的打印质量或模糊的摄像头扫描情况下。

### 2.2.1 条码识别原理

不同颜色的物体对不同波长可见光的反射特性不同,例如,白色物体能反射各种波长的可见光,黑色物体则吸收各种波长的可见光。条码识别就是用扫描器扫描条形码上的黑白条纹来解码信息。图 2-9 为条码识别的原理示意,当条形码扫描器上的光源发出的光经凸透镜 1 后,照射到黑白相间的条形码上时,反射光经凸透镜 2 聚焦后,照射到光电转换器上,于是光电转换器接收到与白条和黑条相应的强弱不同的反射光信号,并转换成相应的电信号输出到放大整形电路,整形电路把模拟信号转化成数字电信号,再经译码接口电路转换成数字或字符信息。

白条(也称为空)、黑条(也可以简称为条)的宽度不同,相应的电信号持续时间长短也不同。不过由于光电转换器输出的与条形码的条和空对应的电信号一般仅 10mV 左右,不能直接使用,还需要将光电转换器输出的电信号送到放大器进行信号放大。放大后的电信号仍然是一个模拟电信号,为了避免由条形码中的瑕疵和污点导致的错误信号,在放大电

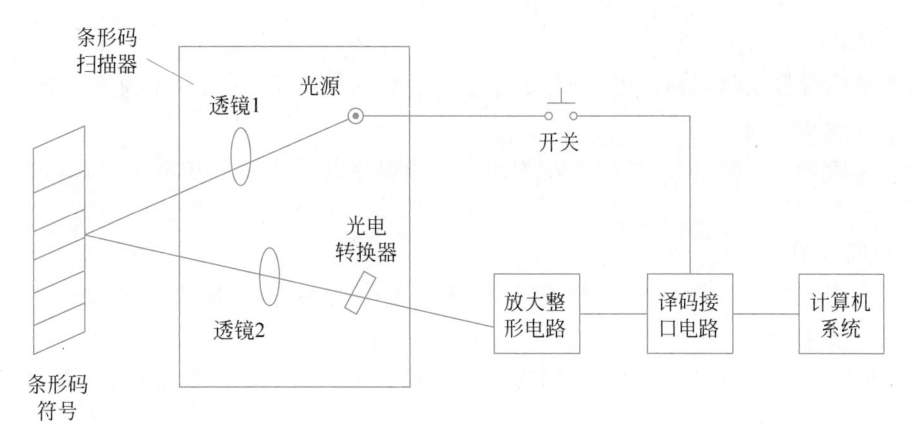


图 2-9 条码识别的原理

路后需增加整形电路，把模拟信号转换成数字电信号，以便计算机系统能准确判读。

整形电路输出的脉冲数字信号经译码器转换成数字或字符信息。译码器通过识别起始符、终止符来判别条形码符号的码制及扫描方向；通过测量脉冲数字电信号 0、1 的数目来判别出条和空的数目；通过测量 0、1 信号持续的时间来判别条和空的宽度。这样便得到了被识别的条形码符号的条和空的数目及相应的宽度和所用码制，根据码制所对应的编码规则，便可将条形符号换成相应的数字、字符信息，通过接口电路送给计算机系统进行数据处理与管理，这样就完成了条形码识别的全过程。

### 2.2.2 常用一维条码

1. EAN 码

EAN(European Article Number)码是国际物品编码协会制定的一种商品用条码，为全世界通用。EAN 码是定长的、纯数字型的、连续型的一维条码，它表示的字符集为数字 0～9。EAN 码是模块组合型条码，所谓模块(也称为模组)，即组成条码的基本宽度单位，一个模块的标准宽度为 0.33mm。一个模块宽的条(即条码的黑色部分)代表二进制 1，一个模块宽的空(即条码的白色部分)代表二进制 0，以此类推，这样便可以用不同宽度的条、空表示不同的信息。在 EAN 码中，每一个数字由两个条和两个空组成，每个条或者空占 1～4 个模块宽，每个数字共占 7 个模块宽。

标准版 EAN-13 包含 13 位数字，编码总宽度为 113 个模块，如图 2-10 所示。

| 113个模块 | | | | | | | |
|---|---|---|---|---|---|---|---|
| | 95个模块 | | | | | | |
| 左侧空白区 | 起始符 | 左侧数据符6×7个模块 | 中间分隔符 | 右侧数据符5×7个模块 | 校验码7个模块 | 终止符 | 右侧空白区 |
| 11 | 3 | 42 | 5 | 35 | 7 | 3 | 7 |

图 2-10 EAN-13 码编码结构

EAN-13 码由左侧空白区、起始符、左侧数据符、中间分隔符、右侧数据符、校验码、终止符、右侧空白区及供识别字符组成。其各个组成部分具体如下。

1) 左侧空白区

位于条码符号最左侧的与空的反射率相同的区域，宽度为 11 个模块。

2）起始符

位于条码符号左侧空白区的右侧，表示信息开始的特殊符号，由 3 个模块组成。

3）左侧数据符

位于起始符号右侧、中间分隔符左侧的一组条码字符。表示 6 位数字信息，由 42 个模块组成。

4）中间分隔符

位于左侧数据符的右侧，是平分条码字符的特殊符号，由 5 个模块组成。

5）右侧数据符

位于中间分隔符右侧，校验码左侧的一组条码字符。表示 5 位数字信息，由 35 个模块组成。

6）校验码

位于右侧数据符的右侧，表示校验码的条码符号，用来保证条码的正确性，由 7 个模块组成。校验码的生成过程如图 2-11 所示。

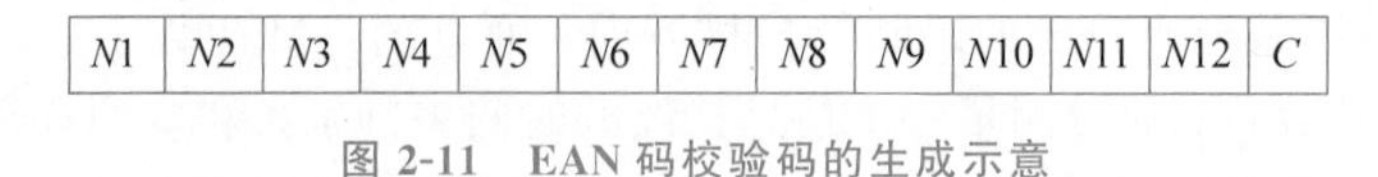

| *N*1 | *N*2 | *N*3 | *N*4 | *N*5 | *N*6 | *N*7 | *N*8 | *N*9 | *N*10 | *N*11 | *N*12 | *C* |
|---|---|---|---|---|---|---|---|---|---|---|---|---|

图 2-11　EAN 码校验码的生成示意

校验码的计算步骤如下：

$C1=N1+N3+N5+N7+N9+N11$；

$C2=(N2+N4+N6+N8+N10+N12)\times 3$；

CC＝($C1+C2$)结果取个位数；

$C$(校验码)＝10－CC(若值为 10，则取 0)。

7）终止符

位于条码符号校验码的右侧，表示信息结束的特殊符号，由 3 个模块组成。

8）右侧空白区

位于条码符号最右侧的与空的反射率相同的区域，其最小宽度为 7 个模块宽。为保护右侧空白区的宽度，可在条码符号右下角加“＞”符号。

EAN-13 码一般还具有供人识别的字符，位于条码符号的下方，表示与条码相对应的 13 位数字。其中第一位是导入值（也叫前置码），导入值印制在条码符号起始符的左侧，不用条码符号表示。供人识别的字符优先选用 GB/T 12508—1990 中规定的 OCR-B 字符集；字符顶部和条码符号底部的最小距离为 0.5 个模块宽。

图 2-12 是 EAN-13 码的具体示例。

从编码结构来看，代码可以分为 4 部分：前 3 位是国家代码（或称为国别码），是国际 EAN 组织分配给各会员组织的代码（如中国可用的国家代码有 690、691、692、693、694 和 695），中间 4 位是生产商代码，后 5 位是产品代码，最后一位是自动生成的校验码。

EAN 码的主要优点包括灵活性和通用性。它们不是仅限于在欧洲使用，而是在全球范围内广泛接受的标准。EAN 码的使用促进了商品的全球流通，特别是在零售行业，如超市和便利店，EAN 码有助于提高库存管理效率，确保商品准确、快速地到达消费者手中。此外，EAN 码还兼容美国的 UPC 码和日本的 JAN 码，进一步增强了其通用性。

当可印刷面积较小（小于 120cm$^2$）时，标准的 EAN 码无法使用。这时可以采用由 8 位数字组成的 EAN 缩短码，即 EAN-8。EAN-8 共 8 位数字，包括国别码 3 位，产品代码

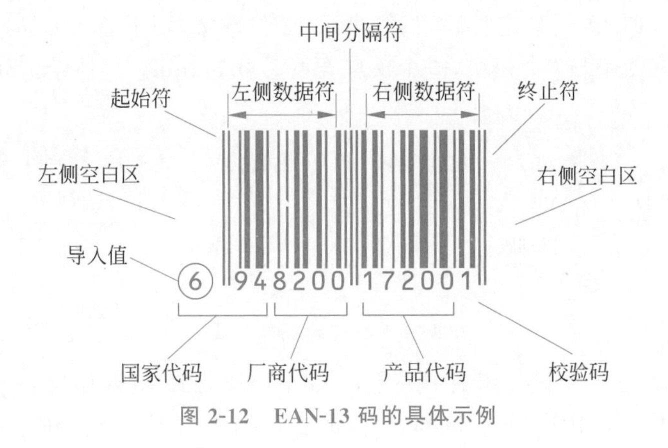


图 2-12 EAN-13 码的具体示例

4 位,及校验码 1 位,具体结构如图 2-13 所示。

81个模块

67个模块

| 左侧空白区 | 起始符 | 左侧数据符4×7个模块 | 中间分隔符 | 右侧数据符3×7个模块 | 校验码7个模块 | 终止符 | 右侧空白区 |
| --- | --- | --- | --- | --- | --- | --- | --- |
| 7 | 3 | 28 | 5 | 21 | 7 | 3 | 7 |

图 2-13 EAN-8 码的组成

从空白区开始共 81 个模块,每个模块的长度也是 0.33mm,条码符号总长度为 26.73mm。左右数据符编码规则与 EAN-13 码相同。具体如图 2-14 所示。

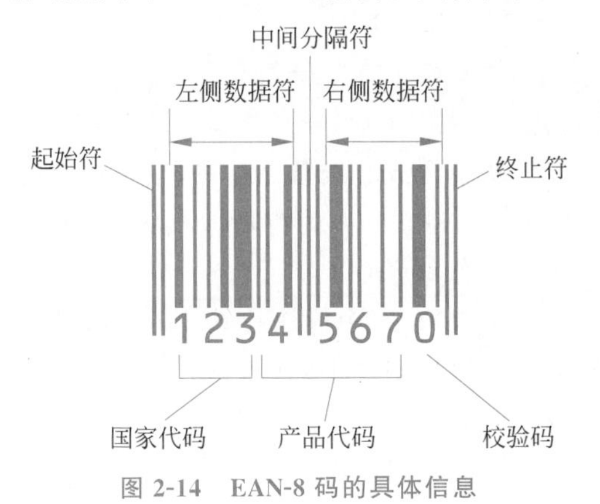


图 2-14 EAN-8 码的具体信息

计算校验码时只需在 EAN-8 代码前添加 5 个 0,然后按照 EAN-13 代码中的校验位计算即可。

2. UPC

UPC(Universal Product Code)是由美国统一代码委员会(Uniform Code Council Inc.,UCC)制定的一种条码码制,主要用于美国和加拿大地区,是最早大规模应用的条码。UPC 是一种长度固定、连续型的条码,由于其应用范围广泛,故又称万用条码。与 EAN 码一样,UPC 只能用来表示数字 0～9,每 7 个模块表示一个数字,每个模块有空(白色)与条(黑色)两种状态。UPC 分为 A、B、C、D、E 五种版本。

UPC-A 码：UPC-A 码是定长码，只能表示 12 位数字，用于通用商品，是应用范围最广泛的一种 UPC，一共有 113 个模块，每个模块宽度为 0.33mm。具体结构如图 2-15 所示。

<table>
<tr><td>9</td><td colspan="7">模块数 95</td><td>9</td></tr>
<tr><td>左空白</td><td>起始符</td><td>系统码<br>1位</td><td>左数据码<br>5位</td><td>分隔符</td><td>右数据码<br>5位</td><td>校验码<br>1位</td><td>终止符</td><td>右空白</td></tr>
<tr><td></td><td></td><td>国别码<br>2位</td><td>厂商代码<br>4位</td><td colspan="2">产品代码<br>5位</td><td colspan="2"></td><td></td></tr>
</table>

图 2-15　EPC-A 码的组成

从左至右，依次是 9 个模块组成的左空白、3 个模块(101)的起始符、1 位的系统码、5 位的左数据码、5 个模块(01010)的分隔符、5 位的右数据码、1 位的校验码、3 个模块(101)的终止符、9 个模块组成的右空白。其中，起始符、分隔符和终止符的模块高度都要高于数据码对应的符号。UPC-A 一般也有供人识别的字符，位于符号正下方。EPC-A 码的结构基本与 EAN-13 相同，如图 2-16 所示。

图 2-16　EPC-A 码的具体信息

UPC-A 码具有以下特点：

(1) 每个字符皆由 7 个模块组合成 2 线条 2 空白，其逻辑值可用 7 个二进制数字表示，例如，逻辑值 0001101 代表数字 1，逻辑值 0 为空白，1 为线条，故数字 1 的 UPC-A 码为粗空白(000)-粗线条(11)-细空白(0)-细线条(1)。

(2) 从空白区开始共 113 个模块，每个模块长 0.33mm，条码符号长度为 37.29mm。

(3) 分隔符两侧的数据码编码规则是不同的，左侧为奇，右侧为偶。奇表示线条的个数为奇数；偶表示线条的个数为偶数。

(4) 起始符、终止符、分隔符的模块高度高于数据码。

(5) 校验码的算法。

位于右侧数据符的右侧，表示校验码的条码字符，用来保证条码的正确性，如图 2-17 所示，校验码的计算步骤如下。

| $N1$ | $N2$ | $N3$ | $N4$ | $N5$ | $N6$ | $N7$ | $N8$ | $N9$ | $N10$ | $N11$ | $C$ |
|---|---|---|---|---|---|---|---|---|---|---|---|

图 2-17　UPC-A 码校验码的生成示意

$C1=(N1+N3+N5+N7+N9+N11)\times 3$；

$C2=N2+N4+N6+N8+N10$；

$CC=(C1+C2)$结果取个位数；

$C$(校验码)＝10－CC(若值为10,则取0)。

UPC-B\C\D 码与 UPC-A 码基本相同,主要用于不同的领域,B 码主要用于医药卫生、C 码用于产业部门、D 码用于仓库批发。

UPC-E 码是短码,总长度为 8 个字码。UPC-E 是 UPC-A 码的简化形式,其编码方式是将 UPC-A 码整体压缩成短码,以方便使用,因此其编码形式须经由 UPC-A 码来转换。A 码与 E 码之间数字的对应规则与最后一位校验码有关。UPC-E 没有分隔符,从左到右依次是起始符、数据符、校验码、终止符,条码正下方有供人识别的字符。其结构如图 2-18 所示。

图 2-18　UPC-E 码的具体信息

起始符:为辅助符号,仅供识别时用。

数据符:扣除第一码固定为 0 外,UPC-E 实际参与编码的部分只有 6 码,其编码方式,视校验码的值来决定。

校验码:为 UPC-A 码原型的校验码,作为一个导入值,并不属于数据码的一部分。

终止符:与起始符类似,为辅助符号,仅供识别时用。

3. 交叉 25 码

25 码是一种只用条表示信息的非连续型条码。每一个条码字符由规则排列的 5 个条组成,其中有两个条为宽单元(这也是 25 码名称的由来)。条、空以及字符间隔都是窄单元。交叉 25 码是由美国的 Intermec 公司发明的,是在原有的 25 条码的基础上发展起来的,弥补了 25 条码的许多不足,如交叉 25 码不仅增大了信息容量,而且由于本身具有校验功能,还提高了交叉 25 码的可靠性。2019 年,我国也研究制定了交叉 25 条码标准,主要应用于运输、仓储、工业生产线、图书情报领域的自动识别管理。交叉 25 码是一种条、空均表示信息的连续型、非定长、具有自校验功能的双向条码,它的字符集为数字字符 0～9,图 2-19 是表示 3185 的交叉 25 条码的示意。

从图 2-19 可以看出,交叉 25 码由左侧空白区、起始符、数据符、终止符及右侧空白区构成,它的每个条码数据由 5 个单元组成,其中 2 个是表示二进制的 1 的宽单元,2 个是表示二进制的 0 窄单元。

组成条码符号的条码字符个数应为偶数,当条码字符所表示的字符个数为奇数时,应在字符串左端添加一个字符 0。条码符号从左到右,表示奇数位字符的条码数据符由条组成,表示偶数位字符的条码数据符由空组成,图 2-20 是表示 251 的交叉 25 条码的示意。

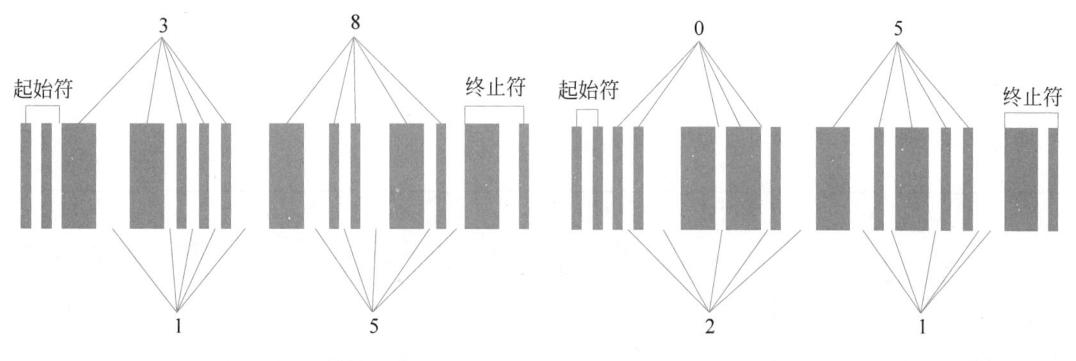


图 2-19　交叉 25 码结构示意　　图 2-20　补零后的交叉 25 码示意

起始符包括两个窄条和两个窄空，终止符包括一个宽条、一个窄条和一个窄空。

4. 39码

39码的每个条码字符由9个单元组成(5个条单元和4个空单元)，其中3个单元是宽单元，故称之为"39码"，具体如图2-21所示。

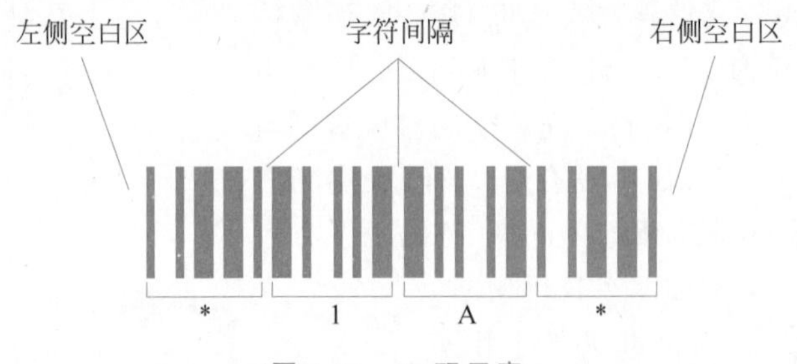


图2-21　39码示意

39码是一种条、空均表示信息的非连续型、非定长、具有自校验功能的双向条码，1975年由美国的Intermec公司研制，能够对数字、英文字母及其他字符等44个字符进行编码。由于它具有自检验功能，使得39码具有误读率低等优点。39码首先在美国国防部应用，目前广泛应用在汽车行业、材料管理、经济管理、医疗卫生和邮政、储运单元等领域。我国于1991年研究制定了39码标准(GB/T 12908—2002)，推荐在运输、仓储、工业生产线、图书情报、医疗卫生等领域应用。

39码的长度是可变化的，通常用"*"号作为起始符和终止符，39码的空白区是窄条的10倍。

39码的每个字元编码方式，都是由9条不同排列的线条编码而得。可区分成如表2-1所示的4种类型。

表2-1　39码的字元编码方式

| 类　别 | 线条形态 | 逻辑形态 | 线条数目 |
|---|---|---|---|
| 粗黑线 | | 11 | 2 |
| 细黑线 | | 1 | 1 |
| 粗白线 | | 00 | 2 |
| 细白线 | | 0 | 1 |

5. 库德巴码

库德巴码是1972年研制出来的，是一种长度可变的、非连续的、具备自校验功能的一维条码。库德巴码的错误率极低，而且设计简单、易印刷，使用方便，常用于仓库、血库和航空快递包裹中。

库德巴码可以表示数字和字母信息，其字符集为数字0～9，A、B、C、D四个大写英文字母，以及6个特殊字符（“－”“：”“/”“.”“＋”“＄”），共20个字符，其中A、B、C、D四个大写英文字母只用作起始符和终止符。

库德巴码每个字符由7条线条组成，包括4条黑色线条和3条白色线条，每个字符之间有一间隙作隔离。具体如图2-22所示。

图2-22 库德巴码示意

### 2.2.3 常用二维条码

#### 1. PDF417码

PDF(Portable Data File)意为“便携式数据文件”，是一种堆叠式二维条码，由留美华人王寅敬博士发明。PDF417是一种高密度、高信息含量的便携式数据文件，是实现证件及卡片等大容量、高可靠性信息自动存储、携带并可用机器自动识读的理想手段。

组成PDF码的每个字符符号都是由4个条和4个空构成，如果将组成条码的最窄条或空称为一个模块，则每个字符符号对应的4个条和4个空的总模块数一定为17（这也是PDF417码名称的由来），具体如图2-23所示。

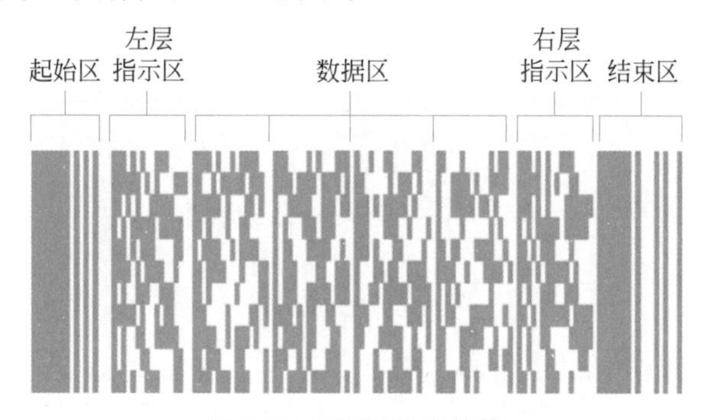

图2-23 PDF417码结构

PDF417码是一种多层的、可变长度的、高容量和具备纠错能力的二维条码。每个PDF417符号可以表示1108个字节、1850个ASCII字符或2710个数字的信息。PDF417码的纠错能力分为9级，级别越高，纠正能力越强。由于这种纠错功能，使得污损的PDF417条码也可以正确读出。

PDF417码的主要特点如下：

(1) 信息容量大。PDF417码根据不同的条空比例每平方英寸可以容纳250～1100个字符，在国际标准的证卡有效面积上，PDF417码可以容纳1848个字母字符、2729个数字字符或者约500个汉字信息，这比一维码信息容量高几十倍。

(2) 编码范围广。PDF417码可以将照片、指纹、掌纹、签字、声音、文字等对象数字化后的信息进行编码。

(3) 保密、防伪性能好。PDF417码具有多重防伪特性，它可以采用密码防伪、软件加密及利用所包含的信息如指纹、照片等进行防伪，因此具有极强的保密防伪性能。

(4) 译码可靠性高。PDF417码的误码率不超过千万分之一，译码可靠性极高。

(5) 修正错误能力强。PDF417码采用了先进的数学纠错理论，如果破损面积不超过50%，那么条码由于沾污、破损等所丢失的信息可以照常提取出来。

(6) 成本低廉。利用现有的点阵、激光、喷墨、热敏/热转印、制卡机等打印技术，即可在纸张、卡片、PVC 甚至金属表面上印出 PDF417 码。

(7) 条码符号的形状可变。PDF417 码的形状可以根据载体面积及美工设计等进行形状的调整。

PDF417 已广泛地应用在国防、公共安全、交通运输、医疗保健、工业、商业、金融、海关及政府管理等领域。

2. Code49 码

Code49 码是 David Allais 于 1987 年为 Intermec 公司设计的。Code49 码是一种多层的、连续型、可变长度的条码符号,它可以表示全部的 128 个 ASCII 字符,在工业领域应用十分广泛。

每个 Code49 码由 2~8 层组成,每层有 18 个条和 17 个空,包括开始部分、4 个数据字符(最后一个字符是校验码),以及一个停止部分,每一层 Code49 码的两端都是噪声安静区。

Code49 码具有层自检功能,且具有双向可译码性。Code49 码的层与层之间由一个层分隔条分开。每层包含一个层标识符,最后一层包含表示符号层数的信息。具体如图 2-24 所示。

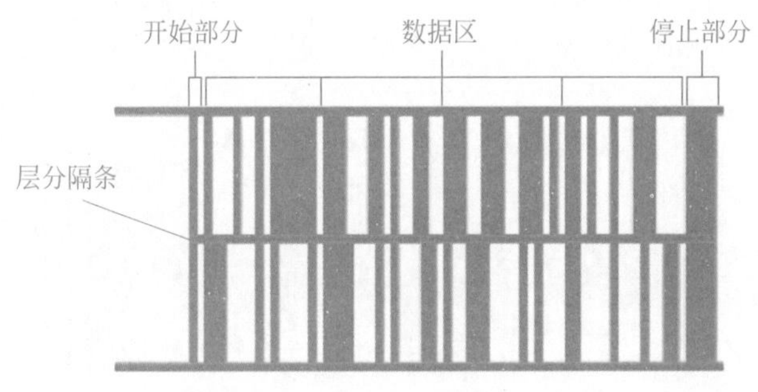


**图 2-24 Code49 码符号结构图**

3. Code 16K 码

Code 16K 码是于 1988 年由 Laserlight 系统公司的 Ted Williams 推出的一种多层的、连续型可变长度的条码符号,Code 16K 码可以表示 ASCII 字符集的全部 128 个字符及扩展 ASCII 字符,一个 16 层的 Code 16K 符号,可以表示 77 个 ASCII 字符或 154 个数字字符。

Code 16K 码通过唯一的起始符和终止符标识层号,通过字符自校验及两个模 107 的校验字符进行错误校验,结构如图 2-25 所示。

**图 2-25 Code 16K 码符号结构图**

Code 16K 码的编码规则如下:

(1) 编码字符集。Code 16K 码可以编码所有的 ASCII 字符以及扩展字符集,包括

ASCII 扩展字符。

(2) 起始字符。Code 16K 码以起始字符开始，用于识别条码的起始位置。起始字符的编码为 11010011100110。

(3) 数据字符编码。Code 16K 码将数据分为两个字符集：A 和 B。根据所需的字符集，每个字符使用 11 位二进制编码。

字符集 A 包含 ASCII 字符 0～94，它们的编码为 0001101～1011111。

字符集 B 包含 ASCII 字符 32～127，它们的编码为 0100111～1111100。

(4) 切换字符。Code 16K 码包含两个切换字符，用于在字符集 A 和字符集 B 之间切换。切换字符的编码为 111010111010。

(5) 结束字符。Code 16K 码以结束字符结束，用于标识条码的结束位置。结束字符的编码为 1101011111010。

(6) 校验字符。Code 16K 码可以包含一个校验字符，用于验证条码数据的准确性。校验字符是通过对数据字符进行计算得出的，并使用相应的编码表示。

4. QR 码

QR 码是由日本 Denso 公司于 1994 年研制的一种矩阵式二维码，可以很方便地应用于各种场合，是世界上使用最广泛的二维码，也是日常生活中不可或缺的二维码。QR 码的符号结构如图 2-26 所示。

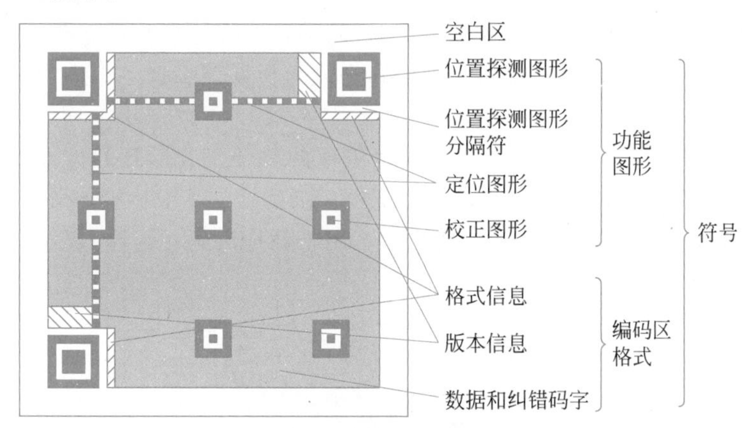


图 2-26 QR 码的符号结构

QR 码在一个矩形空间通过黑、白像素在矩阵中的不同分布进行编码。在矩阵相应元素位置上，用点(方点、圆点或其他形状)的出现表示二进制 1，点的不出现表示二进制的 0，点的排列组合确定了 QR 码所代表的意义。

QR 码设有 1～40 的不同版本，每个版本都具备确定的码元结构。从版本 1(21 码元×21 码元)开始，在纵向和横向各自以 4 码元为单位递增，一直到版本 40(177 码元×177 码元)。

QR 码的各个版本结合数据量、字符类型和纠错级别，均设有相对应的最多输入字符数。也就是说，如果增加数据量，则需要使用更多的码元来组成 QR 码，QR 码就会变得更大。

QR 码具有以下特点：

(1) 存储容量大。传统的条形码只能处理 20 位左右的信息量，与此相比，QR 码可处理条形码的几十倍到几百倍的信息量。另外，QR 码还可以支持所有类型的数据，如数字、英文字母、日文字母、汉字、符号、二进制、控制码等。一个 QR 码最多可以处理 7089 字(仅用数字时)的巨大信息量。

(2) 占用空间小。QR 码使用纵向和横向两个方向处理数据,对于相同的信息量,QR 码所占空间为条形码的十分之一左右。

(3) 表现形式多。QR 码是源于日本的二维码,因此非常适合处理日文字母和汉字。QR 码字集规格定义是按照日本标准"JIS 第一级和第二级的汉字"制定的,因此在日语处理方面,每个全角字母和汉字都用 13 位的数据处理,效率较高,与其他二维码相比,可以多存储 20%以上的信息。

(4) 纠错能力强。QR 码具备"纠错功能",即使部分编码变脏或破损,也可以恢复数据。数据恢复以码字为单位(是组成内部数据的单位,在 QR 码的情况下,每 8 位代表 1 个码字),最多可以纠错约 30%。

(5) 可以从任意方向读取。QR 码从任意方向均可快速读取,其奥秘就在于 QR 码中的 3 处定位图形,可以帮助 QR 码不受背景样式的影响,实现快速稳定读取。

(6) 支持数据合并功能。QR 码可以将数据分割为多个编码,最多支持 16 个 QR 码。使用这一功能,还可以在狭长区域内打印 QR 码,另外,也可以把多个分割编码合并为单个数据。

5. 汉信码

汉信码是由中国物品编码中心自主研发的,具有自主知识产权的一种二维条码。汉信码的研制成功有利于打破国外公司在二维条码生成与识读核心技术上的商业垄断,降低我国二维条码技术的应用成本。

每个汉信码符号是由 $n \times n$ 个正方形模块组成的一个正方形阵列构成,整个正方形的码图区域由信息编码区与功能图形区构成,如图 2-27 所示。其中功能图形区主要包括寻像图形、寻像图形分隔区与校正图形。功能图形不用于数据编码。码图符号的四周为 3 模块宽的空白区。

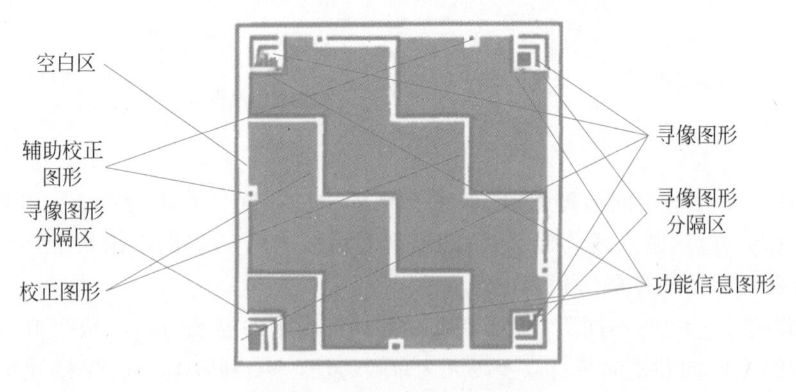


图 2-27 汉信码符号的结构

汉信码具有以下特点:

(1) 信息容量大。汉信码可以用来表示数字、英文字母、汉字、图像、声音、多媒体等一切可以二进制化的信息,并且在信息容量方面远远领先于其他码制。

(2) 具有高度的汉字表示能力和汉字压缩效率。汉信码支持 GB 18030—2022 中规定的 160 万个汉字信息字符,并且采用 12 比特的压缩比率,每个符号可表示 12~2174 个汉字字符。

(3) 条码符号的形状可变。汉信码支持 84 个版本,可以由用户自主进行选择。

(4) 支持加密技术。汉信码是第一种在码制中预留加密接口的条码,它可以与各种加密算法和密码协议进行集成,因此具有极强的保密防伪性能。

(5) 抗污损和抗畸变能力强。汉信码具有很强的抗污损和抗畸变能力,可以附着在常用物品上,并且可以在缺失两个定位标的情况下进行识读。

(6) 纠错能力强。汉信码采用先进的数学纠错理论,提供 4 种纠错等级,用户可以根据需要在 8%、15%、23%和 30%各种纠错等级上进行选择,从而具有高度的适应能力。

(7) 容易制作且成本低。利用现有的点阵、激光、喷墨、热敏/热转印、制卡机等打印技术,即可在纸张、卡片、PVC 甚至金属表面上印出汉信码。

## 2.3 RFID 技术

射频识别(Radio Frequency IDentification,RFID)是一种非接触式的自动识别技术,利用电磁信号的空间耦合或后向散射对物品或人员的身份进行识别。

RFID 技术起源于第二次世界大战时期的飞机雷达探测技术。射频识别经历了产生、探索、实践、推广及普及等几个阶段。20 世纪 40 年代,雷达技术的改进催生了 RFID 技术。第二次世界大战期间,英国空军在飞机上安装了由询问器和应答器组成的敌我识别系统(Identification Friend or Foe,IFF),这些系统与雷达协同工作,为英国空军取得了巨大技术优势。1948 年,Harry Stockman 发表的论文《用能量反射的方法进行通信》是 RFID 理论发展的里程碑。D. B. Harris 的论文《使用可模式化被动反应器的无线电波传送系统》提出了被动标签的概念。在这个探索期,RFID 技术主要是在实验室进行研究,设备成本高、体积大,无法实用化。1960—1980 年,随着无线通信、集成电路等技术的发展为 RFID 技术的商业化奠定了基础。20 世纪 60 年代,1 位电子标签用于防盗;20 世纪 70 年代,出现了基于集成芯片的电子标签;20 世纪 80 年代,挪威 RFID 电子收费系统、美国铁路 RFID 识别系统、欧洲 RFID 野生动物跟踪系统等得到成功应用;20 世纪 90 年代,美国公路自动收费系统,丰田、福特等汽车行业将 RFID 技术用于防盗,研发出基于 RFID 的人员管理系统;20 世纪 90 年代以后,随着标准化的建立以及成本的不断降低,应用行业规模不断扩大,零售商、政府机构等开始大力推行 RFID 应用。目前,RFID 相关产品逐渐成为人们生活中的一部分。

相较于条形码、磁条等识别技术,射频识别技术具有多目标识别、非接触精确识别、信息存储量大、安全性高、读取距离远、可重复擦写等优点,如表 2-2 所示。此外,通过与互联网技术及通信技术相融合,可对物品进行全球范围内的跟踪和信息共享。

表 2-2 RFID 与其他自动识别方式的比较

| 技术 | 数据载体 | 数据密度 | 识别方式 | 寿命 | 成本 |
|---|---|---|---|---|---|
| 条形码 | 纸或薄膜 | 低 | 接触 | 较短 | 低 |
| 磁条 | 磁性物质 | 一般 | 接触 | 短 | 较低 |
| 智能卡 | EEPROM | 高 | 接触 | 较长 | 高 |
| RFID | EEPROM/MTP | 高 | 非接触 | 长 | 高 |

### 2.3.1 RFID 系统组成与分类

1. RFID 系统的组成

RFID 系统一般由上位机系统、读写器和 RFID 标签组成,如图 2-28 所示。上位机系统控制读写器与标签的通信,处理读写器接收到的标签数据。读写器产生、发射射频信号,接收、解调标签返回的信号。标签根据需要传输的数据完成对射频信号的调制。

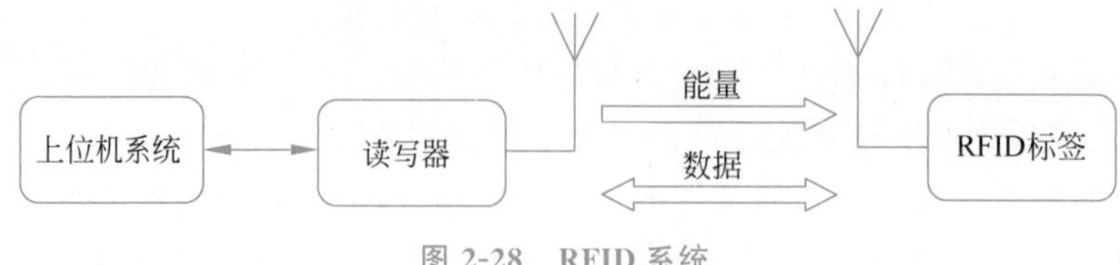


图 2-28 RFID 系统

RFID 标签附着在被识别对象上,是射频识别系统信息的载体,由天线、集成电路芯片和外部封装 3 部分组成。按照标签的驱动方式,标签可分为无源、半有源和有源 3 种类型,这 3 种类型标签的识别距离依次增加。

读写器部署于仓库、出入口等需要对物品进行识别的位置,是电子标签的读写设备,由天线、射频前端和数字基带 3 部分组成。按照功能,读写器可分为固定式、手持式和发卡器 3 种类型。固定式读写器一般可安装多个天线,如 Impinj 的 speedway 读写器可以同时连接 4 个天线,手持式读写器通常与便携式终端配合使用,发卡器用于对电子标签进行初始化。

上位机系统用于对数据进行管理、应用,读写器通过标准接口与上位机系统连接,实现数据传输功能。

2. RFID 系统的分类

按照电子标签是否携带电源,射频识别系统可分为无源 RFID 系统、半有源 RFID 系统和有源 RFID 系统。

按照工作频率,射频识别系统可分为低频(LF)、高频(HF)、超高频(UHF)和微波(MW)RFID 系统。低频 RFID 系统的工作频率为 125~135kHz,工作原理为空间耦合,电子标签为无源,作用距离小于 1m; 高频 RFID 系统的工作频率为 4.3MHz、13.56MHz 或 27MHz,工作原理为空间耦合,电子标签为无源,作用距离小于 1m; 超高频 RFID 系统的工作频率为 840~960MHz/433MHz(中国的频段为 920~925MHz),工作原理为后向散射,电子标签为无源或半有源,作用距离约为 10m; 微波 RFID 系统的工作频率为 2.45~5.8GHz,电子标签为有源,电子标签可主动向读写器发送数据,系统作用距离可达百米。

### 2.3.2 RFID 系统工作原理

1. RFID 系统的数据交互原理

读写器和标签通过非接触式耦合实现能量的传递和数据的交互,RFID 系统工作流程如下:

(1) 读写器向空间发射频率固定、功率一定的射频信号,检测识别范围内是否有标签存在;

(2) 位于读写器识别范围内的标签接收射频信号并对读写器指令解码,根据需要传输的数据调制入射射频信号并返回给读写器;

(3) 读写器接收标签返回的信号,将标签数据传输至上位机系统;

(4) 上位机系统对数据进行整合处理,向读写器发送下一步指令。

根据耦合方式,RFID 系统可分为电感耦合和电磁后向散射耦合两类,如图 2-29 所示。电感耦合采用变压器模型,读写器和标签的天线可视作初级线圈和高级线圈。当标签位于读写器识别范围内时，标签天线通过电磁感应为标签提供工作所需的能量。电感耦合方式适用于近距离系统，典型工作频率有125kHz、225kHz和13.56MHz。

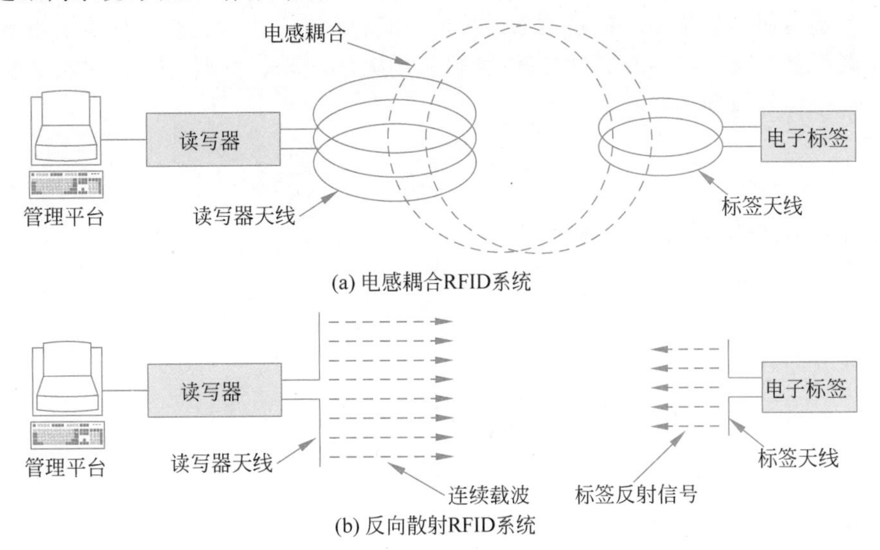


(a) 电感耦合RFID系统

(b) 反向散射RFID系统

图 2-29 电感耦合与后向散射调制

电磁后向散射耦合采用雷达模型。当空间电磁波遇到目标时，一部分会被目标吸收，另一部分会向各个方向散射。在散射的电磁波中，一部分会回到发射天线。读写器对返回天线的信号进行处理，得到标签传输的数据。电磁后向散射耦合方式适用于远距离系统，典型工作频率有433MHz、915MHz、2.45GHz和5.8GHz。

2. RFID系统中后向散射调制的能量传输

电磁波从天线向周围空间发射，会遇到不同的物体。到达这些物体的电磁能量一部分被吸收，另一部分以不同的强度散射到各个方向上去。反射能量的一部分最终返回到发射天线。

对射频识别系统来说，可以采用后向散射调制的系统，利用电磁波反射完成从电子标签到读写器的数据传输。这主要应用在915MHz、2.45GHz或者更高频率的系统中。

1）读写器到电子标签的能量传输

在距离读写器 $R$ 处的电子标签的功率密度为

$$P=\frac{P_{\mathrm{TX}}G_{\mathrm{TX}}}{4\pi R^2}=\frac{P_{\mathrm{EIR}}}{4\pi R^2} \tag{2-1}$$

其中，$P_{\mathrm{TX}}$ 为读写器的发射功率，$G_{\mathrm{TX}}$ 为发射天线的增益，$R$ 是电子标签和读写器之间的距离，$P_{\mathrm{EIR}}$ 是天线的有效辐射功率，即为读写器发射功率和天线增益的乘积。

在电子标签和发射天线最佳对准和正确极化时，电子标签可吸收的最大功率与入射波的功率密度 $S$ 成正比：

$$P_{\mathrm{Tag}}=A_{\mathrm{e}}S=\frac{\lambda^2}{4\pi}G_{\mathrm{Tag}}S=P_{\mathrm{EIR}}G_{\mathrm{Tag}}\left(\frac{\lambda}{4\pi R}\right)^2 \tag{2-2}$$

其中，$G_{\mathrm{Tag}}$ 为电子标签的天线增益，$A_{\mathrm{e}}=\frac{\lambda^2}{4\pi}G_{\mathrm{Tag}}$。

无源射频识别系统的电子标签通过电磁场供电，电子标签的功耗越大，读写距离越近，性能越差。射频电子标签是否能够工作主要由电子标签的工作电压来决定，这也决定了无源射频识别系统的识别距离。

2）电子标签到读写器的能量传输

电子标签返回的能量与它的雷达散射截面(RCS)$\sigma$ 成正比。它是目标反射电磁波能力的测量。散射截面取决于一系列的参数，如目标的大小、形状、材料、表面结构、波长和极化方向等。电子标签返回的能量为

$$P_{\text{Back}} = S\sigma = \frac{P_{\text{Tx}}G_{\text{Tx}}}{4\pi R^2}\sigma = \frac{P_{\text{EIR}}}{4\pi R^2}\sigma \tag{2-3}$$

电子标签返回读写器的功率密度为

$$S_{\text{Back}} = \frac{P_{\text{Tx}}G_{\text{Tx}}\sigma}{(4\pi)^2 R^4} \tag{2-4}$$

接收天线的有效面积为

$$A_{\text{W}} = \frac{\lambda^2 G_{\text{Rx}}}{4\pi} \tag{2-5}$$

其中，$G_{\text{Rx}}$ 为接收天线增益。

接收功率为

$$P_{\text{Rx}} = S_{\text{Back}} A_{\text{W}} = \frac{P_{\text{Tx}}G_{\text{Tx}}G_{\text{Rx}}\lambda^2\sigma}{(4\pi)^3 R^4} \tag{2-6}$$

可见，如果以接收的标签反射能量为标准，后向散射的射频识别系统的作用距离与读写器发送功率的四次方根成正比。

3. 基于环境后向散射的 RFID 系统

当前，物联网的发展面临严峻挑战。首先是能源负担加剧，物联网应用场景的不断丰富，使得接入物联网的设备规模日益扩大，物联网系统的能源供给需求也随之增加。其次是维护成本上升，物联网系统部署成本高，硬件不定时需要维护，大规模接入使得维护成本不断增加。再次是通信速率受限，随着计算性能的提升，通信系统对数据传输的要求越来越高，当前物联网通信设备大多采用主动射频单元，在功率受限的情况下难以实现高速传输。最后是频谱资源紧张，频谱是通信领域的核心资源，受限于当前的频谱分配方式，难以找到足够宽且连续的频谱服务于物联网，而随着海量物联网设备的接入，本就短缺的频谱资源更加拥挤。

环境后向散射通信为 RFID 的发展提供了新的可能。在环境后向散射通信系统中，标签可以从环境中收集能量维持自身正常运转，并将需要发送的信息调制到环境射频信号（如电视塔、基站、广播、Wi-Fi、LoRa、BLE 等）上进行传输，即环境射频源充当了标签的能量源和载波源。环境后向散射通信具有功耗低、易于部署、不依赖专用射频源、频谱共享等特点，与物联网“低功耗、广覆盖、可持续”的发展要义契合。将环境后向散射与射频识别技术相结合，不仅可以降低射频识别系统的成本，还能增大射频识别的应用范围和部署规模，对促进物联网得到快速发展与规模化应用具有重要现实意义。

图 2-30 是基于地面数字多媒体广播信号的环境后向散射 RFID 系统，由电视塔、环境后向散射标签和接收机构成。

环境后向散射标签与接收机选择某一频道的地面数字多媒体广播信号作为载波，通过非接触式耦合实现信息传递。环境后向散射标签应用射频能量收集技术从环境中获取工作所需的能量。RFID 标准规定电子标签的调制方式可采用 ASK 和 PSK，在基于地面数字

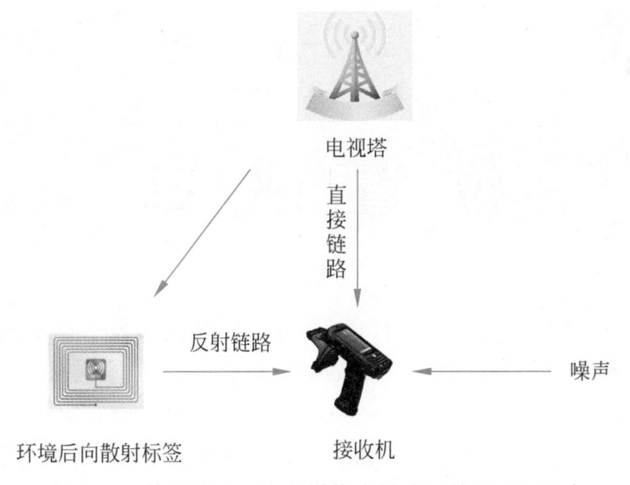


图 2-30 基于地面数字多媒体广播信号的 RFID 系统

多媒体广播的 RFID 系统中，环境后向散射标签通过开关键控实现对地面数字多媒体广播信号的后向散射调制。

地面数字多媒体广播信号从电视塔到接收机的路径称为直接链路，经环境后向散射标签反射到达接收机的路径称为反射链路。接收机接收的信号是直接链路信号、反射链路信号、噪声的叠加，接收机需要从复杂的接收信号中检测反射链路信号，提取后向散射信息。

### 2.3.3 RFID 系统的应用

RFID 系统主要应用于高速公路不停车收费及交通管理、食品追溯、图书管理、门禁系统、自动收费系统、生产线自动化、仓储管理、汽车防盗、产品防伪、监视系统、畜牧管理与动物识别、火车和货运集装箱的识别、运动计时、军事物流等领域。例如，在食品追溯领域，RFID 技术提供了“从农田到餐桌”的追溯模式，提取了生产、加工、流通、消费等供应链环节的追溯要素，建立了食品安全信息数据库，彻底实现食品的源头追踪。在图书管理领域，RFID 系统在图书馆藏书管理中可实现自助式服务，提升人性化服务水平；提高读者借还书效率，避免排队等候现象发生；实现图书快速清点，提高图书资源利用率；延长图书馆服务时间，拓展图书馆服务空间；提高图书流通速度，使图书利用价值最大化；减少珍贵图书受到污染及损坏的情况。

另外，在国内的 RFID 应用方面，居民二代身份证是目前规模最大的 RFID 应用案例；铁路车号自动识别系统更是开创了中国大规模 RFID 应用的先河，该系统可准确、及时地采集运行列车的车次、车号、车辆属性等信息，实现铁路运输局间分界口自动交接、核对，为运输费用结算提供客观依据，实现铁路货车的全路自动追踪、调度与管理，提高了列车的正点到达率，为列车安全运行提供了技术保障，如故障车辆定位和实时跟踪，确保运输秩序。另外，公交一卡通和北京奥运会电子票证系统等也是国内较为成功的 RFID 应用。

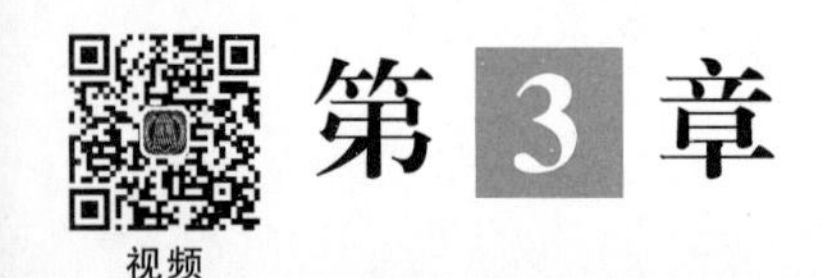

# 第3章 位置感知

位置感知主要解决"在哪儿"的问题。随着对卫星定位和导航技术研究的不断深入，人们对基于位置的服务（Location Based Service，LBS）已不再陌生，使用最广泛的LBS应用就是基于全球定位系统（Global Positioning System，GPS）的定位和导航服务。近年来，无线通信技术、互联网技术及微电子技术的飞速发展使得智能手机、平板电脑等移动智能终端得到了普及，基于LBS的应用也呈现出多样化发展的趋势。

定位技术可以分为室外定位技术和室内定位技术两种。在室外环境下，全球定位系统、北斗定位系统（BDS）等全球导航卫星系统（GNSS）为用户提供精确的位置服务，基本解决了在室外空间中进行准确定位的问题，并在日常生活中得到了广泛的应用。然而，在占人类日常生活时间80%的室内环境中，受到建筑物的遮挡和多径效应的影响，GNSS定位精度急剧降低，无法满足室内位置服务需要，因此室内定位主要采用Wi-Fi、蓝牙、UWB等技术。

## 3.1 室外定位技术

### 3.1.1 GPS定位

全球定位系统（GPS）是一个中距离圆形轨道卫星导航系统，可以为地球表面绝大部分地区提供准确的定位、测速和高精度的时间标准。GPS系统由美国国防部研制和维护，可满足位于全球任何地方或近地空间的用户连续精确地确定三维位置、三维运动和时间的需要。该系统包括太空中的24颗GPS卫星，地面上的1个主控站、4个注入站和6个监测站及作为用户端的GPS接收机。对于GPS接收机，最少只需接收到3颗卫星的信号就能迅速确定用户端在地球上所处的经度、纬度等位置信息以及海拔，所能接收到的卫星数越多，解算出来的位置就越精确。

导航卫星发射测距信号和导航电文，导航电文中含有卫星的位置信息。用户接收机在某一时刻同时接收3颗以上卫星信号，测量出用户接收机至3颗卫星的距离，通过星历解算出的卫星的空间坐标，利用距离交汇法就解算出用户接收机的位置，如图3-1所示。目前，国际上四大全球卫星导航系统，美国的GPS、我国的北斗系统、俄罗斯的GLONASS和欧洲的Galileo的定位原理是相同的，都是采用这种"三球交汇"的几何原理实现定位。

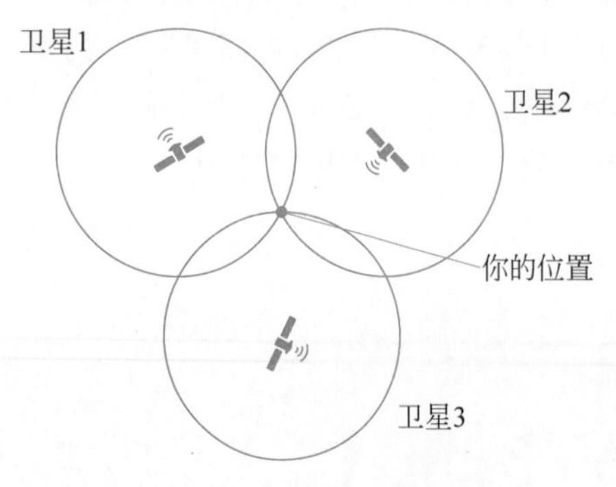

图3-1 卫星导航的"三球交汇"原理

GPS信号分为民用的标准定位服务（Standard Positioning Service，SPS）和军规的精确定位服务（Precise Positioning Service，PPS）两类。SPS无须

任何授权即可任意使用，美国因为担心敌对国家或组织利用SPS对美国发动攻击，故在民用信号中人为地加入选择性误差[即SA(Selective Availability选择可用性)政策]以降低其精确度，使其最终定位精确度约为100m，而军规的精度在10m以内。2000年以后，美国政府决定取消对民用信号的干扰，因此现在民用GPS也可以达到10m左右的定位精度。

GPS是最成功的卫星定位系统，被誉为人类定位技术的一个里程碑，系统具有以下特点：

(1) 全球、全天候连续不断的导航定位能力。GPS系统能为全球任何地点或近地空间的各类用户提供连续的、全天候的导航定位能力，用户终端不用发射任何信号，因而能满足多用户使用需求。

(2) 实时导航、定位精度高、观测时间短。利用GPS定位时，在1s内可以取得几次位置数据，这种近乎实时的导航能力对于高动态用户具有很大的意义，同时能为用户提供连续的三维位置、三维速度和精确的时间信息。利用C/A码的实时定位精度可达20～50m，速度精度为0.1m/s，利用特殊处理可达0.005m/s，相对定位精度可达毫米级。

(3) 测站无需通视。GPS测量只要求测站上空开阔，不要求测站之间互相通视。由于无需点间通视，点位位置根据需要可疏可密，这就使得选点工作变得非常灵活。

(4) 可提供全球统一的三维地心坐标。GPS测量可同时精确测定测站平面位置和大地高程，GPS定位是在全球统一的WGS-84坐标系统中计算的，因此全球不同地点的测量成果是相互关联的。

(5) 仪器操作简便。随着GPS接收机的不断改进，GPS测量的自动化程度越来越高。

(6) 抗干扰能力强、保密性好。GPS采用扩频技术和伪码技术，用户只需接收GPS信号，自身不会发射信号，从而不会受到外界其他信号源的干扰。

(7) 功能多、应用广泛。GPS是军、民两用系统，其应用范围十分广泛，例如，汽车导航和交通管理、巡线车辆管理、道路工程、个人定位以及导航仪等。

GPS系统主要由空间部分、地面监控部分和用户部分组成，如图3-2所示。

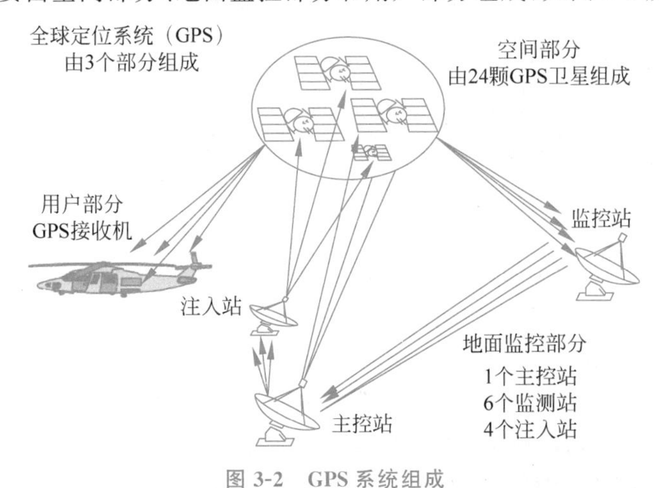


图3-2 GPS系统组成

空间部分即GPS卫星星座，由24颗卫星组成，其中21颗为工作卫星，3颗为备用卫星。24颗卫星均匀分布在6个轨道平面上，即每个轨道面上有4颗卫星。卫星轨道面相对于地球赤道面的轨道倾角为55°，各轨道平面的升交点的赤经相差60°，一个轨道平面上的卫星比西边相邻轨道平面上的相应卫星升交角距超前30°。这种布局的目的是保证在全球任何地点、任何时刻至少可以观测到 4 颗卫星。2011 年后，美国空军成功扩展 GPS 卫星星座，先后调整多颗卫星的位置，并增加发射了几颗卫星。目前，GPS 星座中有 32 颗卫星，其中 27 颗在同一时间内使用，其余的作为备用卫星。增加的卫星通过提供冗余测量改善了 GPS 接收机计算的精度。随着卫星数量的增加，星座的排列也变得不均匀。实验证明，相对于均匀系统，这种排列不仅提高了精度，还在多颗卫星故障时提高了系统的可靠性和可用性。通过扩展星座，在地球上任何地点的可见地平线上通常能看到 9 颗卫星，确保相比于定位所需的最低 4 颗卫星，有相当的冗余。

由 GPS 系统的工作原理可知，星载时钟的精确度越高，其定位精度也越高。早期试验型卫星采用由约翰斯·霍普金斯大学研制的石英振荡器，相对频率稳定度为 $10^{-11}$/s。误差为 14m。1974 年以后，GPS 卫星采用铷原子钟，相对频率稳定度达到 $10^{-12}$/s，误差为 8m。1977 年，BOKCK II 型卫星采用了马斯频率和时间系统公司研制的铯原子钟后相对稳定频率达到 $10^{-13}$/s，误差则降为 2.9m。1981 年，休斯公司研制的相对稳定频率为 $10^{-14}$/s 的氢原子钟使 BLOCK IIR 型卫星误差仅为 1m。

地面监控部分主要由 1 个主控站（Master Control Station，MCS）、4 个注入站（Ground Antenna Station）和 6 个监测站（Monitor Station）组成。主控站位于美国科罗拉多州的谢里佛尔空军基地，是整个地面监控系统的管理中心和技术中心。另外还有一个位于马里兰州盖茨堡的备用主控站，可在发生紧急情况时启用。注入站目前有 4 个，分别位于南太平洋马绍尔群岛的夸贾林环礁、大西洋上英国属地阿森松岛、英属印度洋领地的迪戈加西亚岛和位于美国本土科罗拉多州的科罗拉多斯普林斯。注入站的作用是把主控站计算得到的卫星星历、导航电文等信息注入相应的卫星。注入站同时也是监测站，另外还有位于夏威夷和卡纳维拉尔角的 2 处监测站，故监测站目前有 6 个。监测站的主要作用是采集 GPS 卫星数据和当地的环境数据，然后发送给主控站。

用户部分即用户设备，主要为各种形态的 GPS 接收机，如手持式、车载式、机载式等，用户设备的主要作用是从 GPS 卫星收到信号并利用传来的信息计算用户的三维位置及时间。

### 3.1.2 GLONASS 定位

GLONASS（Global Navigation Satellite System）是俄罗斯研制的卫星导航系统，该系统最早开发于苏联时期，后由俄罗斯继续该计划。

与 GPS 系统类似，GLONASS 由空间卫星系统（即空间部分）、地面监测与控制子系统（即地面控制部分）、用户设备（即用户部分）3 个基本部分组成。

空间卫星系统由 24 颗卫星组成，原理和方案与 GPS 类似，如图 3-3 所示。24 颗卫星分布在 3 个轨道平面上，这 3 个轨道平面两两相隔 120°，同平面内的卫星之间相隔 45°。每颗卫星都在 19 100km 高、64.8°倾角的轨道上运行，轨道周期为 11 小时 15 分钟。

地面监测与控制子系统全部都在俄罗斯领土境内，系统控制中心和中央同步处理器位于莫斯科，遥测遥控站位于圣彼得堡、捷尔诺波尔、埃尼谢斯克和共青城。

用户设备能接收卫星发射的导航信号，并测量其伪距和伪距变化率，同时从卫星信号中提取并处理导航电文。接收机处理器对上述数据进行处理并计算出用户所在的位置、速度和时间信息。

GLONASS 系统提供军用和民用两种服务，GLONASS 系统绝对定位精度水平方向为 16m，垂直方向为 25m。GLONASS 技术可为全球海陆空以及近地空间的各种军、民用户全

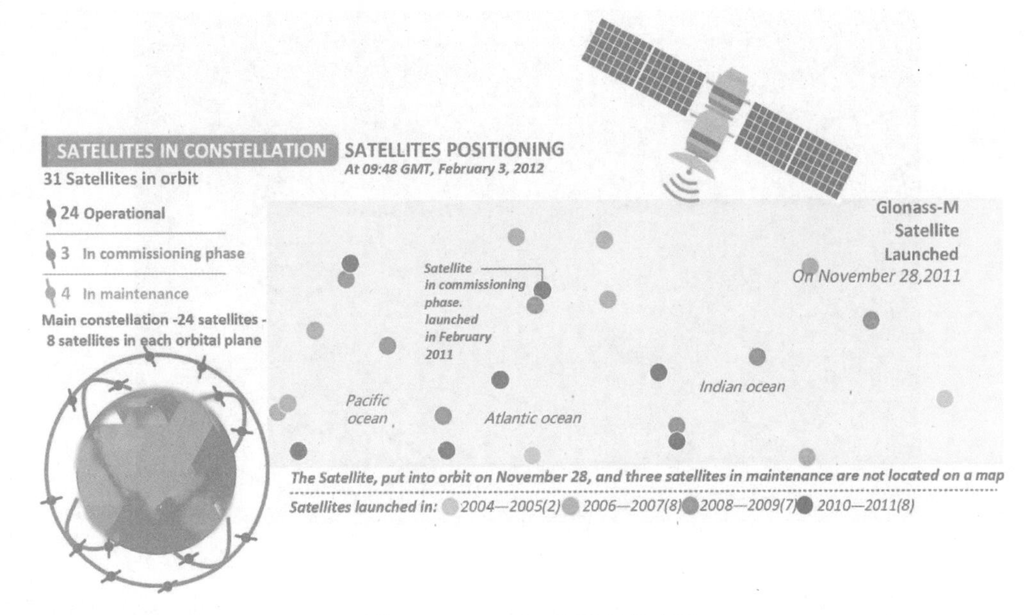


图 3-3 GLONASS 系统卫星分布

天候、连续地提供高精度的三维位置、三维速度和时间信息。GLONASS 在定位、测速及定时精度上则优于施加选择可用性(SA)之后的 GPS。

### 3.1.3 北斗定位

北斗卫星导航系统(Beidou Navigation Satellite System,BDS)是中国自行研制的全球卫星导航系统,也是继 GPS、GLONASS 之后的第三个成熟的卫星导航系统。北斗卫星导航系统和美国 GPS、俄罗斯 GLONASS、欧盟 GALILEO 是联合国卫星导航委员会已认定的供应商。全球范围内已经有 100 多个国家与北斗卫星导航系统签下了合作协议。随着全球组网的成功,北斗卫星导航系统未来的国际应用空间将会不断扩展。

和其他导航系统类似,北斗卫星导航系统由空间段、地面段和用户段 3 部分组成,可在全球范围内全天候、全天时为各类用户提供高精度、高可靠定位、导航、授时服务,并且具备短报文通信能力,已经具备区域导航、定位和授时能力,定位精度为分米、厘米级别,测速精度 0.2m/s,授时精度 10ns。

空间段由若干地球静止轨道卫星、倾斜地球同步轨道卫星和中圆地球轨道卫星组成,如图 3-4 所示①。"北斗二号"包括 14 颗组网卫星和 6 颗备份卫星,"北斗三号"包括 30 颗组网卫星和 5 颗试验卫星。北斗系统采用混合的异构星座部署,"北斗三号"系统由 24 颗中圆地球轨道卫星、3 颗地球静止轨道卫星和 3 颗倾斜地球同步轨道卫星共 30 颗卫星组成。北斗独创的混合星座设计,既能实现全球覆盖、全球服务,又可为亚太大部分地区用户提供更高性能的定位导航授时服务。亚太大部分地区,每时可见 12～16 颗卫星,全球其他地区每时可见 4～6 颗卫星,卫星可见性和几何构型较好。

地面段包括主控站、时间同步/注入站和监测站等若干地面站,以及星间链路运行管理设施。主控站用于系统运行管理与控制等。主控站从监测站接收数据并进行处理,生成卫星导航电文和差分完好性信息,而后交由注入站执行信息的发送。同时,主控站还负责管

① 实际发射的卫星数比计划的多。

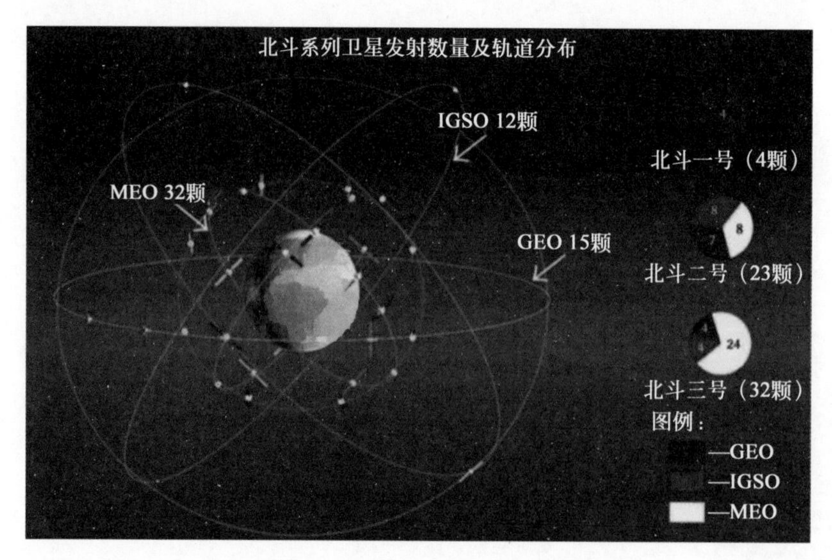


图 3-4　北斗卫星导航系统星座

理、协调整个地面控制系统的工作。注入站用于向卫星发送信号，对卫星进行控制管理，在接受主控站的调度后，将卫星导航电文和差分完好性信息发送给卫星。监测站用于接收卫星的信号，并发送给主控站，实现对卫星的跟踪、监测，为卫星轨道确定和时间同步提供观测资料。

用户段即用户的终端，既可以是专用于北斗卫星导航系统的信号接收机，也可以是同时兼容其他卫星导航系统的接收机。接收机需要捕获并跟踪卫星的信号，即可测量出接收天线至卫星的伪距离和距离的变化率，解调出卫星轨道参数等数据。接收机中的微处理计算机根据这些数据按一定的方式进行定位计算，最终得到用户的经纬度、高度、速度、时间等信息。北斗卫星导航系统采用卫星无线电测定（RDSS）与卫星无线电导航（RNSS）集成体制，既能像其他导航系统一样为用户提供卫星无线电导航服务，又具备位置报告及短报文通信功能。

卫星信号接收机有各种类型，有用于航天、航空、航海的机载导航型接收机，也有用于测定定位的测量型接收机，还有普通大众使用的车载、手持型接收机。接收设备也可嵌入其他设备中构成组合型导航定位设备，如导航手机、导航相机等。

北斗系统增强系统包括地基增强系统与星基增强系统。北斗地基增强系统是北斗卫星导航系统的重要组成部分，按照“统一规划、统一标准、共建共享”的原则，整合国内地基增强资源，建立以北斗为主、兼容其他卫星导航系统的高精度卫星导航服务体系。利用北斗/GNSS 高精度接收机，通过地面基准站网，利用卫星、移动通信、数字广播等播发手段，在服务区域内提供 1～2m、分米级和厘米级实时高精度导航定位服务。北斗星基增强系统是北斗卫星导航系统的重要组成部分，通过地球静止轨道卫星搭载卫星导航增强信号转发器，可以向用户播发星历误差、卫星钟差、电离层延迟等多种修正信息，实现对于原有卫星导航系统定位精度的改进。按照国际民航标准，开展北斗星基增强系统设计、试验与建设。已完成系统实施方案论证，固化了系统下一代双频多星座（DFMC）SBAS 标准中的技术状态，进一步巩固了 BDSBAS 作为星基增强服务供应商的地位。

北斗系统具有以下特点：一是北斗系统在空间段采用 3 种轨道卫星组成的混合星座，与其他卫星导航系统相比高轨卫星更多，抗遮挡能力强，尤其低纬度地区性能特点更为明显；二是北斗系统提供多个频点的导航信号，能够通过多频信号组合使用等方式提高服务精度；三是北斗系统创新融合了导航与通信能力，具有实时导航、快速定位、精确授时、位置报告和短报文通信服务五大功能。

### 3.1.4 基站定位

随着移动通信技术的发展，人们在全球范围内建立了大量的通信基站，利用通信基站作为无线定位基站成为移动通信网络提供LBS业务的新途径，使得移动通信终端也具备了定位功能，并进一步降低了移动定位的成本，增强了移动通信功能的实用性。

移动通信基站定位从定位计算的原理上大致可以分为3种类型，即基于三角关系和运算的定位技术、基于场景分析的定位技术和基于邻近关系的定位技术。

1. 基于三角关系和运算的定位技术

基于三角关系和运算的定位根据测量得出的数据，利用几何三角关系计算被测物体的位置，它是最主要也是应用最为广泛的一种定位技术。基于三角关系和运算的定位技术可以细分为基于距离测量的定位技术和基于角度测量的定位技术。

1）基于距离测量的定位技术

基于距离测量的定位首先需要测量参考点与被测对象之间的距离，然后利用三角定位原理计算被测物体的位置。距离测量的方法包括直接通过物理移动来测量参考点与被测物体之间的距离、测量参考点与被测物体之间的无线电波传播时间，以及测量无线电波能量从参考点到被测物体之间的衰减。

2）基于角度测量的定位技术

基于角度测量的定位技术与基于距离测量的定位技术在原理上是相似的，两者主要的不同在于前者测量的被测对象与参考点的角度，而后者测量的是距离。一般来说，如果要计算被测物体的平面位置，则需要测量两个角度和一个距离。

2. 基于场景分析的定位技术

基于场景分析的定位技术对定位的特定环境进行抽象和形式化，用一些具体的、量化的参数描述定位环境中的各个位置，并用一个数据库把这些信息集成在一起。观察者根据待定位物体所在位置的特征查询数据库，并根据特定的匹配规则确定物体的位置。由此可以看出，这种定位技术的核心是位置特征数据库和匹配规则，它本质上是一种模式识别方法。

3. 基于邻近关系的定位技术

基于邻近关系的定位技术基于邻近关系进行定位，即根据待定位物体与一个或多个已知位置的邻近关系来定位。在基站定位中，常用的定位方法包括场强定位、蜂窝小区定位、到达角定位等。

1）场强定位法

这种方法主要是利用移动目标靠近或远离基站时所带来的信号衰减变化来估计移动目标的方位。如果移动目标发出的信号功率已知，那么在另一点测量信号功率时，就可以利用一定的传播模型估计出移动目标与该点的距离。

场强定位法的理论依据是无线信号的大尺度传播模型。在大尺度传播模型中，如果基站采用全向天线，则基站信号功率的衰减为信号传播距离的函数。因此，根据基站发射功率和移动目标接收功率，便可计算出信号的传播距离，移动目标则位于以基站为圆心，两者距离为半径的圆上。对不在同一直线上的3个基站进行测量，由此确定的3个圆的交点即为移动目标的位置。

2）蜂窝小区定位

获取移动目标当前所在小区的ID从而得到其位置信息，是最简单的一种定位方法，也是当今无线网络中广泛采用的定位技术。另外，它也能为基于位置的计费和信息需求提供服务。由于小区是任何无线蜂窝系统的固有特性，因此只需对当前系统作很少改动就可适用这种技术。蜂窝小区定位技术可以发展为基于网络或基于移动目标的实现方式。前者由网络获取移动目标所处于小区的ID，无须对移动目标作任何改动，但只能在移动目标处于激活态下才能进行定位。后者需要在每个小区广播本小区基站的地理坐标，移动目标根据所在小区的广播信息，获知自己的位置信息。

3）到达角定位

信号到达角（Angle Of Arrival，AOA）定位技术最初由军方和政府机构共同研发，后来被运用到模拟无线通信中。由于数字移动通信具有信号短和信道共享的特点，因此该技术很难成功用于数字系统。该技术的一般版本称为“小缝隙方向寻找”。它需要在每个蜂窝小区的基站放置4～12组天线阵列，这些天线阵列共同工作，由此确定移动设备发送信号相对基站的角度。当有不少于两个基站都发现了该信号源的角度时，分别从这些基站的角度引出射线，这些射线的交点就是移动目标的位置。信号到达角定位技术是由两个或更多基站通过测量接收信号的到达角来估计移动用户的位置。接收机通过天线阵列测出电波的入射角，从而构成一根从接收机到发射机的径向连线，即方位线。基站利用接收机天线阵列测出接收到的移动终端发射电波的入射角（信号的方向），构成从接收机（基站）到移动终端的径向连线，即方位线。两根连线的交点即为移动终端的位置。两个基站的到达角测量就能确定目标移动终端的位置。利用两个或两个以上接收机提供的到达角测量值，按到达角定位算法确定多条方位线的交点，即为待定位移动终端的估计位置。

4）到达时间定位

信号到达时间（Time Of Arrival，TOA）定位技术与场强定位技术的定位原理相类似，也是首先获得移动目标到3个基站的距离，根据由此确定的3个圆的交点确定移动目标的位置。不同之处在于TOA技术中测量的是移动目标上行信号到达基站的传播时间。由于电波的传播速率是已知的，将传播时间与速率相乘即可直接计算出移动目标与基站的间距。为了精确地测量信号的传播时间，TOA技术要求移动目标和基站的时间精确同步。信号到达时间定位方法是通过测量移动终端发出的定位信号（上行链路信号）到达多个基站的传播时间来确定移动终端的位置，该方法至少需要3个基站。发射的信号在自由空间中的传播速度为光速，当一个基站检测到一个信号时可以确定其绝对的到达时间。如果同时知道移动终端发射信号的时间，则这两个信号的时间差可以用来估计信号从移动终端到基站经历的时间。经过3次（二维空间）或4次（三维空间）测量即可确定目标的位置。

5）数据库定位

相关数据库定位（DCM）技术是一种通用技术，可以用于任何无线蜂窝网络中。它一般不能支持现有的移动目标，其最终性能在很大程度上取决于匹配算法的优劣和位置服务器的计算和存储能力，建立信号指纹数据库并对其进行持续的扩充和维护，是提高定位系统性能必不可少的开销。相关数据库定位技术的基本原理是：建立一个位置信息相关数据库，存储定位系统覆盖范围内每个位置所观察到无线信号的特征信息；当需要定位时，移动目标测量周围环境的无线信号信息并把测量结果发送到位置服务器；位置服务器将测量结果与数据库中内容进行比较匹配，与测量结果一致的信号特征信息所对应的位置区域就是移动目标当前的位置。针对不同的通信系统，信号特征信息（或称信号指纹）可以包含信号强度、信号延时和信道脉冲响应，以及其他任何移动目标可观测的与位置相关的无线信号信息（如GPS卫星信号）。

## 3.2 室内定位技术

### 3.2.1 Wi-Fi定位技术

基于IEEE 802.11标准的WLAN，通常称为Wi-Fi，WLAN工作在不同的频段上，其中工业、科学和医学（Industrial Science and Medical，ISM）频段（2.4GHz和5GHz）正是需要关注的Wi-Fi定位的频段。如今，大部分的移动设备包括智能手机、智能手表以及笔记本电脑都基本内嵌了Wi-Fi模块，使得Wi-Fi广泛应用于室内定位和导航。Wi-Fi定位系统通常包含移动终端（智能手机、智能手表等）、多个访问节点组成的无线局域网、定位服务器以及定位管理系统，如图3-5所示。

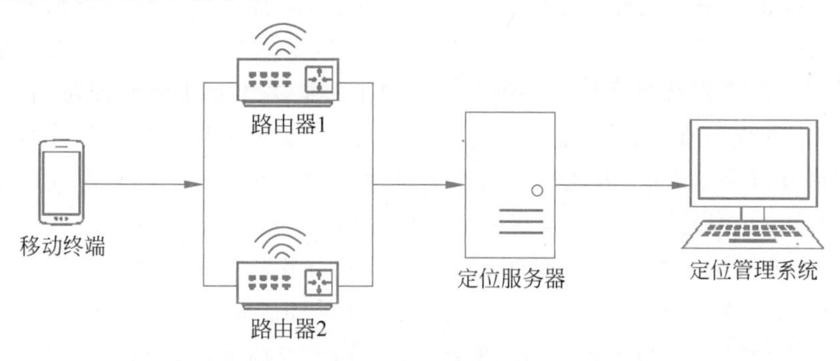


图3-5 Wi-Fi定位系统的组成

在室内具有无线局域网覆盖的地方，当室内的人员或者物品携带的移动终端向外连续发射信号时，访问节点就会接收到移动终端发送来的信号，然后将信号传输给定位服务器，定位服务器分析接收到的信息给出移动终端的位置信息，最后由定位管理系统对数据进行实时分析处理，通过界面显示给监控人员提供移动终端的实时位置或者移动轨迹。

在室内定位中，Wi-Fi技术得到了广泛的运用。一方面，Wi-Fi普及率高，方便部署，普通的智能手机就可以作为一个简单的Wi-Fi模块；另一方面，Wi-Fi信号捕获方式简便，利用手机就可以获取到Wi-Fi对象信息，与此同时还可以获得到该Wi-Fi对象的RSSI信息，方便采集，基于Wi-Fi的室内定位方案通常不需要额外的基础设施。基于上述优势，基于Wi-Fi的室内定位技术成为主流的室内定位解决方案。

### 3.2.2 蓝牙定位技术

蓝牙是无线个人局域网协议的一种，是2.4GHz频段的典型射频信号，其设备和信号的特点包括安全、低成本、低功耗和小尺寸等，可以满足5～10m范围内的设备间通信这一最初的设计目标。随着其优势的逐渐显现，大部分电子设备均支持这一协议，关于将其应用于定位的研究也越来越多。

在早期的协议版本中，并不支持直接获取接收信号强度指标（Received Signal Strength Indicator，RSSI）等特征量，基于蓝牙信号的定位系统采用了CoO（Cell of Origin）方法，即按可接收到信号的基站位置进行定位。得益于蓝牙的短距特性，该系统的定位精度号称可达到 10～20m，也即基站设备可以覆盖的被搜索范围。

随着协议的发展，RSSI 可方便地获取并上报这一与距离高度相关的观测量，引起了广泛的关注和研究。有的系统直接利用其距离测量再结合多边交汇等原理进行定位，有一些则直接应用了指纹方法，还有一些将神经网络、机器学习相关技术应用其中。在基本定位功能实现的基础上，也有研究致力于优化这些设备的布设密度等。现行商业化较成功的信标（beacon）系统实际是在蓝牙协议之上，封装了一套针对定位应用的上层协议，例如，苹果公司定义的 iBeacon 协议和开源的 Eddystone 等，其将设备信息等封装于广播包中，但本质上仍然多是基于本地评估的 RSSI 进行定位。尽管针对蓝牙 RSSI 定位的问题，许多研究人员进行了特别的、创新性的探索，例如，除了用于距离测量之外，也有一些研究将 RSSI 的特征用于角度测量。但由于多径、遮挡以及信号吸收等各方面电磁信号传播过程的影响，信号强度在实际使用中仍然面临着不稳定这一问题。这是因为接收端评估的信号强度值为所有传播过程总的表现形态，基于 RSSI 的系统实际上很难获得与环境直接相关的本质特征量，以致几乎无法在实际环境中达到稳定的高精度性能，例如，一些同样使用 RSSI 来定位的 Wi-Fi 系统也面临着同样的难题。对于这种问题，通常需要采用更复杂的手段或基于特别的协议，例如，在 Wi-Fi 领域出现了 FTM 协议，以及利用 CSI 等更接近于信号传播本质的观测量用于定位方面的研究。近年来也出现了一些关于基于时间测量的研究，但其在精度方面比 RSSI 而言没有显著提升。究其原因，由于蓝牙不像 UWB 等信号那样拥有极高带宽而存在分辨率的优势，因此很难用于实时的精确时间测量。尽管时间测量的方法同样也会受环境影响，但其影响在一定程度上是可分析的，例如，遮挡导致时间测量通常只是变长，多径效应导致的角度观测可能变为多个，等等。率先成熟地将商业蓝牙设备用于高精度室内定位的是芬兰 Quuppa 公司的系统，该系统采用了精心设计的天线阵列，可兼容手机等设备。由于设计和安装等各方面的原因，尽管其定位精度高，但系统建设成本也高，同时也很难公开查证其工作原理。

蓝牙定位可以分为终端侧定位法和网络侧定位法。终端侧定位可以在移动终端上实时看到自己的位置信息，即移动终端可以自行处理自身的位置信息并实时更新具体位置，其主要应用于室内人员的导航。网络侧定位与其他的几种定位技术相似，需要定位服务器对标签的位置信息进行分析处理，然后才能获得标签的具体位置信息，网络侧定位更适合对室内的人员或物品进行定位。无论是终端侧定位还是网络侧定位，采用的都是基于 RSSI 定位法的定位技术，这种方法在室内环境中会受到很大影响，因此定位精度较差。

蓝牙 5.1 标准的提出，使得蓝牙定位技术获得了更多的定位方法，其包含了全新的测向功能，这个功能可以通过检测标签发射的蓝牙信号相对于基站的方向角进行定位，这极大地提高了室内定位的精度，可提供更好的室内位置服务。基于蓝牙 5.1 标准的室内定位技术包括两种定位方法：一种是信号到达角（AOA）法，另一种是信号出发角（AOD）法。基于信号到达角法的蓝牙测向原理如图 3-6 所示，通过一个单天线的发射器向外发射信号，接收端装置天线阵列，由于信号到达天线阵列上的每个天线存在时延，从而导致产生相位差，

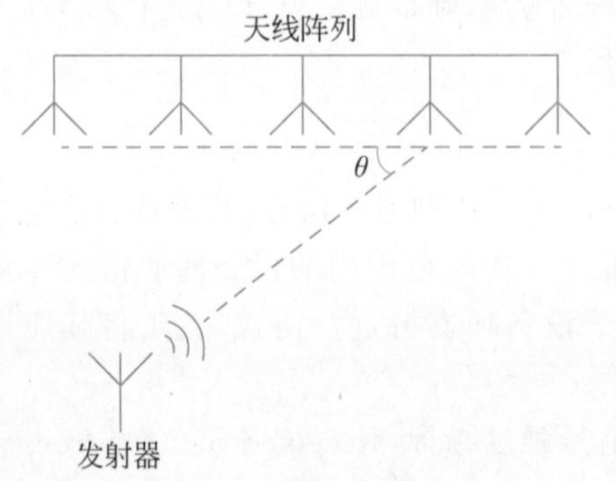

图 3-6　基于信号到达角法的蓝牙测向原理

根据相位差计算出信号到天线阵列的方向。

### 3.2.3 超宽带定位技术

超宽带(Ultra Wide Band,UWB)技术是一种较短距离的无线通信技术,与传统的通信技术不同,传统的通信技术需要使用载波来传输数据,而超宽带技术使用的是纳秒或纳秒级以下的超窄脉冲来传输数据。利用它的特性,超宽带技术也可以应用于室内定位,但与其他的室内定位技术不同,超宽带技术并不是基于 RSSI 方法进行定位计算,而是利用无线信号的飞行时间(TOF)来计算。超宽带定位技术有两种定位方法。一种是基于飞行时间(TOF)的方法。基于 TOF 的 UWB 定位系统如图 3-7 所示,系统由多个定位基站和电子标签组成,电子标签和每个基站都会进行至少 3 次的信息交互,通过多次信息交互,各个基站都会获得与电子标签相对应的距离信息,然后根据各个基站所测得的距离,以基站为中心画圆,从而得到各个圆相互的交点,则交点就是电子标签的位置。

另一种是基于到达时间差(TDOA)的方法。基于 TDOA 的 UWB 定位系统如图 3-8 所示,系统同样由多个定位基站和电子标签组成,TDOA 方法分为无线同步和有线同步,为了降低系统的建设成本,一般采用无线同步的形式,基站 1 与其他几个基站必须保持同步,电子标签在基站的覆盖范围内不断发送其位置信息数据包,由于电子标签到达各个基站的距离不同,使得到达的时间也不同,根据标签到达各个基站的时间差画出双曲线,同理可以得到交点处即为标签的位置。

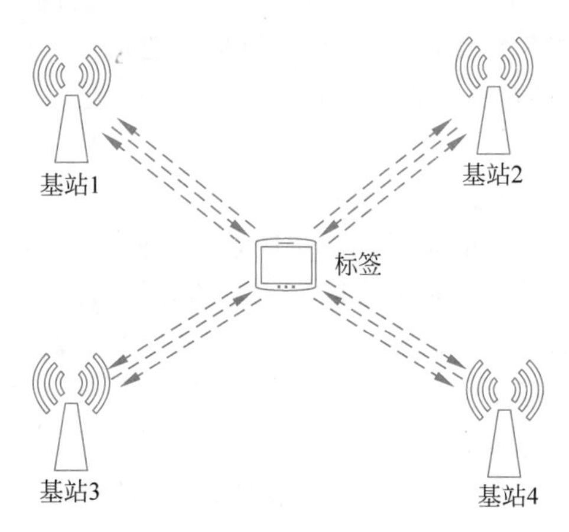

图 3-7 基于 TOF 的 UWB 定位系统

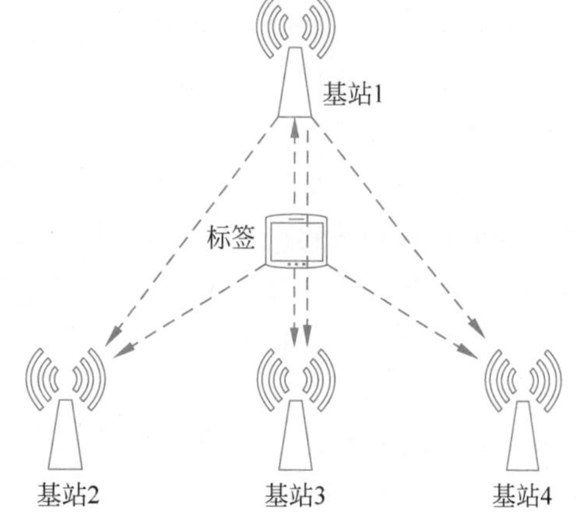

图 3-8 基于 TDOA 的 UWB 定位系统

### 3.2.4 RFID 定位技术

随着 RFID 技术的飞速发展,许多场景都部署了 RFID 系统对贴有标签的物品进行自动识别。系统可以通过部署的天线能否读取到标签来进行粗粒度定位。然而高精度的位置信息则可为上层提供更丰富的服务,例如,通过精准的定位我们可以找到丢失的钥匙、可以为顾客身旁的商品自动结账、可以随时清点特定货物架上的存货等。

RFID 用于人员、物品的追踪定位,有其特有的优势。RFID 标签本身的成本很低,有源 RFID 标签的成本通常为几十元,无源 RFID 的成本,更是只需要几元钱甚至更低,且标签的体积很小,常见的 RFID 标签,都被制作成一张薄片的形式;RFID 系统的通信效率很高,一个 RFID 读写器,可以在 1 秒的时间内完成上百个标签的读写。因而,对于 RFID 定位系统具有很好的应用前景,特别适用于需要简单地标记对象,但不需要进行大量数据通信的场合，可以充分发挥其单个节点成本低、读取速度快的优点。

无源 RFID 定位系统可采用无线定位系统中常用的定位算法，大体可归纳为几何定位算法和场景分析算法两类。几何定位算法可简单归纳为距离定位和角度定位；场景分析算法又称为模式匹配算法，是目前比较有效的定位算法。

1）几何定位算法

几何定位算法需要用到读写器接收到电子标签的信号强度信息（即 RSSI）或者相位信息。根据对数距离路径损耗模型，建立信号传播距离与信号能量的对应关系，以此反映在室内信道传播过程中信号强度随传播距离的变化情况。相位信息是信号的角频率与信号往返时间的乘积。因此可以通过信号相位信息与信号角频率的比值估计信号的往返时间，再与信号的传播速度相乘即可估计信号的传播距离。基于信号强度信息或者相位信息可以进行距离定位或者角度定位。

二维空间定位至少需要测量 3 个读写器与待定位标签之间的距离，三维空间定位则至少需要测量 4 个读写器的相应距离。在距离定位算法中，通过测量每个读写器与待定位标签之间的距离 $d$，以读写器为中心，以距离 $d$ 为半径画圆，通过圆相交确定待定位标签的位置。由于在实际测量中很难保证待定位标签与每个读写器之间距离的精确性，因此待定位标签一般会位于多个圆相交的区域内。

角度定位是利用旋转天线或者天线阵列的方式，通过计算待定位目标与读写器之间的方向角度，并利用不同天线方向射线的交点确定待定位目标位置的方法。方向角的获得可通过旋转天线的方式实现，即将天线在监控区域内不断改变方向，将获得信号能量最大的方向定为信号的方向角。另外，基于阵列天线测角的方法也是比较常见的。

2）场景分析算法

无源 RFID 系统是窄带系统，直接提取视距路径信息是非常困难的，因此，提取出的信号测量信息存在偏移误差，直接应用于定位运算会造成很大误差。在场景分析算法中，信号的测量信息并不直接用于估计距离信息或者角度信息，而根据模式匹配的思想，通过对比待定位目标的测量信息与已知位置的参考节点的测量信息的接近程度，筛选出与待定位目标比较接近的几个参考节点，并利用这几个参考节点的坐标位置估计出待定位目标坐标位置。场景分析算法一般通过匹配信号的能量信息选择参考节点，其具体算法概括来说包括概率方法 $k$ 近邻（$k$-nearest-neighbor，$k$NN）方法、神经网络方法、支持向量机、最小 $M$ 顶点多边形方法等。

# 第4章 传感器

视频

传感器主要解决"怎么样"的问题。人们为了从外界获取信息，必须借助于感觉器官。而单靠人们自身的感觉器官，在研究自然现象和规律以及生产活动中它们的功能就远远不够了。为适应这种情况，就需要传感器。

传感器能感受到待测对象的信息，并能将感受到的信息，按一定规律变换成为电信号或其他所需形式的信息输出，以满足信息的传输、处理、存储、显示、记录和控制等要求。传感技术是现代信息技术的三大支柱(传感技术、通信技术和计算机技术)之一，传感器相当于信息系统的感官神经和大脑，实现信息的获取、传递、转换和控制。传感技术是信息技术的基础，传感器的性能、质量和水平直接决定了信息系统的功能和质量。

## 4.1 传感器概述

人们为了从外界获取信息，必须借助于感觉器官。人的大脑通过眼、耳、鼻、舌、皮肤5种感觉器官对外界的刺激做出反应。在研究自然现象和规律以及生产活动中，单靠人们自身的感觉器官远远不够。为了获取更多的信息，人类发明了传感器。人体的感官属于天然的传感器，传感器则是人类五官的延伸，是人类的第六感官，它是人体"五官"的工程模拟物，是一种能把特定的包括物理量、化学量、生物量等被测量信息按一定规律转换成某种可用信号输出的器件或装置。

国家标准(GB/T 7665—1987)对传感器的定义是：能够感受规定的被测量并按照一定规律转换成可用输出信号的器件或装置，通常由敏感元件和转换元件组成。其中敏感元件是指传感器中能直接感受被测量的部分；转换元件用于将敏感元件感受或响应的被测量转换成适于传输或测量的电信号。

通俗来讲，传感器是一种信息拾取、转换装置，是一种能把物理量或化学量或生物量等按照一定规律转换为与之有确定对应关系的，便于应用的，以满足信息传输、处理、存储、显示、记录和控制等要求的某种物理量的器件或装置。这里包含了以下几方面的意思：

(1) 传感器是测量器件或装置，能完成一定的检测任务；

(2) 它的输入量是某一被测量，可能是物理量，也可能是化学量、生物量等；

(3) 它的输出量是某种物理量，这种量要便于传输、转换、处理、显示和控制等，这种量可以是气、光、磁、电量，也可以是电阻、电容、电感的变化量等；

(4) 输出输入有确定的对应关系，且应有一定的精确度。

由于电学量(电压、电流、电阻等)便于测量、转换、传输和处理，所以当今的传感器绝大多数都是以电信号输出的，以至于可以简单地认为，传感器是一种能把物理量或化学量或生物量转变成便于利用的电信号的器件或装置，或者说一种把非电量转变成电学量的器件或装置。

国际电工委员会(International Electrotechnical Committee,IEC)把传感器定义为:“传感器是测量系统中的一种前置部件,它将输入变量转换成可供测量的信号。”德国和俄罗斯学者认为“传感器是包括承载体和电路连接的敏感元件”,传感器应是由两部分组成的,即直接感知被测量信号的敏感元件部分和初始处理信号的电路部分。按照这种理解,传感器还包含了信号初始处理的电路部分。

一般来讲,传感器由敏感元件和转换元件组成,但由于传感器输出信号较微弱,需要由信号调节与转换电路将其放大或转换为容易传输、处理、记录和显示的信号。随着半导体器件与集成技术在传感器中的应用,传感器的信号调节与转换电路可能安装在传感器的壳体里或与敏感元件一起集成在同一芯片上。因此,信号调节与转换电路以及所需电源都应作为传感器组成的一部分,其组成如图 4-1 所示。

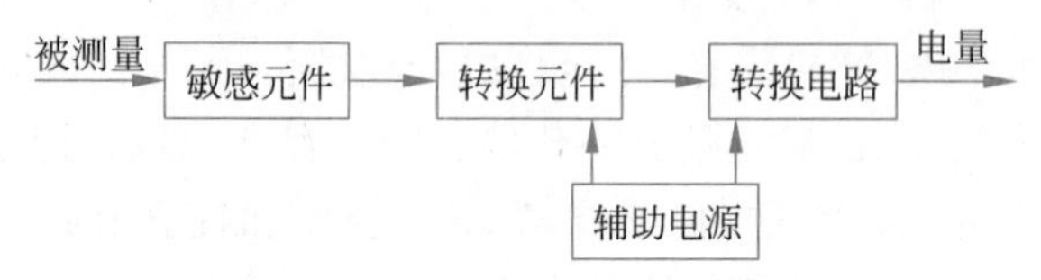


图 4-1 传感器组成框图

传感器的种类繁多,一种被测量可以用不同的传感器来测量,而同一原理的传感器通常又可测量多种被测量,因此分类方法各不相同。

(1) 根据传感器的工作机理,即感知外界信息所依据的基本效应的科学属性,可以将传感器分成三大类:基于物理效应如光、电、声、磁、热等效应进行工作的物理传感器;基于化学效应如化学吸附、离子化学效应等进行工作的化学传感器;基于酶、抗体、激素等分子识别功能的生物传感器。

(2) 根据传感器的构成原理,物理传感器分为结构型与物性型两大类。结构型传感器是遵循物理学中场的定律构成的,包括动力场的运动定律、电磁场的电磁定律等。物理学中的定律一般是以方程式形式给出的。对于传感器,这些方程式就是许多传感器在工作时的数学模型。这类传感器的特点是,传感器的工作原理是以传感器中元件相对位置变化引起场的变化为基础,而不是以材料特性变化为基础。它的基本特征是以其结构的部分变化引起场的变化来反映被测量(力、位移等)的变化。如电容传感器就是利用静电场定律研制的结构型传感器。

物性型传感器是基于物质定律构成的,如胡克定律、欧姆定律等。物质定律是表示物质某种客观性质的法则。这种法则,大多数是以物质本身的常数形式给出的。这些常数的大小决定了传感器的主要性能。因此,物性型传感器的性能随材料的不同而异。例如,光电管利用了物质法则中的外光电效应。显然,其特性与涂覆在电极上的材料有着密切的关系。又如,所有半导体传感器,以及所有利用各种环境变化而引起的金属、半导体、陶瓷、合金等性能变化的传感器都属于物性型传感器。例如,压敏传感器是利用半导体材料的压阻效应制成的物性型传感器。

(3) 根据传感器的工作原理,可分为电容式、电感式、电磁式、压电式、热电式、气电式及应变式传感器等。

(4) 根据传感器的能量转换情况,可分为能量转换型传感器和能量控制型传感器。能量转换型是由传感器输入量的变化直接引起能量的变化。例如,热电效应中的热电偶,当温度变化时,直接引起输出的电动势改变。基于压电效应、热电效应、光电动势效应等的传感器都属于此类传感器。能量转换型传感器一般不需外部电源或外部电源只起辅助作用,它的输出能量是从被测对象上获取的,所以又称自源型传感器。能量控制型是指其变换的能量是由外部电源供给的,而外界的变化只起到控制的作用,所以又称为外源型传感器。如用电桥测量电阻温度的变化时,温度的变化改变了热敏电阻的阻值,热敏电阻阻值的变化使电桥的输出发生变化,这时电桥输出的变化是由电源供给的。基于应变电阻效应、磁阻效应、热阻效应、光电效应、霍尔效应等的传感器也属于此类传感器。

(5) 根据传感器使用的敏感材料,可分为半导体传感器、光纤传感器、陶瓷传感器、高分子材料传感器、复合材料传感器等。

(6) 根据被测量或输入信息可分为位移、速度、加速度、流速、重力、压力、振动、温度、湿度、黏度、浓度传感器等。有时把被测量进一步归类,物理量分为机械量、热学、电学、光学、声学、磁学、核辐射传感器等,化学量分为气体、离子、湿度传感器等,生物量分为生物、微生物、酶、组织、免疫传感器。按被测量分类的方法体现了传感器的功能、用途,对用户选择传感器有一定的方便之处。

(7) 根据传感器输出信号为模拟信号或数字信号,可分为模拟量传感器和数字量传感器。

(8) 根据传感器是否使用外部电源,可分为有源传感器和无源传感器。

(9) 根据传感器与被测对象的空间关系,可分为接触式传感器和非接触式传感器。

(10) 根据与某种高新技术结合而得名的传感器,如集成传感器、智能传感器、机器人传感器、仿生传感器等。

上述分类尽管有较大的概括性,但由于传感器是知识密集、技术密集的门类,它与许多学科有关,它的种类十分繁多,至今又不统一,各种分类方法都具有相对的合理性。从学习的角度来看,按传感器的工作原理分类,对理解传感器的工作原理、工作机理很有利;而从使用的角度来看,按被测量分类,为正确选择传感器提供了方便。

## 4.2 传感器基础理论

### 4.2.1 传感器的理论基础

传感技术是关于从自然信源获取信息,并对之进行处理和识别的一门多学科交叉的现代科学与工程技术,它涉及传感器、信息处理和识别的规划设计、开发、制造测试、应用及评价改进等活动。传感器种类繁多,涉及物理、化学、电子、计算机、机械、材料、生物、医学、仪器、测量等学科。所以,传感技术几乎涉及现代科技的所有领域的各种理论知识。

传感器的任务是信息感知,其理论依据涉及实现感受并转换信息、增强感受信息、提升识别理解信息能力的各种自然规律以及物理、化学、生物、数学等学科中与信息提取相关的定律、定理。传感器要正确执行其功能,获得良好的性能,必须遵守和利用多种自然科学规律。凡是不符合自然科学规律的,是不可能制成传感器的。已有传感器的情况涉及的自然定律和基础理论包括如下几类。

1. 自然界普遍适用的自然规律

(1) 守恒定律:包括能量守恒定律、动量守恒定律、电荷守恒定律等。

(2) 关于场的定律:包括动力场的运动定律、电磁场感应定律和光的电磁场干涉定律等。

(3) 物质定律：包括力学、热学、梯度流动的传输和量子现象等。还包括统计物理学法则等规律。

2. 物质相互作用的效应原理及功能材料

功能材料是传感器技术的一个重要基础，由于材料科学的进步，在制造各种材料时，人们可以控制它的成分，从而可以设计与制造出各种用于传感器的功能材料。传感器功能材料是指利用物理、化学、生物效应原理制作敏感元件的基体材料，是一种结构性的功能材料，其性能与材料组成、晶体结构、显微组织和缺陷密切相关。传感器的性能、质量在很大程度上取决于传感器功能材料。物质的各种效应，归根结底都是物质的能量变换的一种方式。传感器就是通过感受这种具体能量变换中释放出来的信息，感知被测对象的运动状态与方式。

3. 测量及误差理论

传感器是一种测量器件，一个理想的传感器我们希望它们具有线性的输入输出关系。但由于敏感元件材料的物理性质缺陷和处理电路噪声等因素的影响，实际传感器的输入输出总是存在非线性关系，存在着各式各样的误差。在测量系统中，传感器作为前端器件，其误差将直接影响测量系统的测量精度，所以传感器与测量及误差理论息息相关。

4. 信息论、系统论与控制论

信息论、系统论和控制论是 20 世纪 40 年代先后创立并获得迅猛发展的 3 门系统理论的分支学科。

系统论是研究系统的模式、性能、行为和规律的一门科学；它为人们认识各种系统的组成、结构、性能、行为和发展规律提供了一般方法论的指导。控制论则为人们对系统的管理和控制提供了一般方法论的指导；它是数学、自动控制、电子技术、数理逻辑、生物科学等学科和技术相互渗透而形成的综合性科学。为了正确地认识并有效地控制系统，必须了解和掌握系统的各种信息的流动与交换，信息论为此提供了一般方法论的指导。

信息论是由美国数学家香农创立的，它是用概率论和数理统计方法，从量的方面来研究系统的信息如何获取、加工、处理、传输和控制的一门科学。信息论认为，系统正是通过获取、传递、加工与处理信息而实现其有目的的运动的。信息论能够揭示人类认识活动产生飞跃的实质，有助于探索与研究人们的思维规律，推动与进化人们的思维活动。

系统论要求把事物当作一个整体或系统来研究，并用数学模型去描述和确定系统的结构和行为。所谓系统，即由相互作用和相互依赖的若干组成部分结合成的、具有特定功能的有机整体；而系统本身又是它所从属的一个更大系统的组成部分。系统论的创始人美籍奥地利生物学家贝塔朗菲旗帜鲜明地提出了系统观点动态观点和等级观点，指出复杂事物的功能远大于某组成因果链中各环节的简单总和，认为一切生命都处于积极运动状态，有机体作为一个系统能够保持动态稳定，是系统向环境充分开放，获得物质、信息、能量交换的结果。系统论强调整体与局部、局部与局部、系统本身与外部环境之间互为依存、相互影响和制约的关系，具有目的性、动态性、有序性三大基本特征。

控制论是研究系统的状态、功能、行为方式及变动趋势，控制系统的稳定，揭示不同系统共同的控制规律，使系统按预定目标运行的技术科学。

5. 非线性科学理论

非线性科学是一门研究各类系统中非线性现象共同规律的一门交叉科学。它是自 20

世纪60年代以来,在各门以非线性为特征的分支学科的基础上逐步发展起来的综合性学科,被誉为20世纪自然科学的"第三次革命"。科学界认为:非线性科学的研究不仅具有重大的科学意义,而且对国计民生的决策和人类生存环境的利用具有实际意义。由非线性科学所引起的对确定论和随机论、有序与无序、偶然性与必然性等范畴和概念的重新认识,形成了一种新的自然观,将深刻地影响人类的思维方法,并涉及现代科学的逻辑体系的根本性问题。

非线性是相对于线性而言的,线性是指各反应变量之间相互独立、互不影响,如在忽略空气摩擦的前提下计算铅球的抛物线运动轨迹时,重力、下落及前进速度是3个独立的变量,它们构成了一个线性方程,研究者通过这个方程即可知道铅球的运动轨道。牛顿著名的4个运动方程式就是建立在线性理论上,并极大地促进了科学家对物理世界的研究工作。随着对自然的研究与认识逐步深入,人们渐渐地发现自然界存在着很多无法利用以前所采用的线性理论和方法进行处理和解释的现象,而且这些现象随着认识的深入越来越多,这些现象都具有不可线性叠加性、非决定性、多值性等非线性的特性。事实上,线性是特殊的、相对的,而非线性是普遍的、绝对的,线性的处理都是非线性的一种理想化和近似。但这种近似在很多时候不能满足要求,需要直接面对非线性问题,寻求解决和处理非线性问题的方法和理论。因而,近年来众多的专家和学者对非线性的理论和方法进行了广泛的研究,并取得了很大的成功。非线性科学目前有6个主要研究领域,即混沌、分形、模式形成、孤立子、元胞自动机和复杂系统,而构筑多种多样学科的共同主题正是所研究系统的非线性。由于学科的交叉性,非线性科学和一些新学术如突变论、协同论、耗散结构论有相通处,并从中吸取有用的概念理论。但非线性现象很多,实证的非线性科学只考虑那些机制比较清楚,现象可以观测、实验,且通常还有适当数学描述和分析工具的研究领域。随着科学技术的发展,这个范围将不断扩大。非线性理论在传感器方面的成功应用体现在混沌传感和模糊传感。

6. 相关学科的定理、方法及其最新成果

传感技术是一个综合性交叉学科,它的应用更是无所不在,所以从物理、化学、生物、数学等基础学科到所有的工程技术学科中涉及信息能量变换,信号处理的理论、定律、方法及其最新发展成果都将影响传感技术的发展,例如,现代电子、计算机技术使传感技术发生了革命性的变化。

### 4.2.2 传感器的基础效应

物性型传感器是利用某些物质(如半导体、陶瓷、压电晶体、强磁性体和超导体)的物理性质随外界待测量的作用而发生变化的原理制成的。它利用了诸多的效应(包括物理效应、化学效应和生物效应)和物理现象,如利用材料的压阻、湿敏、热敏、光敏、磁敏、气敏等效应,把应变、湿度、温度、位移、磁场、煤气等被测量变换成电量。而新原理、新效应(如约瑟夫森效应)的发现和利用,新型材料的开发和应用,使传感器得到很大发展,并逐步成为传感器发展的主流。因此,了解传感器所基于的各种效应,对传感器的深入理解、开发和使用是非常必要的。

1. 光电效应

光电效应是物理学中一个重要而神奇的现象。在高于某特定频率的电磁波照射下,某些物质内部的电子吸收能量后逸出而形成电流,即光生电如图4-2所示。光电效应由德国

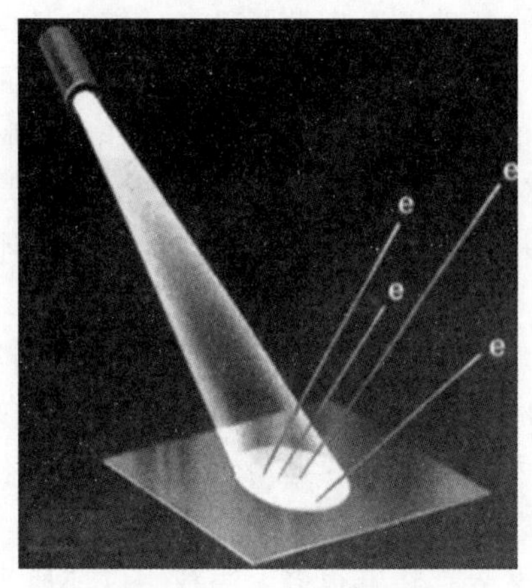

图 4-2　光电效应示意图

物理学家赫兹于1887年发现，而正确的解释由爱因斯坦提出。在研究光电效应的过程中，物理学家对光子的量子性质有了更加深入的了解，这对波粒二象性概念的提出有重大影响。

光电效应分为光电子发射、光电导效应和阻挡层光电效应，又称光生伏特效应。前一种现象发生在物体表面，又称外光电效应(photoelectric emission)。后两种现象发生在物体内部，称为内光电效应。

按照粒子说，光是由一份一份不连续的光子组成的，当某一光子照射到对光灵敏的物质上时，它的能量可以被该物质中的某个电子全部吸收。电子吸收光子的能量后，动能立刻增加；如果动能增大到足以克服原子核对它的引力，就能在十亿分之一秒的时间内飞逸出金属表面，成为光电子，形成光电流。单位时间内，入射光子的数量越大，飞逸出的光电子就越多，光电流也就越强，这种由光能变成电能自动放电的现象，就叫光电效应。

光频率大于某一临界值时方能发射电子，即截止频率，对应的光的频率称为极限频率。临界值取决于金属材料，而发射电子的能量取决于光的波长而与光强度无关，这一点无法用光的波动性解释。还有一点与光的波动性相矛盾，即光电效应的瞬时性，按波动性理论，如果入射光较弱，照射的时间要长一些，金属中的电子才能积累到足够的能量，飞出金属表面。可事实是，只要光的频率高于金属的极限频率，光的亮度无论强弱，电子的产生都几乎是瞬时的，不超过$10^{-9}$s。正确的解释是光必定是由与波长有关的严格规定的能量单位(即光子或光量子)所组成。

光电效应中电子的射出方向不是完全定向的，只是大部分都垂直于金属表面射出，与光照方向无关。光是电磁波，但是光是高频振荡的正交电磁场，振幅很小，不会对电子射出方向产生影响。

光电效应说明了光具有粒子性。相对应的，光具有波动性最典型的例子就是光的干涉和衍射。只要光的频率超过某一极限频率，受光照射的金属表面立即就会逸出光电子，发生光电效应。在金属外面加一个闭合电路，加上正向电源，这些逸出的光电子全部到达阳极便形成所谓的光电流。当入射光一定时，增大光电管两极的正向电压，提高光电子的动能，光电流会随之增大。但光电流不会无限增大，要受到光电子数量的约束，有一个最大值，这个值就是饱和电流。所以，当入射光强度增大时，根据光子假设，入射光的强度(即单位时间内通过单位垂直面积的光能)决定于单位时间里通过单位垂直面积的光子数，单位时间里通过金属表面的光子数增多，于是，光子与金属中的电子碰撞次数也增多，因而单位时间里从金属表面逸出的光电子也增多，电流随之增大。

2. 电光效应

电光效应是指某些各向同性的透明物质在电场作用下显示出光学各向异性，物质的折射率因外加电场而发生变化的现象。电光效应是在外加电场作用下，物体的光学性质所发生的各种变化的统称。与光的频率相比，通常这一外加电场随时间的变化非常缓慢。电光效应包括一级电光效应和二级电光效应，也称为克尔(Kerr)效应和普克尔斯(Pockels)效应。

1875年，英国物理学家克尔发现放在电场中的物质由于其分子受到电力的作用而发生偏转，呈现各向异性，结果产生双折射，即沿两个不同方向物质对光的折射能力有所不同，这就是克尔效应。因两个主折射率之差正比于电场强度的平方，故这种效应又称为平方电光效应。

1893年，德国物理学家普克尔斯发现有些晶体，特别是压电晶体，在加了外电场后也能改变它们的各向异性性质，人们称此种电光效应为普克尔斯效应。

电光效应在工程技术和科学研究中有许多重要应用，它有很短的响应时间(可以跟上频率为10Hz的电场变化)，因此被广泛用于高速摄影中的快门、光速测量中的光束斩波器等。由于激光的出现，电光效应的应用和研究得到了迅速发展，如激光通信、激光测量、激光数据处理等。

3. 磁光效应

磁光效应是指处于磁化状态的物质与光之间发生相互作用而引起的各种光学现象，包括法拉第效应、克尔磁光效应、塞曼效应和科顿-穆顿效应等。这些效应均起源于物质的磁化，反映了光与物质磁性间的联系。

1) 法拉第效应

线偏振光透过放置磁场中的物质，沿着磁场方向传播时，光的偏振面发生旋转的现象，也称法拉第旋转或磁圆双折射效应，简记为MCB。因为磁场下电子的运动总附加有右旋的拉莫尔进动，当光的传播方向相反时，偏振面旋转角方向不倒转，所以法拉第效应是非互易效应。这种非互易的本质在微波和光的通信中是很重要的。许多微波、光的隔离器、环行器、开关就是用旋转角大的磁性材料制作的。利用法拉第效应，还可实现光的显示、调制等许多重要应用。

2) 磁光克尔效应

线偏振光入射到磁化介质表面反射出去时，偏振面发生旋转的现象。也叫磁光克尔旋转。这是继法拉第效应发现后，英国科学家J. 克尔于1876年发现的第二个重要的磁光效应。

按磁化强度和入射面的相对取向，磁光克尔效应包括3种情况：极向磁光克尔效应，即磁化强度 $M$ 与介质表面垂直时的磁光克尔效应；横向磁光克尔效应，即 $M$ 与介质表面平行，但垂直于光的入射面时的磁光克尔效应；纵向磁光克尔效应，即 $M$ 既平行于介质表面又平行于光入射面时的磁光克尔效应。

在磁光存储技术中主要应用的是极向磁光克尔效应。极向和纵向磁光克尔旋转都正比于样品的磁化强度。通常极向磁光克尔旋转最大、纵向次之。偏振面旋转的方向与磁化强度方向有关。横向磁光克尔效应中实际上没有偏振面的旋转，只是反射率有微小的变化，变化量也正比于样品的磁化强度。1898年，P. 塞曼等证实了横向磁光克尔效应的存在。磁光克尔效应的物理基础和理论处理与法拉第效应的相同，只是前者发生在物质表面，后者发生在物质体内；前者出现于仅在有自发磁化的物质(铁磁、亚铁磁材料)中，后者在一般顺磁介质中也可观察到。它们都与介电张量非对角组元的实部、虚部有关。

3) 塞曼效应

塞曼效应是荷兰物理学家塞曼在1896年发现的。他发现，发光体放在磁场中时，光谱线发生分裂的现象。是由于外磁场对电子的轨道磁矩和自旋磁矩的作用，或使能级分裂才产生的。其中谱线分裂为2条(顺磁场方向观察)或3条(垂直于磁场方向观察)的叫正常塞曼效应；3条以上的叫反常塞曼效应。塞曼效应证实了原子磁矩的空间量子化，为研究原子结构提供了重要途径。塞曼效应也可以用来测量天体的磁场。1908年，美国天文学家海尔等利用塞曼效应，首次测量到了太阳黑子的磁场。

4）科顿-穆顿效应

科顿-穆顿效应又称磁双折射效应，简记为MLB。科顿-穆顿效应是1907年由科顿和穆顿发现的。佛克脱在气体中也发现了同样效应，称佛克脱效应，它比前者要弱得多。当光的传播方向与磁场垂直时，平行于磁场方向的线偏振光的相速不同于垂直于磁场方向的线偏振光的相速而产生双折射现象。其相位差正比于两种线偏振光的折射率之差，同磁场强度大小的二次方成正比。当光的传播方向与外磁场方向垂直时，介质对偏振方向不同的两种光的吸收系数也可不同。这就是磁的线偏振光的二向色性，称磁线二向色性效应，简记为MLD。

MCD、MLB、MLD的物理起因、宏观表述及量子力学处理都与法拉第效应类同。MLB和MLD通常比MCB和MCD要弱得多，但它们与磁场强度（磁化强度）的二次方成正比。因此对这些效应的测量除能得到物质中能级结构的信息外，还能用于微弱磁性变化（单原子层的磁性）的研究。

4. *磁电效应*

磁电效应包括磁场的电效应和狭义的磁电效应。磁场的电效应是指磁场对通有电流的物体引起的电效应，如磁阻效应和霍尔效应；狭义的磁电效应是指物体由电场作用产生的磁化效应或由磁场作用产生的电极化效应，如电致磁电效应或磁致磁电效应。外加磁场后，由磁场作用引起物质电阻率的变化。对于非铁磁性物质，外加磁场通常使电阻率增加，即产生正的磁阻效应。在低温和强磁场条件下，这种效应显著。对于单晶，电流和磁场相对于晶轴的取向不同时，电阻率随磁场强度的改变率也不同，即磁阻效应是各向异性的。

1）磁阻效应

铁磁体在居里温度以下，其磁阻效应与非铁磁体的不同。以多晶镍棒的实验数据为例，在弱磁场下的技术磁化区，电阻率的相对变化有较大的值。电流与磁场平行时具有正号，而电流与磁场垂直时具有负号。在顺磁磁化过程存在的强磁场区和电阻率都伴随真实磁化强度增加而减少。铁磁单晶的磁阻效应也是各向异性的，电阻率的大小与电流和磁化强度相对于晶轴的取向有关。

2）霍尔效应

霍尔效应是磁电效应的一种，这一现象是霍尔（A. H. Hall，1855—1938）于1879年在研究金属的导电机构时发现的。后来发现半导体、导电流体等也有这种效应，而半导体的霍尔效应比金属强得多，利用这现象制成的各种霍尔元件，广泛地应用于工业自动化技术、检测技术及信息处理等方面。霍尔效应是研究半导体材料性能的基本方法。通过霍尔效应实验测定的霍尔系数，能够判断半导体材料的导电类型、载流子浓度及载流子迁移率等重要参数。

5. *热电效应*

热电效应是指在某些材料中，当温度差异存在时，会产生电势差。这种现象是由法国物理学家让-巴蒂斯特·约瑟夫·塞贝克于1821年发现的，热电效应基于热电耦合效应，即温度梯度引起的电势差。

另外还有一种温度变化相关的效应，即热释电效应，指某些物质在受热后会产生电荷分离现象。当这些材料处于非均匀的温度分布下时，内部的离子或分子会发生重新排列，导致正负电荷的分离。这种电荷分离可导致电势差和电流的产生。热释电效应通常用于描述非线性的电势差产生，而热释电效应则描述了由于温度变化引起的电荷分离现象。热释电效应常见于一些特定的材料，如铁电体和压电体。

热电效应和热释电效应都是与温度变化相关的物理现象，但它们有着不同的定义和机制。热电效应是基于载流子的迁移引起的电势差，而热释电效应是由于电荷分离引起的电势差和电流；热电效应适用于具有热电性能的材料，如热电偶中的金属和半导体，而热释电效应适用于特定的材料，如铁电体和压电体；热电效应通常是线性的，即电势差与温度差成正比，热释电效应往往是非线性的，在温度变化过程中呈现出复杂的电荷分离和重新排列行为；热电效应广泛应用于温度测量、能量回收和热电制冷等领域，热释电效应常用于传感技术、红外探测和压电设备等领域。

6. 压力相关效应

1）压电效应

当某些电介质沿一定方向受外力作用时，在其一定的两个表面上产生异号电荷；当外力去掉后，又恢复到不带电的状态，这种现象称为压电效应。1880 年，皮埃尔·居里和雅克·居里兄弟发现电气石具有压电效应，1881 年，他们通过实验验证了逆压电效应，并得出了正逆压电常数。压电效应可分为正压电效应和逆压电效应。压电体受到外机械力作用而发生电极化，并导致压电体两端表面内出现符号相反的束缚电荷，其电荷密度与外机械力成正比，这种现象称为正压电效应。压电体受到外电场作用而发生形变，其形变量与外电场强度成正比，这种现象称为逆压电效应。具有正压电效应的固体，也必定具有逆压电效应，反之亦然。正压电效应和逆压电效应总称为压电效应。晶体是否具有压电效应，是由晶体结构的对称性所决定的。

压电材料可以因机械变形产生电场，也可以因电场作用产生机械变形，这种固有的机-电耦合效应使得压电材料在工程中得到了广泛的应用。例如，压电材料已被用来制作智能结构，此类结构除具有自承载能力外，还具有自诊断性、自适应性和自修复性等功能，在未来的飞行器设计中占有重要的地位。

2）压阻效应

压阻效应指当半导体受到应力作用时，由于应力引起能带的变化，使其电阻率发生变化的现象。压阻效应是 C. S. 史密斯在 1954 年对硅和锗的电阻率与应力变化特性测试中发现的。压阻效应被用来制成各种压力、应力、应变、速度、加速度传感器，把力学量转换成电信号。例如，压阻加速度传感器是在其内腔的硅梁根部集成压阻桥（其布置与电桥相似），压阻桥的一端固定在传感器基座上，另一端挂悬着质量块。当传感器装在被测物体上随之运动时，传感器具有与被测件相同的加速度，质量块按牛顿定律（第二定律）产生力作用于硅梁上，形成应力，使电阻桥受应力作用而引起其电阻值变化。把输入与输出导线引出传感器，可得到相应的电压输出值。该电压输出值表征了物体的加速度。

7. 声音相关效应

1）声音的多普勒效应

声音的多普勒效应与光的多普勒效应类似。当声源和观察者（或声接收器）在连续介质中有相对运动时，观察者接收到的声波频率与声源发生的频率不同，两者靠近时频率升高，远离时频率降低，这种现象称为声音的多普勒效应。

由于声波是球面波，当观察者与声源相接近时，波面间距离逐渐变窄，因而其频率逐渐提高，观察者听到声音显得高而尖；反之，波面间距离逐渐变大，声音显得低而沉。利用声音的多普勒效应可以制成超声波传感器，用来检查人体器官（如心脏、血管）的活动等。

2）声电效应

在半导体中，超声（或声子）与自由载流子（电子或空穴）相互作用所产生的多种物理效应，如声波的衰减或放大（声子的吸收或发射），大振幅超声对半导体电压电流特性的影响等，统称为声电效应。

在压电半导体中，声电效应表现为声子使自由载流子重新分布，从而在半导体两端之间出现电场，它是研究半导体材料性质的重要途径，可用于超声的直接放大，或做成 10Hz 量级的声电振荡器，主要材料有 CdS、ZnO、GaAs 等。

3）声光效应

在声波作用下，某些介质的光学特性（如折射率）发生改变的现象称为声光效应。其中超声波的声光效应尤为显著，当光通过处在超声波作用下的透明物质时会产生衍射现象。它是由于透明介质在超声波作用下引起弹性应变，其密度会产生空间周期性的疏密变化，从而使介质折射率发生相应变化，影响了光在介质中的传播特性。当光束宽度比超声波波长大得多时，这种折射率的空间周期变化起到相位光栅的作用，使通过的光线产生衍射。因此称声光效应所形成的“光栅”为声光栅，其光栅常数为超声波波长。当外加超声波频率较低时，产生多级衍射光谱，称为喇曼-纳斯（Raman-Nath）衍射；当外加超声波频率较高时，则产生强的一级衍射光。光波被声波衍射，使光束发生偏转、频移和强度变化。利用声光效应就是利用衍射光束的这些性质，可以制成声光器件，如声光偏转器、光调制器、声光 Q 开关、光纤式声传感器等。

## 4.3 常用传感器

### 4.3.1 红外传感器

1. 红外辐射基础

红外线是一种电磁波，它的波长范围为 $0.78 \sim 1000\mu m$，不为人眼所见。自然界中的一切物体，只要它的温度高于绝对零度（$-273$℃）就存在分子和原子无规则地运动，其表面就会不断地辐射红外线。红外成像设备就是探测这种物体表面辐射的不为人眼所见的红外线的设备，它反映物体表面的红外辐射场，即温度场。红外辐射遵循以下规律：

1）黑体的红外辐射规律

所谓黑体，简单讲就是在任何情况下对一切波长的入射辐射吸收率都等于 1 的物体，也就是说全吸收。显然，因为自然界中实际存在的任何物体对不同波长的入射辐射都有一定的反射（吸收率不等于 1），所以，黑体只是人们抽象出来的一种理想化的物体模型。但黑体热辐射的基本规律是红外研究及应用的基础，它揭示了黑体发射的红外热辐射随温度及波长变化的定量关系。

2）基尔霍夫定律

基尔霍夫定律指出，一个物体向周围辐射热能的同时也吸收周围物体的辐射能，如果几个物体处于同一温度场中，那么各物体的热发射本领正比于它的吸收本领。

3）斯忒潘-玻耳兹曼定律

物体温度越高，它辐射出来的能量越大。该定律表明，物体红外辐射的能量与它自身的绝对温度的四次方成正比，即物体温度越高，其表面所辐射的能量就越大。

4）维恩位移定律

热辐射发射的电磁波中包含着各种波长。实验证明，物体峰值辐射波长与物体的自身的绝对温度成反比。

2. 红外探测

红外探测器是红外传感器的核心。红外探测器是一种辐射能转换器，主要用于将接收到的红外辐射能转换为便于测量或观察的电能、热能等其他形式的能量。根据能量转换方式，红外探测器可分为热探测器和光子探测器两大类。

1）热探测器

热探测器也通称为能量探测器，其原理是利用辐射的热效应，其换能过程包括热阻效应、热伏效应、热气动效应和热释电效应，通过热电变换来探测辐射。入射到探测器光敏面的辐射被吸收后，引起响应元的温度升高，响应元材料的某一物理量随之发生变化。利用不同的物理效应可设计出不同类型的热探测器，主要有热释电型、热敏电阻型、热电阻型和气体型等。其中最常用的有电阻温度效应（热敏电阻）、温差电效应（热电偶、热电堆）和热释电效应。由于各种热探测器都是先将辐射转化为热并产生温升，而这一过程通常很慢，热探测器的时间常数要比光子探测器大得多。热探测器的性能也不像光子探测器那样有些已接近背景极限。即使在低频下，它的探测率要比室温背景极限值低一个数量级，高频下的差别就更大了。因此，热探测器不适用于快速、高灵敏度的探测。热探测器的最大优点是光谱响应范围较宽且较平坦。严格地说，利用辐射热效应引起电阻变化的热探测器应称为测热辐射计（bolometer），俗称热敏电阻。

2）光子探测器

光子探测器是最有用的红外探测器，它的工作机理是光子与探测器材料直接作用，产生内光电效应，其换能过程包括光生伏特效应、光电导效应、光电磁效应和光发射效应。它基于入射光子流与探测材料相互作用产生的光电效应，具体表现为探测器响应元自由载流子（即电子和/或空穴）数目的变化。这种变化是由入射光子数的变化引起的，光子探测器的响应正比于吸收的光子数。而热探测器的响应正比于所吸收的能量，因此，光子探测器的探测率一般比热探测器要大1～2个数量级，其响应时间为微秒或纳秒级。光子探测器的光谱响应特性与热探测器完全不同，通常需要制冷至较低温度才能正常工作。

3. 红外传感器应用

红外传感器主要用于测温和成像。

1）红外测温

温度是表示物体冷热程度的物理量，它是物质分子运动平均动能大小的主要标志。温度与物质的许多物理现象和化学性质有关的重要热工量，温度测量与控制，在科学研究与工农业生产中，有重要实用意义。与传统温度测量方法相比，红外测温主要有以下特点：

（1）红外测温可远距离和非接触测温。它特别适合于高速运动物体、带电体、高压及高温物体的温度测量。

（2）红外测温反应速度快。它不需要与物体达到热平衡的过程，只要接收到目标的红外辐射即可测量目标的温度。测量时间一般为毫秒级甚至微秒级。

（3）红外测温灵敏度高。因为物体的辐射能量与温度的四次方成正比，物体温度微小的变化，就会引起辐射能量较大的变化，红外探测器即可迅速地检测出来。

（4）红外测温准确度高。由于是非接触测量，不会影响物体温度分布状况与运动状态，因此测出的温度比较真实。其测量准确度可达到0.1℃以内。

(5) 红外测温范围广泛。可测温度范围为零下几千摄氏度到零上几千摄氏度。红外测温几乎可以使用在所有温度测量场合。

红外测温主要应用的是全辐射测温，即通过测量物体所辐射出来的全波段辐射能量来确定物体的温度，遵循斯忒潘-玻耳兹曼定律，即

$$W = \varepsilon\delta T^4 \tag{4-1}$$

式中，$W$ 为物体的全波辐射出射度，即单位面积所发射的辐射功率；$\varepsilon$ 为物体表面的法向比辐射率；$\delta$ 为斯忒潘-玻耳兹曼常数；$T$ 为物体的绝对温度。

一般物体的 $\varepsilon$ 总是在0与1之间，$\varepsilon=1$ 的物体称为黑体。式(4-1)表明，辐射功率与物体温度的四次方成比例。只要知道了物体的温度和它的比辐射率，就可算出它所发射的辐射功率。反之，如果测量出物体所发射的辐射功率，就可以确定物体的温度。

红外测温仪一般用于探测目标的红外辐射和测定其辐射强度，确定目标的温度。采用可分离出所需波段的滤光片，可使仪器工作在任意红外波段。常见的红外测温仪的组成如图4-3所示。它的光学系统是一个周定焦距的透射系统。物镜一般为锗透镜，有效通光口径即作为系统的孔径光栏。滤光片一般采用只允许8～14μm的红外辐射通过的材料。红外探测器一般为热释电探测器，安装时保证其光敏面落在透镜的焦点上。步进电机带动调制盘转动对入射的红外辐射进行斩光，将恒定或缓变的红外辐射变换为交变辐射。被测目标的红外辐射通过透镜聚焦在红外探测器上，变换为电信号输出，经过前置放大器进行阻抗转换及信号放大，最后送入信号处理器进行处理。

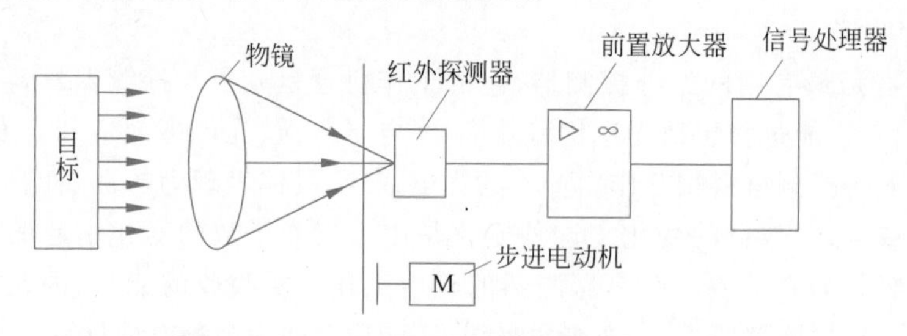


图4-3 常见的红外测温仪的组成

除了采用这种透射式结构外，还可以采用反射式的光学系统。透射式光学系统的透镜是用红外光学材料制造的，根据红外波长选择光学材料。一般测量高温(700℃以上)的仪器，有用波段主要为0.76～3μm的近红外区，可选用的光学材料有光学玻璃、石英等。测量中温(100～700℃)的仪器，有用波段主要为3～5μm的中红外区，常采用氟化镁、氧化镁等热压光学材料。测量低温(100℃以下)的仪器，有用波段主要为5～14μm的中远红外波段，常采用锗、硅、热压硫化锌等材料。一般要在镜片表面蒸镀红外增透层，一方面增大有用波段的透过率；另一方面可滤掉不需要的波段。反射式光学系统中多用玻璃反射镜、表面镀金、铝、镍铬等在红外波段反射率很高的材料。

2) 红外成像

在许多场合下，不仅需要知道物体表面的平均温度，还需要了解物体的温度分布情况，以便分析、研究物体结构，探测物体内部情况，因此需要采用红外成像技术，将物体的温度分布以图像形式直观地表示出来。常用的红外成像器件有红外变像管、红外摄像管及红外电荷耦合器件，可以组成各种形式的红外摄像仪。

热像仪的光学系统为全折射式。物镜材料为单晶硅，通过更换物镜可对不同距离和大小的物体扫描成像。光学系统中垂直扫描和水平扫描均采用具有高折射串的多面平行棱镜，扫描棱镜由电动机带动旋转，扫描速度和相位由扫描触发器、脉冲发生器和有关控制电路控制。

前置放大器的工作原理如图4-4所示。红外探测器输出的微弱信号送入前置放大器进行放大。温度补偿电路输出信号也同时输入前置放大器，以抵消目标温度随环境温度变化而引起的测量值的误差。

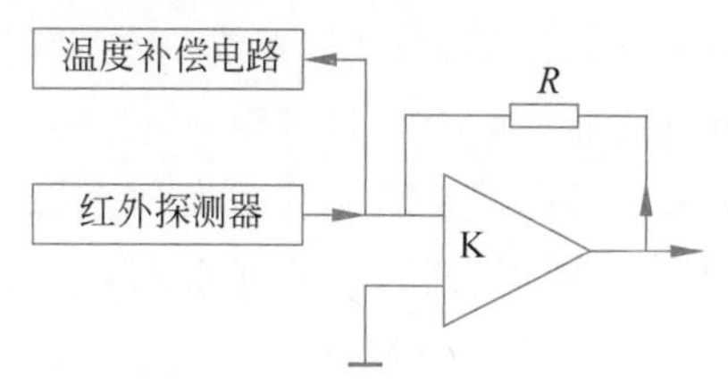

图4-4 前置放大器的工作原理

前置放大器的增益可通过调整反馈电阻进行控制。前置放大器的输出信号，经视频放大器放大，再去控制显像荧屏上射线的强弱。由于红外探测器输出的信号大小与其所接收的辐照度成比例，因而显像荧屏上射线的强弱也随探测器所接收的辐照度成比例变化。

### 4.3.2 温湿度传感器

1. 温度传感器

温度传感器是指能感受温度并转换成可用输出信号的传感器。温度传感器是温度测量仪表的核心部分，品种繁多。按测量方式可分为接触式和非接触式两大类，按照传感器材料及电子元件特性分为热电阻和热电偶两类。

接触式温度传感器的检测部分与被测对象有良好的接触，又称温度计。温度计通过传导或对流达到热平衡，从而使温度计的示值能直接表示被测对象的温度。一般测量精度较高。在一定的测温范围内，温度计也可测量物体内部的温度分布。但对于运动体、小目标或热容量很小的对象则会产生较大的测量误差，常用的温度计有双金属温度计、玻璃液体温度计、压力式温度计、电阻温度计、热敏电阻和温差电偶等。它们广泛应用于工业、农业、商业等部门。在日常生活中，人们也常常使用这些温度计。随着低温技术在国防工程、空间技术、冶金、电子、食品、医药和石油化工等部门的广泛应用和超导技术的研究，测量120K以下温度的低温温度计得到了发展，如低温气体温度计、蒸气压温度计、声学温度计、顺磁盐温度计、量子温度计、低温热电阻和低温温差电偶等。低温温度计要求感温元件体积小、准确度高、复现性和稳定性好。利用多孔高硅氧玻璃渗碳烧结而成的渗碳玻璃热电阻就是低温温度计的一种感温元件，可用于测量1.6～300K范围内的温度。

非接触式的敏感元件与被测对象互不接触，又称非接触式测温仪表。这种仪表可用来测量运动物体、小目标和热容量小或温度变化迅速（瞬变）对象的表面温度，也可用于测量温度场的温度分布。

最常用的非接触式测温仪表基于黑体辐射的基本定律，称为辐射测温仪表。辐射测温法包括亮度法（见光学高温计）、辐射法（见辐射高温计）和比色法（见比色温度计）。各类辐射测温方法只能测出对应的光度温度、辐射温度或比色温度。只有对黑体（吸收全部辐射并不反射光的物体）所测温度才是真实温度。如欲测定物体的真实温度，则必须进行材料表面发射率的修正。而材料表面的发射率不仅取决于温度和波长，而且与表面状态、涂膜和微观组织等有关，因此很难精确测量。在自动化生产中往往需要利用辐射测温法来测量或控制某些物体的表面温度，如冶金中的钢带轧制温度、轧辊温度、锻件温度和各种熔融金属在冶炼炉或坩埚中的温度。在这些具体情况下，物体表面发射率的测量是相当困难的。

对于固体表面温度的自动测量和控制，可以采用附加反射镜使其与被测表面一起组成黑体空腔的方法。附加辐射的影响能提高被测表面的有效辐射和有效发射系数。利用有效发射系数通过仪表对实测温度进行相应的修正，最终可得到被测表面的真实温度。最为典型的附加反射镜是半球反射镜。球中心附近被测表面的漫射辐射能受半球镜反射回到表面而形成附加辐射，从而提高有效发射系数。至于气体和液体介质真实温度的辐射测量，则可以用插入耐热材料管至一定深度以形成黑体空腔的方法。通过计算求出与介质达到热平衡后的圆筒空腔的有效发射系数。在自动测量和控制中就可以用此值对所测腔底温度（即介质温度）进行修正而得到介质的真实温度。

2. 湿度传感器

湿敏元件是最简单的湿度传感器。湿敏元件主要有电阻式、电容式两大类。

湿敏电阻的特点是在基片上覆盖一层用感湿材料制成的膜，当空气中的水蒸气吸附在感湿膜上时，元件的电阻率和电阻值都发生变化，利用这一特性即可测量湿度。

湿敏电容一般是用高分子薄膜电容制成的，常用的高分子材料有聚苯乙烯、聚酰亚胺、酪酸醋酸纤维等。当环境湿度发生改变时，湿敏电容的介电常数发生变化，使其电容量也发生变化，其电容变化量与相对湿度成正比。

电子式湿敏传感器的准确度可达 2%～3%RH，这比干湿球测湿精度高。

湿敏元件的线性度及抗污染性差，在检测环境湿度时，湿敏元件要长期暴露在待测环境中，很容易被污染而影响其测量精度及长期稳定性。这方面没有干湿球测湿方法好。下面对各种湿度传感器进行简单的介绍。

1）氯化锂湿度传感器

（1）电阻式氯化锂湿度计。

第一个基于电阻-湿度特性原理的氯化锂电湿敏元件是美国标准局的 F. W. Dunmore 研制出来的。这种元件具有较高的精度，同时结构简单、价廉，适用于常温常湿的测控等一系列优点。

氯化锂元件的测量范围与湿敏层的氯化锂浓度及其他成分有关。单个元件的有效感湿范围一般在 20%RH 以内。例如，0.05%的浓度对应的感湿范围为（80～100）%RH，0.2%的浓度对应范围是（60～80）%RH 等。由此可见，要测量较宽的湿度范围时，必须把不同浓度的元件组合在一起使用。可用于全量程测量的湿度计组合的元件数一般为 5 个，采用元件组合法的氯化锂湿度计可测范围通常为（15～100）%RH，国外有些产品声称其测量范围可达（2～100）%RH。

（2）露点式氯化锂湿度计。

露点式氯化锂湿度计是由美国的 Forboro 公司首先研制出来的，其后我国和许多国家都做了大量的研究工作。这种湿度计和上述电阻式氯化锂湿度计形式相似，但工作原理完全不同。简言之，它是利用氯化锂饱和水溶液的饱和水汽压随温度变化的规律进行工作的。

2）碳湿敏元件

碳湿敏元件是美国的 E. K. Carver 和 C. W. Breasefield 于 1942 年首先提出来的，与常用的毛发、肠衣和氯化锂等探空元件相比，碳湿敏元件具有响应速度快、重复性好、无冲蚀效应和滞后环窄等优点，因之令人瞩目。我国气象部门于 20 世纪 70 年代初开展碳湿敏元件的研制，并取得了积极的成果，其测量不确定度不超过±5%RH，时间常数在正温时为

2～3s，滞差一般约为7%，比阻稳定性亦较好。

3）氧化铝湿度计

氧化铝传感器的突出优点是，体积可以非常小（例如，用于探空仪的湿敏元件仅90μm厚、12mg重），灵敏度高（测量下限达－110℃露点），响应速度快（一般为0.3～3s），测量信号直接以电参量的形式输出，大大简化了数据处理程序，等等。另外，它还适用于测量液体中的水分含量。如上特点正是工业和气象中的某些测量领域所需要的。因此它被认为是进行高空大气探测可供选择的几种合乎要求的传感器之一。也正是因为这些特点使人们对这种方法产生浓厚的兴趣。然而，遗憾的是，尽管许多国家的专业人员为改进传感器的性能进行了不懈的努力，但是在探索生产质量稳定的产品的工艺条件，以及提高性能稳定性等与实用有关的重要问题上始终未能取得重大的突破。因此，到目前为止，传感器通常只能在特定的条件和有限的范围内使用。近年来，这种方法在工业中的低霜点测量方面开始崭露头角。

4）陶瓷湿度传感器

在湿度测量领域，对于低湿和高湿及其在低温和高温条件下的测量，到目前为止仍然是一个薄弱环节，而其中又以高温条件下的湿度测量技术最为落后。以往，通风干湿球湿度计几乎是在这个温度条件下可以使用的唯一方法，而该法在实际使用中亦存在种种问题，无法令人满意。另外，科学技术的进展，要求在高温下测量湿度的场合越来越多，例如，水泥、金属冶炼、食品加工等涉及工艺条件和质量控制的许多工业过程的湿度测量与控制。因此，自20世纪60年代起，许多国家开始竞相研制适用于高温条件下进行测量的湿度传感器。考虑到传感器的使用条件，人们很自然地把探索方向着眼于既具有吸水性又能耐高温的某些无机物上。实践已经证明，陶瓷元件不仅具有湿敏特性，还可以作为感温元件和气敏元件。这些特性使它极有可能成为一种有发展前途的多功能传感器。寺日、福岛、新田等在这方面已经迈出了颇为成功的一步。他们于1980年研制成被称为“湿瓷-Ⅱ型”和“湿瓷-Ⅲ型”的多功能传感器。前者可测控温度和湿度，主要用于空调；后者可用来测量湿度和诸如酒精等多种有机蒸汽，主要用于食品加工方面。

### 4.3.3 压力传感器

压力传感器（pressure transducer）是能感受压力信号，并能按照一定的规律将压力信号转换成可输出的电信号的器件或装置。压力传感器通常由压力敏感元件和信号处理单元组成。压力传感器是工业实践中最为常用的一种传感器，其广泛应用于各种工业自控环境，涉及水利水电、铁路交通、生产自控、航空航天、军工、石化、电力等众多行业。

常见的压力传感器有压阻式压力传感器、陶瓷压力传感器、蓝宝石压力传感器等。

（1）压阻式压力传感器。电阻应变片是压阻式应变传感器的主要组成部分之一。金属电阻应变片的工作原理是吸附在基体材料上应变电阻随机械形变而产生阻值变化的现象，俗称为电阻应变效应。

（2）陶瓷压力传感器。陶瓷压力传感器基于压阻效应，压力直接作用在陶瓷膜片的前表面，使膜片产生微小的形变，厚膜电阻印刷在陶瓷膜片的背面，连接成一个惠斯通电桥，由于压敏电阻的压阻效应，使电桥产生一个与压力成正比、与激励电压也成正比的高度线性电压信号，标准的信号根据压力量程的不同进行标定，可以和应变式传感器兼容。

（3）扩散硅压力传感器。扩散硅压力传感器工作原理也是基于压阻效应，利用压阻效应原理,被测介质的压力直接作用于传感器的膜片上(不锈钢或陶瓷),使膜片产生与介质压力成正比的微位移,使传感器的电阻值发生变化,利用电子线路检测这一变化,并转换输出一个对应于这一压力的标准测量信号。

(4) 蓝宝石压力传感器。利用应变电阻式工作原理,采用硅-蓝宝石作为半导体敏感元件,具有无与伦比的计量特性。因此,利用硅-蓝宝石制造的半导体敏感元件,对温度变化不敏感,即使在高温条件下,也有着很好的工作特性;蓝宝石的抗辐射特性强;另外,硅-蓝宝石半导体敏感元件无 p-n 漂移。

(5) 压电式压力传感器。压电效应是压电传感器的主要工作原理,压电传感器不能用于静态测量,因为经过外力作用后的电荷,只有在回路具有无限大的输入阻抗时才得到保存。实际的情况不是这样的,所以这决定了压电传感器只能够测量动态的应力。

# 第 5 章

# 前沿感知技术

当前，无人系统、智能制造、智慧交通、智慧城市以及可穿戴技术正在迅速发展，人类对传感器的需求越来越广泛，并且要求传感器具备微型化、集成化、智能化、低功耗等特点，传感技术出现了新的发展趋势。

1. 传感器新型化

基于各种物理、化学、生物的效应和定律，继力敏、热敏、光敏、磁敏和气敏等敏感元件后，开发基于新原理、新效应的敏感元件和传感元件，并以此研制新型传感器是发展高性能、多功能、低成本和小型化传感器的重要途径。

例如，在军事医学领域，利用酶电极选择性好、灵敏度高、响应快的特点研发生物传感器，能及时快速检测细菌、病毒及其毒素等，实现生物武器的有效防范。利用量子力学中的有关效应，可设计、研制量子敏感器件，像共振隧道二极管、量子阱激光器和量子干涉部件等。这些元器件具有高速度(比电子敏感器件速度提高 1000 倍)、低功耗(比电子敏感器件能耗降低 1000 倍)、高效率、高集成度、经济可靠等优点。

2. 传感器微型化

纳米电子学的发展给传感技术领域带来新的变革，利用纳米技术制作的传感器，尺寸减小、精度提高、性能大大改善，纳米传感器站在原子尺度上，极大地丰富了传感器的理论，推动了传感器的制作水平，拓宽了传感器的应用领域。

MEMS 传感器的出现更是引起了传感器领域的技术革命。MEMS(Microelectro Mechanical Systems，微机电系统)传感器是在微电子技术基础上发展起来的，是集微机构、微传感器、微执行器、控制电路、信号处理、通信、接口、电源等于一体的微型系统或器件，是对微/纳米材料进行设计、加工、制造、测量和控制的技术。

3. 传感器集成化

集成化是指多种传感功能与数据处理、存储、双向通信等的集成。压力、静压、温度三变量传感器；气压、风力、温度、湿度四变量传感器；微硅复合应变压力传感器和阵列传感器等，都使用了集成技术。传感器集成化有两种：一种是通过微加工技术在一个芯片上构建多个传感模块，组成线性传感器(如 CCD 图像传感器)；另一种是将不同功能的敏感元器件制作在同一硅片上，制成集成化多功能传感器，集成度高、体积小，容易实现补偿和校正。微加工技术和精密封装技术对传感器的集成化有重大的影响。

## 5.1 仿生传感器

仿生传感器是一种采用新的检测原理的新型传感器，它采用固定化的细胞、酶或者其他生物活性物质与换能器相配合组成，是基于生物学原理设计的可以感受规定待测物并按照一定规律转换及输出可用信号的器件或装置，是一种采用新的检测原理的新型传感器，由敏感元件和转换元件组成，辅之以信号调整电路或电源等。这种传感器是近年来生物医学和电子学、工程学相互渗透而发展起来的一种新型的信息技术。

仿生传感器能够模拟某些生物体功能，其应用领域遍及生物医学中人体感受器官的诊断和修复、智能机器人、食品、环境、大气污染的监测、军事安全、化学和生物武器以及反恐等。例如，具有仿生功能的人工眼、人工耳、人工鼻、人工舌以及人工皮肤，用于人体感受器官损伤的修复和替代；用于现场对食品和环境质量进行快速检测和鉴别的电子鼻和电子舌。在化学和生物战中，仿生传感器能对其所怀疑的病菌实行快速监控，使人们尽早检出病菌。在未来的小型、微型甚至纳米机器人中，如模拟蜜蜂、蝴蝶甚至蟑螂的小型机器昆虫将配备众多的仿生传感器。

近年来，随着生物医学和微电子加工技术的快速发展和人类生活质量的不断提高，用仿生技术研制各种具有感觉功能的用于损伤修复的人工器官得到快速的发展。国际上仿生传感器的研究首先是从检测和识别物理量开始的，特别是在人工视觉、人工听觉和人工触觉的研究方面呈现出非常活跃的局面。

仿生传感器常分为嗅觉传感器、味觉传感器、听觉传感器、视觉传感器、触觉传感器等；仿生传感器按照使用的介质可以分为酶传感器、微生物传感器、细胞传感器、组织传感器等。

1. 嗅觉仿生传感器

动物是凭借灵敏的鼻子来闻出各种各样不同的气体，并做出相应的生理反应的。仿生嗅觉传感器主要是利用具有交叉式反应的气敏元件组成一定规模的气敏传感器阵列来对不同的气体进行信息提取，然后将这些大量复杂的数据交由计算机进行模式判别处理。气敏传感器阵列实现了气味信息从样品空间到测量空间的转换，是仿生嗅觉信息处理的关键环节。不同传感原理和制作工艺的气敏传感器丰富了仿生嗅觉传感器对气味信息的获取途径，常用的有金属氧化物半导体、石英晶体微天平、导电聚合物、声表面波等。构建阵列的传感器除了应该满足响应快且可逆、重复性好、灵敏度高等条件，还必须对各种气味广谱敏感，并且阵列中各传感器对同种气味要交叉敏感，以保证从有限数量的传感器中获取更多的气味信息。

2. 味觉仿生传感器

味蕾是人的味觉感受器，每个味蕾都是由一组味觉细胞组成的梨形结构，属于化学感受器。味蕾由味觉细胞和支持细胞所组成的卵圆形小体，主要分布于轮廓、菌状和叶状乳头中，软腭、会厌和咽的上皮内也有少量存在。味蕾顶端有一个称为味孔的小孔与口腔相通，当溶解的食物进入味孔时，味觉细胞受刺激而兴奋，经神经传到大脑而产生味觉。味蕾能感觉甜、苦、酸、咸等味觉刺激。味觉仿生传感器由敏感元件和信号处理装置组成，敏感元件又分为分子识别元件和换能器两部分，分子识别元件一般由生物活性材料，如酶、微生物及 DNA 等构成。根据不同的原理，味觉仿生传感器主要有膜电位分析味觉传感器、伏安分析味觉传感器、光电方法的味觉传感器、多通道电极味觉传感器、生物味觉传感器、基于表面等离子共振原理制成的味觉传感器、凝胶高聚物与单壁碳纳米管复合体薄膜的化学味觉传感器、硅芯片味觉传感器等。

3. 触觉仿生传感器

触觉仿生传感器是用于模仿触觉功能的传感器，按功能可分为接触觉传感器、力-力矩觉传感器、压觉传感器和滑觉传感器等。接触觉传感器是用来判断机器人是否接触到外界物体或测量被接触物体的特征的传感器。接触觉传感器有微动开关、导电橡胶、含碳海绵、碳素纤维、气动复位式装置等类型。滑觉传感器用于判断和测量机器人抓握或搬运物体时物体所产生的滑移,它实际上是一种位移传感器。按有无滑动方向检测功能可分为无方向性、单方向性和全方向性3类。

目前,虽然已经研制成功了许多仿生传感器,但仿生传感器的稳定性、再现性和批量生产性明显不足。因此,以后除继续开发出新系列的仿生传感器和完善现有的系列之外,生物活性膜的固定化技术和仿生传感器的固态化也值得进一步研究,在不久的将来,模拟生物功能的嗅觉、味觉、听觉、触觉仿生传感器将出现,有可能超过人类五官的能力,完善目前机器人的视觉、味觉、触觉和对目的物进行操作的能力。

## 5.2 MEMS传感器

MEMS的起源可以追溯到20世纪五六十年代,最初贝尔实验室发现了硅和锗的压阻效应,从而导致了硅基MEMS传感器的诞生和发展。在随后的几十年里,MEMS得到了飞速发展。特别是近年来,MEMS在微电子技术、新材料、生物医学等多学科的推动下,得到了迅猛发展。MEMS应用很广泛,在很多领域都有着十分广阔的应用前景,已经成为21世纪初的支柱产业。常见的MEMS传感器主要包括微机械压力传感器、微加速度传感器、微机械陀螺等。

1. 微机械压力传感器

微机械压力传感器是最早开始研制的MEMS传感器,也是微机械技术中最成熟、最早开始产业化的产品。MEMS压力传感器在汽车传动系统压力感测医学外科手术中有着广泛的应用。

2. 微机械陀螺

角速度一般是用陀螺仪来进行测量的,传统的陀螺仪主要是利用角动量守恒原理,因此它主要是一个不停转动的物体,它的转轴指向不随承载它的支架的旋转而变化。MEMS陀螺仪的工作原理不是这样的,因为要用微机械技术在硅片衬底上加工出一个可转动的结构并非易事,MEMS陀螺仪利用科里奥利力——旋转物体在有径向运动时所受到的切向力。如果物体在圆盘上没有径向运动,科里奥利力就不会产生。因此,在MEMS陀螺仪的设计上,这个物体被驱动,不停地来回做径向运动或者振荡,与此对应的科里奥利力就是不停地在横向来回变化,并有可能使物体在横向作微小振荡,相位正好与驱动力差90°。因为科里奥利力正比于角速度,所以由电容的变化可以计算出角速度。

3. 微机械温度传感器

微机械传感器与传统的传感器相比,具有体积小、重量轻的特点,其固有热容量仅为$10^{-15}\sim10^{-8}$J/K,使其在温度测量方面具有传统温度传感器不可比拟的优势。

## 5.3 集成传感器

多功能集成化传感器具有小型化、结构简单和低成本等显著优势,已受到越来越多的关注。近年来,随着电子产品不断向着小型化、移动化的方向发展,对多传感器进行集成逐渐成为了研究热点。多传感器的集成可以让传感器系统拥有更小的体积、更低的功耗以及更好的性能，让传感器系统在一个封装体中可以同时实现多种物理和化学参数的测量。由于传感器的配置和测量机制不同，已有不同的方案来实现多个传感器的集成，包括片上系统(SoC)与系统级封装(SIP)。片上系统是在一个芯片上集成多个传感器，形成一个传感器系统。SIP是使多种具备不同功能器件的组合体形成一个系统的方法。SoC集成在尺寸、功耗、成本、性能和可靠性方面优于其他同类产品，然而，由于不同的配置、不同的传感机制、不同的制造工艺和不同的封装方案，SoC仍然面临着一些技术挑战，只有小部分具有相似结构、传感机制和封装方案的传感器可以实现单片SoC集成。随着小型化需求的增加，为了进一步减小体积，则需要将芯片或器件在垂直方向上进行堆叠。与水平排布相比，3D集成能够实现更多功能，且结构更为紧凑，但其制造工艺也更加复杂。3D集成技术在实现多传感器的可靠集成、提高系统性能、降低功耗等方面展现出了巨大的潜力。

集成传感器需要解决的主要问题是工艺兼容、封装设计等。

多传感器集成可以充分发挥其短互连、小型化和紧凑封装的优点。但是，将这些采用不同工艺且结构不同的器件集成到单片系统中，存在诸多兼容性问题。部分MEMS传感器可以直接在常规IC工艺序列中完成加工，如温度传感器、CMOS图像传感器、霍尔传感器、指纹传感器等，通常不需要额外的特殊工艺。但诸如加速度计、陀螺仪、音频采集等，因为其内部具有三维可动的敏感结构及需要构建薄膜空腔等，所以无法通过常规IC工艺直接加工完成，需要通过MEMS加工工艺进行生产，其中的MEMS工艺传感器芯片与其他工艺传感器芯片和后端处理芯片在多个方面存在明显差异，工艺兼容性是集成的难点。

在封装方面，为减少外界环境对敏感结构的影响，内部芯片的封装方法与形式的设计是极其重要的一个环节，这对减少传感器的线性误差、提高传感器的灵敏度及稳定性具有重要意义。在多传感器集成系统的封装过程中，传感器的多样性决定了需要对各个不同敏感结构的封装材料进行特性分析，包括耐温特性、抗热冲击特性和热机械相容性。此外，还需要对封装结构的尺寸、质量和气密性进行特性分析，如陀螺仪、气压传感器等敏感结构需要进行真空封装。

另外，多物理场耦合也是集成传感器需要解决的问题。多传感器集成系统具有复杂的结构，各部分采用的工艺、材料不同，使得各部分的电学、力学和热学等物理学特性相差很大，系统内的多个物理场(电磁场、热场和电迁移静应力场等)之间存在相互耦合作用，使得建模和仿真的实现存在很大难度，同时其可靠性也是一大问题。因此，如何解决集成系统中电场、磁场、力场之间的耦合仿真计算问题，如何抑制系统内的各类耦合噪声以保证信号和电源的完整，都是多传感器系统需要研究的主要内容。

# 传输篇

# 第6章

# 无线广域网

无线广域网(Wireless Wide Area Network,WWAN)是一种用于提供长距离无线网络连接的技术,允许用户在广域范围内访问互联网和其他网络。WWAN技术通常与移动网络运营商合作,通过无线电信号在较长的距离范围内传输数据。无线广域网主要由蜂窝网络、LoRa、Sigfox、卫星物联网等组成。蜂窝网络有低功耗部分和非低功耗部分。蜂窝网络的低功耗部分由NB-IoT、TD-LTE Cat. 1、TD-LTE Cat. M(eMTC)、LTE FDD Cat. M(eMTC)组成;蜂窝网络的非低功耗部分由1G、2G、3G、4G、5G、6G组成,5G是当前主要推广运行的技术、6G是正在研制发展中的技术。非蜂窝网络主要由LoRa、Sigfox、卫星物联网组成。其中卫星物联网是在卫星互联网基础上进行延伸和扩展的一种网络,目前卫星物联网主要组成部分是低轨卫星通信系统。无线广域网也可以按照低功耗和非低功耗进行分类:低功耗部分主要有NB-IoT、TD-LTE Cat. 1、TD-LTE Cat. M(eMTC)、LTE FDD Cat. M(eMTC)、LoRa、Sigfox;非低功耗部分主要有1G、2G、3G、4G、5G、6G、卫星物联网。

## 6.1 低功耗无线广域网

LPWAN(Low-Power Wide-Area Network,低功率广域网络)也称为LPWA(Low-Power Wide-Area)或LPN(Low-Power Network,低功率网络),是一种用低比特率进行长距离通信的无线网络。根据低电量需求、低比特率与使用时机等特点可以区分LPWAN与无线广域网的非低功耗部分。无线广域网络被设计来连接企业或用户,可以传输更多资料但也更耗能。其中NB-IoT、TD-LTE Cat. 1、TD-LTE Cat. M(eMTC)、LTE FDD Cat. M(eMTC)都属于蜂窝网络的低功耗应用,其中NB-IoT应用最为广泛,eMTC和TD-LTE Cat. 1相对差一些。因为在中国国内eMTC发展得并不顺利,由于NB-IoT基站建设和改造的成本过大,且收益甚微,再加上现在运营商又在大力发展5G,对于eMTC的投入捉襟见肘。所以本节对主要且具有代表性的NB-IoT、eMTC、LoRa、Sigfox进行介绍。

### 6.1.1 NB-IoT

1. NB-IoT简介

NB-IoT(Narrow Band Internet of Things,窄带物联网)是IoT领域的一个新兴技术,它具有覆盖增强、低功耗、海量连接等特点。NB-IoT是部署在移动通信网络,面向物联网进行专门优化的、符合3GPP标准且工作在授权频谱、由运营商维护管理的LPWA(Low Power Wide Area,低功耗广域)网络。因为NB-IoT构建于蜂窝网络,可直接部署于GSM网络、UMTS网络或LTE网络,所以体系架构、空中接口技术、信令传输流程等都与蜂窝网络相关。

运营商在推广M2M(Machine to Machine,机器到机器)服务时,发现企业对M2M的业务需求不同于个人用户的需求。因为 M2M 的应用场景与网络层面具有较强的统一性，所以通信领域的组织、企业期望能够对现有的通信网络技术标准进行一系列优化。2013 年，沃达丰与华为携手开始了新型通信标准的研究，起初将该通信技术称为 NB-M2M(LTE for Machine to Machine)，2015 年 5 月，NB-M2M 方案和 NB-OFDM 方案融合成为 NB-CIoT (Narrow Band Cellular IoT)。2015 年 9 月，3GPP 在 2015 年 9 月的 RAN 全会达成一致，NB-CIoT 和 NB-LTE 两个技术方案融合形成了 NB-IoT，NB-IoT 标准在 3GPP R13 出现，并于 2016 年 6 月冻结。在整个 NB-IoT 技术标准之中，贡献度最高的是中国的华为，其次是美国的高通。2017 年 7 月，ofo 小黄车与中国电信、华为共同宣布，三家联合研发的 NB-IoT“物联网智能锁”全面启动商用，进入大规模商用阶段。在网络部署方面，2017 年，国内三大电信运营商积极布局移动物联网，网络建设在第三季度进入加速期，截至 2017 年年底，全国范围内的 NB-IoT 基站数量已超过 40 万个，截至 2022 年 11 月，国内的 NB-IoT 基站数量为 76 万个，大规模部署的 NB-IoT 网络将带来无处不在的移动物联网覆盖。随着网络建设的逐步完成，三大运营商也在 2017 年陆续宣布 NB-IoT 全网商用。2019 年 7 月，3GPP 正式向 ITU-R(国际电信联盟)提交 5G 候选技术标准提案。其中，低功耗广域物联网技术 NB-IoT，被正式纳入 5G 候选技术集合，作为 5G 的组成部分与 NR 联合提交至 IUT-R。2020 年 7 月，3GPP 5G 技术被 ITU 正式接收为 IMT-2020 5G 技术标准，这就意味着 NB-IoT 同时被正式纳入全球 5G 标准。

2. NB-IoT 工作原理和规范

NB-IoT 成为万物互联网络的一个重要分支。NB-IoT 构建于蜂窝网络，只消耗大约 180kHz 的带宽，可直接部署于 GSM 网络、UMTS 网络或 LTE 网络，以降低部署成本、实现平滑升级。此部分主要包括总体架构、空口技术、工作部署方式、数据处理流程 4 部分。

NB-IoT 的总体架构如图 6-1 所示。

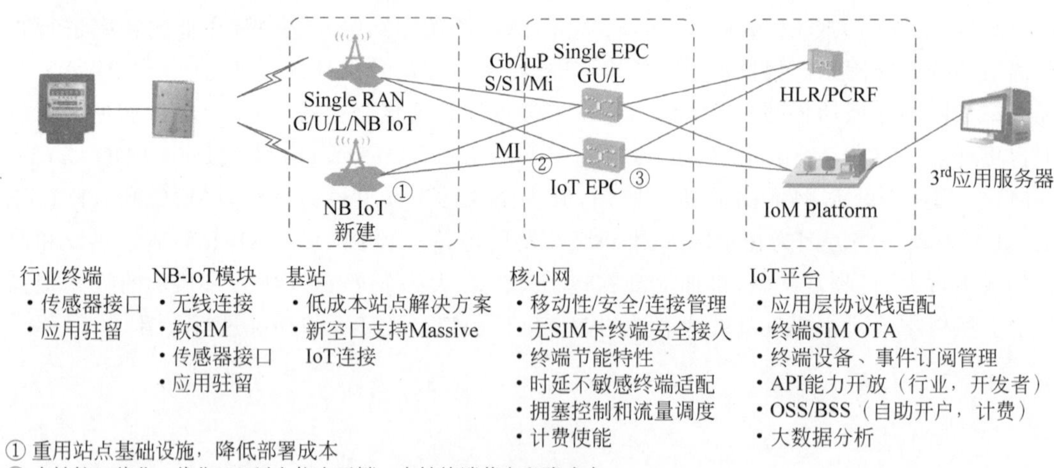


图 6-1　NB-IoT 的总体架构

(1) 行业终端：电表只是一个举例，行业终端包括且不限于智能路灯、智能烟感、智能消火栓、智能停车、智能水表、智能单车、宠物追踪等。

(2) NB-IoT 模块：通过 NB-IoT 模块把行业终端的信息送到 NB-IoT 基站。

(3) 基站：向下通过空中接口让行业终端数据接入网络中，向上把数据传输到核心网中。

(4) 核心网：由 Single EPC GU/L 和 IoT EPC 两部分组成。按照组成模块分为分组域核心网、电路域核心网和用户数据库，其中分组域核心网由 MME、S-GW、P-GW 等功能单元组成，主要提供分组域数据传输及能力开放等功能；电路域核心网由 MSC/VLR、短信中心(SMSC)等功能单元组成，主要提供短信息传输功能；用户数据库由 HSS 等功能单元组成，主要提供用户签约数据功能。

(5) IoT 平台：物联网业务平台包括面向用户的物联网能力开放使能平台、连接管理平台、空中写卡平台、业务网关等多个平台。为了向用户开放网络能力，物联网能力开放使能平台为终端设备提供设备接入、数据存储、数据路由和转发功能，为上层应用提供数据推送、设备管理、数据查询、命令下发等功能。连接管理平台是面向客户的运营支撑平台，为客户提供用户卡信息查询、通信管理、数据统计分析等服务。空中写卡平台可实现用户码号之间的动态切换，即换号不换物理卡。平台具有制卡密钥生成、单张写卡、批量写卡以及卡数据管理、码号管理、写卡日志管理等功能。业务网关是物联网业务体系中为终端、业务平台、能力系统提供通信接入、业务鉴权、消息路由、协议转换等功能的业务层接入设备。

(6) 应用服务器：完成垂直行业相关数据的存储、转发、管理等功能。

NB-IoT 的空口技术的物理层是新定义的，其他层都是在部署于 GSM 网络、UMTS 网络或 LTE 网络进行修改或者直接使用，下行数据传输方案是子载波间隔 15kHz 的 OFDMA，上行数据传输方案包括 3.75kHz 单频、15kHz 单频、15kHz 多频的子载波间隔的 SCFDMA。具体内容如图 6-2 和图 6-3 所示。

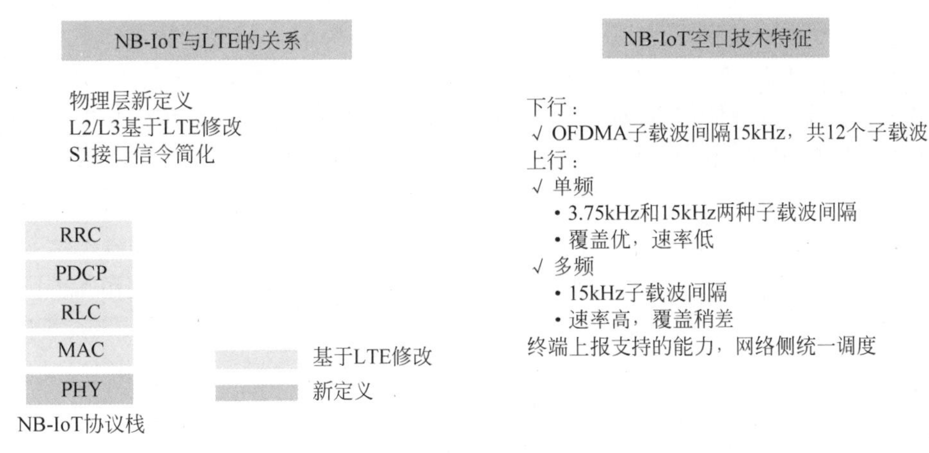


图 6-2 **NB-IoT 空口技术**

NB-IoT 在 LTE 网络的工作部署方式包括是 Stand-alone(独立工作模式)，采用独立的频谱部署 NB-IoT；In-band(LTE 带内工作模式)，在 LTE 带宽内部署 NB-IoT，适用于仅有 LTE 频谱没有额外频谱的运营商；Guard band(保护带工作模式)，在 LTE 频带边缘的保护带内部署 NB-IoT，适用于仅有 LTE 频谱没有额外频谱的运营商。详细内容如图 6-4 所示。

NB-IoT 的数据处理流程主要包括接入及移动性管理、数据传输、Non-IP、短消息及后续演进等。接入及移动性管理包括附着、去附着、TAU；数据传输包括控制面优化传输方案、用户面优化传输方案、控制面优化和用户面优化传输方案；Non-IP 通过不使用 IP 数据

上行

- SCFDMA，2种带宽
  - 3.75kHz（功率谱最大，覆盖更好，PRACH）
  - 15kHz（速率高，时延小，PUSCH）
- 2种模式
  - 单频（1个用户使用1个载波，低速应用）
  - 多频（1个用户使用多个载波，高速应用、只支持15kHz）

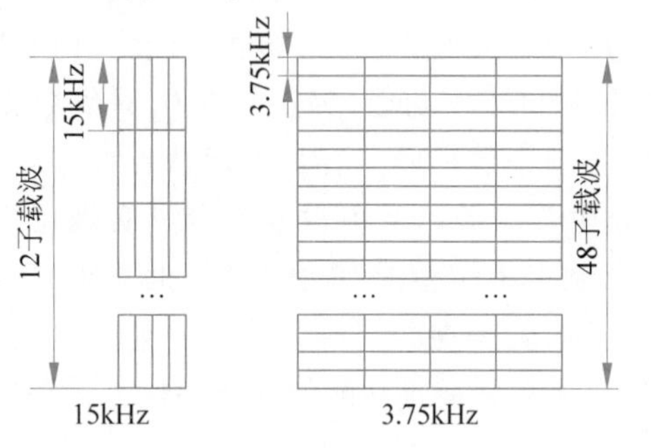

下行

- OFDMA
  - 占用200kHz带宽（两边各留10kHz保护带，实际占用180kHz，在LTE In-band部署时占用180kHz，即一个RB）
  - 子载波带宽：15kHz
  - 子载波数量：12

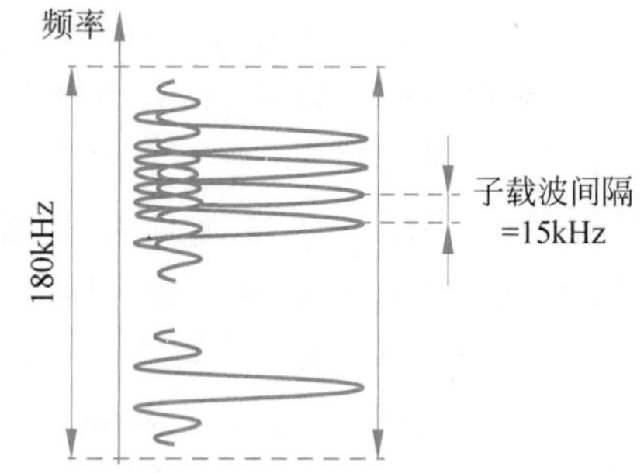


图 6-3　频域

包头的方式来减小传输数据包的大小；短消息部分为 NB-IoT 终端通过短消息进行数据传输。

3．NB-IoT 应用

1）智慧市政

市政工程是国家的基础建设，包括各种公共交通设施、给水、排水、燃气、城市防汛、环境卫生及照明等基础设施建设，是城市建设中基础且重要的一部分。智慧市政将路灯、户外信息、充电桩、井盖、地下管道、停车位等基础设施全面数字化，充分利用网络、数据库、GIS、GPS 等技术手段，使信息化手段在城市管理领域应用更广泛、全面。基于 NB-IoT 的智能路灯在北京、南京、杭州、鹰潭等国内多个城市得到了广泛试点和应用。NB-IoT 烟感产品已经在全国开展了广泛的商用案例，如福建厦门的社区福利院、浙江杭州的出租屋、广东广州独居老人、上海静安区的老旧小区、乌镇的景区民宿等。全国有市政消火栓 120 多万个，但完好率不足 50%，行业痛点明显，将消火栓进行智慧化的需求迫切，利用 NB-IoT 技术进行有效而可靠的物联网接入无疑是最优选择。自 2017 年以来，随着 NB-IoT 网络的商用，国内陆续上线了多个基于 NB-IoT 技术的智能停车项目，参与方涉及众多车位检测器终端厂商、平台厂商、停车场物业以及 NB-IoT 网络运营商。目前智能水表已经在江西鹰潭等多地商用，为 NB-IoT 在抄表市场上的应用起到示范作用。我国目前智能电表应用已经基于 NB-IoT 开展了试点，例如，中国移动与国家电网联合开展了智能电表业务的端到端试验。基于 NB-IoT 的共享单车已经陆续在北京、杭州、成都、鹰潭等城市开展业务试点，用户体验良好。

2）工业物联

智能制造是指面向全生命周期，实现感知条件下的信息化制造，通过智能化的感知、人机交互、决策和执行技术，实现产品设计、供应链管理、制造流程、制造装配和产品服务的智能化。工业物联已在爱立信南京基站生产工厂开展了试点应用，并打通端-管-云与应用层，实现了工厂状态可视化。截至 2018 年 5 月，工厂中的 NB-IoT 终端部署数量达到千级，随着方案的进一步优化，探索 5G 新技术在智能工厂的应用，高可靠、低时延、高速率的通信将

NB-IoT部署方式

Stand-alone部署

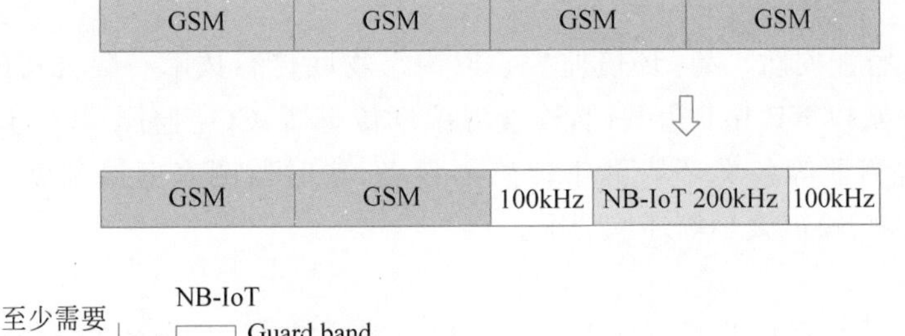


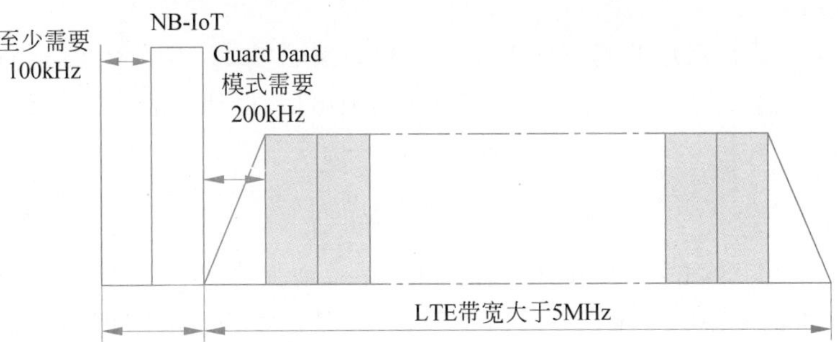


LTE Guard band部署

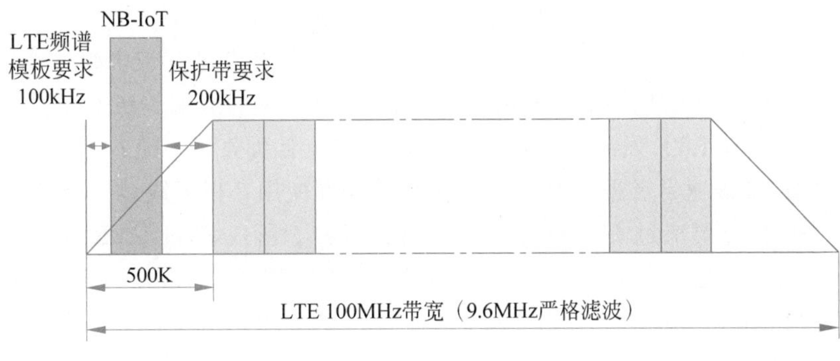


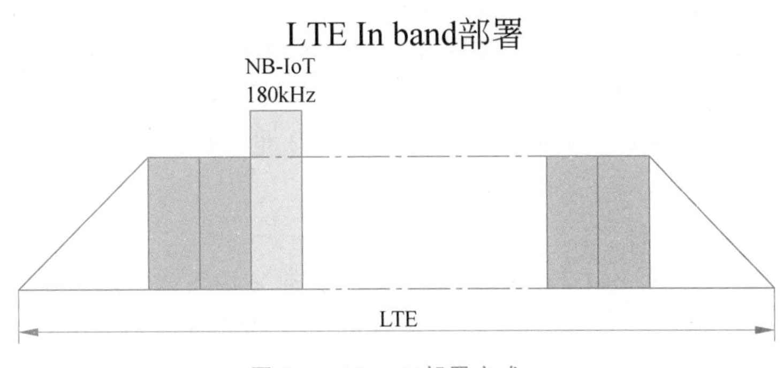


图 6-4 NB-IoT 部署方式

会进一步提升生产的柔性化。

3）智能穿戴

基于 NB-IoT 的智能穿戴包括智能追踪、儿童智能手表；智能追踪有宠物追踪器、老人和特殊人群健康胸牌、生命体征监控和定位手环、防拆卸腕表。欧孚通信公司在 2015 年华为全球技术大会上，展示了全球第一款基于 NB-IoT 的可穿戴应用产品，2016 年 4 月推出了基于 NB-IoT 的智能手表 W253，五洲无线公司在 2017 年，推出了基于 NB-IoT 技术方案的阿巴町 N100 儿童智能手表，移动通信在 2021 年推出第三代 5G NB-IoT 系列模组。

4）智能家居

包括智能家居、智能安防、家居环境监控。以南京物联传感技术有限公司的家居环境监控系统为例，该方案以 NB-IoT 为基础，连接温湿度传感器、$CO_2$ 监测器、$PM_{2.5}$ 探测器、光照传感器、噪声监测器等各类环境健康传感器设备，实时监测家庭温湿度、$CO_2$ 浓度、$PM_{2.5}$ 含量、光照强度、噪声大小等环境情况。

5）广域物联

基于 NB-IoT 的山体滑坡监测与预警应用解决方案自 2017 年由爱立信公司联合中国移动及中国地质环境监测院在北京国际通信展共同推出后，得到了业界的广泛关注。

### 6.1.2 eMTC

1. eMTC 简介

eMTC(enhanced Machine Type Communication，增强型机器类型通信)是一种基于 LTE 蜂窝网络演进的物联网技术。它具有低复杂度、低成本、低功耗、网络覆盖强等特点。eMTC 是爱立信提出的无线物联网解决方案。eMTC 基于 LTE 接入技术设计了无线物联网络的软特性，主要面向中低速率、低功耗、大连接、移动性强、具有定位需求的物联网应用场景。

2008 年，在 LTE 的第一个版本 R8(Release 8)中，除了有满足宽带多媒体应用的 Cat. 3、Cat. 4、Cat. 5 等终端等级外，也有上行峰值速率仅有 5Mb/s 的终端等级 Cat. 1，可用于物联网等低速率应用。在 LTE 发展初期，Cat. 1 并没有被业界所关注。随着可穿戴设备的逐渐普及，Cat. 1 才逐渐被业界重视。但是，Cat. 1 终端需要使用 2 根天线，对体积敏感度极高的可穿戴设备来说仍然要求过高(一般只配备 1 根天线)。所以，在 R12/R13 中，3GPP 多次针对物联网进行优化。首先是在 R12 中增加了新终端等级 Cat. 0，放弃了对 MIMO (Multiple In Multiple Out，多进多出)天线的支持，简化为半双工，峰值速率降低为 1Mb/s，终端复杂度降低为普通 LTE 终端的 40%左右。这样一来，初步达到了物联网的成本要求。但是，虽然 Cat. 0 终端的发射信道带宽降至 1.4MHz，但接收带宽仍为 20MHz，是发射信道带宽的 14 倍。于是，3GPP 在 R13 中又增加了 Cat. M1 等级的终端，信道带宽和射频接收带宽均为 1.4MHz，终端复杂度进一步降低。Cat. M1 也就是我们的 eMTC。

2. eMTC 基本特性和主要工作流程

1）eMTC 的基本特性

eMTC 可以部署在任何 LTE 频段上，在同样的带宽内可与其他 LTE 业务共存，支持 FDD、TDD、半双工模式，LTE 基站仅需要软件升级，窄带收发，1.08MHz 宽带、窄带跳频以获得频率分集增益、上下行数据重传以获得覆盖增强。

带宽减少的低复杂度或覆盖增强(BL/CE)接收和发送的带宽称为窄带(Narrowband)，是在当前小区带宽中定义的连续 6 个 RB，并且对小区整个带宽的窄带进行了编号，图 6-5 显示了不同系统带宽下窄带的分配情况。

有效的 BL/CE 上下行链路信道信号处理过程包括 PUSCH、PUCCH、Scheduling Request(SR)、Sounding Reference Signal(SRS)、PRACH、PDSCH 和 MPDCCH。

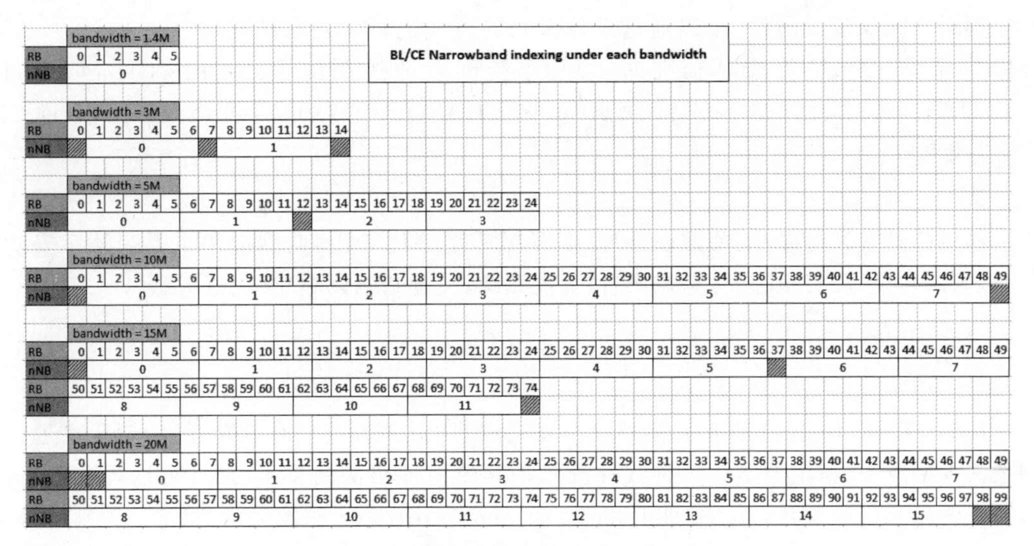


图 6-5 不同系统带宽下窄带的分配情况

2) eMTC 主要工作流程

eMTC 是一种全新的蜂窝物联网通信技术,在系统技术以及流程设计中融合吸收了很多 NB-IoT 和 LTE 设计思想,其最主要的三大核心技术特点包括全新的频域窄带设计、时域上重复传输机制和新增 eMTC 专属下行物理控制信道(MPDCCH)。基于 3GPP 协议规范 R13 的定义,eMTC 终端的工作频率被限制在了频域窄带(6PRB)。然而,eMTC 终端应具备频带(例如,LTE 系统下行频宽)锁频的能力,这表征 eMTC 终端的中心频率仍然可以工作在较宽的频带范围,只有实际工作频带能力被限制在频域 6 个连续物理资源块(Physical Resource Block,PRB)之内。

终端在开机时尝试在 LTE 全频带进行锁频同步,仍然通过与 LTE 配置相同的 PSS(Primary Synchronization Signal,主同步信号)/SSS(Secondary Synchronization Signal,辅同步信号)同步信号与基站实现下行同步,并读取与 LTE 配置相同的 MIB(Master Information Block,主信息块)消息,获取 SIB1-BR(系统信息模块 1 的固定子帧号)调度信息之后通过解码 SIB1-BR 消息可以获取 MPDCCH 的时频域位置相关配置参数。另外,通过进一步解读系统消息 SIB2(System Information Block 2,系统信息模块 2)还可以获取终端随机接入所需要的频域窄带,终端可通过随机接入流程实现与网络侧的上行同步。

基于不同的触发条件,例如,基于 SI-RNTI 获取系统消息(非 SIB1-BR)、基于 RA-RNTI(Random Access Radio Network Temporary Identifier)接收随机接入响应、基于临时 C-RNTI(Cell Radio Network Temporary Identifier)发起竞争解决 Msg3 消息、基于临时 C-RNTI 接收竞争解决 Msg4、基于 P-RNTI 侦听寻呼消息、基于 C-RNTI 进行数据接收和传输或基于 SPS-RNTI 启动半持续性调度机制等,都可以通过盲检 MPDCCH 相应搜索空间,动态获取上下行物理信道传输涉及的频域窄带位置以及该频域窄带内所分配的频域物力资源,从而在相应的 PDSCH/PUSCH 物理信道完成数据接收/传输。为了进一步提升系统抗干扰能力,在 eMTC 上下行控制信道(MPDCCH/PUCCH)和业务信道(PDSCH/PUSCH)传输都设计了相应的跳频机制。

eMTC 工作在频域窄频,不需要单独组网部署,可以与 LTE 系统融合共存。从网络侧设计角度观察,LTE 与 eMTC 的区别仅仅在于时频域资源调度的差异,因此运营商当前 4G

网络侧设备无须改变硬件，可以通过软件升级的方式进行快速系统建设。另外，由于工作频带的局限，eMTC 终端不需要对 LTE 系统配置的控制信道（如 PDCCH/PCFICH/PHICH）进行侦听，相应的一些控制信息（如下行 HARQ-ACK 信息）会重新设计在 MPDCCH 中进行传输。

3. eMTC 应用

eMTC 具有高可靠性、关键业务型、时延敏感型等优势，其典型应用主要为楼宇安防、紧急/老人护理、资产跟踪、可穿戴设备、智能跟踪、关键基础设施/智能电网。

### 6.1.3 LoRa

1. LoRa 简介

LoRa（Long Range）是 IoT 领域一个发展较快的技术，它具有低功耗、传输距离远、组网灵活等特点。LoRa 原本为一种线性调频扩频的物理层调制技术，最早由法国几位年轻人创立的一家创业公司 Cycleo 推出，2012 年，Semtech 收购了这家公司，将这一调制技术实现到芯片中，并取名“LoRa”。Semtech 公司基于 LoRa 技术开发出一整套 LoRa 通信芯片解决方案，包括用于网关和终端上不同款的 LoRa 芯片，开启了 LoRa 芯片产品化之路。

大约从 2014 年起，国内首批企业开始研发基于 LoRa 的相关产品。截至 2019 年，LoRa 已经从一个小范围使用的小无线技术成长为物联网领域无人不晓的事实标准。2018 年，阿里巴巴、腾讯、京东等互联网巨头均以最高级别会员身份加入 LoRa 联盟，同时，中兴克拉科技、各地方广电、浙江联通、联通物联网公司等 LoRa 生态伙伴也在各地部署 LoRa 网络。从行业规模上看，美国 Semtech 公司是全球 LoRa 技术应用的主要推动者，Semtech 公司为促进其他公司共同参与到 LoRa 生态中，于 2015 年 3 月联合 Actility、Cisco 和 IBM 等多家厂商共同发起创立 LoRa 联盟。目前 LoRa 联盟在全球拥有超过 500 个会员。

2. LoRa 的工作原理和规范

本节内容主要讲述 LoRa 的物理层和网络层。物理层包括收发机、码元调制过程、数据发送实例。网络层包括点对点、星状、簇状、网格等多种拓扑结构。

1）物理层

LoRa 的调制链路由纠错编码机、交织器、扩频序列产生器、笛卡儿极坐标转换器、Delta-sigma 调制器 5 部分组成，如图 6-6 所示。

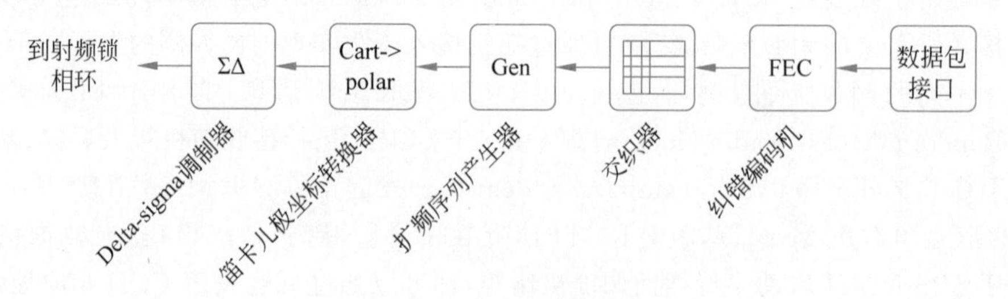


图 6-6 LoRa 的调制链路

LoRa 的解调链路由前向数字抽取滤波器、中频混频器、信道滤波器、软解映射器、解交织器、纠错解码器、扩频序列产生器 7 部分组成，如图 6-7 所示。

LoRa 的核心技术是 Chrip 调制（Chirp Spread Spectrum，CSS），也称为线性调频（Linear Frequency Modulation，LFM）。线性调频（LFM）是一种不需要伪随机编码序列的扩展频谱调制技术。由于线性调频信号占用的频带宽度远大于信息带宽，所以也可以获得很大的系

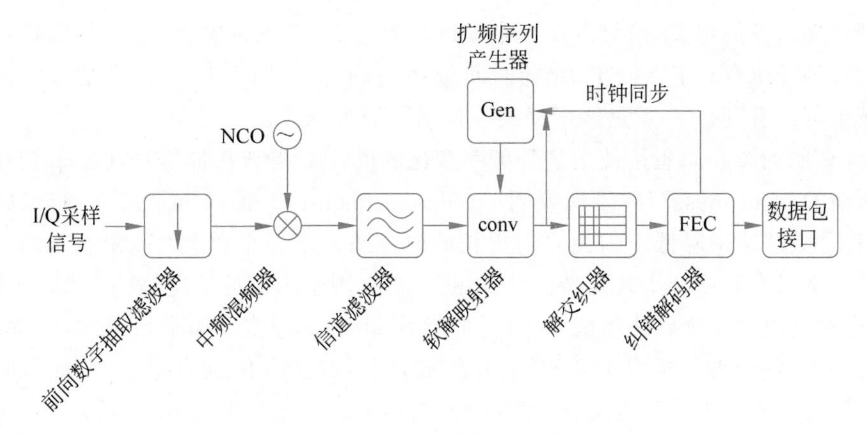


图 6-7 LoRa 的解调链路

统处理增益。以 SF=7 的 LoRa 调制编码为例进行讲述，如图 6-8 所示。

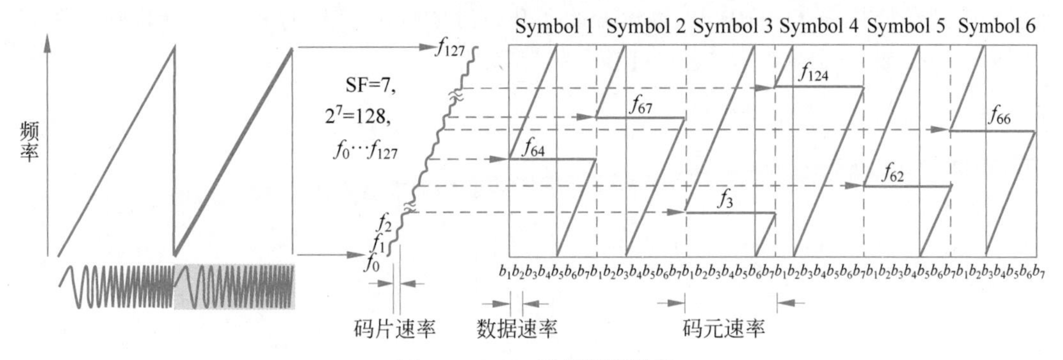


图 6-8 LoRa 调制编码举例

在图 6-8 中，SF＝7，所以发送信号带宽切分为 128（即 $2^7=128$）个频率段的码片（Chip）。每 128 个码片代表一个码元（Symbol），一个码元承载 7b 数据（$b_1/b_2/b_3/b_4/b_5/b_6/b_7$），不同的码片连接方式代表不同的码元。由于每个码元最多承载 7b 数据，所以只要有 128 种码片即可表达 7b 的所有状态。

线性调制（LFM）信号是指瞬时频率随时间呈线性变化的信号。LFM 信号的时域表达式可以写为（设振幅归一化，初始相位为零）

$$f(t)=\cos[\theta(t)]=\cos\left(\omega_0 t+\frac{\pi F}{T}t^2\right),\quad -\frac{T}{2}\leqslant t\ll\frac{T}{2} \tag{6-1}$$

式(6-1)的波形如图 6-9 所示，其中图 6-9(a)为频域信号图，图 6-9(b)为时域波形图。

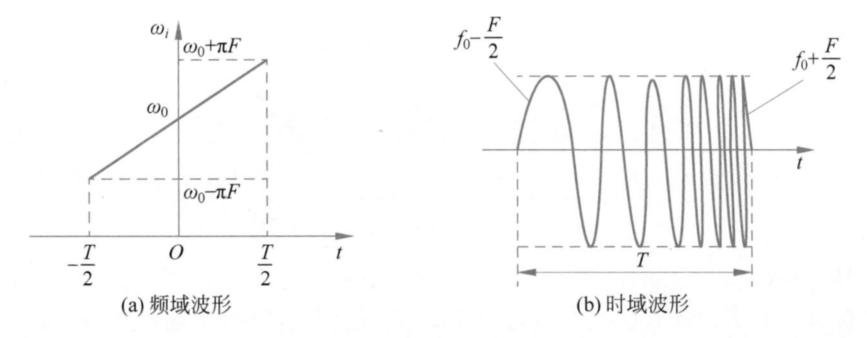


图 6-9 频域图和时域图

按照处理增益的定义，信号的高频带宽近似等于 $F$，信息带宽为 $1/F$，故频谱扩展带来的处理增益等于 $F/(1/T)=FT$，此即时间带宽积，通常选用 $FT\gg1$。在信号匹配滤波检测的分析中可以看到，$FT$ 就是匹配滤波器输出的最大峰值。

LoRa 调制的核心思想是使用这种频率变化的模式来调制基带信号，Chirp 变化的速率也就是所谓的“Chirpness”，称为扩频因子（Spread Factor）。扩频因子越大，传输的距离越远，代价就是数据速率降低。因为要用更长的码片来表示一个码元（Symbol），而一个码元代表的信息量只有几或者十几比特。例如 SF7（扩频因子为 7 的情况）就有 128 种不同的码片，每个码片共由 128 个码片组成，不过只能承载 7b 的信息量；如果采用 SF10，则有 1024 种不同的码片，每个码片共由 1024 个码片组成，能承载 10b 的信息量。LoRa 调制中的每一个码元都可以表示为正弦信号，频率在时间周期内的变化如图 6-10 所示，$f_c$ 为中心信号扫过频率范围的中心频率，BW 为工作带宽，频带范围为 $[f_c-\mathrm{BW}/2, f_c+\mathrm{BW}/2]$。LoRa 码元持续时间为 $T_s$，从频率范围内的某一个初始频率开始上升，到达最高频率 $f_c+\mathrm{BW}/2$，然后回落到最低频率 $f_c-\mathrm{BW}/2$，继续开始上升，直到码元的持续时间 $T_s$。所以在一个 $T_s$ 时间内，LoRa 码元的频率一定会扫过整个频带范围。

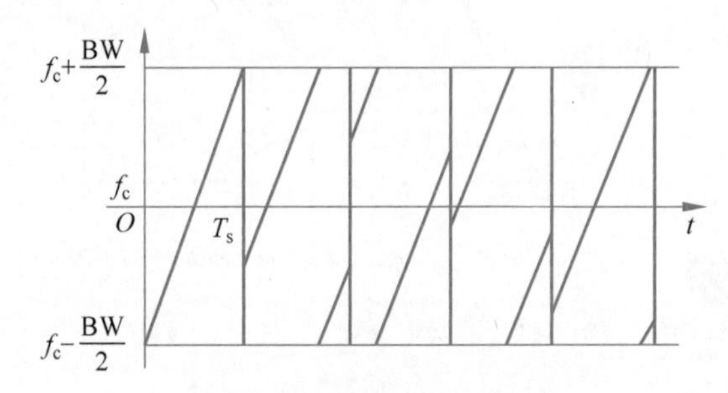


图 6-10　LoRa 调制周期变化图

以英文字符“LoRa”作为数据的发送实例，如图 6-11 所示。

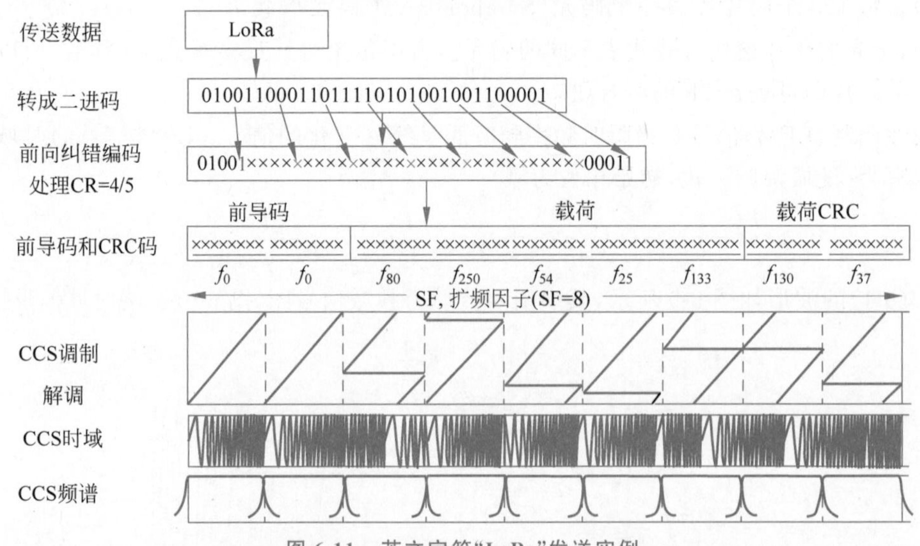


图 6-11　英文字符“LoRa”发送实例

以传输“LoRa”字符为例，首先需要将“LoRa”字符通过 ASCII 码转换为二进制数据为 01001100011011110101001001100001，共 32b。下一步为前向纠错编码处理，每 4b 后面增加 1b 的纠错位，加入纠错位的数据为 0100111000011001111001010001010110000011 共

40b。完成向前纠错编码后的数据需要进入交织器，由于采用 SF＝8 编码，交织器的大小为8行5列。将前向纠错编码处理后的40b数据通过放入交织器中。此时有效载荷数据通过5个 SF＝8 的码元携带，载荷（Payload）数据配置好后，增加前导码（Preamble）和 CRC 校验，形成一个标准的 LoRa 数据包，可以发送到数字输出驱动锁相环的反馈分频器。此时 LoRa 功率放大器输出的信号时域和频谱的变化状态如图6-11的 CCS 调制部分所示。

2）网络层

全球市场上常见的 LoRa 应用中使用的网络架构包括私有协议网络和 LoRaWAN 网络。作为私有协议网络来使用，主要有点对点拓扑结构、星状拓扑结构、树状拓扑结构、网状拓扑结构、混合拓扑结构等。LoRaWAN 网络是市场上唯一的 LoRa 生态达成共识的协议，是 LoRa 联盟为了推动 LoRa 应用而开发的标准，虽然在国外有非常高的市场占有率，但在国内的市场占有率较低。国内的公司主要是把 LoRa 技术整合到其系统中，纯粹把 LoRa 技术作为一种“更远一些”的无线通信技术来使用。

（1）点对点的 LoRa 网络：点对点（P2P）的通信方式在无线通信中是最早出现也是最常见的技术之一，如早期的无线门铃、无线开关、无线对讲机等。LoRa 技术应用于点对点通信时，规定主机和从机即可，不需要分为网关和节点。一般会由主机主动发起命令和任务，从机响应；主机和从机是可以互换的，LoRa 的节点芯片是支持半双工通信的，可以很好地支持这类应用。在实际的 LoRa 应用中，点对点通信并不多，主要原因是市场应用都在升级，原有的按键门铃等应用随着智能家居的发展，都可以通过网关联网，变为星状网络结构；而许多对讲机原来的点对点网络也变成了广播式的网状网络结构，有的对讲机应用还增加了 Mesh 结构。当仅有一对 LoRa 收发机的时候才是真正的 P2P 网络形式。

（2）星状的 LoRa 网络：星状拓扑网络是最常见的拓扑网络结构，如 Wi-Fi 是最典型的星状结构。星状结构的中心为网关，其他的连接都为节点（也称终端节点、终端设备或传感器），网关与每个节点通信。LoRa 最常见的应用方式也是采用此种网络，这也是 LoRa 被称为“长 Wi-Fi”的原因之一，其组网方式与 Wi-Fi 相似。

（3）Mesh 的 LoRa 网络：Mesh 网络即“无线网格网络”，是“多跳”（multi-hop）网络，是由 Ad-hoc 网络发展而来的。无线 Mesh 网络凭借多跳互联和网状拓扑特性，已经演变为适用于宽带家庭网络、社区网络、企业网络和城域网络等多种无线接入网络的有效解决方案。使用 Mesh 技术的代表技术就是 ZigBee 技术。提到 LoRa 也使用 Mesh 技术，大家会好奇，因为在正常的应用中 LoRa 的覆盖半径是 ZigBee 的10倍，根本没有必要使用 Mesh 技术。但一些 LoRa 应用需要在较高的通信速率下将数据传输到很远的地方，已知高速率下 LoRa 的灵敏度会降低，所以在这些远距离、高通信速率的 LoRa 应用中，就要使用到 Mesh 技术。常见的 LoRa Mesh 应用有野外数据传输和智能水表、智能电表。在森林和荒野的数据采集和传输中，由于几十千米甚至上百千米的区域内没有蜂窝网络和有线网络，要把森林和荒野深处的数据传输到有网络的地方，单靠 LoRa 单跳的传输距离是不够的，需要在传输路径上多级中继转发。

3. LoRa 应用

1）智能抄表

LoRaWAN 智能抄表从2015年开始在国内逐渐推广。LoRa 联盟推出 LoRaWAN 协议后被行业逐渐认可，虽然现阶段私有协议网还是占主导地位，但是 LoRaWAN 网络在智能抄表中发展迅速，也是 LoRa 在中国的多种应用中占比最大的。

2）智慧城市

LoRa在智慧城市中的应用非常多，其传感器的数量也有几百种，作为物联网的网络传输层在使用。智慧城市应用中最常见的3种LoRa应用为智慧路灯、智慧社区和智慧停车。深圳南山智慧社区案例，该项目一期为238万平方米，建筑69栋，含50层以上建筑13栋，拥有写字楼、商业综合体、公寓、小区、学校等多业态。腾讯云已经在深圳南山覆盖了LoRaWAN网络（南山区架设了300台LoRaWAN基站），不需要再额外架设网关，直接使用已经布好的LoRaWAN城域网即可，该项目中共使用21种共计1万多个传感器。另一个项目是深圳的E停车，共有2万多个路内停车位，其内部通信模块全部采用LoRa技术。

3）智慧农业

美国的Quantified Ag公司开发出多款用于牲畜管理的LoRa设备，包括集成了LoRa技术的挂在牛耳朵上的电子标签、动物体温检测设备等。WaterBit公司利用LoRa和LoRaWAN技术，把探测水位、土壤的含铁量和含盐量等信息传递给农场主。

4）智慧工业

在创立之初，LoRa技术的远距离特性就受到了卫星通信领域的关注，大量的小卫星公司纷纷使用LoRa技术实现低成本的地、卫通信解决方案，随着小卫星技术的普及，发射小卫星的成本降到几十万美元。在国内园区定位应用中，LoRa技术已经成为主流。Wilhelmsen公司和TTI合作的全球2.4GHz海运物联网项目中也使用了LoRa器件。Wilhelmsen选择TTI来开发其物联网平台，通过该平台，Wilhelmsen能够充分利用现有供货商和服务提供商的全球性生态系统，从而更容易对接LoRa传感器、硬件设计人员、系统集成商和应用程序开发商构成的市场。

5）消费类

2019年6月，阿里云联合深圳慧联无限科技有限公司发布了基于Alibaba Cloud LinkWAN物联网络管理平台的新产品——守护精灵安防套装，这是自阿里云提出LoRa 2.0概念以来，落地的首款针对长尾市场的LoRa套装产品。韩国KEYCO的LoRa可穿戴标签可以在1.5km范围内对儿童、老人、宠物、物品进行追踪。2019年9月亚马逊发布了一项名为Sidewalk的低功耗远距离无线技术，能够在比Wi-Fi或蓝牙等无线网络更大的范围控制家庭设备。这一通信技术实际上是在LoRa调制技术基础上推出的适用于智能家居和消费级智能硬件中远距离通信的协议，补充了此前用于智能家居和消费级智能硬件通信的Wi-Fi、蓝牙、ZigBee、Z-wave等技术的不足。

### 6.1.4 Sigfox

1. Sigfox简介

Sigfox是IoT领域的一个用于低功耗广域网的无线通信技术，它具有低成本、高可靠性、低功耗、短消息、协作接收等特点。2009年，Sigfox由Ludovic LeMoan和Christophe Fourtet创立，两人分别任CEO和技术总监。该公司坐落于法国被称为“物联网小镇”的Labege，Labege是法国的科技创业中心。该公司专注于M2M/IoT通信，定位提供低速率、低功耗、低价格，基于Sub-1GHz的无线网络通信服务。Sigfox的运营模式非常特别，自己提供所有的技术和网络运营，既是运营商又是技术的提供商。这样的市场策略有利有弊，在早期的发展中可以快速地建网，但是后期的市场竞争问题明显。目前，Sigfox网络已经覆盖到西班牙、法国、俄罗斯、英国、荷兰、美国、澳大利亚、新西兰、德国等几十个国家，但是由于缺乏运营商和中小私有网络客户的支持，其网络覆盖增速锐减。比如在中国的市场就遇到了滑铁卢，中国的几大运营商都不能接受 Sigfox 的独立运营模式。虽然 Sigfox 在中国与个别省份签署了战略合作协议，但是其网络一直无法实现规模覆盖。

2. Sigfox 工作原理和规范

用户设备发送带有应用信息的 Sigfox 协议数据包，附近的 Sigfox 基站负责接收并将数据包回传到 Sigfox 云服务器，Sigfox 云再将数据包分发给相应的客户服务器，由客户服务器来解析及处理应用信息，实现客户设备到服务器的无线连接。Sigfox 是一种低成本、高可靠性、低功耗的解决方案，用于连接传感器和设备，通过专用的低功耗广域网络，致力于连接千千万万的物理设备，并改善物联网的体验。

Sigfox 的关键技术有 UNB(Ultra-Narrow Band)超窄带技术、随机接入、协作接收、短消息、双向传输。

UNB(Ultra-Narrow Band，超窄带技术)：Sigfox 使用 192kHz 频谱带宽的公共频段来传输信号，采用超窄带的调制方式，每条信息的传输宽度为 100Hz，并且以 100b/s 或 600b/s 的数据速率传输，具体速率取决于不同区域的网络配置。UNB 技术使 Sigfox 基站能够远距离通信，不容易受到噪声的影响和干扰。系统使用的频段取决于网络部署的区域。例如，在欧洲使用的频段为 868～868.2MHz；在世界的其他地方，使用的频段在 902～928MHz，具体的部署情况由当地的法律法规决定。

随机接入：随机接入是实现高质量服务的关键技术。网络和设备之间的传输采用异步的方式。设备以随机选择的频率发送消息，然后再以不同的频率发送另外两个副本。这种对频率和时间的使用方式，称为时间和频率分散(time and frequency diversity)。一条 12B 有效载荷的消息在空中传输时长为 2.08s，速率为 100b/s。Sigfox 基站监听整个 192kHz 频谱，寻找 UNB 信号进行解调。Sigfox 的传输速率非常低且速率范围很小，这也是超窄带的技术局限，物联网的多样性要求对其提出了严重挑战。相比之下 LoRa 的灵活度就强很多，在保证信号质量的前提下支持几十比特至几十千比特每秒的传输速率。

协作接收：协作接收的原理是任何终端设备都不附着于某个特定的基站，这种方式不同于传统的蜂窝网络。设备发送的消息可以由任何附近的基站进行接收，实际部署中平均的接收基站数量为 3 个，一个消息同时被 3 个基站接收并同时对消息进行处理。这就是所谓的空间分散(spatial diversity)，空间分散与时间和频率分散也是 Sigfox 网络高质量服务背后的主要因素。LoRaWAN 就充分学习了 Sigfox 的协作接收的优势，LoRaWAN 中的 ADR(Adaptive Data Rate，自适应数据速率)更是将这一优势发挥到了极致。

短消息：为了解决实现低成本的远距离覆盖和终端设备低功耗限制的问题，Sigfox 设计了一个短消息通信协议。消息的大小为 0～12B。12B 的有效负载足以传输传感器数据，如状态、警报、GPS 坐标甚至应用数据等事件。例如，GPS 坐标：6B，温度：2B，速度：1B，目标状态信息：1B，激活保持信息：0B。欧洲的法规规定射频传输可以占用公共频段 1% 的时间。这个要求相当于每小时 6 条 12B 的消息或每天 140 条消息。虽然其他地区的监管有所不同，但 Sigfox 使用相同的服务标准。对于下行消息，有效负载的大小是固定的 8B，绝大部分的信息都可以用 8B 传输。这已经足够用来触发一个动作，远程管理设备或设备应用程序参数。基站的占空比要求为 10%，保证每个终端设备每天接收 4 条下行信息。如果还有多余的资源，那么终端可以接收更多的信息。这也带来了无法满足大量的复杂物联网应用的问题，许多物联网应用中需要传输上百字节的数据，显然 Sigfox 技术无法实现。

双向传输：下行消息由终端设备触发，Sigfox云服务器接收到设备发送的带有下行触发标识的消息后，会协商客户服务器发送下行消息。

3. Sigfox应用

智慧城市：Sigfox的通信距离一般在几千米到十几千米，这使得Sigfox更适合于城市部署，如智能建筑、智能停车、家庭安防等。

交通物流：Sigfox具有较低的成本，Sigfox基础设施相对LoRa来说较为简单，成本也相对较低，适用于低成本的应用场景，如物品追踪等。

垂直行业：Sigfox具有全球覆盖的能力。Sigfox已在世界各地建立了覆盖网络，用户可以通过这一网络实现全球范围内的通信。这使得Sigfox成为跨国企业、万联网服务提供商的首选。

## 6.2 非低功耗无线广域网

非低功耗广域网是从无线广域网中除低功耗广域网LPWAN之外的部分。主要包括1G、2G、3G、4G、5G、6G、卫星物联网。过去几十年，移动通信经历了从1G、2G、3G和4G的发展历程，现在我国正式进入5G商用时代，6G也在研制发展中。本节对主要且具有代表性的4G、5G、卫星物联网进行介绍。6G的内容将在第8章中介绍。

### 6.2.1 4G

1. 4G简介

第四代移动通信技术(4th Generation Mobile Communication Technology，4G)是一种在3G技术上改良的移动通信技术，相较于3G通信技术来说，其更大的优势是将WLAN技术和3G通信技术进行了很好的结合，使图像的传输速度更快，让传输图像看起来更加清晰。在智能通信设备中应用4G通信技术让用户的上网速度更加迅速，速度可以高达100Mb/s。

移动通信技术通常按照代来划分。第一代(1G)指20世纪80年代的模拟移动无线电系统。第二代(2G)指首批数字移动通信系统。第三代(3G)指首批用于处理宽带数据的移动系统。长期演进(LTE)通常称为4G，但也有许多人声称LTE第10版本(LTE-Advanced)才是真正的4G演进步骤，而第一个版本LTE(第8版)被标记为3.9G。移动系统朝代序号的增加仿佛一场持续的接力，而这其实只是一个标签问题。最重要的是实际系统的能力，以及它们是如何演变的，这正是本节的主题。在这个背景下，首先必须指出，LTE和LTE-Advanced为相同的技术，标签Advanced的添加主要是为了突出LTE的第10版(LTE-Advanced)与ITU/IMT-Advanced之间的关系。这并没有使LTE-Advanced成为与LTE不同的系统，并且无论如何也不会是LTE的最终进化步骤。另一个重要方面是，LTE和LTE-Advanced的开发工作是3GPP的一项持续工作，最早的3G系统(WCDMA/HSPA)就是该组织开发出来的。

4G的设计目标一旦确认，3GPP就会对LTE所考虑的不同技术解决方案的可行性进行研究，之后开发详细的规范。LTE规范的第一个版本，即第8版，完成于2008年春季，商业网络在2009年年底开始运营。然后，第8版以后跟着发布了附加的LTE版本，推出了如图6-12所示的应用于不同领域的附件功能和能力。

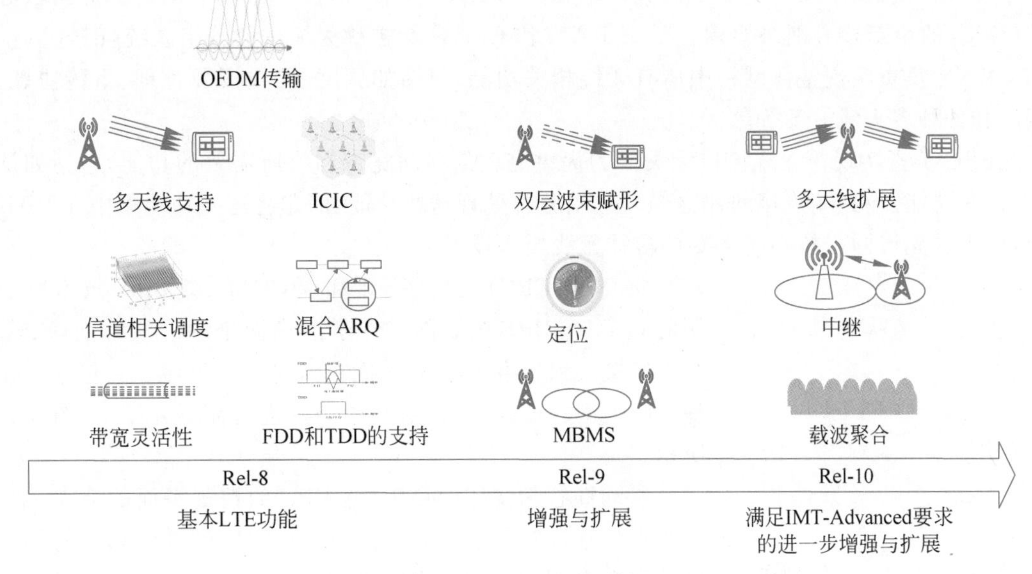


图 6-12 LTE 及其演进

2. 4G 工作原理和规范

1）频谱

4G 通信技术是以之前的 2G、3G 通信技术为基础，在其中添加了一些新型技术，使无线通信的信号更加稳定，提高了数据的传输速率，而且兼容性也更平滑，通信质量也更高。国内三大运营商使用的 4G 频带包括中国移动（共 130MHz 频谱）：1880～1900MHz、2320～2370MHz、2575～2635MHz；中国联通（共 40MHz 频谱）：2300～2320MHz、2555～2575MHz；中国电信（共 40MHz 频谱）：2370～2390MHz、2635～2655MHz。LTE 的 3GPP 的频带划分请参考《4G 移动通信技术权威指南 LTE 与 LTE-Advanced》的 17.1.2 节。

2）关键技术

4G 在 3G 基础上实现了进一步的提升，主要依靠如下关键技术：OFDM、多天线、链路自适应和 HARQ 技术。

(1) OFDM：OFDM（正交频分复用）是一种无线环境下的高速传输技术，其主要思想就是在频域内将给定信道分成许多正交子信道，在每个子信道上使用一个子载波进行调制，各子载波并行传输。尽管总的信道是非平坦的，即具有频率选择性，但是每个子信道是相对平坦的，在每个子信道上进行的是窄带传输，信号带宽小于信道的相应带宽。

(2) 多天线：多输入多输出（MIMO）技术是指利用多发射、多接收天线进行空间分集的技术，它采用的是分立式多天线，能够有效地将通信链路分解成为许多并行的子信道，从而大大提高容量。信息论已经证明，当不同的接收天线和不同的发射天线之间互不相关时，MIMO 系统能够很好地提高系统的抗衰落和噪声性能，从而获得巨大的容量。

(3) 链路自适应和 HARQ 重传技术：依靠软件无线电、智能天线技术等技术实现链路自适应和 HARQ 重传技术。

3）总体架构

在 3GPP 中 LTE 无线接入技术的规范工作展开的同时，无线接入网络（RAN）和核心网络（EPC）的总体系统架构被重新修订，包括两个网络部分之间的功能分隔。这项工作称为系统架构演进(SAE),结果是形成一个扁平的 RAN 架构,以及一个称为演进的分组核心网(EPC)的全新核心网络架构。LTE RAN 和 EPC 一起被称为演进的分组系统(EPS)。

RAN 负责实现整体网络中所有无线相关功能,包括如调度、无线资源管理、重传协议、编码和各种多天线方案等。

EPC 负责实现与无线接口无关但为提供完整的移动宽带网络所需要的功能,包括如认证、计费功能、端到端连接的建立等。应当分开处理这些功能,而非将这些功能集中在 RAN 中,因为这允许同一核心网络支持多种无线接入技术。

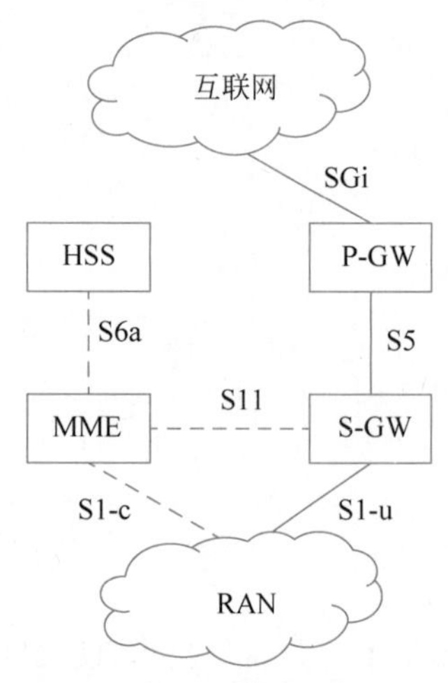


图 6-13　核心网(EPC)架构

核心网(EPC)是从 GSM 和 WCDMA/HSPA 技术所使用的 GSM/GPRS 核心网络逐步演进而来的。核心网(EPC)只支持接入到分组交换域,不能接入电路交换域。它包含了几种不同类型的节点,下面对其中一些进行简要介绍,如图 6-13 所示。

移动性管理实体(MME)是 EPC 的控制平面的节点。它的职责包括针对终端承载连接/释放、空闲到激活状态的转移以及安全密钥的管理。EPC 和终端之间的功能操作有时称为非接入层(NAS),以独立于处理终端和无线接入网络之间功能操作的接入层(AS)。

服务网关(S-GW)是 EPC 连接 LTE RAN 的用户平面的节点。S-GW 作为终端在 eNodeB 之间移动时的移动性锚点,以及针对其他 3GPP 技术(GSM/GPRS 和 HSPA)的移动性锚点。针对计费所需要的信息收集和统计,也是由 S-GW 处理。

分组数据网管(PDN 网关,P-GW)将 EPC 连接到互联网。对于特定终端的 IP 地址分配,以及根据计费的政策和计费规则功能(PCRF)所控制的政策进行的业务质量改善,均由 P-GW 进行管理。P-GW 还可以作为 EPC 连接到采用非 3GPP 无线接入技术,如 CDMA2000 的移动性锚点。

此外,EPC 还包括其他类型的节点,如负责业务质量(QoS)管理和计费的政策/规则功能(PCRF),以及归属用户服务器(HSS)节点,一个包含用户信息的数据库。还有一些附加的节点用来实现网络对于多媒体广播/多播服务(MBMS)的支持。

以上讨论的节点均为逻辑节点。在实际的物理实现中,其中有些节点很可能被合并,例如,MME、P-GW 和 S-GW 很可能被合并成一个单一的物理节点。

LTE 无线接入网络采用只有单一节点类型——eNodeB 的扁平化架构。eNodeB 负责一个或多个小区中所有无线相关的功能。重要的是,eNodeB 是一个逻辑节点而非一个物理实现。eNodeB 通常的实现是一个三扇区站,其中一个基站处理 3 个小区的传输,也可以采用其他的实现形式,例如,一个基带处理单元连接到远程的许多射频头,典型的一个例子是隶属于同一 eNodeB 的大量室内小区或者高速公路沿线的几个小区。因此,基站是 eNodeB 的一种可能物理实现,但不等同于是 eNodeB。

如图 6-14 所示,eNodeB 通过 S1 接口连接到 EPC,更规范的说法是通过 S1 接口用户平面的一部分(S1-u)连接到 S-GW;并通过 S1 控制平面的一部分(S1-c)连接到 MME。为了负载分担和冗余带的目的,一个 eNodeB 可以连接到多个 MME/S-GW。

将 eNodeB 互相接在一起的是 X2 接口,主要用于支持激活模式的移动性。该接口也可

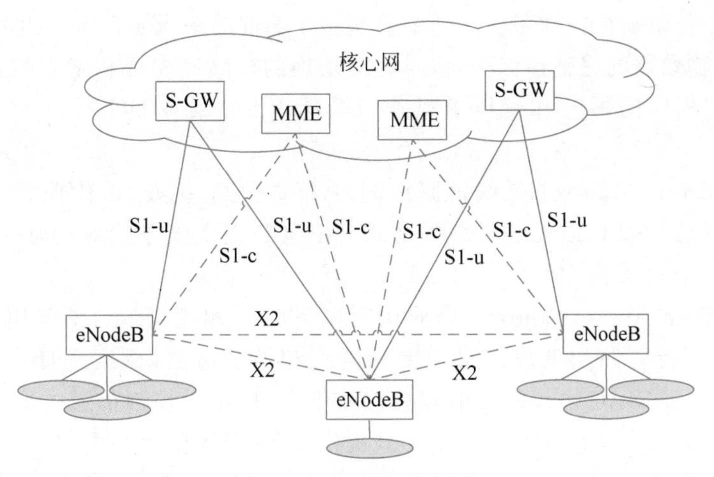


图 6-14　无线接入网接口

用于多小区无线资源管理(RRM)功能,X2 接口还可用于相邻小区之间通过数据包转发方式来支持的无损移动性。

4) 无线协议架构

了解总体架构后,接下来就可以讨论无线接入网的用户平面以及控制平面的协议架构了。RAN 总体协议架构如图 6-15 所示,许多协议实体对于用户平面和控制平面都是通用的。

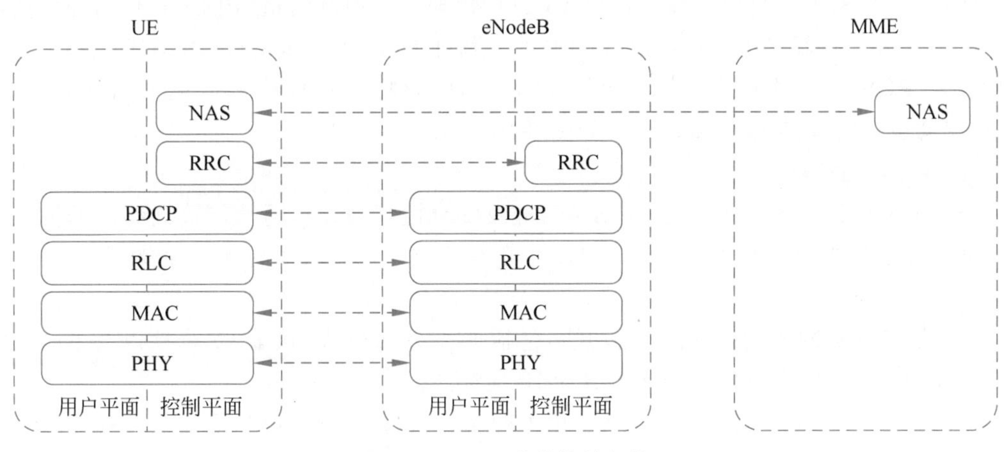


图 6-15　RAN 总体协议架构

(1) 用户平面协议。

用户平面的角度来介绍协议的体系结构如下,但这些描述在许多方面也同样适用于控制平面。

NAS(Non-Access Stratum,非接入层):主要负责 UE 注册、PDU 会话等相关信令流程,NAS 层是供 UE 和核心网交互的,分为 NAS-SM(Session Management,会话管理)和 NAS-MM(Mobility Management,移动性管理)两个子层。

RRC(Radio Resource Control,无线资源控制):主要负责 UE 无线资源管理。主要关联到 UE 与基站之间的 RA(Random Access,随机接入)、RRC 连接过程、UE 在不同小区范围内的移动性。主要处理 UE 与基站之间的信令交互。

PDCP(Packet Data Convergence Protocol,分组数据汇聚协议):进行 IP 包头压缩,以

减少空中接口上传输的比特数量。头压缩机制基于稳健的头压缩算法。PDCP 还负责控制平面的加密、传输数据的完整性保护，以及针对切换的按顺序发送和副本删除。在接收端，PDCP 协议执行相应的解密和解压缩操作。系统为一个终端的每个无线承载配置一个 PDCP 实体。

RLC(Radio Link Control，无线链路控制)：负责分割/级联、重传控制、重复检测和将序列传送到更上层。RLC 以无线承载的形式向 PDCP 提供服务。系统为一个终端的每个无线承载配置一个 RLC 实体。

MAC(Medium Access Control，介质访问控制)：控制逻辑信道的复用、混合 ARQ 重传、上行链路和下行链路的调度。对于上行链路和下行链路，调度功能位于基站。混合 ARQ 协议部分位于 MAC 协议的发射和接收结束。MAC 以控制信道的形式为 RLC 提供服务。MAC 层为 RLC 层以逻辑信道的形式提供服务，逻辑信道是由它所承载的信息类型进行定义的，通常被分为两类：控制信道、业务信道。逻辑信道包括广播控制信道(BCCH)、寻呼控制信道(PCCH)、公共控制信道(CCCH)、专用控制信道(DCCH)、多播控制信道(MCCH)、专用业务信道(DTCH)、多播业务信道(MTCH)。MAC 中还包括传输信道，如广播信道(BCH)、寻呼信道(PCH)、下行共享信道(DL-SCH)、多播信道(MCH)、上行共享信道(UL-SCH)。

PHY(Physical Layer，物理层)：实现管理编码/解码、调制/解调、多天线的映射以及其他典型的物理层功能。物理层以传输信道形式为 MAC 层提供服务。物理信道包括物理下行共享信道(PDSCH)、物理多播信道(PMCH)、物理下行控制信道(PDCCH)、物理广播信道(PBCH)、物理控制格式指示信道(PCFICH)、物理 HARQ 指示信道(PHICH)、物理上行共享信道(PUSCH)、物理上行控制信道(PUCCH)和物理随机接入信道(PRACH)。与 MAC 层的逻辑信道、传输信道的关系如图 6-16 所示。

(2) 控制平面协议。

控制平面协议负责连接建立、移动性管理及安全性管理。从网络传输到终端的控制消息既可以源于位于核心网络中的 MME，也可源于位于 eNodeB 的无线资源控制(RRC)节点。

由 MME 管理的 NAS 控制平面功能，包括 EPS 承载管理、认证、安全性以及不同的空闲模式处理，如寻呼，它也负责为终端分配 IP 地址。

RRC 位于 eNodeB，负责处理 RAN 相关的流程，包括：系统信息广播是终端能够与小区进行通信所必需的；来自 MME 的寻呼消息的传送是用来告知终端有关连接建立请求的信息；连接管理，包括 LTE 内部移动性、建立 RRC 上下文(配置终端和无线接入网络之间通信所需要的参数)；移动性功能，如小区(重新)选择；测量配置和报告；UE 能力级别的处理。

3. 4G 应用

1) 电视直播

利用 4G 网络进行电视信号的传输，一方面可以降低传输的成本，另一方面可以提高电视信号的质量和速度，甚至实现超长距离的传输。由于运营商架设了许多信号传输的中转站，同时传输的设备价格适中，所以运营商有能力在大中城市、城镇和农村进行用地规划并放置设备，这样一来，电视信号的传播基本没有盲区，能够达到家家户户都能看电视的目的。4G 通信技术能够突破山区复杂地形的制约，同时受自然灾害的影响比较小，所以在地

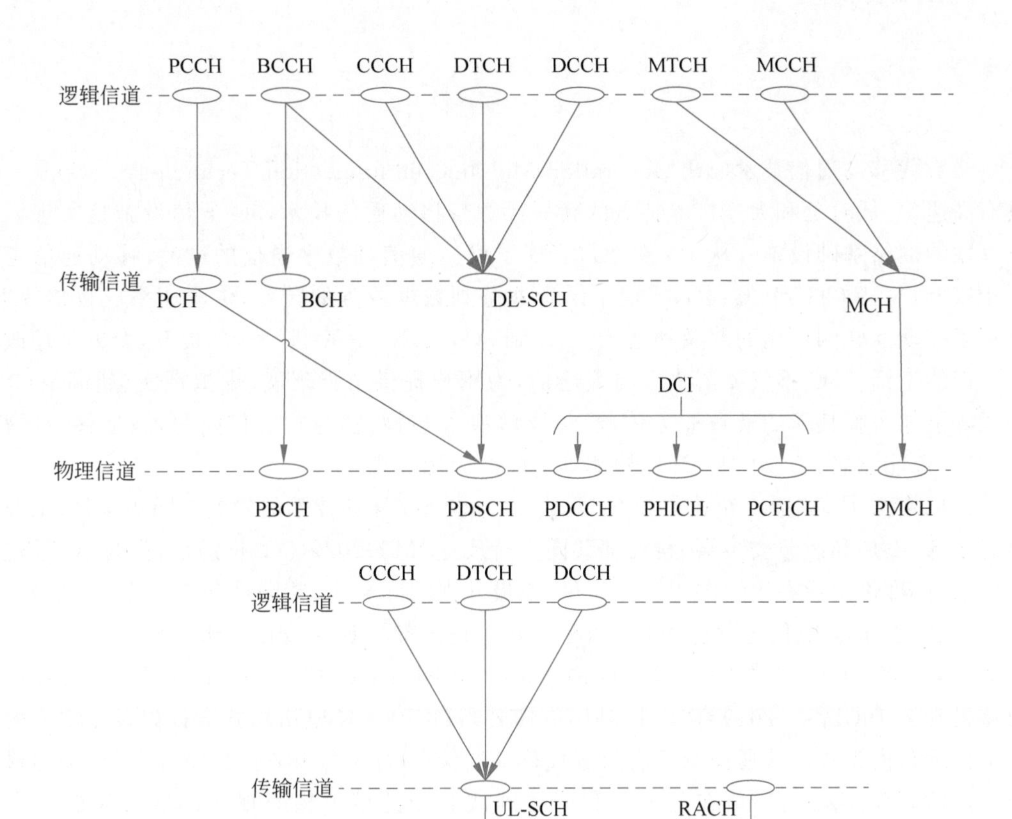


图 6-16　上/下行链路的信道映射

形情况比较复杂、气候条件比较差的地区进行直播时，4G 通信技术是很好的选择。

2）移动医护

在大中型医院中，医院为了为医护人员与病人之间建立比较完善的沟通系统，所以在医院内部设置了依靠移动医疗服务的综合信息化解决系统，也就是移动医护。利用移动医护系统，医护人员可以借助手持的智能终端设备更加准确并有效地开展对病人的诊疗工作，如果病人有需求或者有突发状况，可以直接通过手持设备对医生进行呼叫，这一切都是基于医院内部设立的无线通信信号和专门的信息传输线路来实现的。通过 4G 技术，医护人员和病人之间的沟通更加方便，一方面可以提高医护人员的工作效率和质量，另一方面可以避免延误病情，从根本上减少医院发生医患纠纷的现象，推动医院真正成为救死扶伤的机构，不会因为救治不及时而导致病人出现意外。

3）智能手机

随着经济的不断发展，科技也日新月异。在中国，智能手机基本已经全民普及。通过使用智能手机，人们可以了解到外部世界，同时可以认识到自己生活的环境和外界环境的差异。

### 6.2.2 5G

1. 5G简介

第五代移动通信技术(5th Generation Mobile Communication Technology，5G)是一种具有高速率、低时延和大连接等特点的新一代宽带移动通信技术，5G通信设施是实现人机物互联的网络基础设施。从1G到2G，实现了模拟通信到数字通信的过渡，移动通信走进了千家万户；从2G到3G、4G，实现了语音业务到数据业务的转变，传输速率成百倍提升，促进了移动互联网应用的普及和繁荣。4G到5G，实现了速率进一步的提升，全方位地改变了人们的生活。5G不仅要解决人与人通信，为用户提供增强现实、虚拟现实、超高清(3D)视频等更加身临其境的极致业务体验，更要解决人与物、物与物通信问题，满足移动医疗、车联网、智能家居、工业控制、环境检测等物联网应用需求。

2013年2月，欧盟宣布拨款5000万欧元，加快5G移动技术的发展。同年4月，工业和信息化部、发展和改革委员会、科技部共同支持成立IMT-2020(5G)推进组，作为5G推进工作的平台，推进组旨在组织国内各方力量、积极开展国际合作，共同推动5G国际标准发展。2014年5月，日本电信运营商NTT DoCoMo正式宣布与Erisccon、Nokia、Samsung等6家厂商共同合作，开始测试超越现有4G网络1000倍网络承载能力的高速5G网络，传输速度可望提升至10Gb/s。2019年4月，韩国电信公司(KT)、SK电讯株式会社以及LG三大韩国电信运营商正式向普通民众开启第五代移动通信(5G)入网服务。2019年4月，美国最大电信运营商Verizon宣布，在芝加哥和明尼阿波利斯的城市核心地区部署“5G超宽带网络”。2019年6月，工业和信息化部正式向中国电信、中国移动、中国联通、中国广电发放5G商用牌照，中国正式进入5G商用元年。2022年10月，现代摩比斯表示，成功自主研发出了“车载第五代(5G)通信模块”技术。2022年11月，法国电信集团Orange在波扎那共和国推出了非洲首个5G网络，据介绍，Orange的5G网络覆盖该国30%的人口。截至2024年一季度，中国5G用户普及率突破60%。

2. 5G工作原理和规范

5G NR(New Radio，新空口)的频谱包含FR1和FR2两大频率范围：FR1为410～7125MHz，FR2为24 250～52 600MHz。5G关键技术包括BWP(Bandwidth Part，部分带宽)、QCL(Quasi Co-Location，准共站址)、DC(Dual Connectivity，双连接)、网络切片、QoS(Quality of Service，服务质量)，其中，BWP和网络切片是NR新引入的技术，而QCL、DC和QoS是在4G技术中引入新的内容。3GPP(Third Generation Partnership Project，第三代合作伙伴计划)定义了5G三大应用场景。

(1) eMBB(enhanced Mobile BroadBand，增强移动宽带)：主要是为了满足更大传输速率的需求，要求峰值下载速度达到20Gb/s；

(2) URLLC(Ultra-Reliable and Low-Latency Communication，超高可靠低时延通信)：主要应用为自动驾驶、工业控制和远程医疗等，要求上下行均为0.5ms的用户面时延；

(3) mMTC(massive Machine Type Communication，海量机器类通信)：大规模物联网，主要面向海量设备的网络接入场景。

eMBB、URLLC、mMTC是通过网络切片技术，将运营商的物理网络划分为多个虚拟网络。

1）网络架构

物理网络主要包括5G核心网和5G接入网。5G核心网的非漫游5G系统结构如图6-17所示。5G标准分为NSA（Non-Stand Alone，非独立组网）和SA（Stand Alone，独立组网）两种组网方式：在NSA组网下，UE（User Equipment，用户终端）配置双连接，接入EPC（Evolved Packet Core network，演进的分组核心网，即4G核心网）（如图6-18所示）或者5GC（5G Core network，5G核心网）（如图6-19所示）。

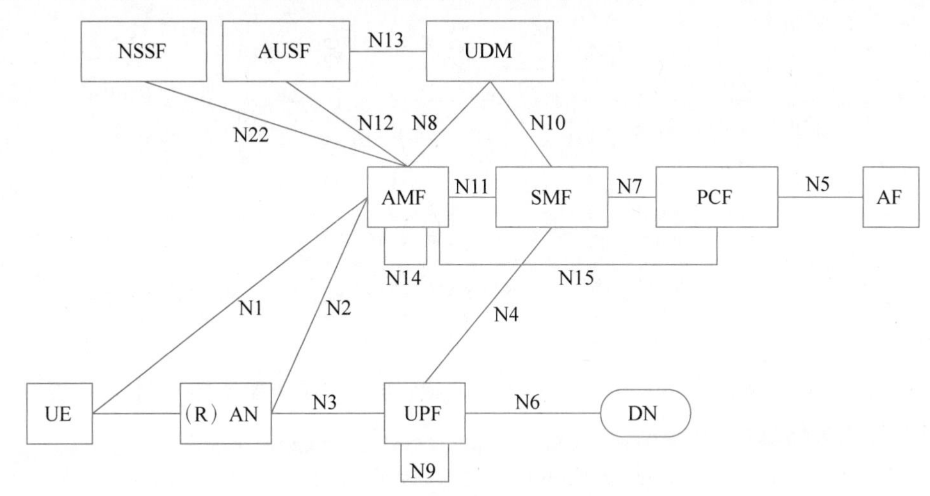


图6-17 非漫游5G系统架构

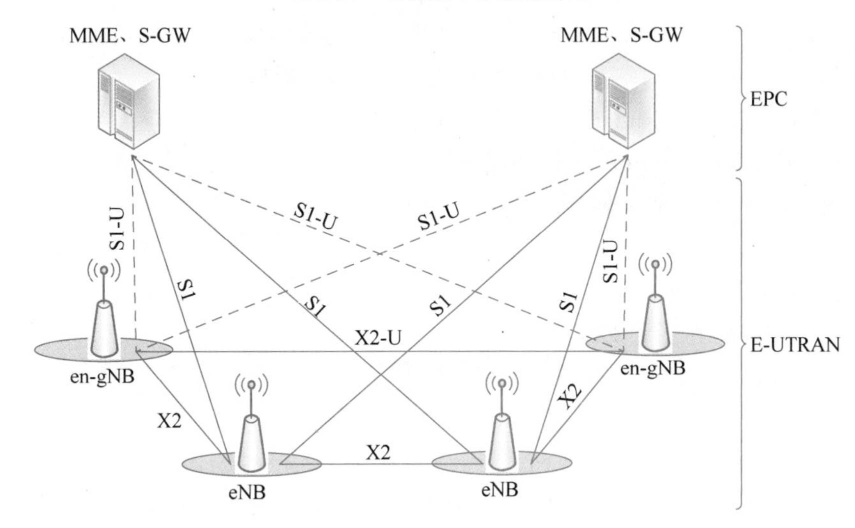


图6-18 E-UTRAN组网架构

RAN：Radio Access Network，无线接入网。

AMF（Access and Mobility Management Function，接入和移动性管理功能实体）：主要负责UE的注册管理、连接管理、移动性管理、接入鉴权和认证，处理RAN发送的N2接口信令，选择SMF等。

SMF（Session Management Function，会话管理功能实体）：主要负责UE的会话管理、UE IP地址分配、下行数据到达通知、QoS控制、UPF配置等。

UPF（User Plane Function，用户面处理功能实体）：主要负责UE的数据包路由、递交（上行数据递交给DN，下行数据分类到某个QoS流，然后递交给RAN），触发下行数据到达

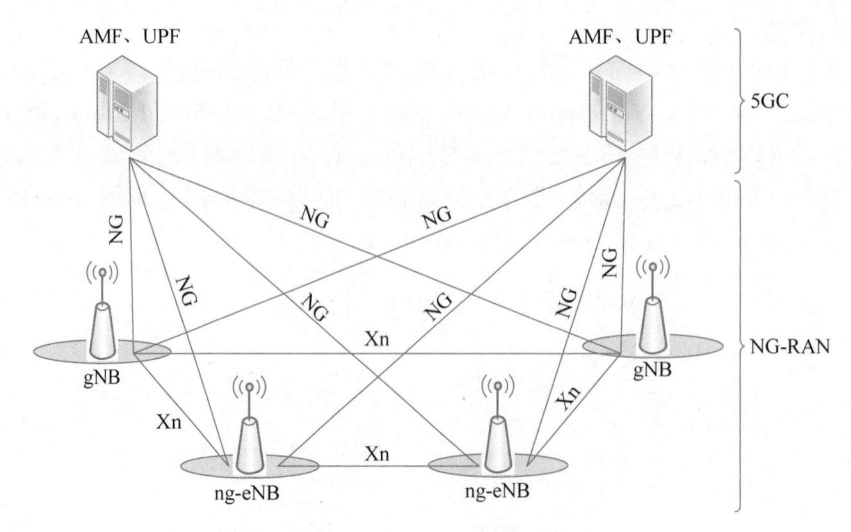


图 6-19 NG-RAN 组网架构

通知等。

NSSF(Network Slice Selection Function,网络切片选择功能实体):主要负责处理 UE 的网络切片相关信息。

AUSF(Authentication Server Function,鉴权服务功能实体):主要负责处理 UE 接入鉴权过程。

UDM(Unified Data Management,统一数据管理功能实体):主要负责处理 UE 的身份认证、接入认证,管理 UE 的签约信息,以及提供合法的监听功能等。

PCF:Policy Control Function,策略控制功能实体。

AF:Application Function,应用功能实体。

DN:Data Network,数据网络。

E-UTRAN:Evolved Universal Terrestrial Radio Access Network,演进的通用陆地无线接入网,连接 4G 核心网。

eNB:LTE 基站,连接到 EPC。

en-gNB:NR(New Radio,新空口)基站,连接到 EPC。

MME:Mobility Management Entity,移动性管理实体。

S-GW:Serving Gateway,服务网关。

NG-RAN:Next Generation Radio Access Network,下一代无线接入网,连接 5G 核心网。

ng-eNB:增强型 LTE 基站,连接到 5GC。

gNB:NR 基站,连接到 5GC。

2) 协议栈

在网络构架的基础上,来进一步看看 5G 的协议栈,了解各协议层的主要功能。5G 核心网的设计思想要求控制面与用户面分离,可独立扩展、演进、部署,因此协议栈包括控制面协议栈和用户面协议栈。

UE 的各协议层:NAS、RRC、SDAP、PDCP、RLC、MAC、PHY。

NAS(Non-Access Stratum,非接入层):主要处理 UE 注册、PDU 会话等相关信令流程,NAS 层是供 UE 和核心网交互的,分为 NAS-SM(Session Management,会话管理)和

NAS-MM(Mobility Management,移动性管理)两个子层。

RRC(Radio Resource Control,无线资源控制):主要负责UE无线资源管理,涉及UE与基站之间的RA(Random Access,随机接入)、RRC连接过程、UE在不同小区范围内的移动性。

SDAP(Service Data Adaptation Protocol,服务数据适配协议):主要进行用户面数据处理,完成QoS流到DRB的映射。

PDCP(Packet Data Convergence Protocol,分组数据汇聚协议):主要进行用户面和控制面的数据传输、加密、解密、完整性保护校验以及用户面数据ROHC(Robust Header Compression,健壮性头压缩)等。

RLC(Radio Link Control,无线链路控制):主要进行用户面和控制面数据传输,完成ARQ(Automatic Repeat-reQuest,自动重传请求)功能等。

MAC(Medium Access Control,介质访问控制):主要进行调度相关工作,包括空口资源分配、逻辑信道优先级处理、完成HARQ(Hybrid Automatic Repeat-reQuest,混合自动重传请求)功能等。MAC层的具体处理过程包括TA(Time Advance,定时提前)维护、下行数据传输、上行数据传输、非连续接收、非动态调度的发送和接收、MAC PDU。

PHY(Physical Layer,物理层):分上行和下行,完成各种物理信道、物理信号处理。具体的射频调制解调处理过程及资源分配主要包括控制信道处理过程[PDCCH(Physical Downlink Control Channel,物理下行控制信道)、PUCCH(Physical Uplink Control Channel,物理上行控制信道)、UCI(Uplink Control Information,上行控制信息)、UE上报CSI(Channel State Information,信道状态信息)的过程]、参考信号处理过程(下行参考信号、上行参考信号)和数据信道处理过程[PDSCH(Physical Downlink Shared Channel,物理下行共享信道)、PUSCH(Physical Uplink Shared Channel,物理上行共享信道)]。

3. 5G应用

1) 工业领域

5G在工业领域的应用涵盖研发设计、生产制造、运营管理及产品服务4个大的工业环节,主要包括16类应用场景,分别为AR/VR研发试验协同、AR/VR远程协同设计、远程控制、AR辅助装配、机器视觉、AGV物流、自动驾驶、超高清视频、设备感知、物料信息采集、环境信息采集、AR产品需求导入、远程售后、产品状态监测、设备预测性维护、AR/VR远程培训等。

2) 车联网与自动驾驶

5G网络的大带宽、低时延等特性,支持实现车载VR视频通话、实景导航等实时业务。借助车联网C-V2X的低时延、高可靠和广播传输特性,车辆可实时对外广播自身定位、运行状态等基本安全消息,交通灯或电子标识等可广播交通管理与指示信息,支持实现路口碰撞预警、红绿灯诱导通行等应用,可显著提升车辆行驶安全和出行效率,后续还将支持实现更高等级、复杂场景的自动驾驶服务,如远程遥控驾驶、车辆编队行驶等。

3) 能源领域

5G在电力领域的应用主要面向输电、变电、配电、用电4个环节开展,应用场景主要涵盖采集监控类业务及实时控制类业务,包括输电线无人机巡检、变电站机器人巡检、电能质量监测、配电自动化、配网差动保护、分布式能源控制、高级计量、精准负荷控制、电力充电桩等。

4）教育领域

5G在教育领域的应用主要围绕智慧课堂及智慧校园两方面开展。

5）医疗领域

5G通过赋能现有智慧医疗服务体系，提升远程医疗、应急救护等服务能力和管理效率，并催生5G+超高清远程会诊、5G+远程手术、重症监护等治疗类应用。

6）文旅领域

5G文旅应用场景主要包括景区管理、游客服务、文博展览、线上演播等环境。5G景区可实现景区实时监控、安防巡检和应急救援，同时可提供VR直播观景、沉浸式导览及AI智慧游记等创新体验。

7）智慧城市领域

在城市安防监控方面，结合大数据及人工智能技术，5G+超高清视频监控可实现对人脸、行为、特殊物品、车等的精确识别，形成对潜在危险的预判能力和紧急事件的快速响应能力；未来，城市全域感知和精细管理成为必然发展趋势，但仍需长期持续探索。

8）信息消费领域

在5G+云游戏方面，5G可实现将云端服务器上渲染压缩后的视频和音频传送至用户终端，解决了云端算力下发与本地计算力不足的问题，解除了游戏优质内容对终端硬件的束缚和依赖，对于消费端成本控制和产业链降本增效起到了积极的推动作用。在5G+4K/8K VR直播方面，5G技术可解决网线组网烦琐、传统无线网络带宽不足、专线开通成本高等问题，可满足大型活动现场终端的连接需求，并带给观众超高清、沉浸式的视听体验。

9）金融领域

银行业是5G在金融领域落地应用的先行军，5G技术可为银行的整体改造提供支持。前台方面，综合运用5G及多种新技术，实现了智慧网点建设、机器人全程服务客户、远程业务办理等；中后台方面，通过5G可实现“万物互联”，从而为数据分析和决策提供辅助。除银行业外，证券、保险和其他金融领域也在积极推动“5G+”发展，5G开创的远程服务等新交互方式为客户带来了全方位的数字化体验，在线上即可完成证券开户核审、保险查勘定损和理赔，使金融服务不断走向便捷化、多元化，带动了金融行业的创新变革。

### 6.2.3 卫星物联网

1. 卫星物联网简介

卫星物联网是一个具有覆盖范围广、可全天时、全天候不间断工作、系统可靠性高、支持海量连接的新兴技术。卫星物联网是在卫星互联网基础上进行延伸和扩展的一种网络。卫星物联网是以卫星通信网络为核心和基础，融合了卫星导航、遥感等服务，为物与物、物与人、人与人提供无障碍交互的综合信息系统。依托地面网络的物联网应用逐渐发展成熟，但在一些大范围、跨地域、恶劣环境等数据采集领域，由于空间、环境等的限制，地面物联网无能为力，出现了服务能力与需求失配的现象，如海洋区域无法建立基站、用户稀少或人员难以到达的边远及沙漠地区的基站建设和维护成本高、发生自然灾害（如洪涝、地震、海啸等）时地面网络设备容易遭到损坏。如果将基站搬到“天上”，即建立卫星物联网，使之成为地面物联网的补充和延伸，则能够有效弥补地面物联网的这些不足。

2018年3月，中国航天科工四院旗下航天行云科技有限公司正式启动“行云工程”天基物联网卫星组建工作，该工程计划发射80颗行云小卫星，建设中国首个低轨窄带通信卫星星座，打造最终覆盖全球的天基物联网。2021年11月，"行云工程"第二阶段首批6颗卫星的研制工作正式进行。2019年，Space Lacuna联合Miromico开始对LoRa卫星物联网项目进行商业试验，并于次年成功应用到农业、环境监测或资产跟踪当中。截至2022年5月，Space Lacuna已经发射了7颗LoRa卫星，服务的区域包括欧洲、非洲、赤道轨道的东南亚及拉丁美洲。

2. 卫星物联网工作原理和规范

早期提供的卫星互联网服务主要是通过地球静止轨道（Geostationary Earth Orbit，GEO）卫星来实现，经过几十年的发展，以新一代高通量卫星（High Throughput Satellite，HTS）为代表的GEO卫星通信系统（GEO-HTS）仍是构建卫星互联网的主力。与此同时，以O3b系统为代表的中地球轨道（Medium Earth Orbit，MEO）卫星通信系统和第二代铱星（Iridium NEXT）系统、一网（OneWeb）系统和星链（Starlink）系统等为代表的低地球轨道（Low Earth Orbit，LEO）卫星通信系统（也称为低轨卫星系统）在卫星互联网领域正发挥着越来越重要的作用。这些卫星通信系统具有低时延、低成本、广覆盖、宽带化等优点，代表着卫星通信的重要发展方向。低轨卫星互联网作为物联网的重要组成部分，在未来全球范围内机器类信息交互中将会起到至关重要的作用。本节主要讲述物理层和链路层技术，OSI体系结构的其他更高的层借鉴地面5G网络的相对应层。

1）体系架构

面向物联网天地融合发展的趋势，以卫星物联网的基本特征为基础，借鉴地面5G网络架构的设计思想，设计天地融合卫星物联网体系架构，如图6-20所示。

该体系架构的天基部分主要由天基骨干网与天基接入网组成。从与地面5G移动通信网融合的角度出发，低轨卫星物理网与地面通信网共享统一的核心网设施。天基网侧主要负责用户寻址、用户接入控制、用户会话管理等功能，遵循5G控制平面数据平面分离的基本思想，将核心接入与移动性管理功能（Core Access and Mobility Management Function，AMF）和会话管理功能（Session Management Function，SMF）两个功能节点延伸进入天基网控制平面。同时，将天地融合管控中心与上述两个功能节点合并，组成天基网控制界面的地面段，即天地融合控制网关，主要用于向控制平面空间段传输核心网控制面指令及天基网络资源调度指令。

2）物理层

20世纪90年代末以来，以铱系统（Iridium）、全球星（Global-Star）、轨道通信（Orbcomm）等为代表的低轨卫星通信系统均支持物联网服务，主要采用L、S、VHF等低频段。低轨LoRa卫星星座支持LR-FHSS（长距离-跳频扩频，Long Range-Frequency Hopping Spread Spectrum）功能，采用ISM、L、S、VHF频段和基于Chirp扩频的LoRa调制方式。卫星物联网采用多址接入技术，防碰撞算法采用的是ALOHA及其变种ALOHA技术。

3）链路层

天基接入网分为接入业务一体化和预约资源面向连接。

（1）接入业务一体化：天基控制器轮询广播接入控制信息，物理网终端按需随机竞争接入。

（2）预约资源面向连接：物联网终端向天基控制器发起业务请求，控制器将合适的接入资源（接入节点、接入时频资源）告知终端，终端向对应接入点进行传输。可以参考图6-20进行理解。

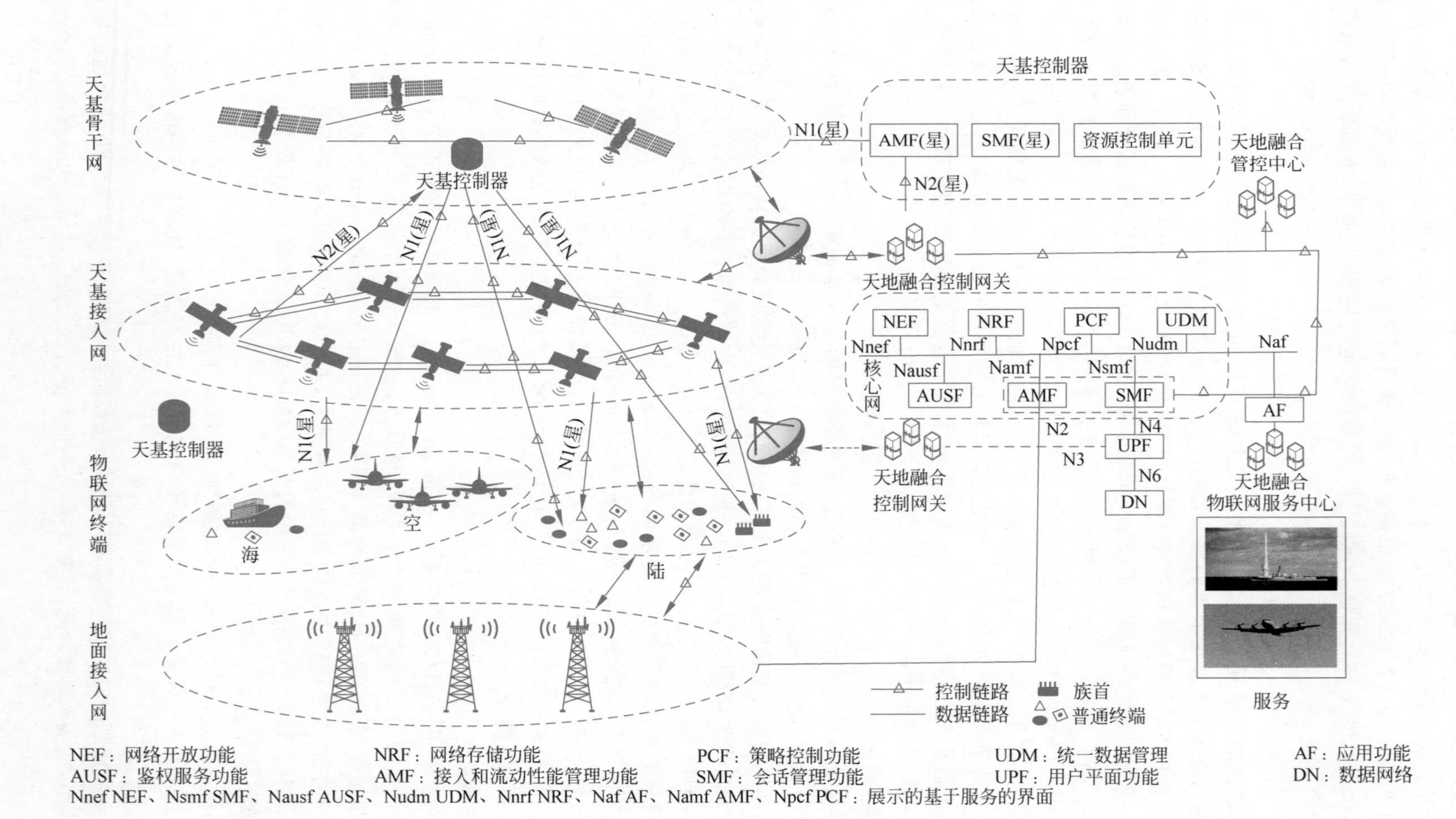


图 6-20　卫星物联网体系架构

4）组网方式

根据网络中完成组网功能的主体是在卫星还是地面，可把卫星物联网的组网方式分为三大类：天星地网、天基网络、天网地网。

（1）天星地网：这是目前卫星通信中经常采用的一种组网方式，如Inmarsat、Intelsat、宽带全球卫星（WGS）等系统均采用这种方式，其特点是天上卫星之间不组网，而是通过全球分布的地球站组网工作来实现整个系统的全球服务能力。在这种网络结构中，卫星只是透明的转发通道，大部分的处理在地面完成，所以星上设备比较简单，系统建设的复杂度低，升级维护比较方便。

（2）天基网络：这是具备星上处理能力的卫星采用一种组网方式，如铱系统、美国先进极高频（AEHF）和后期的星链等系统均采用这种方式，其特点是采用星间组网的方式构成独立的卫星网络，整个系统可以不依赖地面网络独立运行。这种网络结构强化了对通信卫星的要求，把处理、交换、网络控制等功能都放在星上完成，提高了系统的覆盖能力和抗毁能力，但由此造成了星上设备的复杂化，导致整个系统建设和维护的成本高。

（3）天网地网：介于上述两种组网方式之间，美国计划的转型卫星通信系统（TSAT）就采用这种组网方式，其特点是天网和地网两张网络相互配合共同构成卫星互联网。在这种网络结构下，天基网络利用其高、远、广的优势实现全球覆盖，地面网络可以不用全球布站，但可以把大部分的网络管理和控制功能放在地面完成，从而简化整个系统的技术复杂度。

5）网络管理

随着通信技术和网络技术的发展，网络管理已经成为通信网的重要组成部分。网络管理从最早的人工管理、简单的系统，发展到相当复杂的网络管理系统（NMS）。以卫星通信系统为例，在初期，地球站主要是用于点到点的干线通信，基本上不形成网络，所以不存在网络管理。后来出现若干地球站组成的卫星通信网，相应地出现了网络管理系统。随着卫星通信网控制和管理技术的不断发展，相对完善和实用的网络管理系统逐步形成，成为卫星通信网的一个重要组成部分。网络管理系统由一个网络管理中心（NMC）、一个管理信息库（MIB）、多个管理代理和网元（Network Element，NE）及用于人机接口的网关操作台组成。

3. *卫星物联网应用*

1）轨道通信系统

Orbcomm系统是美国Orbcomm公司和加拿大Teleglobe公司共同打造的一个采用LEO（Low Earth Orbit，低地球轨道）卫星构成的全球低速数据通信系统，于1993年投入运行，它是世界上第一个建成的地轨卫星物联网。Orbcomm公司于2008年与内达华山脉公司签署下一代卫星星座合同，即建设18颗第二代Orbcomm卫星。Orbcomm系统开展的业务主要有3类：交通工具的跟踪定位、搜索目标、抢险救灾服务；仪表的自动监测，如在水利、电力、油田、天然气等行业完成数据的自动采集，以及对车辆、管道管理、环境进行监控；信息传递，包括收发电子邮件、股票金融等信息，该系统直接接入互联网，以电子邮件的形式为用户服务。

2）天基广播式自动相关监视系统

天基ADS-B（Automatic Dependent Surveillance-Broadcast，天基广播式自动相关监视系统）系统借助低轨道通信卫星强大的覆盖能力，将ADS-B收发机载荷安装到卫星上，并通过ADS-B设备接收其覆盖区域的航空器发送的ADS-B报告，再通过卫星信道下传给卫星地面站，卫星地面站通过地面网络将 ADS-B 报告传递给地面相关实体(如航空管理中心、航空公司等)，从而实现了 ADS-B 系统的全球覆盖，完成对航空器的全球飞行追踪和实时监控。美国的“下一代铱星”系统和“全球星二代”系统的天基 ADS-B 技术较为成熟，并已得到实际应用的检验。

3）天基船舶自动识别系统

船舶自动识别系统(Automatic Identification System，AIS)，由岸基(基站)设施和船载设备共同组成，是一种新型的集网络技术、现代通信技术、计算机技术、电子信息显示技术于一体的数字助航系统和设备。常由 VHF 通信机、GPS 定位仪和与船载显示器及传感器等相连接的通信控制器组成，能自动交换船位、航速、航向、船名、呼号等重要信息。由于 VHF 通信系统传输距离的限制(一般为 50 海里)，很难实现对广域海洋的覆盖。天基 AIS 可以有效克服岸基 AIS 的不足，可以用于岸基系统难以大面积覆盖或无法覆盖的海域，从而形成一个全球无缝覆盖的 AIS 网络。

4）应急救灾通信保障系统及服务

从历次救灾工作经验来看，通信联络是通报灾情、疏散群众、请求支援的关键环节，没有一个健全的通信保障体系，救灾工作是无法顺利进行的。应急救灾通信保障服务可利用卫星互联网，通过建设跨系统共享的新型应急通信指挥调度平台，完成日常灾情监测监控、预测预警，并在灾情发生后进行实时监控、定位导航、防灾数据采集、灾情报告及应急救援的指挥调度等，为指挥决策、搜救、医疗等工作提供支撑。

# 第 7 章

# 短距离无线通信技术

短距离无线通信技术是一种用于实现远程节点在极短距离内连接的网络协议。短距离无线电通信可以最大限度地减少功耗、体积、热量和成本，所以它成为商业楼宇自动化、高密度温湿传感和住宅能源监控的理想解决方案。短距离无线通信技术大多是以小型、低成本 IC 或完整插件模块的形式实现的。短距离无线通信技术主要包括 Wi-Fi、蓝牙、ZigBee、UWB、60GHz 毫米波通信、NFC、可见光通信。

## 7.1 Wi-Fi

### 7.1.1 Wi-Fi 简介

Wi-Fi(Wireless-Fidelity，无线保真)是一种理想的室内无线连接的短距离无线网络通信技术，它具有高速率、大容量、低功耗、低时延等特点。在免授权(ISM)频段通信技术中，目前最流行的无线技术就是 Wi-Fi 了。其实 Wi-Fi 经历了一个漫长的"修炼"过程，Wi-Fi 历经 20 多年的商用发展，克服了众多的技术挑战，才逐渐演变成今天人们熟知的超快速、高便利的无线标准。未来随着无线技术的不断发展，Wi-Fi 的发展还将迎来更多新的里程碑。IEEE 802.11 系列标准已形成较为完善的 WLAN 商用标准体系，其技术性能和指标不断完善、突破与迭代更新，目前已成功商用部署到第 7 代(Wi-Fi 7)。

第一代 Wi-Fi：IEEE 802.11。1997 年 IEEE 制定了第一个原始(初创)的无线局域网标准 IEEE 802.11，数据传输率仅有 2Mb/s。虽然该协议在速率和传输距离上的设计不能满足人们的需求，但这个标准的诞生意义重大。

第二代 Wi-Fi：IEEE 802.11b/a。1999 年 IEEE 发布了 IEEE 802.11b 标准，该标准具有与 IEEE 802.11 无线标准相同的 2.4GHz ISM 频段，传输速率为 11Mb/s。同年，IEEE 又补充发布了 IEEE 802.11a 标准，工作频率为 5GHz，传输速率为 54Mb/s。

第三代 Wi-Fi：IEEE 802.11g。2003 年，作为 IEEE 802.11a 标准的 OFDM 技术在 2.4GHz 频段运行，从而产生了 IEEE 802.11g，其载波频率为 2.4GHz(与 IEEE 802.11b 相同)，传输速率为 54Mb/s。

第四代 Wi-Fi：IEEE 802.11n。2009 年发布的 IEEE 802.11n 对 Wi-Fi 的传输和接入进行了重大改进，引入了 MIMO、安全加密等新概念和基于 MIMO 的一些高级功能(如波束成形、空间复用)，传输速率达到 600Mb/s。此外，IEEE 802.11n 也是第一个支持同时工作在 2.4GHz 和 5GHz 频段的 Wi-Fi 技术。

第五代 Wi-Fi：IEEE 802.11ac。2013 年发布的 IEEE 802.11ac wave1 标准引入了更宽的射频带宽(提升至 160MHz)和更高阶的调制技术(256QAM)，传输速率高达 3.4Gb/s，进一步提升了 Wi-Fi 网络吞吐量。另外，2015 年发布的 IEEE 802.11ac wave2 标准，引入了波束成形和 MU-MIMO(Multi-User Multiple-Input Multiple-Output，多用户多入多出)

等技术，提升了系统接入容量，传输速率达到 6.9Gb/s。但遗憾的是，IEEE 802.11ac 仅支持 5GHz 频段的终端，削弱了 2.4GHz 频段下的用户体验。

第六代 Wi-Fi：IEEE 802.11ax。2019 年发布的 IEEE 802.11ax 标准引入上行 MU-MIMO、OFDMA 正交频分多址、1024QAM 高阶编码等关键核心技术，从频偏资源利用效率和多用户接入等方面解决了网络容量和传输效率问题。传输速率达到 9.6Gb/s。

第七代 Wi-Fi：IEEE 802.11be。2024 年发布的 IEEE 802.11be 标准引入 320MHz 的无线带宽、4096QAM 高阶编码、Multi-RU 的频偏利用方式、MLO 芯片级多路连接技术、16×16 MIMO 的时空复用；引入了新的 6GHz 频段，并支持 MU-MIMO 多用户多入多出和 OFDMA 正交频分多址技术，这些将进一步提高网络的性能和效率。传输速率达到 30Gb/s。

### 7.1.2 Wi-Fi 工作原理和规范

工作频率、编码、调制、天线技术、链路层、应用层等根据需求的迭代，促使技术也不断迭代。当前 Wi-Fi 的工作频段是 2.4GHz、5GHz、6GHz。与常规的通信系统一样，Wi-Fi 通信主要包括信息源的编码与译码、信息源的加密和解密、信道编码与译码、信号的调制和解调等环节，如图 7-1 所示。组网方式有分布式组网和 Mesh 组网。本节内容主要依据 Wi-Fi 6 和 Wi-Fi 7 的一些关键技术进行讲述。为了实现连贯性、迭代性，先讲述 Wi-Fi 6 的关键技术，之后对 Wi-Fi 的部分关键技术进行迭代。

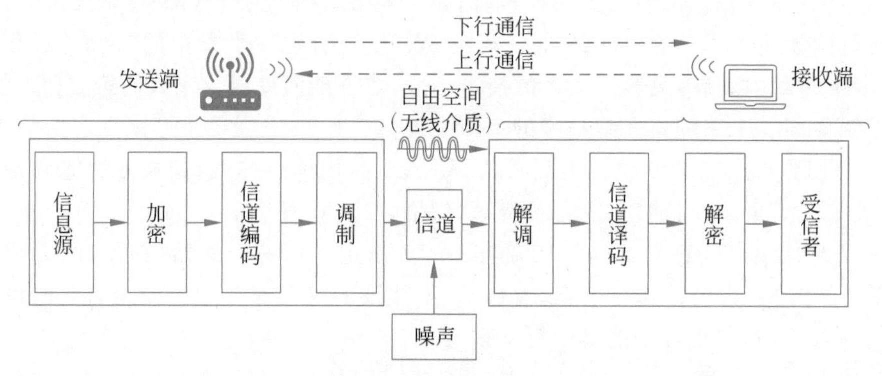


图 7-1 通信系统模型

Wi-Fi 6 的关键技术包括 MU-MIMO、OFDMA、1024QAM 等。MU-MIMO 是指在无线通信系统里，一个多天线基站同时服务于多个移动终端，基站充分利用天线的空域资源与多个用户通信进行通信，MU-MIMO Wi-Fi 与传统 Wi-Fi 的空中信道区别如图 7-2 所示。OFDMA（Orthogonal Frequency Division Multiple Access，正交频分多址）是在 OFDM（Orthogonal Frequency Division Multiplexing，正交频分复用）上的演进，在 OFDM 的基础上实现了 CDMA（Code Division Multiple Access，码分多址）技术。1024QAM 是在 QAM（Quadrature Amplitude Modulation，正交振幅调制）的基础上实现了 1024 个幅度和相位形成的位置点组成的星座图。

Wi-Fi 7 的关键技术包括 16×16 MIMO、MLO、Multi-RU、4096QAM 等。16×16 MIMO 是 Wi-Fi 6 的基础上的空间流数量从 8 个增加到 16 个。MLO（Multi-Link Operation，双频聚合技术）芯片级多路连接技术能让手机、平板等 Wi-Fi 7 设备同时连接 2.4GHz 和 5GHz 频段传输数据，并自动选择质量更高、时延更低的通道传输数据，大幅提升传输速度和降低时

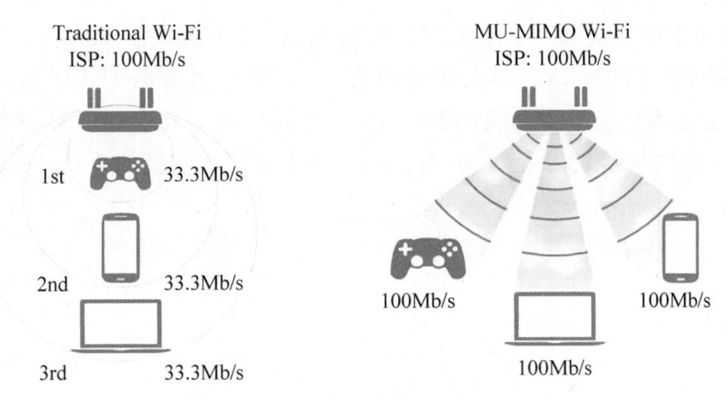


图 7-2 空中信道区别

延。Multi-RU(Multi Resource Unit,多资源单元)技术采用允许将多个 RU 分配给单用户的机制,充分利用空闲的信道来传输数据,起到提升传输效率和降低时延的效果。4096QAM 在 Wi-Fi 6 的基础上从 1024QAM 增加到 4096QAM。

分布式组网技术本身是为了解决 Wi-Fi 信号覆盖范围的局限性问题,因为 WLAN 无法做到像蜂窝网络那样提供无处不在的信号覆盖,并且 WLAN 本质上是不支持多跳网络的技术,所以业内先后涌现了很多对应的解决方案。在商业应用上比较成功的方案包括 WDS(Wireless Distribution System,无线分布系统)、电力线通信(Power Line Communication,PLC)技术、无线 Mesh 网络、AC+AP 等。其中 WDS 是基于 IEEE 802.11s 任务组产生的一项技术,无线 Mesh 网络是承袭了部分 WLAN 技术的新的网络技术,电力线通信是通过室内的电力线传输数据和媒体信号,AC+AP 则通过具备有源以太网(Power Over Ethernet,POE)远程供电功能的 AC 集中管理各个无线 AP。

WDS 是无线网络部署延展系统的简称,指用多个无线网络相互连接的方式构成一个整体的无线网络。简单地说,WDS 就是利用两个或两个以上无线宽带路由器/AP 通过相互连接的方式将无线信号向更深远的范围延伸。利用 WDS 技术,AP 之间可以舍弃传统的有线网络进行互联,每个 AP 都可以作为主设备、中继设备或远端设备。

电力线通信技术是指利用电力线传输数据和媒体信号的一种通信方式。该技术是把载有信息的高频信号加载于电流然后用电线传输,接收信息的适配器再把高频信号从电流中分离出来并传送到计算机或电话以实现信息传递。"电力猫"即"电力线通信调制解调器",是通过电力线进行宽带上网的 Modem 的俗称。使用家庭或办公室现有的电力线和插座组建成网络,连接 PC、机顶盒、音频设备、监控设备以及其他的智能电器,用来传输数据、语音和视频。它具有即插即用的特点,能通过普通家庭电力线传输网络 IP 数字信号。

WMN(Wireless Mesh Network,无线 Mesh 网络)是从移动 Ad-hoc 网络分离出来并承袭了部分 WLAN 技术的新的网络技术。严格来说,WMN 是一种新型的宽带无线网络结构,是一种高容量、高速率的分布式网络,主要具有多跳无线网络、支持无线路由功能、单节点无线性能比 Wi-Fi 有很大增强、具有自组织能力、具有自修复能力、具有自平衡能力、高带宽和低成本等特点。

现在新装修的房子一般都会从弱电箱布置网络到各个房间的 86 面板或者天花板,AC+AP 方案就是在这些位置安装 AP 节点(面板式 AP 或吸顶式 AP),通过 AC 控制这些节点组成分布式无线网络,以实现全屋高质量 Wi-Fi 信号覆盖,如图 7-3 所示。AC 即接入控制器,是一种网络设备,用来集中化控制局域网内可控的无线 AP,是一个无线网络的核心,负责管理无线网络中的所有无线 AP,对 AP 的管理包括下发配置、修改相关配置参数、射频智能管理、接入安全控制等。AP 即无线访问接入点,其作用类似于传统有线网络中的集线器。AP 相当于连接有线网和无线网的桥梁,其主要作用是将各个无线网络客户端连接到一起,然后将无线网络接入以太网,从而达到网络无线覆盖的目的。

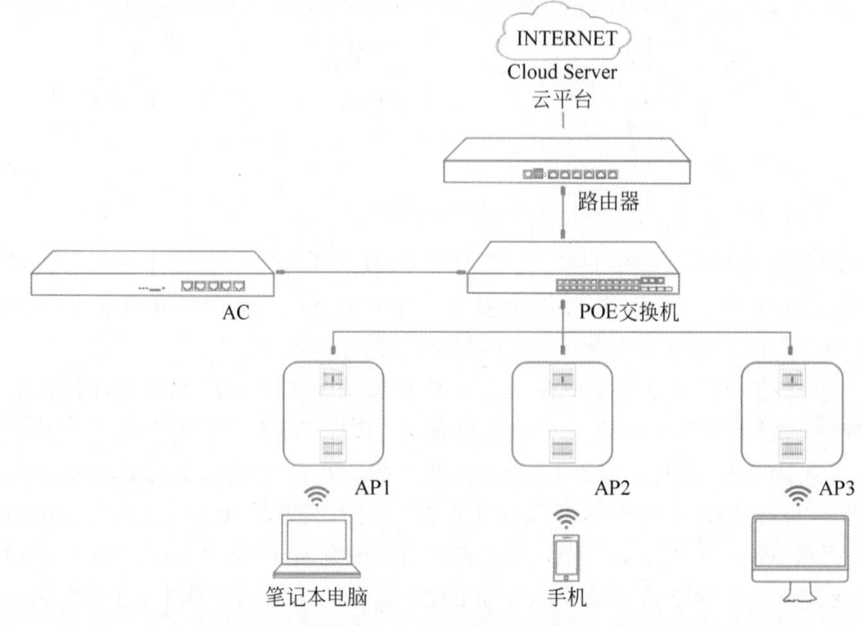


图 7-3 AC+AP 架构方案

在 AC+AP 组网方案中,AP 是“瘦 AP”,即它本身并不能进行配置,需要一台专门的设备(无线控制器,即 AC)进行集中控制管理配置,所以说“瘦 AP”的传输机制相当于有线网络中的集线器,在无线局域网中不停地接收和传送数据;而人们通常所说的无线路由器,可以称为“胖 AP”,它除了无线接入功能外,一般具有 WAN、LAN 两个接口,支持地址转换(NAT)功能,多支持 DHCP 服务器、DNS,以及 VPN 接入、防火墙等安全功能。

### 7.1.3 Wi-Fi 应用

1. 低时延网络游戏/VR/AR

2020 年,全球 VR+AR 产业规模共计约 2000 亿元,其中 VR 约 1600 亿元,AR 约 450 亿元,国内市场规模达到约 900 亿元。人的感知系统可划分为视觉、听觉、触觉、嗅/味觉和方向感 5 部分。因此 VR 应在基于此感知系统的基础上向用户提供全方位的体验,任何在这几个感官维度下做出极致体验内容的成功都是必然的。VR/AR 通过遮挡用户的现实视线,将其感官带入一个独立且全新的虚拟空间,为用户提供更深入、代入感更强的体验;AR 能够补充或增强用户眼中的现实世界。随着 Wi-Fi 的逐步升级,降低对终端和头盔的要求,实现云端内容发布和云渲染,是未来的发展趋势。从全球市场 VR/AR 出货量及连接类型预测来看,到 2025 年,全球 VR/AR 出货量将暴增至约 2.5 亿台,接近 100%的设备支持通过 Wi-Fi 连接。

2. 极致高清视频业务

2019 年 2 月,工业和信息化部、中国广播电视总局、中央广播电视总台联合印发《超高清视频产业发展行动计划(2019—2022 年)》,提出按照“4K 先行,兼顾 8K”的总体技术路线,大力推进超高清视频产业发展和相关领域的应用,对产业规模、用户数、频道数量和应用示范提出了明确目标。Wi-Fi 6 和 Wi-Fi 7 网络和技术的成熟也会促进 4K/8K 面板的快速发展,人们的生活将进入 4K/8K 的崭新时代。

3. 智慧家庭 IoT 互联

随着物联网行业的迅猛发展,人们对物与物的连接需求不断提升,特别需要低功耗、广覆盖、低成本、大容量连接方式的终端种类越来越多,因此,使用非授权的频段的 Wi-Fi 6 和 Wi-Fi 7 的物联网传输技术具有很大的优势,如搭建成本低廉、低功耗、可靠性高、安全性和施工周期短等,可迅速实现无线室内架构的改进和基础设施的长期升级,将提高实际数据吞吐率,同时侧重于提高网络容量。

4. 垂直行业应用

会展中心/球馆场景、公司办公场景、度假酒店/住院楼/工厂宿舍场景等,都已实现 Wi-Fi 网络的全覆盖。

## 7.2 蓝牙

### 7.2.1 蓝牙简介

蓝牙(blue tooth)技术是一种基于无线数据和语音通信全球规范的短距离无线网络通信技术,它具有适用的设备多、全球通用工作频段、短距离、低功耗、低成本等特点。围绕着物联网解决短距离无线通信技术方案,业界提出了多种中短距离无线标准,随着技术的不断进步,这些无线标准在向实用落地中不断迈进。低功耗蓝牙的标准始终在围绕物联网发展的需求而不断升级迭代,自蓝牙 4.0 开始,蓝牙技术进入了低功耗时代,在智能可穿戴设备领域,低功耗蓝牙已经是应用最广泛的技术标准之一,并在消费物联网领域大获成功。低功耗蓝牙在点对点、点对多点、多角色、复杂 Mesh 网络、蓝牙测向等方面不断增加的新特性,低功耗蓝牙标准在持续拓展物联网的应用场景及边界方面获得了令人瞩目的发展。

第一代蓝牙:关于蓝牙早期的探索。1999 年,蓝牙 1.0,存在很多问题;产品的兼容性也不好;价格十分昂贵。2003 年,蓝牙 1.2,完善了匿名方式,可以保护用户免受身份嗅探攻击和跟踪;还增加了适应性跳频、延伸同步连接导向频道、快速连接、支持 Stereo 音效传输的要求。

第二代蓝牙:蓝牙进入实用阶段。2004 年,蓝牙 2.0,传输速率可达 3Mb/s;支持双工模式;2007 年,蓝牙 2.1,改善了蓝牙设备的配对体验;提升使用和安全强度,支持近场通信(NFC)配对。

第三代蓝牙:高速蓝牙,传输速率可高达 24Mb/s。2009 年,蓝牙 3.0,增加 High Speed 功能,传输速率高达 24Mb/s,是蓝牙 2.0 的 8 倍。

第四代蓝牙:经典蓝牙和低功耗蓝牙共存阶段。2010 年,蓝牙联盟发布了蓝牙 4.0,由经典蓝牙和低功耗蓝牙两部分组成,蓝牙 4.0 芯片模式分为单模和双模两种,单模仅支持低功耗蓝牙,无法与蓝牙 3.0/2.1/2.0 向下兼容;双模可以向下兼容蓝牙 3.0/2.1/2.0,也支持低功耗蓝牙。2013 年,蓝牙 4.1,加入了专用的 IPv6 通道进行联网。2014 年,蓝牙 4.2,相比于蓝牙 4.1 传输速率提高了 2.5 倍。

第五代蓝牙:低功耗蓝牙的物联网阶段。2016 年,蓝牙 5.0,相比于蓝牙 4.2 传输速率提高了 2 倍、有效通信距离提高了 4 倍;2019 年,蓝牙 5.1,通过 AOA(到达角)/AOD(离开角)实现了对蓝牙信号方向的侦测、GATT 缓存、广播增强;2019 年 12 月,蓝牙 5.2,增加了增强型属性协议、LE 音频功率控制、LE 音频同步频道;2021 年 7 月,蓝牙 5.3,周期广播增强、频道分类增强、引入了连接分级。

### 7.2.2 蓝牙工作原理和规范

蓝牙是商用化程度最高的一种无线电通信技术,它的核心架构层次也更加多且细分。蓝牙核心架构由控制器、主机、应用 3 部分组成,如图 7-4 所示。控制器主要包括物理层、链路层、基带资源管理器、链路管理器、设备管理器。主机包括信道管理器、L2CAP 资源管理器、安全管理协议、属性协议、AMP 管理协议、通用属性规范、通用访问规范。应用层包括应用配置文件,如定位、LE 音频等应用配置文件。

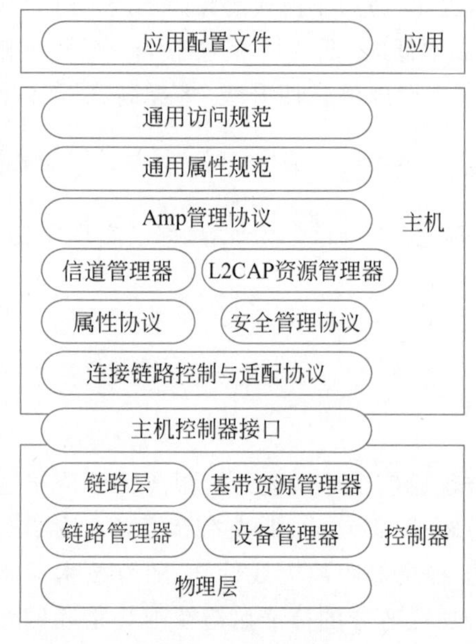

图 7-4 核心架构

1. 控制器

1)物理层

低功耗蓝牙设备工作于 2400～2483.5MHz 的 2.4GHz ISM 频段,采用跳频对抗干扰和衰落。负责从物理信道传输和接收信息数据包:物理层模块向物理信道或基带发送(或接收)符合格式要求的数据流波形。下面从物理层规范进行叙述。低功耗蓝牙系统工作于 2400～2483.5MHz 的 2.4GHz ISM 频段,并分为 40 个频道。频道的中心频率为(2402＋$k$×2)MHz,其中 $k$ 为 0～39。发射机参数:发射机输出功率应在－20dBm(0.01mW)～＋10dBm(10mW)。调制采用高斯频移键控(GFSK),高斯滤波器的 3dB 带宽 $B$ 与码元宽度 $T$ 的乘积 $BT$ 值为 0.5,调制指数为 0.45～0.55,二进制 1 为正频偏,0 为负频偏。杂散发射包括调制频谱、带内杂散发射、带外杂散发射。调制频谱:发射机遵从 FCC 15.247 标准,在 100kHz 分辨率带宽下,频谱的最小 6dB 带宽不小于为 500kHz。带内杂散发射:允许不超过 3 个例外情况即出现以 1MHz 的整数倍为中心频率的 1MHz 带宽信道,这些例外的临信道功率绝对值应不多于－20dBm。射频频率容限:报文发射过程中,中心频率的偏差不应超过±150kHz,包括初始频率偏移以及频率漂移。在任一报文的发射过程中,频率漂移不应超过 50kHz,漂移率不应超过 400Hz/$\mu$s。接收机参数:参考灵敏度等级为－70dBm。实际灵敏度等级:BER(误比特率)为 0.1%时的接收机输入等级。干扰性:同频干扰 21dB、1MHz 邻道干扰 15dB、2MHz 临道干扰－17dB、3MHz 以上临道干扰－27dB、镜频干扰－9dB、镜频 1MHz 临道干扰－15dB。带外阻塞由 30～2000MHz 条件下干扰信号功率－30dBm、测量分辨率 10MHz,2003～2399MHz 条件下干扰信号功率－35dBm、测量分辨率 3MHz,2484～2997MHz 条件下干扰信号功率－35dBm、测量分辨率 3MHz,3～12.75GHz 条件下干扰信号功率－30dBm、测量分辨率 25MHz 组成。交调特性由有用信号(中心频率位于 $f_0$,功率高于参考灵敏度等级 6dB)、正弦波信号(频率为 $f_1$,功率为－50dBm)、干扰信号(中心频率位于 $f_2$,功率为－50dBm)、组成频率 $f_0$、$f_1$、$f_2$ 应满足:$f_0=2\times f_1-f_2$ 且 $|f_2-f_1|=n\times 1$,其中,$n$ 为 3、4 或 5;系统应至少

实现 3 种情况($n$ 为 3、4 或 5)中的一种。最大可用等级：接收机的最大可用输入等级应大于-10dBm。

2) 链路层

链路层负责数据包的编码和解码,创建、维护和释放逻辑链路。链路层的状态机包括就绪态(standby)、广播态(advertising)、扫描态(scanning)、发起态(initiating)、连接态(connection)5 种,5 种状态的关系如图 7-5 所示。处于就绪态时,链路层不收发报文,就绪态可从其他任何状态进入；处于广播态时,链路层发送广播信道报文,并可能监听及响应由这些广播信道报文触发的响应报文,处于广播态的设备称为广播者,广播态可从就绪态进入；处于扫描态时,链路层监听广播者发送的广播信道报文,处于扫描态的设备称为扫描者,扫描态可从就绪态进入；处于发起态时,链路层监听并响应从特定设备发送的广播信道报文,处于发起态的设备称为发起者,发起态可从就绪态进入；连接态可从广播态或者发起态进入,处于连接态的设备称为处于连接中,由发起态进入连接态的设备为主设备,由广播态进入连接态的设备为从设备。

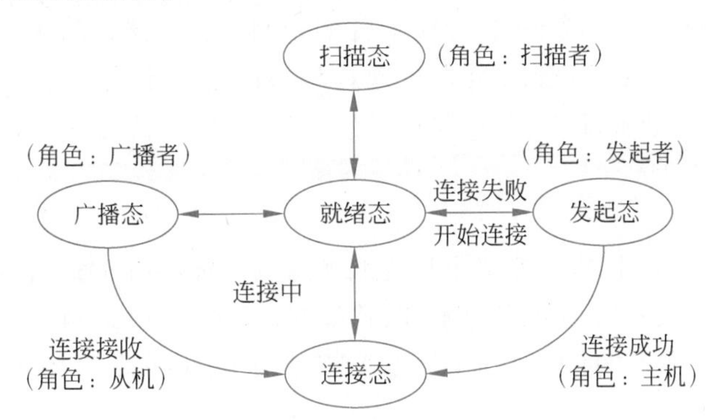


图 7-5 链路层状态机转换图

3)基带资源管理器

基带资源管理器负责管理蓝牙设备内部的基带资源,如频道分配、时间槽分配以及蓝牙设备间的同步等。

4) 链路管理器

链路管理器负责建立、维护和断开蓝牙设备间的逻辑链路。它处理链路配置、鉴权、加密、功率控制以及服务质量(QoS)管理等任务。

5) 设备管理器

设备管理器负责管理蓝牙设备的发现、查询、配对、绑定等操作,以及设备间的连接和断开连接过程。

2. 主机

1) 信道管理器

信道管理器负责为传输服务协议或者应用数据流进行 L2CAP 信道的创建、管理和删除操作。信道管理器使用 L2CAP 协议与远端的信道管理器进行交互,创建 L2CAP 信道,将端节点与适合的实体相连接。信道管理器与本地的链路管理器进行交互,创建新的逻辑链路,或者配置这些链路,为正在传输的数据类型提供所需的 QoS。

2) L2CAP 资源管理器

L2CAP 资源管理器负责管理和排序 PDU 分段,支持信道间的调度功能,确保具有

QoS 保证的 L2CAP 信道不会由于控制器资源的耗尽而被物理信道拒绝访问。由于控制器具有有限的缓存,而且 HCI 的硬件带宽有限,这一功能必不可少。

3) 安全管理协议(SMP)

安全管理协议属于端到端协议,用来生成加密密钥和身份密钥。协议在一个专属的固定 L2CAP 信道上操作。SMP 模块同时管理加密密钥和身份密钥的存储,并负责生成随机地址和将随机地址解析为一致的设备身份。SMP 模块直接和控制器交互,在加密和配对过程中,提供存储的密钥用来完成加密和认证步骤。

4) 属性协议

属性协议为属性服务器和属性客户端实现了端到端的通信协议。通过一个固定的 L2CAP 信道,ATT 客户端与位于远端设备上的 ATT 服务器进行交互。ATT 服务器向客户端发送回复、通知和指示。这些 ATT 客户端的命令和请求为读写 ATT 服务器上的属性值提供了一种简单有效的方式。

5) AMP 管理协议

AMP 管理器是利用 L2CAP 与远端设备的 AMP 管理器进行通信的模块,与 AMP PAL 进行直接交互。AMP 管理器负责发现远程 AMP,确定其可用性,并收集有关远程 AMP 的信息用于建立和管理 AMP 的物联链路。AMP 管理器使用专属 L2CAP 信令信道与远程 AMP 管理器通信。

6) 通用属性规范

通用属性规范(GATT)模块定义了属性服务器的功能,并可选地表示属性客户端的功能。规范描述了属性服务器中使用的服务、特征和属性的层次结构。该模块提供接口,用于发现、读、写和指示服务的特点和属性。GATT 只在低功耗设备上用于配置文件的服务发现。

7) 通用访问规范

通用访问规范(GAP)模块代表所有蓝牙设备共有的基础功能,如传输、协议或者应用规范所使用的模式和访问过程。GAP 的服务包括设备发现、连接方式、安全认证、关联模型和服务发现等。

### 7.2.3 蓝牙应用

1. 汽车领域的应用

将蓝牙技术应用到车载免提系统中,利用手机作为网关,打开手机蓝牙功能与车载免提功能,只要手机在距离车载免提系统的 10m 之内,都可以自动连接,控制车内的麦克风与音箱系统,从而实现全双工免提通话。

(1) 车载蓝牙娱乐系统可将手机与车载蓝牙连接起来,播放流行音乐等。

(2) 汽车蓝牙防盗技术,尤其是蓝牙防盗器的应用。如果汽车处于设防状态,蓝牙感应功能将会自动连接汽车车主手机,一旦车辆状态出现变化或者遭受盗窃,将会自动报警。

2. 工业生产的应用

(1) 零部件磨损程度的检测:蓝牙检测功能体现在工业零部件磨损方面,利用蓝牙检测软件结合磨损检测材料进行实验研究,可以具体到耐磨性优劣,及时利用蓝牙无线传输将磨损检测程度数据传输到相关设备中,相关设备进行智能分析,并将结果告知技术人员。

(2) 蓝牙监控系统对数控系统运行状态的实时和完整的记录:蓝牙传输设备作为监控

系统主要组成，随时记录数控系统运行状态，并且将数据系统运行期间的任何波动全部传输到存储设备中，利用通信端口上传信息，为数控生产管理人员提供更多参考资料。

3. 医药领域的应用

(1) 诊断结果输送：以蓝牙传输设备为依托，将医疗诊断结果及时输送到存储器中。蓝牙听诊器的应用以及蓝牙传输本身耗电量较低，传输速度更快，所以利用电子装置及时传输诊断结果，可提高医院诊断效率，确保诊断结果数据准确。

(2) 病房监护：蓝牙技术在医院病房监控中的应用主要体现于病床终端设备与病房控制器，利用主控计算机，上传病床终端设备编号以及病人基本住院信息，为住院病人配备病床终端设备，一旦病人有突发状况，病床终端设备就会发出信号，蓝牙技术以无线传送的方式将其传输到病房控制器中，如果传输信息较多，则会自动根据信号模式划分传输登记，为医院病房管理提供了极大的便利。

## 7.3 ZigBee

### 7.3.1 ZigBee 简介

ZigBee 技术是一种新兴的短距离无线网络通信技术，它具有低功耗、低成本、低速率、近距离、短时延、高容量、高安全、免执照频段等特点。依据 ZigBee 技术的特点，其可以主要用于在距离短、功耗低且传输速率不高的各种电子设备之间进行数据传输以及典型的有周期性数据、间歇性数据和低反应时间数据传输的应用，因此适用于 PC 外设(鼠标、键盘、游戏操作杆)、消费类电子设备(TV、VCR、CD、VCD、DVD 等设备上的遥控装置)、家庭内智能控制(照明、煤气计量控制及报警灯)、玩具(电子宠物)、医护(监视器和传感器)、工控(监视器、传感器和自动控制设备)等非常广阔的领域。

ZigBee 的特点如下：

(1) 低功耗，在低功耗待机模式下，两节普通 5 号电池可支持一个节点工作 6～24 个月。

(2) 低成本，普通网络节点硬件只需 8 位微处理器、4～32KB 的 ROM、ZigBee 协议免专利费，每块芯片的价格大约为 2 美元。

(3) 低速率，20～250kb/s，专注于低传输应用。

(4) 近距离，传输范围一般为 10～100m，在增加发射功率后，亦可增加到 1～3km。这是指相邻节点间的距离。如果通过路由和节点间通信的接力，传输距离将可以更远。

(5) 短时延，ZigBee 的响应速度较快，一般从睡眠转入工作状态只需 15ms，节点连接进入网络只需 30ms，进一步节省了电能。相比较，蓝牙需要 3～10s、Wi-Fi 需要 3s。

(6) 高容量，ZigBee 可采用星状、片状和网状网络结构，由一个主节点管理若干子节点，最多一个主节点可管理 254 个子节点；同时主节点还可由上一层网络节点管理，最多可组成 65 000 个节点的大网。

(7) 高安全，ZigBee 提供了三级安全模式，包括安全设定、使用访问控制清单(Access Control List，ACL) 防止非法获取数据以及采用高级加密标准(AES 128)的对称密码，以灵活确定其安全属性。

(8) 免执照频段，使用工业科学医疗(ISM)频段：915MHz(北美)、868MHz(欧洲)、2.4GHz(全球)。

### 7.3.2 ZigBee工作原理和规范

ZigBee的网络协议自下而上由物理层、MAC层、网络/安全层、应用接口层、应用层5部分组成。其中物理层和MAC层由IEEE 802.15.4协议定义、网络/安全层和应用接口层由ZigBee联盟定义，应用层由用户去开发应用。

IEEE 802.15.4强调的是省电、简单、成本低的规格。

（1）物理层：收发机需要具有维持最小流量的通信链路和低复杂度的特点，在868MHz和915MHz采用BPSK的调制方式、在2450MHz采用0-QPSK的调制方式，无线电射频的频带和数据传输率内容如图7-6所示、工作模式采用DSSS（Direct Sequence Spread Spectrum，直接序列扩频）；

| 频带 | | 使用范围 | 数据传输率 | 信道数 |
|---|---|---|---|---|
| 2.4GHz | ISM | 全世界 | 250kb/s | 16 |
| 868MHz | | 欧洲 | 20kb/s | 1 |
| 915MHz | ISM | 北美 | 40kb/s | 10 |

图7-6 频谱

（2）MAC层：采用CSMA/CA方式，有效避免了无线电载波之间的冲突。

ZigBee联盟定义的ZigBee协议栈由网络/安全层和应用接口层组成。网络/安全层由网络和安全两部分组成，网络部分主要实现节点加入、离开、路由查找和传送数据，目前ZigBee网络主要支持簇状路由和网状网路由，支持星状、簇状、网状等多种拓扑结构，如图7-7所示。安全部分分别在MAC层、网络层、应用接口层具有安全机制，保证各层数据帧的安全传输。应用接口层负责向应用层的用户提供简单的应用程序接口（API），包括APS（Application Sub-layer Support，应用子层支持）、ZigBee设备对象（ZigBee Device Object，ZDO）等，实现应用层对设备的管理。

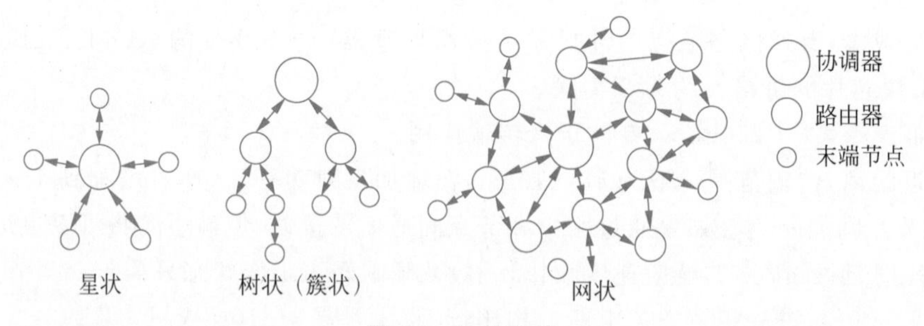


图7-7 网络拓扑

### 7.3.3 ZigBee应用

本节主要在智能家居领域、仓储物流领域、汽车领域、芯片解决方案领域进行举例，并列举市场上流行的ZigBee开发方案。

（1）在智能家居领域中的实践应用。ZigBee无线通信技术凭借其一系列特征优势，因而在众多智能家居中得到广泛推广。该项技术的应用，离不开Internet网络技术的有力支持。因为家居房屋建筑面积存在一定局限性，这就为ZigBee无线通信技术应用创造了适用条件。ZigBee无线通信技术在智能家居中的应用，主要表现为：其一，打造整体性ARM，以实现对不同家居的智能控制；其二，选择合理区域安装ZigBee路由设备，建立起其与对应网络的有效连接；其三，对一系列终端设备开展ZigBee模块合理安装，以实现不同信息的有效交互。在实践应用中，可采取适用的控制手段，诸如遥控器控制、声音控制等，即为可通过遥控器装置对冰箱制冷、微波炉等进行指令控制；可通过声音指令以实现对电视机的开机或关机操作等。为了确保控制的高效性，应当保证信号接口的有效连接，唯有如此方可实现对家居设备的有效控制。将ZigBee无线通信技术应用于智能家居领域，一方面可提高家居操作的便捷性，缩减家居成本；另一方面可提高人们的生活居住体验，切实彰显该项技术的实用性。除此之外，ZigBee无线通信技术还可实现有效的信号抗干扰功能，为人们创造便利的同时，还可缩减对其他用户造成的信号干扰。

(2) 在仓储物流系统中的实践应用。随着仓储物流系统的推广，对于无线数据传输系统的应用需求呈现出不断攀升的趋势，特别对无线通信技术提出了高效、低成本的要求，所以，ZigBee无线通信技术凭借其安全可靠、多路径路由方式等特征，尤其适用于仓储物流系统。对于ZigBee无线通信技术在仓储物流系统中的实践应用，具体而言：其一，对现场车辆的调度安排。因为车辆与控制台相互间的联系尤为重要，而常规无线通信协议难以确保可在仓储物流此类应用环境中的传输距离，所以可引入ZigBee无线通信技术以实现对该部分问题的有效解决。其二，可将网状ZigBee无线通信技术网络结构应用于仓储物流中，依托数据接力、动态路由等途径，切实保证全面系统通信的可靠性、高效性。其三，对于仓储物流中的车辆而言，它们总是会不断移动，而常规无线通信协议在找寻最佳路径时总是会表现出灵活性不足的问题，采用ZigBee无线通信技术，凭借其网络拓扑结构可满足信息传输路径不断转变的需求，并可灵活提供一条理想的传输路径以确保通信质量。所以，依托设置科学适用的ZigBee节点，可促进全面物流仓储系统的健康稳定运行。

(3) 汽车领域。2022年，中移物联网携手ZETA构建产业生态，助力汽车供应链借“技”突围。

(4) 芯片解决方案领域。一个流行的ZigBee解决方案是基于TI(德州仪器公司)的CC2530芯片及配套开发的符合ZigBee 2007协议规范的Z-Stack协议栈。

## 7.4 UWB

### 7.4.1 UWB简介

超宽带(Ultra Wide Band，UWB)射频技术是一种新型的无线电技术，它具有对信道衰落不敏感、发射信号功率谱密度低、数据传输速率高、低截获能力、强抗干扰能力、系统复杂度低、提供很高的定位精度等优点。超宽带射频系统在军事领域具有非常好的需求，其中超宽带通信系统可以广泛应用于战车通信、战术手持电台和组网通信、超视距地波通信、无人机空地数据链和无线标签识别等方面。同时，超宽带系统在障碍规避雷达、入侵探测雷达、反隐身雷达、穿墙/地成像探测雷达和雷达目标识别等领域具有天然优势；此外，其在精密地理测量和无线电引信等方面也具有广阔的应用前景。

早在1965年，美国就确立了UWB的技术基础。在后来的二十年内，UWB技术主要用于美国的军事应用，其研究机构仅限于与军事相关联的企业以及研究机关、团体。美国国防部已开发出几十种UWB系统，包括战场防窃听网络等。20世纪90年代以来，超宽带技术的种种优点使其在无线通信方面具有很大的潜力，逐渐成为无线电研究的热门和焦点。

索尼、摩托罗拉、英特尔、戴姆勒-克莱斯勒等高技术公司都已涉足 UWB 技术的开发，将各种消费类电子设备以很高的数据传输率相连，以满足消费者对短距离无线通信小型化、低成本、低功率、高速数据传输等要求。超宽带射频技术的发展也引起了电气和电子工程师协会(IEEE)和美国联邦宽带通信委员会(FCC)的重视，国际学术界对超宽带无线通信的研究也越来越深入。

UWB 技术近年来在全球范围内得到了显著的发展，尤其是在智能手机和其他个人电子设备的普及推动下。根据数据显示，2022 年，超宽带市场的收入已达到 10 亿美元。这种增长趋势主要得益于 UWB 技术在内部导航和位置跟踪方面的出色表现，使其成为消费电子产品领域的有力选手。2001 年我国发布的“十五”863 计划通信技术研究项目中，把超宽带无线通信关键技术及其共存与兼容技术作为无线通信共性技术与创新技术的研究内容，鼓励国内学者加强这方面的研发工作。但是国内对超宽带射频技术的研究处于发展阶段，尚未形成规模。国内 UWB 市场规模从 2014 年的 1.45 亿元增长至 2021 年的 46.82 亿元，2022 年国内 UWB 市场规模达 58.75 亿元，较 2021 年增长约 25.5%。

### 7.4.2 UWB 工作原理和规范

本节内容主要集中在物理层和 MAC 层。UWB 的绝对带宽($B>$500MHz)，相对带宽($B_r=2(f_u-f_i)/(f_u+f_i)>0.2$；$f_u$、$f_i$ 为功率谱密度低于其最大值 10dB 的高频和低频)。FCC 规定，UWB 室内应用的可用频率范围为 3.1～10.6GHz。UWB 是脉冲波形，其时域和频域波形如图 7-8 所示，脉冲波形持续时间应被限制在 2ns 左右或更短。

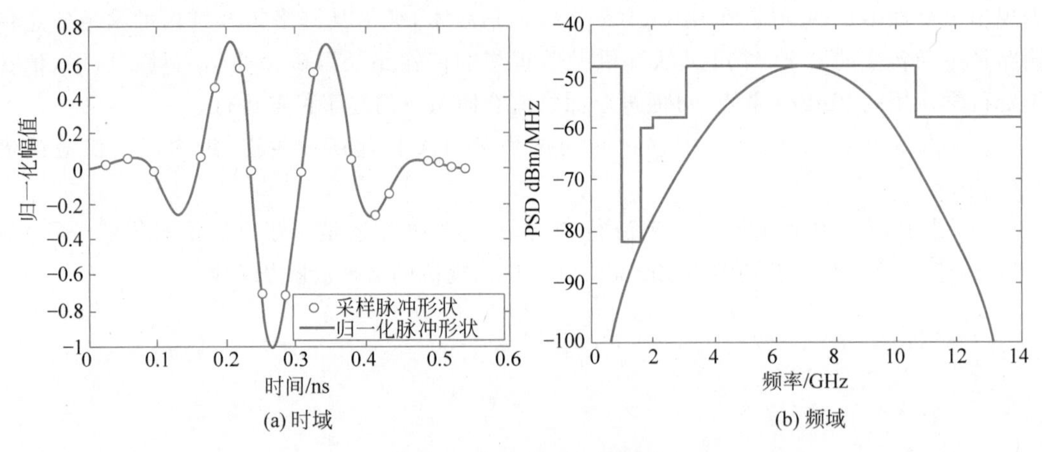


(a) 时域　　(b) 频域

图 7-8　波形的时域和频域

信号发射过程：信号的二进制数据经过调制形成基带波形，基带波形经过跳时码(TH)编码使频域更平滑基带信号，基带信号经过脉冲发生器形成在信道中传播的脉冲波形，脉冲波形经过天线发射出去。

调制方式有脉冲位置调制(PPM)、特殊情况下开关键控(OOK)的脉冲幅度调制(PAM)、二进制相移键控(BPSK)和正交脉冲调制(OPM)。

脉冲生产的方式有：全数字脉冲合成，如图 7-9 所示；上变频方法，如图 7-10 所示。

信号接收过程：脉冲波形经过天线接收进来，经过相干/不相干检波，经过采样保持电路和比特判定，形成信号的二进制数据。

检波：相干检波有用于开关键控和脉冲位置调制的相干接收器、正交调制接收机；不相干检波有用于脉冲位置调制的非相干接收机。不相干检波应用的是能量检测原理，相干

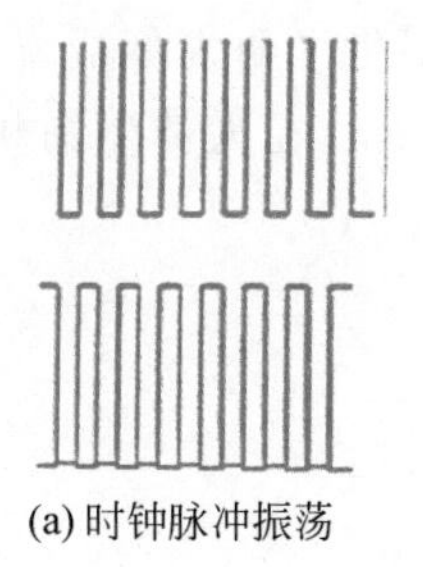
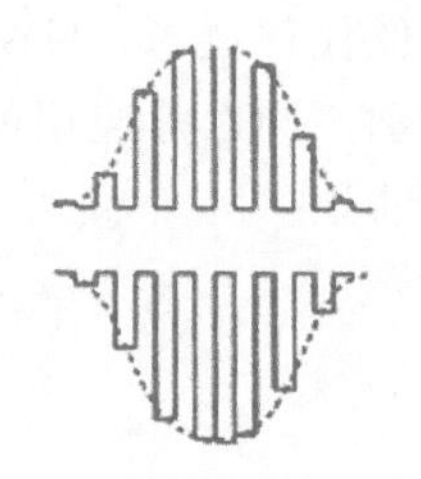

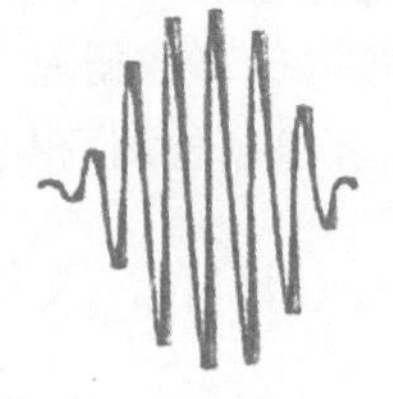

(a) 时钟脉冲振荡　(b) 脉冲整形　(c) 半单周期的“无直流”组合　(d) 通过滤波平衡光谱

图 7-9　全数字脉冲合成波形生成过程

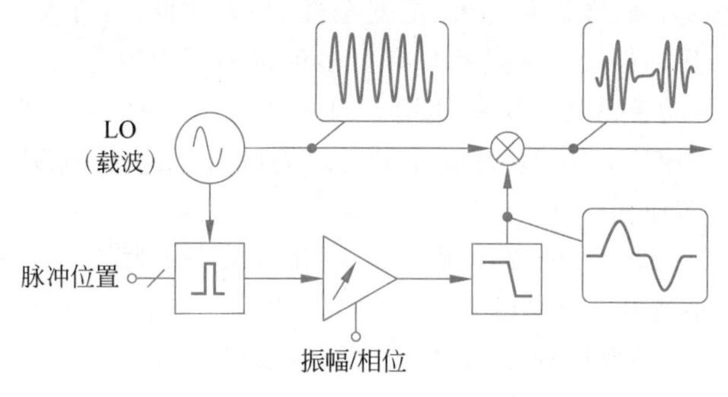


图 7-10　上变频波形生成过程

检波用的是互相关原理。

### 7.4.3　UWB 应用

由于 UWB 的对信道衰落不敏感、发射信号功率谱密度低、数据传输速率高、低截获能力、强抗干扰能力、系统复杂度低、提供很高的定位精度等优点，UWB 在通信、定位、雷达和医疗等不同领域的应用比较丰富。

1. UWB 通信

UWB 可以在限定的范围内（如 4m）以很高的数据速率（如 480Mb/s）、很低的功率（200μW）传输信息，这比蓝牙好很多。蓝牙的数据速率是 1Mb/s，功率是 1mW。UWB 能够提供快速的无线外设访问来传输照片、文件、视频。因此 UWB 特别适合个域网。通过 UWB，可以在家里和办公室里方便地以无线的方式将视频摄像机中的内容下载到 PC 中进行编辑，然后送到 TV 中浏览，轻松地以无线的方式实现个人数字助理（PDA）、手机与 PC 数据同步、装载游戏和音频/视频文件到 PDA、音频文件在 MP3 播放器与多媒体 PC 之间传送等。

2. UWB 定位

室内定位精度高达厘米级，它是 GPS、北斗定位的延伸。这方面的应用可以说五花八门无处不在，如导航、养老院定位管理、工厂、公司员工打卡、活动轨迹追踪、医院、电厂/变电站、化工厂、钢铁厂等高危作业场所人员定位管理等。

3. UWB 雷达

在军事和安全领域，UWB 雷达可以用于检测地下障碍物，例如，埋设的地雷或爆炸物。这有助于安全地进行地面作战或清除任务。超宽带系统还可以应用到雷达成像探测和雷达目标识别等领域。

4. UWB 成像

在医疗领域，与超声波、X 射线断层摄影术相比，UWB 信号具有非电离效应和较好的穿透能力,是一项非常有吸引力的肺部或脑部成像代替技术。UWB 提供了研发低成本、超高分辨率或高数据速率的新医疗设备的潜力,推动不同医疗应用的发展。在人体生命机能监测、乳腺癌检测、积水检测、中风检测方面很有前景。

## 7.5 60GHz 通信

### 7.5.1 60GHz 通信简介

60GHz 短距离无线通信技术是指通信载波频率为 60GHz 附近的无线通信技术,具有传输速率高、抗干扰能力强、频谱免许可、高安全性、高方向性、器件尺寸小等特点。60GHz 无线传输技术受到热捧的最大原因是其具有更多免费的可用带宽,在 60GHz 频带范围内,有 7~9GHz 无须许可的带宽可供免费使用。因此,60GHz 频段大大提高了毫米波无线通信的传输速率。基于 60GHz 无线传输技术的无线局域网、无线高清接口乃至专用数据传输系统将为生活带来更多便利。

60GHz 通信系统引起业界的关注源自 2004 年该频段射频 CMOS 电路设计的历史性突破,2006 年 12 月,消费电子领域的六大巨头 LG、松下、NEC、三星电子、索尼、东芝共同成立了 Wireless HD 联盟,该联盟成立的主要目的是推动高速的无线 60GHz 毫米波传输技术的发展。2008 年 2 月,Wireless HD 1.0 颁布,传输速率为 4~5Gb/s,能为电视机、影碟机、机顶盒、录像机、游戏机等各种设备传输无线高清信号,最远距离为 20m。美国的 Gefen 在 2014 年国际消费电子展上展示了新款 Wireless for HDMI 60GHz 硬件,主要面向室内无线传输高质量数据流,最高支持 10m 范围内的 1080p 音视频。2010 年 5 月,Wi-Fi 联盟与 WGA 达成了合作协议,双方共享技术标准,用于开发下一代支持 Wi-Fi 联盟在 60GHz 频段下工作的认证项目,并且支持 WiGig 兼容设备在某些情况下切入到 Wi-Fi 的 2.4GHz 或 5GHz 频段。2014 年 2 月,矽映宣布进军小蜂窝无线回传市场,并发布两款大吞吐量、单芯片 CMOS 波束导向型 60GHz 射频收发器,以应对城市环境中对大容量无线回传链路快速增长的需求。2022 年全球 60GHz 雷达市场规模达到约 30 亿美元,预计到 2027 年将增长至近 80 亿美元,复合年增长率超过 20%。增长动力主要来自自动驾驶汽车需求激增、智能城市基础设施建设加速以及消费者对智能家居产品接受度提高等因素。

### 7.5.2 60GHz 通信工作原理和规范

从分层的角度说,应该分为物理层、MAC 层、应用层。物理层:信号收发、天线控制、调制方式等;MAC 层:器件搜索、物理信道选择、工作状态控制、波束控制;应用层:服务选择、内容编解码、视频/音频模式选择等。但是 60GHz 通信目前的关键技术是信道研究、收发机结构、天线技术、集成电路技术。调制技术和应用层应根据产品需求进行定义,但目前国际国内标准不完善。

无线通信信道:60GHz 的频段,各国在 60GHz 频段附近划分出免许可连续频谱用作一般用途,北美和韩国开放了 57~64GHz,欧洲和日本开放了 59~66GHz,澳大利亚开放了 59.4~62.9GHz,中国目前开放了 59~64GHz,如图 7-11 所示。

60GHz 毫米波传播特性有:自由空间损耗大,在 50~70GHz 频段,有较严重的氧衰,雨衰也较敏感,障碍物对信号阻碍作用比较大。

氧衰如图 7-12 所示。

雨衰如图 7-13 所示。

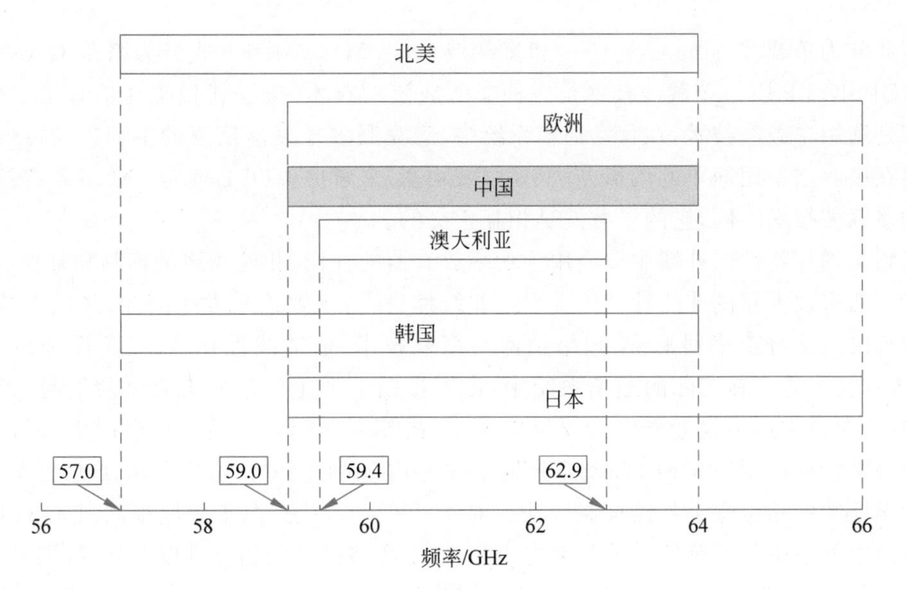


图 7-11　频段

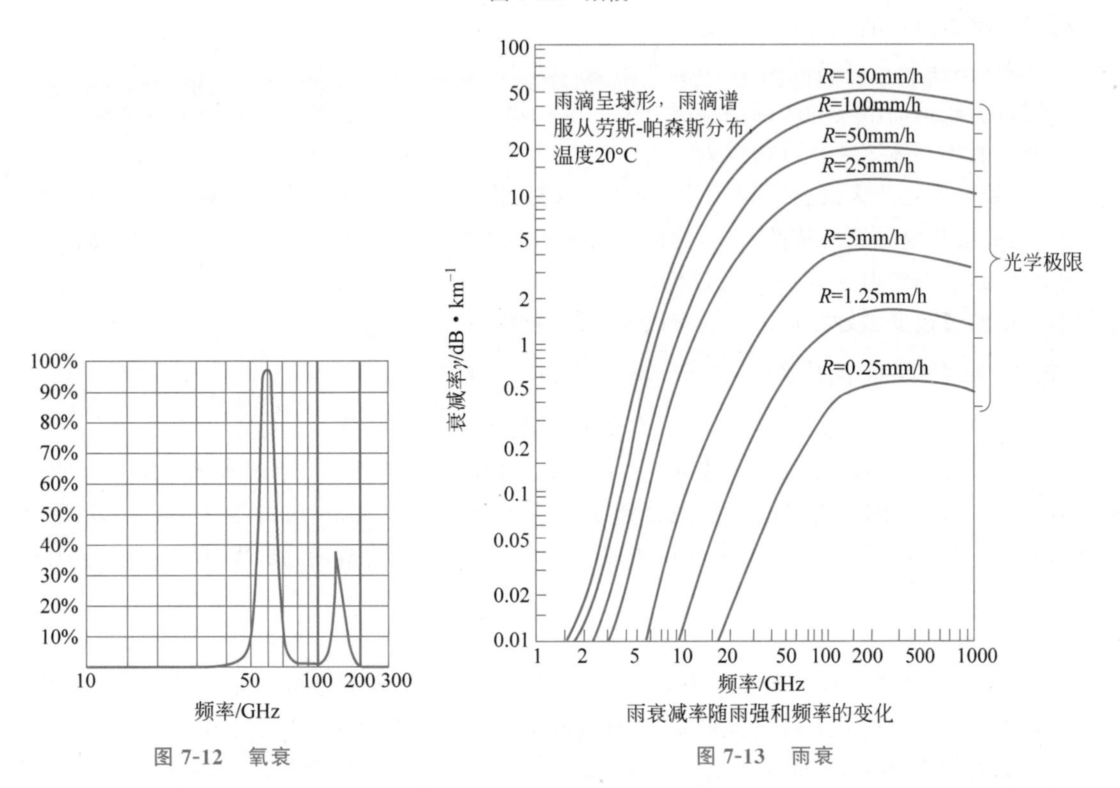


图 7-12　氧衰

图 7-13　雨衰

不同材料的障碍物对信号损耗如表 7-1 所示。

表 7-1　不同材料的障碍物对信号损耗

| 障　碍　物 | 60GHz 信号的能量损失/dB・$cm^{-1}$ | 2.5GHz 信号的能量损失/dB・$cm^{-1}$ |
|---|---|---|
| 干燥墙面 | 2.4 | 2.1 |
| 光滑白板 | 5.0 | 0.3 |
| 透明玻璃 | 11.3 | 20.0 |
| 金属材质玻璃 | 31.9 | 24.1 |

载波分为单载波(single-carrier)和多载波(OFDM)。调制方式分为高阶QAM调制、8PSK/QPSK/BPSK。单载波技术是一种非常成熟的技术,第一代模拟通信和第二代数字通信都是利用单载波技术,在移动通信系统中,为克服多径衰落信道的不利影响,单载波传输需要在接收端使用简单的均衡办法(如频域均衡)来解决。OFDM是一种多载波技术,与普通的多载波技术不同,它的子载波是相互正交的。

射频非理想特性的补偿主要应用于功率放大器的补偿、相位噪声的抑制和补偿、I/Q失衡补偿。功率放大器的非线性传输会引起非线性失真,导致信号发生畸变,降低系统性能。常用的解决方法有功率回退法、包络消除与恢复技术、前馈线性化技术、负反馈线性化技术、预失真技术等。在实际的通信系统中,由模拟前端产生的信号失真将会引起系统性能下降,其中相位噪声不仅会产生公共相位误差,在频率选择性信道下还会产生ISI,对于相位噪声的补偿或抑制算法研究,大部分集中在OFDM系统中。常用的解决方法有基于反馈的和无反馈的相位噪声补偿抑制算法。对于60GHz系统,由于频段很高,I/Q两路在调制和解调中所使用的振荡信号的频率也很高,I/Q两路幅度和相位难以匹配,特别是对于直接变频接收机而言,解决办法是基于任意信道估计序列的I/Q不平衡补偿与均衡的联合方案、基于格雷序列的基带补偿方案。

CMOS工艺已经被应用于60GHz射频模块中,主要采用GaAs基来实现,但是存在较高的噪声,较低的增益和较高的温度灵敏度以及随着工艺节点增多产生的漏电流效应。因此,新兴的半导体工艺也有待探索。

天线分为定向天线和阵列天线。定向天线是指在某些方向相对于其他方向更能有效地发射或接收电磁波的特性天线,定向天线是相对于全向天线而言的。阵列天线也称为自适应天线,它的辐射模式可以通过电的方法改变,而不需要物理移动,对于自适应天线阵列,可以通过改变激励波形的配置来改变它的辐射模式。

### 7.5.3 60GHz通信应用

高速数据传输:博通(Broadcom)在2014国际消费电子展展示了支持IEEE 802.11ad/WiGig标准的具有16个收发天线的芯片组,该芯片组同时支持单载波和多载波模式。TP-LINK在2016年国际消费电子展上公布了世界上首个802.11ad路由器Talon AD7200。IEEE 802.11.ad已经逐渐成为行业主导改变无线局域网的格局,使Wi-Fi步入60GHz时代。

1. 实时高清视频流传输

深圳市绿联科技股份有限公司推出了一款绿联CM438高频毫米波无线投屏器。该投屏器采用60GHz独立无线高频传输,可有效避免众多2.4G/5GHz低频电子设备干扰;支持4K震撼高清传输,画面无延迟不卡顿;支持0~30m超远距离投屏。

2. 汽车相关雷达

在2021年工业和信息化部发布的《汽车雷达无线电管理暂行规定》将76~79GHz频段规划用于汽车雷达,并限制了其他地面雷达对该频段的使用。在此前76~79GHz频段还没有被重新调整为汽车雷达频段时,之前的工业及交通领域也有一些应用该频段毫米波的例子,如77GHz交通雷达及79GHz道闸防砸雷达等。后期将不能使用。60GHz毫米波雷达波长为5mm,其最直观的效果就是密集的点云数据。相较于最高的带宽的24GHz毫米波点云数据,在相同FoV中点云密集程度也相差巨大。现在技术厂商在非车规级领域毫米波的竞争，也都以60GHz频段为主。60GHz毫米波雷达将成为交通雷达、道闸防砸雷达首选。

3. 医疗影像

目前医疗设备大多采用传输电缆进行连接，如数据传输速率为4～5Gb/s的核磁共振和超声波检测成像等设备。这种方式往往限制了它们的应用场景和工作方式。如果采用60GHz毫米波无线技术，不仅可以提供更大的传输速率，而且可以提高其移动性和灵活性，及时方便地进行医疗救治。

## 7.6 NFC

### 7.6.1 NFC简介

NFC(Near Field Communication，近场通信)技术是一种新兴的无线电技术，它的工作频率为13.56MHz，工作距离只有0～20cm(实际产品大部分都在10cm以内)的近距离通信技术，允许电子设备通过简单触碰的方式完成信息交换及内容与服务的访问。NFC技术已逐渐被应用到文件传输、移动支付、智能海报、公共交通、健康医疗等领域。特别是在移动支付领域，随着移动支付的兴起，央行在2012年发布了移动支付标准，NFC成为非接触支付的技术标准。2023年，全球移动支付规模超过2万亿元美元，这得益于智能手机普及率的提高、支付技术的快速进步等。在公共交通领域，NFC手机作为交通卡、地铁票已经得到广泛应用。

NFC起源于RFID，因此介绍NFC的发展历史，要从RFID讲起。RFID技术最早追溯到第二次世界大战期间，它被用来在空战中进行敌我识别，到了20世纪70年代末期，美国政府通过Los Alamos科学实验室将RFID技术转移到民间，最先商用在牲畜管理上。到了20世纪90年代，RFID产品得到了广泛应用，成为人民生活中的一部分。RFID产品种类非常丰富，有源电子标签、无源电子标签、半有源电子标签发展迅速，成本不断降低，应用行业逐步扩大。在非接触卡的市场上，市场份额主要被两家电子巨头——飞利浦和索尼公司把持，飞利浦公司和索尼公司整合了相关资源，共同推出了短距离通信技术和应用的统一方案，即现在的NFC技术。该技术融合了Mifare和Felica，增加了点对点通信。为了吸引更多的力量投入NFC领域，加速NFC技术的普及，飞利浦、索尼和诺基亚公司牵头成立了NFC Forum，开始推广NFC技术和商业应用。

### 7.6.2 NFC工作原理和规范

NFC Forum协议框架有3种工作模式，分别是卡模拟模式、读写模式、点对点模式。

卡模拟模式：模拟成一张非接触智能(IC)卡，与具有NFC功能的电子设备，如智能手机等进行通信。卡模拟模式标准架构如图7-14所示。

| 应用 |
|---|
| Digital/Activity |
| Analog |

图7-14 卡模拟模式标准架构

读写模式：具有NFC功能的电子设备，如智能手机。读写模式标准架构如图7-15所示。

点对点通信模式：两个具有NFC功能的电子设备间进行点对点通信，完成信息交换。点对点通信模式标准架构如图7-16所示。

<table>
<tr><td>NFC·Forum·参考应用</td><td>第三方NEDF应用</td><td rowspan="3">非NDEF应用</td></tr>
<tr><td colspan="2">NDEF/RTD</td></tr>
<tr><td colspan="2">类型1~4标签操作</td></tr>
<tr><td colspan="3">Digital/Activity</td></tr>
<tr><td colspan="3">Analog</td></tr>
</table>

图 7-15　读写模式标准架构

<table>
<tr><td>NFC·Forum参考应用</td><td colspan="2">应用</td></tr>
<tr><td>SENP</td><td>IP/OBEX</td><td rowspan="2">其他协议</td></tr>
<tr><td>NDEF/RTD</td><td>协议适配</td></tr>
<tr><td colspan="3">LLCP</td></tr>
<tr><td colspan="3">Digital/Activity</td></tr>
<tr><td colspan="3">Analog</td></tr>
</table>

图 7-16　点对点通信模式标准架构

在 NFC Forum 协议框架中，3 种工作模式框架不同，但是共同用于 Analog 层、Digital/Activity 层、应用层，其他层根据工作模式框架不同，内容不同。

Analog 层：当可变的电流经过轮询设备的初级线圈，将产生交变的电磁场，该电磁场会在侦听设备的次级线圈上产生电流，如图 7-17 所示。工作频率范围为 13.553～13.567MHz，调制方式为 ASK。

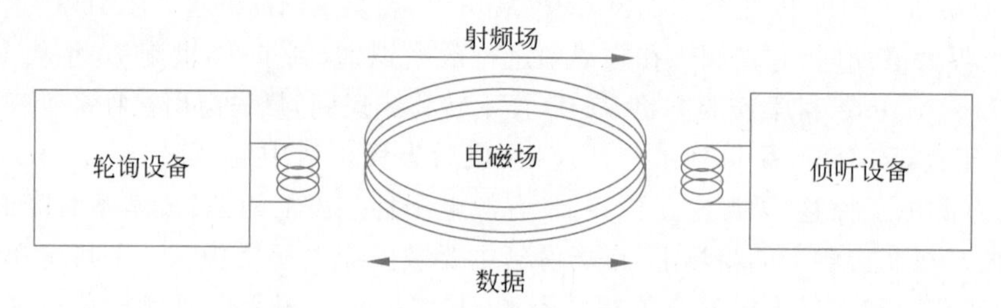


图 7-17　电磁场工作过程

Digital/Activity 层：Digital 部分中定义了 NFC-A、NFC-B 和 NFC-F 三种技术中有着不同的调制方式、编码格式、传输速率、帧格式和命令集。在 NFC-A 技术中，轮询设备到侦听设备的通信采取 100%ASK 调制方式、改进型 Miller 编码方式；侦听设备到轮询设备的通信采取 OOK 副载波调制方式、曼彻斯特编码方式。在 NFC-B 技术中，轮询设备到侦听设备的通信采取 10%ASK 调制方式、NRZ-L 编码方式；侦听设备到轮询设备的通信采取 BPSK 调制方式、NRZ-L 编码方式。在 NFC-F 技术中，轮询设备到侦听设备的通信采取 10%ASK 调制方式、曼彻斯特编码方式；侦听设备到轮询设备的通信采取 10%ASK 调制方式、曼彻斯特编码方式。Activity 部分实际上可以认为是 Digital 部分的一个补充协议，Activity 部分规定了 NFC 通信的 4 个阶段：初始化、设备激活、数据交换和设备去激活。Digital 部分和 Activity 部分的关系图如图 7-18 所示。类型 1 标签平台、类型 2 标签平台、类型 4A 标签平台、类型 4B 标签平台、类型 3 标签平台都是上面对应 NFC-A、NFC-B、NFC-F 三种技术的子集，每个子集略有不同。ISO-DEP（ISO 14443 Data Exchange Protocol）即 ISO 14443-4 中定义的传输协议，用于类型 4A 标签平台和类型 4B 标签平台的数据交换和设备去激活。NFC-DEP 即 ISO 18092 中定义的数据传输协议，主要用于发起方（initiator）

和目标方(target)之间的数据通信协议。

| Activity |
| --- |
| 侦听，RF冲突避免，技术发现，冲突检测 |
| 设备激活 |
| 数据交换 |
| 设备去激活 |

<table>
<tr><th colspan="8">Digital</th></tr>
<tr><td colspan="4">NFC-A</td><td>NFC-B</td><td colspan="2">NFC-F</td></tr>
<tr><td rowspan="2">NFC-DEP</td><td>类型1标签平台</td><td>类型2标签平台</td><td>类型4A标签平台</td><td>类型4B标签平台</td><td>类型3标签平台</td><td rowspan="2">NFC-DEP</td></tr>
<tr><td colspan="2">半双工通信协议</td><td colspan="2">ISO-DEP</td><td>半双工通信协议</td></tr>
</table>

图 7-18　Digital/Activity 层关系图

LLCP 层：LLCP(Logical Link Control Protocol,逻辑链路控制协议)规范描述了 NFC 协议栈 LLC(逻辑链路控制)的功能和特性。LLCP 为上层协议提供数据传输服务。

NDEF 层：NDEF(NFC Data Exchange Format,NFC 数据交换格式)规范定义了 NFC 设备之间或 NFC 设备与标签之间交换消息的封装格式。NDEF 是一个轻量级的二进制消息格式,可以将一个或多个任意类型和大小的应用数据封装进一个 NDEF 消息结构中。

RTD 层：RTD(Record Type Definition)规范将详细介绍 NFC Forum 定义的已知类型(NFC Forum Well Known Types)和 NFC 扩展类型(NFC External Types)。

SNEP 层：SNEP(Simple NDEF Exchange Protocol)是一个应用层协议,用于点对点通信中在两个 NFC 设备间交换 NDEF 数据。

NCI 层：NCI(NFC Controller Interface)规范定义了 NFCC(NFC Controller,NFC 控制器)与 DH(Device Host,主机)之间的接口。

### 7.6.3　NFC 应用

NFC 应用领域有医疗、辅助 Wi-Fi/蓝牙配对、无线充电和移动支付等。

(1) 医疗领域：在医疗过程中,经常需要将患者当前的生理指标和状态结合历史治疗数据进行综合分析,以便医生做出准确判断和治疗。ISO/IEEE 11073 系列标准定义了医疗健康设备与外部计算机系统之间的通信协议,能够将个人健康设备上的用户数据传输到如医生办公室、诊所或录入检测服务机构等。NFC 作为一个便捷的非接触通信技术,能够实现设备之间数据的快速、安全传输。因此,NFC Forum 与 Continua 健康联盟(Continua Health Alliance)紧密合作,发布了个人健康设备通信(Personal Health Device Communication,PHDC)规范。

(2) 辅助 Wi-Fi/蓝牙配对领域：Connection Handover 规范由 NFC Forum RAF 工作组制定,该规范定义了通过 NFC 技术在两个 NFC 设备间协商和激活其他无线通信技术(如 Wi-Fi、蓝牙)的工作流程以及相应的消息格式。

(3) 无线充电领域：华为、小米、VIVO、苹果等新款手机都支持无线充电功能。

(4) 移动支付领域：在城市的公交、地铁等系统中,使用带有 NFC 功能的手机支付乘车费用。

## 7.7　无线光通信

### 7.7.1　无线光通信简介

无线光通信(Wireless Optical Communication,WOC)是以光波为载体,在自由空间传

播的实现信息传递的通信方式,也称为自由空间光通信(Free Space Optical Communication,FSO)。无线光通信的优点有开通便捷、传输速率高、抗电磁干扰、保密性好、无须频谱授权。一直以来,作为非主流光通信方式的无线光通信技术在光纤通信的耀眼光芒下低调发展。但是,无线光通信方便、可靠、大容量的特点还是使其在军事通信和特殊场合的应用中获得了一席之地。时至今日,随着人类社会对通信带宽的追逐,以及下一代移动网络的发展部署,无线光通信重新引起研究人员的关注,并逐渐获得了新的发展空间。

1880 年,美国人亚历山大·格雷厄姆·贝尔演示的人类历史上第一个利用光电器件设计搭建的光通信系统就是无线光通信系统,这个系统的通话距离最远达到了 213m,甚至在贝尔本人看来,在他所有的发明中,这个光电话是他最伟大的发明。1970 年,在华裔科学家高锟博士提出的低损耗光纤理论指导下,世界上第一根低损耗光纤问世。20 世纪 80 年代以后,大功率半导体激光器件被研制成功并推向市场,激光技术、光电探测等关键技术也日益完善与成熟,随着空间通信需求的日益增加,大气激光通信重新唤起了人们的热情。目前,在经过了多年的发展后,无线光通信不仅成功地走向了应用,而且众多新技术的探索使得无线光通信又开辟了新的应用领域和应用形式。我国早在 1963 年就开始了大气激光通信的研究,对大气激光通信的研究基本与国际同步。进入 20 世纪 90 年代后,随着国际上无线光通信研究的复苏,中国电子科技集团公司第三十四研究所、中国科学院上海光学精密机械研究所等国内研究机构和企业也先后研制成功使用的近地大气激光通信系统端机。

### 7.7.2 无线光通信工作原理和规范

本节主要从无线光通信系统、信道、微弱光检测 3 方面来介绍。

1. 无线光通信系统

无线光通信系统由信源/宿、电端机、线路编/解码、光调制/解调、自动功率控制、光学收/发天线等若干基础单元构成,有些应用中还须考虑激光束的自动跟瞄,系统总体框图如图 7-19 所示。具体原理从无线光通信调制技术、自动跟瞄(Pointing Acquisition and Tracking,PAT)、关键器件 3 部分讲述。逆向调制无线光通信原理与无线电通信的反向散射原理类似。

(1) 无线光通信调制技术:目前的数字光通信系统大多设计为强度调制/直接检测(Intensity Modulation/Direct Detection,IM/DD)系统,该系统是指在发送端直接调制光载波的强度,在接收端用光检测器直接检测光信号强弱的光通信系统。其中最一般的编码方式为开关键控(OOK)和曼彻斯特,通常的调制方式为脉冲位置调制(PPM)。

(2) 自动跟瞄:PAT 的任务就是完成通信双方的光学天线的精确对准以达成通信,并通过跟踪的方法来克服各方面的扰动以维持正常的通信质量。PAT 有 5 个功能单元:信标光源、开环瞄准、捕获、跟踪、光束方向驱动。

(3) 关键器件:光源、光检测器、窄带光学滤波器、光学天线。

2. 信道

信道按照应用形式不同,可以分为自由空间和水下,自由空间随海拔高度不同,其影响光传输的信道特点又有所不同,本部分主要介绍大气信道及其对无线光通信系统的影响。大气按照高度可以分为对流层、平流层、中间层和热层,大气除去水汽成为干大气,干大气按照成分体积分类为 78%的氮气、21%的氧气、1%的惰性气体,除了大气分子外,大气中还悬浮着各种固态、液态以及固液混合的微粒,它们统称为气溶胶粒子。以上的情况都会对

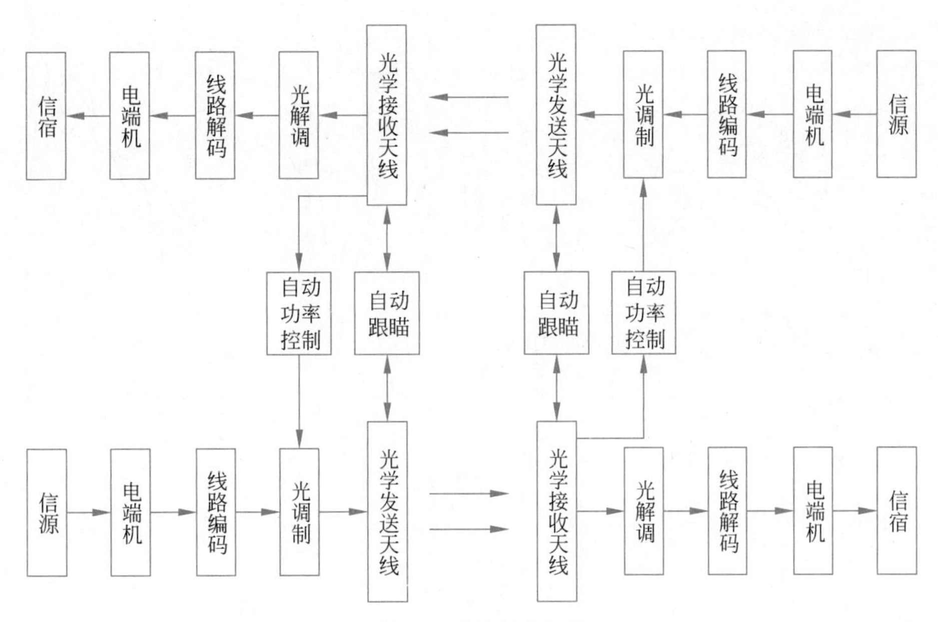


图 7-19　系统总体框图

光在大气信道中的传播产生影响。能见度大于 31km 的极晴朗天气条件下大气的投射谱如图 7-20 所示。大气信道存在传输损耗、光束扩展损耗以及收发端几种光学器件引起的透射损耗等。大气吸收和大气散射是引起传输损耗、光束扩展损耗的主要因素，背景光噪声、接收机噪声、大气湍流引起的大气闪烁对无线光通信系统性能也造成影响。

激光束在大气信道中传播时，大气分子、气溶胶以及各种固态和液态微粒会对激光信号产生吸收、散射作用，引起光功率的衰减，导致接收机探测信噪比的降低，且大气对激光信号的多次散射会引起激光传输的多径效应，导致激光脉冲信号在空间和时间上发生展宽，在接收机中则表现为码间串扰。此外，大气湍流引起的光学折射率起伏，会导致光波的相位和强度随机变化，产生光强闪烁、光束漂移、光束扩展、到达角起伏等效应。其中，光束漂移主要是由大尺度波动引起的光束质心偏移，可能导致光束完全失去目标；光束扩展是指小尺度波动导致光束发散角增加，将光束功率分布在更大的区域，从而降低强度、传输功率和效率；光强闪烁，即光束强度的波动，则会导致光通信系统中的信噪比降低和误码率增加。这些不利因素对自由空间光通信系统的性能产生了严重的影响。为了抑制大气湍流效应对自由空间光通信的影响，提升系统的通信性能，国内外学者提出了许多解决思路，其中有一些最直接的方法，如增大发射角或增大接收机的动态范围，不过这些方法都会受到现有器件（如激光器、光接收机）制造水平的限制，同时会使空间光通信系统的设计难度增大。当前，用于抑制大气湍流效应的主要方法有孔径平均技术、分集技术、自适应光学技术、部分相干光技术、修正发射光束等。到目前为止，如何减轻大气湍流效应的影响仍然是自由空间光通信领域的技术难点和研究热点。

3. 微弱光检测

对于无线光通信系统来说，接收端的信号检测过程十分重要，不同的光电检测器与信号接收技术对通信系统性能影响极大，目前，无线光通信系统中的高灵敏度接收技术主要有两种：一是相干调制/相干接收，二是强度调制/光子计数接收。相干接收技术在无线电通信与光纤通信系统中已经得到广泛应用，在无线光通信系统中也得到了技术验证与应

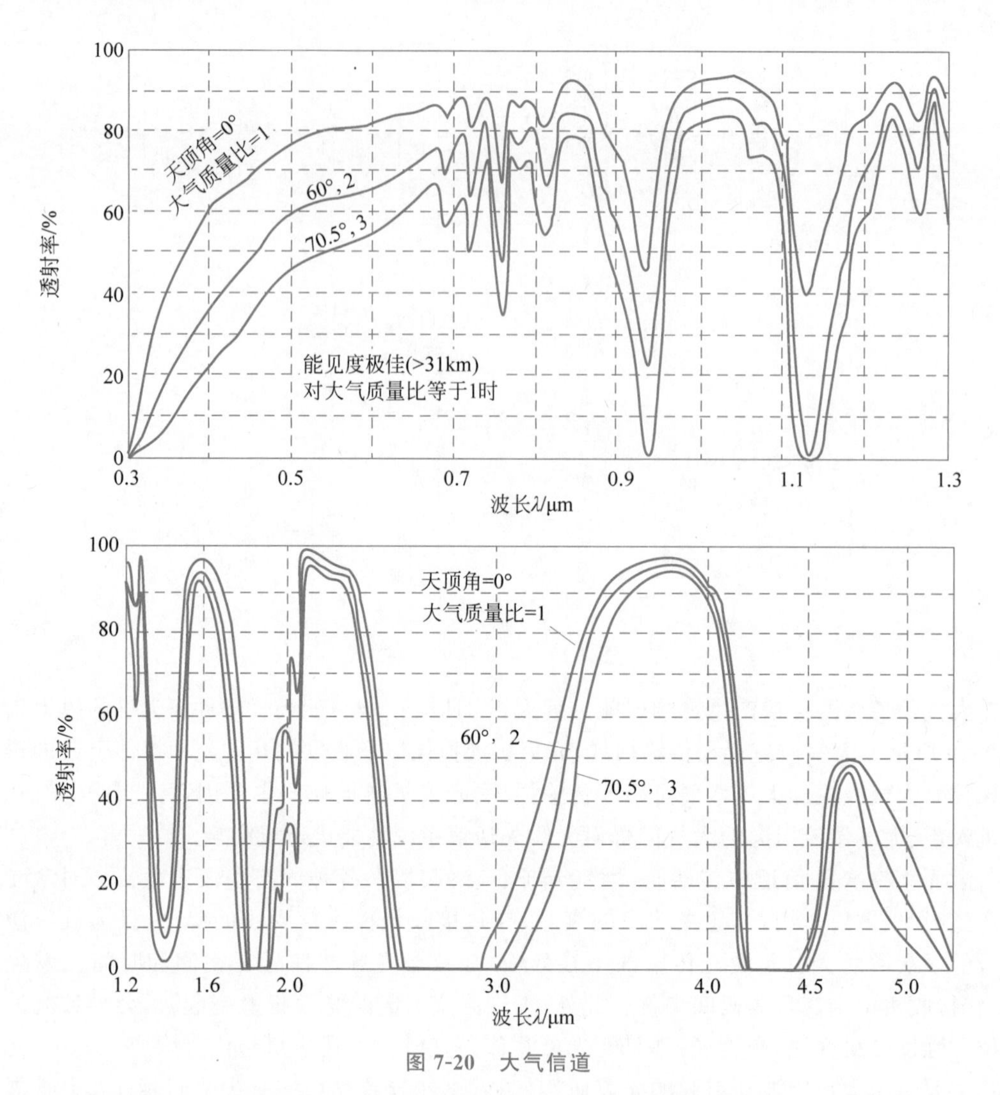


图 7-20 大气信道

用。光子计数接收技术是近年来出现的一种新型高灵敏度接收方案，目前正处于理论与实验研究阶段。单光子探测器分为光电倍增管、单光子雪崩光电二极管、超导纳米线单光子探测器。

### 7.7.3 无线光通信应用

无线光通信按照近地无线光通信、空基无线光通信、卫星光通信、水下光通信方式进行应用讲述，并增加一个固定波段的紫外光通信作为特例。

1. 近地无线光通信

近地无线光通信是目前商业领域中最成熟也最常见的应用，特别是在复杂电磁环境下的军事应用中备受瞩目。例如美国海军的 TALON 计划，其属于未来容量提升计划(Future Naval Capability Program)的一部分，主要用于为未来美国海军作战提供不受电磁频谱限制的大带宽可靠传输手段。

2. 空基无线光通信

目前国外开展了空-地一体无线光通信系统研究的主要有美国、欧盟等。美国主要开展了飞机、飞艇、无人机之间及空对地的无线光通信系统及组网试验，欧盟主要开展了飞机对地无线光通信试验、无人机对卫星通信试验等。美国国防部高级研究计划局(DARPA)在2002—2003年开展了太赫兹作战回传(THOR)项目,对将多个无线光通信终端连接到一个网络内的可行性进行了检验。为了解决可靠性问题,DARPA还提出了将无线光通信的高传输速率和射频通信的高可靠性混合起来应用的思路。

3. 卫星光通信

自20世纪90年代实现全球首次在轨激光通信试验以来,以美国航空航天局、欧洲空间局、日本宇宙航空研究开发机构为代表的国外空间研究机构,已经完成了不同轨道间、不同通信制式、不同激光波长、不同通信速率的空间激光通信在轨技术验证,多个研究计划都在积极推进。2023年11月,NASA宣布Psyche卫星搭载的激光通信终端(Deep Space Optical Communications,DSOC)成功向加州理工学院罗马山天文台的Hale望远镜发射了近红外激光,并对测试数据进行了编码处理,这项跨越近1600万千米的近红外激光实验创造了迄今为止距离最远的光通信演示纪录。随着世界各国重视程度的增加和技术的进步,卫星光通信已显现出规模应用的曙光。SpaceX公司已成功在轨道上测试了星链卫星的激光通信,这种设计可大幅降低连接延迟,向着打造更强大空基互联网的目标迈出了重要一步。SpaceX公司计划在所有星链卫星上配置激光终端,这标志着卫星光通信在国外已处于规模应用的前夜。

4. 水下光通信

20世纪70年代以来,随着激光技术的日益成熟,水下光通信技术逐渐得到了人们的重视。1977年,美国海军发表了一份研究报告,评估了卫星对潜激光通信的可行性,提出了初步方案和主要的技术要求,1978年,开始正式实施激光对潜通信的研究发展计划。苏联也几乎在同一时期开始研究激光对潜通信。进入21世纪后,随着水下自主式机器人、集群式无线传感器网络系统等海洋信息技术的发展,水声通信等现有水下无线通信手段的性能开始成为上述海洋信息技术发展的瓶颈,在此巨大的需求背景下,水下无线光通信受到了各国研究机构的重视。近年来,在相关光电技术快速进步的背景下,国内外多个研究机构在水下无线光通信领域取得了一定的突破和进展,短距离、低速率的水下无线光通信系统接近了实用化。

5. 紫外光通信

紫外光是指波长为10～40nm的光线,可划分为UVA、UVB和UVC等波段,它们的波长范围分别是315～400nm、280～315nm和10～280nm。紫外光通信是无线光通信的一种新型方式,紫外光波长较短,在传输过程中受到大气散射的作用,其散射传播路径可绕过障碍物,从而可克服FSO必须直视的缺点,实现所谓的非视距通信。经过多次散射的紫外光具有全方位性,且近地面的紫外光受到的干扰很少,光信号不受无线电波影响。因此,紫外光通信具有全方位、保密性好、抗干扰能力强等优良特性。

视频

# 第 8 章 前沿传输技术

物联网是一个方兴未艾、蓬勃发展的领域，现有技术种类多种多样，但仍在向前发展，不断涌现新的技术。本章汇集了 6 种本领域的前沿传输技术，包括无源物联网、毫米波通信、卫星通信、声音通信、跨技术通信和 6G。在 2022 年的世界移动大会（Mobile World Congress，MWC）上，无源物联网被列为 5G-Advanced 的关键技术。在 2024 年的全球 6G 技术大会上，毫米波被列为 6G 的高频段传输带宽之一。卫星通信是 5G-Advanced 和 6G 的重要组成部分。声音、电磁波、光作为主要的通信介质并且都有实际的应用，美国亚利桑那大学和桑迪亚国家实验室的研究人员推出以声子学为核心的新技术，新研究利用声子效应可能将无线通信器件缩小至原来的 1/100，有望改变设备通信和信息处理方式，实现设备小型化；声音通信在水下、木材、超声相控阵检测、物联网、传感器等领域都有广泛应用。跨技术通信是在现有主要通信方式的基础上，进行协议的转换，如 ZigBee 转 Wi-Fi；与多频带天线可能碰撞出更多的火花。6G 作为全球都在研究的下一代通信技术而备受人们瞩目。

## 8.1 无源物联网

### 8.1.1 无源物联网简介

自“智慧地球”概念提出以来，物联网已历经十余年的高速发展，发展动能不断丰富，市场潜力不断增强，发展速度不断加快，技术和应用创新层出不穷。特别是近年来，以物联网为代表的信息通信技术正加快转化为现实生产力，从浅层次的工具和产品深化为重塑生产组织的基础设施和关键要素，深刻改变着传统产业形态和人民的生活方式，我国“十四五”规划将物联网列为 7 个数字经济重点产业之一。随着可穿戴设备、智能家居、智能网联汽车、智慧城市等应用的不断普及，数以千亿计的设备将接入物联网，实现真正的万物互联。如根据国内外多家机构发布的报告，2020 年全球物联网设备接入数量已达百亿并保持指数增长，预计未来十年内将突破千亿级别。然而，现有物联网接入网技术已经无法满足日益增长的物联网接入需求，主要原因有：

（1）接入能力上。随着物联网应用朝着泛在化、大众化方向发展，我们即将面对千亿级别的海量物联网设备，如何实现千亿级别设备的可靠接入与高效管理，已经成为当前物联网研究领域亟须解决的关键问题。

（2）电源依赖上。由于物联网设备部署环境通常比较恶劣，电池的寿命将急剧减少，如一般情况下，温度每升高 10℃，电池使用寿命将减少 50%，温度越高影响越大，这极大地限制了物联网设备的应用范围，特别是在工业制造、环境监测等物联网使用效益最明显的产业领域。此外，大量物联网应用更换电池的成本很高，回收成本也高，甚至应用环境不支持更换，也极大地限制了其应用范围，如心脏起搏器、军用传感器等。

(3) 设备成本上。目前采用LPWAN接入技术的物联网设备成本最低，仅包含供电电池、MCU、射频收发机芯片、天线等少数核心功能部件，但成本依然居高不下，限制了应用范围，也成为当前制约物联网发展的主要瓶颈。

综上，缺乏支持海量设备接入、低成本、无源的网络接入技术成为当前制约物联网发展的关键问题，具有上述特征的无源物联网成为科技界和产业界的研究热点。

自21世纪初开始，随着射频识别(Radio Frequency Identification,RFID)技术的发展，无线能量传输、后向散射通信、低功耗半导体制造工艺等核心技术和工艺得到了长足的发展，无源物联网呼之欲出。

无线能量传输从特斯拉开始就一直是学术界和产业界不断追求的梦想，特别是近年来，随着感应耦合式(Resonant Inductive Coupling)和谐振耦合式(Magnetic Resonance Coupling)无线能量传输理论的成熟，无线充电已经进入人们的日常生活。为进一步增大无线能量传输的距离，研究者提出了基于天线的远场能量传输理论，相关文献指出，随着毫米波、大规模MIMO通信技术的进步，无线网络节点也能进行无线能量传输，能切断用于从电网取电的"最后的有线连接"。相关文献对该技术的发展情况进行了全面梳理，系统整流效率甚至高达86%，能实现-35dBm以下的高灵敏度，个别文献更是提出能实现-40dBm以下的灵敏度。也有文献提出了基于28GHz Rotman镜头的全柔性天线系统，在5G网络覆盖范围内，在EIRP为75dBm、距离基站180m远处，能收集6μW的能量。

在后向散射通信领域，华盛顿大学Shyamnath教授团队做了大量的工作，特别是在2017年提出了后向散射LoRa方案，通信距离达到475m，在空旷环境下能有效覆盖4046$m^2$的农场。后向散射LoRa的覆盖范围已经大于5G微基站200m的覆盖范围，具备和5G融合发展的可能性。2021年12月，在的3GPP SA#94-e会议上确定了5G-Advanced第一个版本Rel-18网络架构的28个立项，其中就包括低功耗的无源物联网相关内容。在2022年的世界移动大会上，中国移动联合华为、SKT、安立信等24家产业伙伴联合发布了《5G-Advanced网络技术演进白皮书2.0——面向万物智联新时代》，无源物联网被列为5G-Advanced的关键技术。

在低功耗半导体制造工艺领域，为支持RFID标签芯片、可穿戴设备芯片等的生产制造，以台积电为代表的半导体制造企业都开发了低功耗工艺，如台积电先后提出了超低功耗(Ultra-Low Power,ULP)技术工艺平台、超低漏电(Ultra-Low Leakage,ULL)技术工艺平台，这两类工艺已经被多种物联网和可穿戴芯片企业采用。近年来，更进一步扩展其低操作电压(Low Operating Voltage,Low Vdd)技术，以满足极低功耗(Extreme Low Power,ELP)产品的应用需求。在工艺进步、协议优化的共同作用下，大量的射频芯片平均功耗降至μW级别。如相关文献中提到的无源Wi-Fi芯片，采用台积电65nm LP CMOS工艺，在1Mb/s传输速率下，功耗仅为14.5μW，也有文献中提到的后向散射LoRa IC芯片，也采用台积电65nm LP CMOS工艺，整体功耗仅9.25μW。

无源物联网的本质是物联网的终端节点无源，即终端节点自身不配置电池，也不采用有线的方式从电网中获取电能，而是从环境中获取所需能量，支撑终端节点的感知、计算和无线传输。5G-Advanced网络技术演进白皮书给出了无源物联网的功能、优势及用途，"无源物联网利用后向散射及环境能量采集等技术，实现目标节点在免电池且极低复杂度的情况下实现信息的高效传递，具有零功耗、低成本、易部署的显著优势，可广泛应用在智能仓储、智慧物流、智慧农业、工业无线传感网络、智慧交通、智慧医疗等领域，有望成为万物互联的基础性使能技术”。但迄今为止，无源物联网并没有形成统一认识，本节先阐述和无源物联网紧密相关的几个概念，更多内容可以参考文献[1]和文献[2]。

### 8.1.2 无源物联网原理

无源物联网中最重要的是无线能量传输（Wireless Energy Transmission，WET）和无线信息传输（Wireless Information Transmission，WIT），为阐述其基本原理，我们采用通用模型分析其过程。从技术视角看，无源物联网通过发射机发射无线电磁波给散射体提供能量，通过后向散射发射的电磁波实现信息传输。

1. 能量传输

为简化模型，设定工作在理想条件下，采用弗里斯（Friis）传输方程对能量信号的远场传播过程进行建模，能量传播过程如图 8-1 所示。

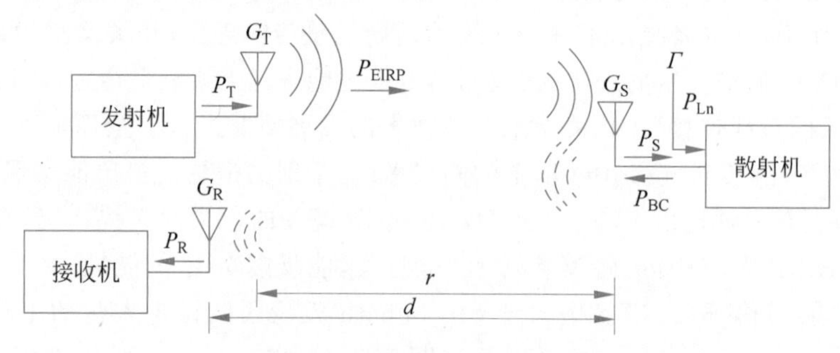


图 8-1 无源物联网能量传输模型

其中，$P_T$ 是发射机的发射功率，$G_T$ 是发射机的天线增益，$r$ 为发射机和散射体之间的距离，$G_S$ 是散射体的天线增益，$P_S$ 是散射体的接收功率，散射体对射频信号的反射系数为 $\Gamma$，$P_{BC}$ 是散射机对外反射的功率，$G_R$ 是接收机的天线增益，$P_R$ 是接收机的接收功率，$d$ 为散射体和接收机之间的距离。为了降低模型的复杂度，不考虑发射体的波束成形，假设从发射机天线发射的能量均匀地辐射到空间所有方向、传输过程中的各种损耗为常数 $L_r$、散射体采用半波偶极子天线，则散射体天线接收的功率 $P_S$ 如下：

$$P_S = \frac{P_T G_T G_S \lambda^2}{(4\pi\gamma)^2 L_r} \tag{8-1}$$

在实际能量传输过程中，散射体天线及芯片端口都会反射部分能量，定义为反射系数为 $\Gamma$，散射体从发射机获得的功率 $P_{in}$ 如下：

$$P_{in} = P_S(1 - |\Gamma|^2) = \frac{P_T G_T G_S \lambda^2}{(4\pi\gamma)^2 L_r}(1 - |\Gamma|^2) \tag{8-2}$$

$P_{in}$ 是接收的射频能量，并不能直接为芯片供电，需要整流器将射频能量转换成直流能量，将整流器能量转换效率定义为输出能量与输入能量之比 $\eta$，则芯片能够获得的工作能量 $P_{DC}$ 如下：

$$P_{DC} = P_{in} \times \eta = \frac{P_T G_T G_S \lambda^2}{(4\pi\gamma)^2 L_r}(1 - |\Gamma|^2)\eta \tag{8-3}$$

散射体散射的能量 $P_{BC}$ 如下：

$$P_{BC} = P_S |\Gamma|^2 = \frac{P_T G_T G_S \lambda^2}{(4\pi\gamma)^2 L_r} |\Gamma|^2 \tag{8-4}$$

假设接收机和散射体接收方式相同，能量传输过程也类似，则接收机接收的能量 $P_R$ 如下：

$$P_R=\frac{P_{BC}G_SG_R\lambda^2}{(4\pi d)^2L_d}=\frac{P_TG_TG_S^2G_R\lambda^4}{(4\pi)^4r^2d^2L_rL_d}\mid\Gamma\mid^2 \tag{8-5}$$

能量传输模型可以扩展为如图 8-2 所示。

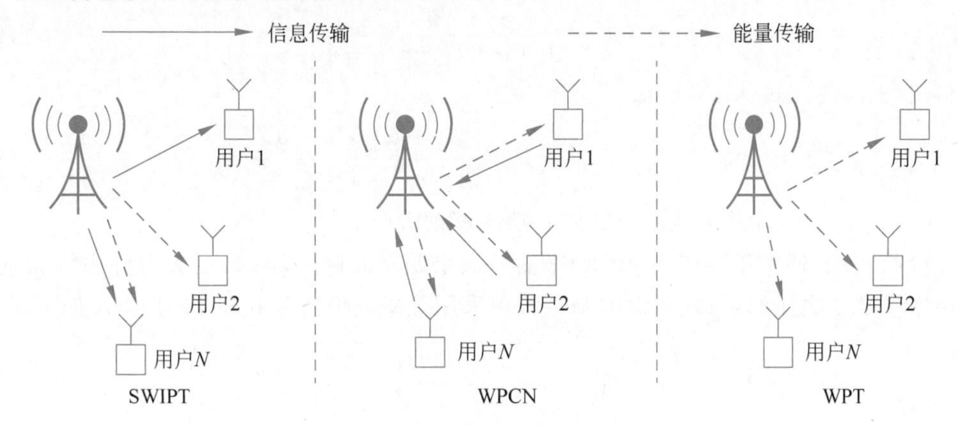


图 8-2　多种能力传输模型

无线电源传输（Wireless Power Transfer，WPT）：在这种范例中，基站直接给用户 1、用户 2、……、用户 $N$ 设备充电。无线电源传输的主要应用案例有家用电子产品、医疗植入物、电动汽车和无线电网。

无线供电通信网络（Wireless-Powered Communication Network，WPCN）：在这种范例中，基站先给用户 1、用户 2、……、用户 $N$ 设备充电，然后用户 1、用户 2、……、用户 $N$ 使用基站载波进行反向散射通信。无线供电通信网络主要应用于物联网。

同时进行无线信息和电力传输（Simultaneous Wireless Information and Power Transfer，SWIPT）：基站在同一时间把能力和信息传输给用户 $N$ 后，用户 $N$ 选择收集能力或者信息译码，可以获得高效的能力信息同时传输。

2. 后向散射通信

为简化分析模型，这里只给出最基本 ASK 调制方式的后向散射通信分析模型。ASK 调制主要是通过改变负载阻抗的实部和虚部来调制反射或者吸收发射机发射的电磁波，将返回数据调制到反射载波上，图 8-3 给出了常用的并联 ASK 调试方式。在图 8-3 中，当开关 K 闭合时，从天线端口 B 往右看的阻抗是短路电感，其发射系统的模值等于 1，发生全功率反射；当开关打开时，设计成功率比配，从天线获得的有用功率完全被负载 $R_c$ 吸收。

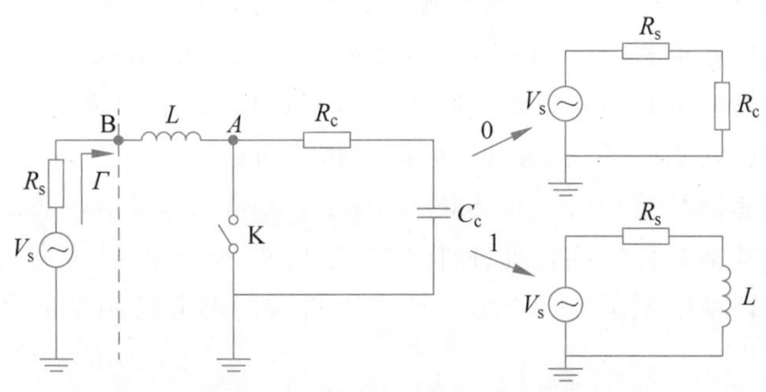


图 8-3　并联 ASK 调制电路分析模型

定义 $R_c$ 和 $R_s$ 之间的失配系数 $\alpha=R_c/R_s$，输入品质因数 $Q_{in}=1/(\omega R_c C_c)$，在 B 点处看到阻抗如下：

$$Z_1=R_s \quad Z_r=R_c+\left(\omega L-\frac{1}{\omega C_c}\right) \tag{8-6}$$

则 B 点处的反射系统 $\Gamma$ 如下：

$$\Gamma=1-\frac{2\mathrm{j}}{Q_{in}(\alpha-1)+\mathrm{j}(\alpha+1)} \tag{8-7}$$

将式(8-7)代入式(8-4)，可知

$$P_{BC}=P_s\mid\Gamma\mid^2=P_s\frac{(1+Q_{in}^2)(\alpha-1)^2}{(\alpha+1)^2+Q_{in}^2(\alpha-1)^2} \tag{8-8}$$

当 $\alpha=1$ 时，$P_{BC}=0$，即从天线获得的所有功率都被吸收。

在接收机端，通常用误码率(BER)来衡量数字调制的优劣，BER 定义为每比特能量 $E_b$ 与噪声水平 $N_0$ 之比的函数，假设解调过程中采用理想阈值区分 0 和 1，则 BER 如下：

$$\mathrm{BER}=Q\left(\frac{E_b}{N_0}\cdot\left(\sqrt{\frac{(Q_{in}^2+1)(\alpha+1)^2}{(\alpha+1)^2+Q_{in}^2(\alpha-1)^2}}-1\right)^2\right) \tag{8-9}$$

其中，$Q$ 被定义为 $Q(z)=\mathrm{erfc}(z/\sqrt{2})/2$，erfc 为补余误差函数，$E_b$ 是每比特平均能量。从分析结果中可知，其他参数固定 $\alpha=1$ 时 BER 最优，失配后 BER 不断恶化，且 $\alpha$ 对 BER 影响最大。

后向散射模型可以扩展为如图 8-4 所示。

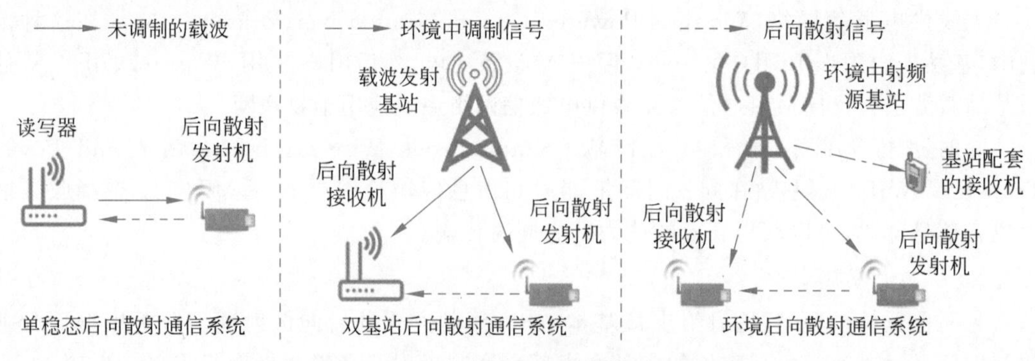


图 8-4　多种后向散射模型

单稳态后向散射通信系统(monostatic backscatter communications systems)：读写器发送载波信号给后向散射发射机并使之激活，后向散射发射机利用发过来的载波进行调制形成已调制信号，返回给读写器。无线电源传输的主要应用案例有 RFID 的应用。

双基站后向散射通信系统(bistatic backscatter communications systems)：载波发射基站同时给后向散射发射机和后向散射接收机发送载波信号，后向散射发射机利用发过来的载波进行调制形成已调制信号，发送给后向散射接收机。

环境后向散射通信系统(ambient backscatter communications systems)：环境中的射频源基站同时给与基站配套的接收机、后向散射发射机、后向散射接收机发送调制信号，后向散射发射机利用环境中调制信号作为载波再进行调制形成已调制信号，发送给后向散射接收机。

### 8.1.3 5G/6G中的无源物联网技术

3GPP目前已经在开展5G PIoT物联网的标准化研究工作，根据3GPP相关标准定义，5G PIoT物联网支持A类、B类和C类3种类型的标签。A类标签能够反向散射通信，无独立信号生成能力和放大能力，对应的是RFID标签。B类标签拥有反向散射通信，可储能，无独立信号生成能力，支持标签反向信号放大，介于A类与C类之间，属于半有源标签。C类标签支持独立信号生成，功耗为毫瓦级功耗，以环境取电为主。在2022年世界移动大会上，无源物联网被列为5G-Advanced的关键技术。

绿色可持续发展是6G网络和终端设计的核心要求和终极目标。除了在架构、材料、硬件器件、算法、软件和协议等领域进行高能效优化，还需考虑如何应用可再生能源和无源物联网技术。

## 8.2 毫米波通信

### 8.2.1 毫米波通信简介

毫米波(millimeter wave)频段没有太过精确的定义，通常将30～300GHz的频域(波长为1～10mm)的电磁波称毫米波，它位于微波与远红外波相交叠的波长范围，因而兼有两种波谱的特点。毫米波的理论和技术分别是微波向高频的延伸和光波向低频的发展。与光波相比，毫米波利用大气窗口(毫米波与亚毫米波在大气中传播时，由于气体分子谐振吸收所致的某些衰减为极小值的频率)传播时的衰减小，受自然光和热辐射源影响小。

毫米波具有极宽的带宽、波束窄、全天候特性、小型化等优点，具有在大气中传播衰减严重、器件加工精度要求高等缺点。

(1) 极宽的带宽：通常认为毫米波频率范围为26.5～300GHz，带宽高达273.5GHz。超过从直流到微波全部带宽的10倍。即使考虑大气吸收，在大气中传播时只能使用4个主要窗口，但这4个窗口的总带宽也可达135GHz，为微波以下各波段带宽之和的5倍。这在频率资源紧张的今天无疑极具吸引力。

(2) 波束窄：在相同天线尺寸下毫米波的波束要比微波的波束窄得多。例如，一个12cm的天线，在9.4GHz时波束宽度为18°，而94GHz时波束宽度仅1.8°。因此可以分辨相距更近的小目标或者更为清晰地观察目标的细节。

(3) 全天候特性：与激光相比，毫米波的传播受到气候的影响要小得多，可以认为具有全天候特性。

(4) 小型化：与微波相比，毫米波元器件的尺寸要小得多。因此毫米波系统更容易小型化。

在第二次世界大战中，射频和微波系统都被证明了对通信、雷达具重要意义，因此，人们对该领域进行了深入的研究，并取得了重大的突破。战后，军事和民用领域都采用了新型的通信系统和传感器设备，因此10～20GHz的频谱变得越来越拥挤，限制了新技术的发展。其实，人们早就对使用30GHz以上的频率展开了研究，并且可以使用更大的带宽。不过，30GHz的频率在很多方面受到限制，比如，水蒸气和氧气对电磁波的吸收导致大气衰减增加，降低了毫米波的探测距离。人们对TE01波导、模式发射器、模式滤波器或通道多路复用器等进行了深入的研究，直到人们发现了极低损耗的光学玻璃纤维。不过，在早期研究工作中，一些研究成果已经可用于核聚变系统中等离子体加热的高功率系统。在20世纪70年代和80年代，美国、日本和欧洲的一些公司和研究机构专注于研究用于导弹制导、战场监视甚至汽车应用以及点对点通信的军用雷达。然而，尽管研究人员和工程师都很乐观，但在当时，毫米波的广泛应用是极其困难的。尽管军用系统没有像民用系统那样承受相同的成本压力，但因缺乏低成本、大规模生产的设备和技术而阻碍了毫米波系统的广泛使用，因此需要研究大量的技术来形成毫米波雷达的产业化结构。

直到20世纪90年代，毫米波系统才在商业上取得成功。在通信领域，手机市场的爆发式增长需要相应的底层基础设施扩展，连接到基站的线路以及作为城市地区电缆替代的点对点链路对于高达58GHz的不同频率范围等更高频率的系统来说是不错的应用。58GHz无线电链路已经使用先进且高度集成的平面集成电路实现，包括GaAs MMIC及使用塑料注射成型和电镀制造的基于波导的天线。随着最初为汽车应用开发的功能越来越强大的雷达传感器的可用性提升，此类传感器的其他应用也成为可能，例如，工业环境中的高级传感或其他安全应用，如机场跑道上的异物检测(FOD)。另一个趋势是向具有更大带宽的系统发展，无论是用于多千兆位/秒的数据通信还是用于汽车(77～81GHz)和相关应用的传感器，都实现厘米的距离分辨率。在2024年的全球6G技术大会上，未来移动通信论坛正式发布了全球首部聚焦近场技术的白皮书——《6G近场技术白皮书》，其中毫米波被列为高频段传输的带宽之一。

### 8.2.2 毫米波通信原理

毫米波在通信、雷达、遥感和射电天文等领域有大量的应用。要想成功地设计并研制出性能优良的毫米波系统，必须了解毫米波在不同气象条件下的大气传播特性。影响毫米波传播特性的因素主要有构成大气成分的分子吸收(氧气、水蒸气等)、降水(包括雨、雾、雪、雹、云等)、大气中的悬浮物(尘埃、烟雾等)以及环境(包括植被、地面、障碍物等)，这些因素的共同作用，会使毫米波信号受到衰减、散射、改变极化和传播路径，进而在毫米波系统中引入新的噪声，这些因素将对毫米波系统的工作造成极大影响，因此必须详细研究毫米波的传播特性。如图8-5所示，电磁波大气衰减的第一个值为23～60GHz。当发射信号波长达到雨滴尺寸时，雨水会增加电磁波的散射效应，从而引起进一步衰减。

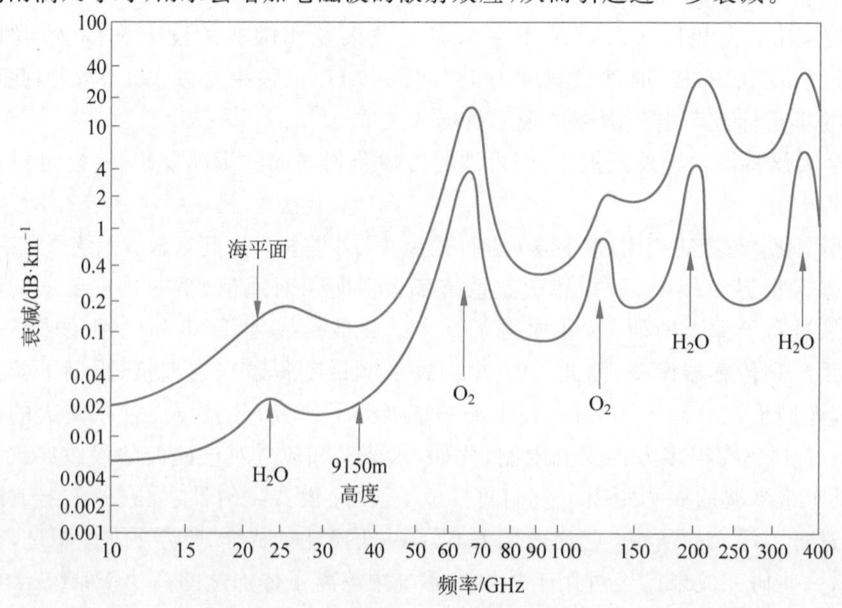


图8-5 毫米波频段大气衰减图

在第三代合作伙伴计划(3GPP)中已将5G新无线电(NR)划分为FR1频带和FR2频带。FR1频带即410～7125MHz；FR2频带(毫米波频带)即24.25～52.6GHz。除了3.5GHz和4.9GHz频段外，许多国家都发布了用于5G NR通信的Ka波段、Q波段和E波段等多个毫米波段，主要国家和地区的频段范围如图8-6所示。

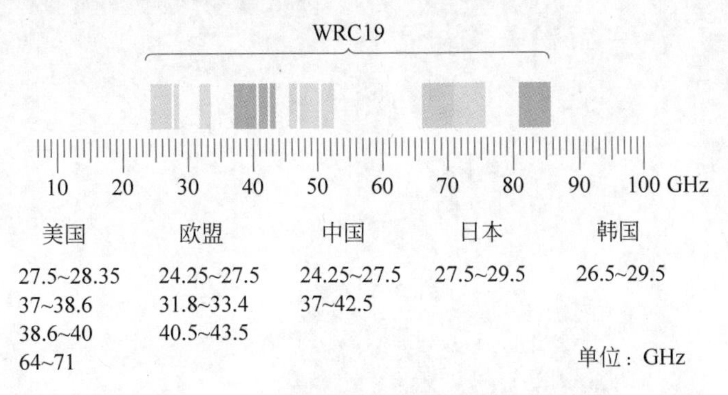


图8-6 主要国家和地区在5G NR的频段

### 8.2.3 毫米波前沿技术及应用

1. 5G/6G中的毫米波技术

首先，从频率资源使用的角度来看，低于6GHz的频谱已经非常拥挤了，该频谱中有专用于蜂窝通信的分布式频带、卫星和空中通信以及无线局域网网络(WLAN)；但从6GHz到300GHz毫米波频率还有很多频带可供使用。其次，毫米波频率下的绝对带宽远大于微波频率下的带宽。综上所述，毫米波频谱的使用是很有意义的。与3G和4G相比，5G的独特之处在于移动设备可使用毫米波进行通信。

伴随2030年和更远未来的到来，虚拟现实、车联网、无人机网络、中地球轨道(MEO)、中地球轨道卫星网络、海洋信息网络等海量数据出现，5G通信的数据量将变得严重不足。因此，一些国家已经开始下一代通信技术的研究，并赋予了6G具有原生AI、通感一体化、极致连接、空天地一体化、原生可信、可持续发展等愿景。6G将在5G的基础上，从以前陆地、低空的网络范围扩展到连接卫星、飞机、船舶和陆基基础设施的一体网络，提供真正的全球覆盖，如图8-7所示。在6G的高频段中，不仅有毫米波，还有太赫兹波，但是太赫兹芯片的相关关键设备、前端组件和系统目前还不够成熟可靠。

为了解决毫米波在自由空间内传播的路径损耗问题，使用了具有将电磁波能量聚焦到目标方向上的波束成形技术，该技术已经广泛应用到5G无线系统中。5G毫米波基站系统架构如图8-8所示，该系统架构包括有源天线单元(AAU)、基带单元(BBU)和核心网络(CN)。其中有源天线单元(AAU)包含天线阵列、下/上转换器、模数转换器(ADC)/数模转换器(DAC)、波束管理单元AAU和基带信号处理单元。通过控制天线阵列中每个天线元件的幅度和相位，实现改变方向图形状的无线电波束。有源天线单元(AAU)在6G中也被广泛使用并进行技术改进。

有源天线单元(AAU)的架构如图8-9所示，其中典型的混合大规模MIMO阵列芯片组如图8-9左部所示，由16个天线ANT、1个本地频率LO、1个基带信道组成。基带信号先通过本地频率LO进行上变频，然后传输给8/4多通道波束成形控制芯片，最后通过该芯片把已调制波形从天线发出；也可以把接收到的已调制波形从天线传入，然后经过8/4多通道波束成形控制芯片进行波形预处理，最后通过本地频率LO下变频、解码成基带信号。

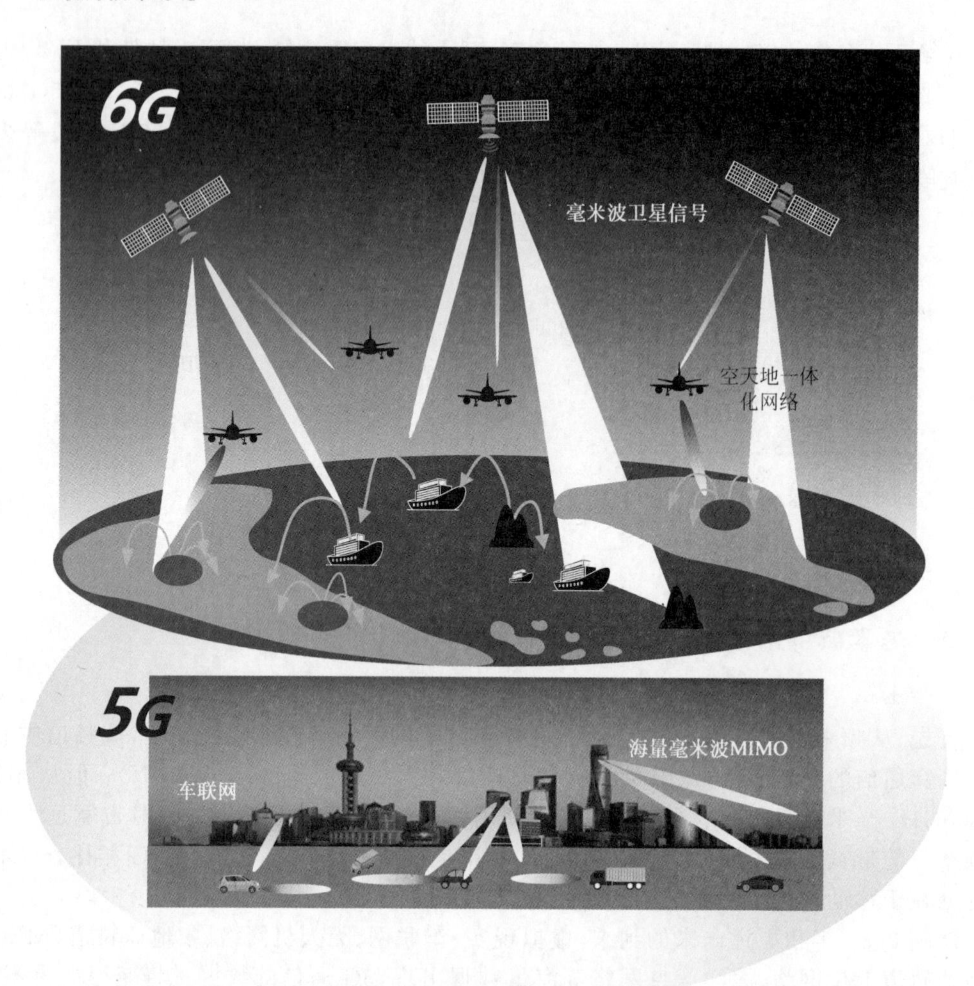


图 8-7　6G 网络兼容 5G 网络

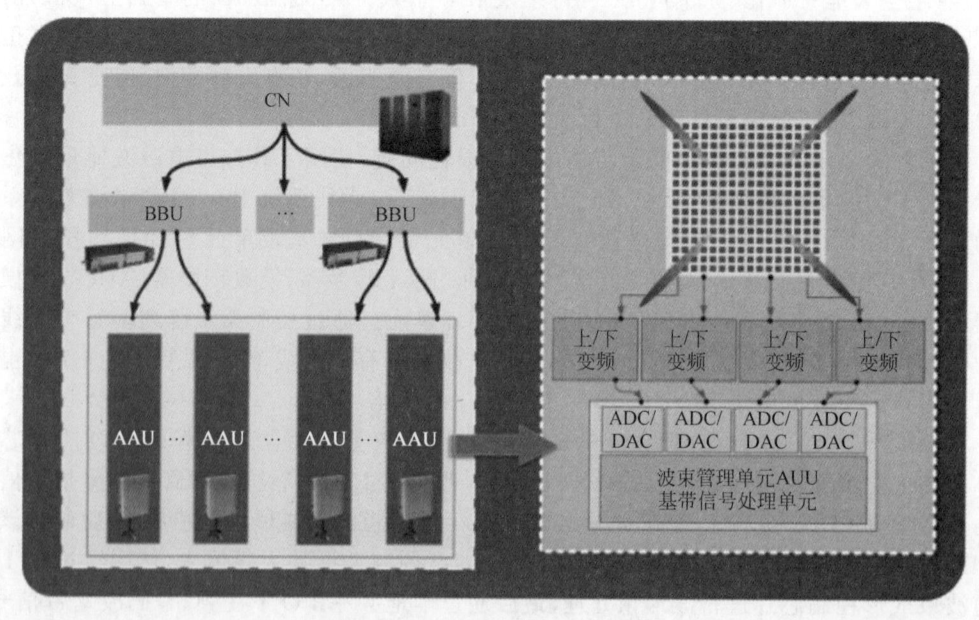


图 8-8　5G 毫米波基站系统架构

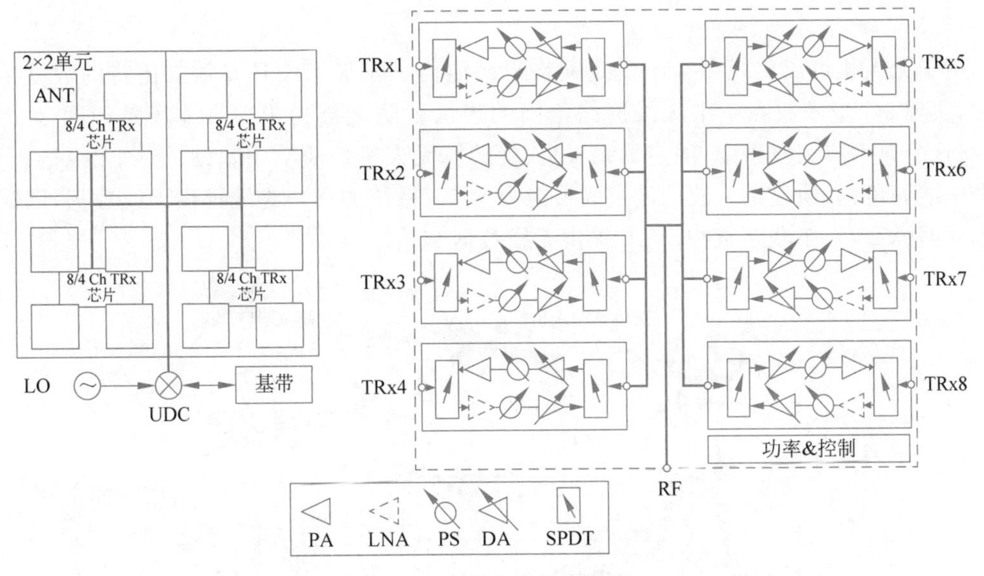


图 8-9 有源天线单元架构

8/4 多通道波束成形控制芯片如图 8-9 右部所示，单个 8/4 多通道波束成形控制芯片由两路发射波形预处理电路、两路接收波形预处理电路组成，如 TRx1、TRx2。以 TRx1 为例，由一路发射波形预处理电路、一路接收波形预处理电路组成。发射波形预处理电路包括功率放大器(PA)、数字控制移相器和衰减器。接收波形预处理电路包括低噪声放大器(LNA)、数字控制移相器和衰减器。用射频开关(SPDT)来控制选择发射电路还是接收电路。

自从低于 6GHz 频段和毫米波频段都将被期望用到 5G 通信之中，研究同时支持微波和毫米波频段的共线天线的工作就被提上了日程。但是因为两个频段不一样，导致天线的尺寸也不相同。但是在同一个天线内可以兼容两种不同频段。比如，单个工作在 3.5GHz 的贴片元素天线，按照 8×8 的形状可以组成工作在 28GHz 的天线。通过将 SIW 馈电偶极子嵌入低频偶极子中，可以实现同时工作在 3.5GHz 和 28GHz，如图 8-10 所示。

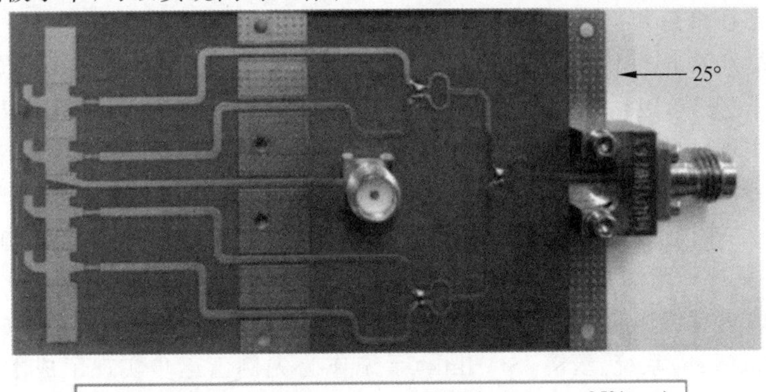


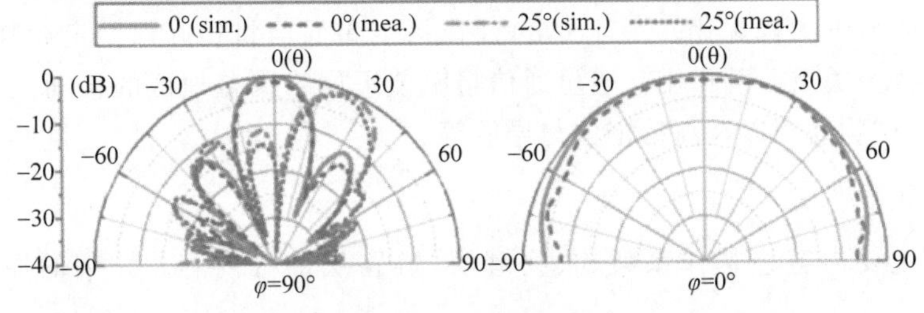


图 8-10 两种频带同时兼容的天线

2. 无人机无线网络中的应用

由于无人机可以实现在空中无线网络组网能力、5G毫米波具有数吉比特的数据传输能力，实现5G毫米波在空中无线网络组网的想法就随之被提出。具体场景如图8-11所示，在这个典型应用场景中，固定翼无人机、旋转翼无人机扮演空中基站、空中无线接入点、空中中继等角色，通过毫米波的波束成形能力给5G系统的用户终端提供无线数据，同时也给车联网(V2V)、车联建筑物(V2I)提供无线数据。

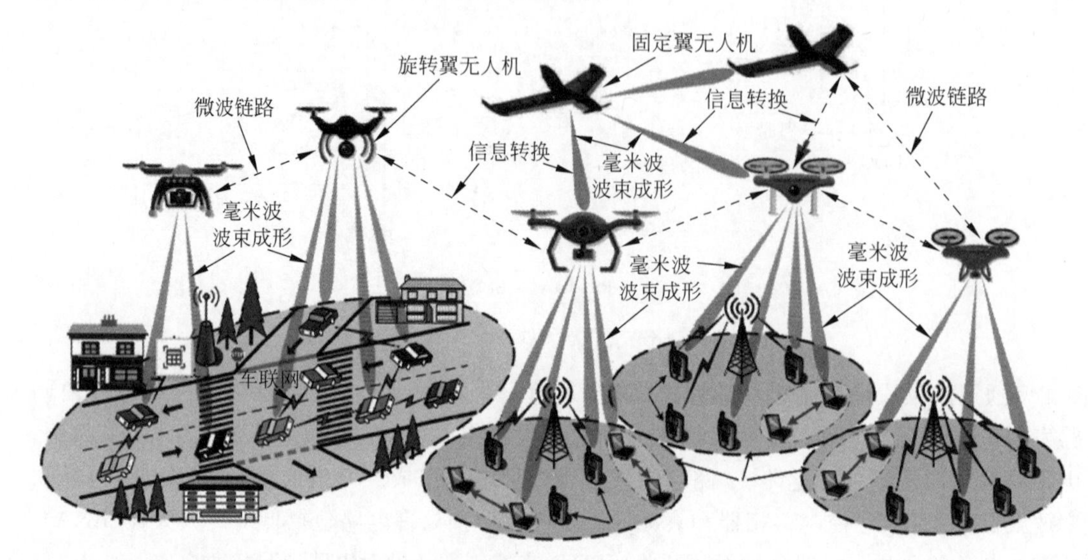


图8-11 5G毫米波在无人机无线网络中的应用

## 8.3 卫星通信

### 8.3.1 卫星通信简介

卫星通信是5G-Advanced和6G的重要组成部分。在3GPP NTN R14～R16的研究项目中早已考虑在漫游和物联网等5G网络中集成卫星接入业务。2019年，基于5G新空口的非地面网络和物联网非地面网络的第一个工作项目在R17获得批准。预计R20会加入对6G NTN的支持，包括地面网络与NTN的一体化，以及在5G和5G-Advanced NTN基础上进一步实现频谱效率提升等。具有超高密度超低地球轨道(Very Low Earth Orbit, VLEO)星座的NTN将成为6G网络的一部分。新型高通量卫星的出现以及非地球静止卫星轨道系统的发展，让VLEO商业价值愈发凸显。与传统的低地球轨道(Low Earth Orbit, LEO)卫星或地球静止轨道(Geostationary Earth Orbit, GEO)卫星相比，基于VLEO巨型星座的通信具有传输时延低、传播损耗小、区域容量高以及制造和发射成本低等显著特点。一网(OneWeb)系统、星链(Starlink)系统作为先例已逐步实现了成本的大幅下降，以及卫星连接时延的大幅优化。预计2030年以后卫星通信将在确保固定和移动用户的数据连接方面发挥至关重要的作用。卫星通信将赋能无网络覆盖地区的移动宽带、移动场景的宽带连接、广域物联网以及高精定位与导航等。

### 8.3.2 卫星通信原理

卫星通信主要内容包括体系架构、物理层、链路层部分内容。详细的原理可以参考6.2.3节。

以北斗卫星系统为例，具体参数如表8-1所示。

表8-1 北斗卫星系统服务规划

| 服务类型 | | 信号/频段 | 播发手段 |
|---|---|---|---|
| 全球范围 | 定位导航授时 | B1IB3I | 3GEO＋3IGSO＋24MEO |
| | | B1c、B2a、B2b | 3IGSO＋24MEO |
| | 全球短报文通信 | 上行：L<br>下行：GSMC-B2b | 上行：14MEO<br>下行：3IGSO＋24MEO |
| | 国际搜救 | 上行：UHF<br>下行：SAR-B2b | 上行：6MEO<br>下行：3IGSO＋24MEO |
| 中国及周边 | 星基增强 | BDSBAS-B1c、BDSBAS-B2a | 3GEO |
| | 地基增强 | 2G、3G、4G、5G | 移动通信网络：互联网络 |
| | 精密单点定位 | PPP-B26 | 3GEO |
| | 区域短报文通信 | 上行：L；下行：S | 3GEO |

### 8.3.3 卫星通信未来演进

1. 一体化网络架构需要平衡覆盖成本和通信质量

一体化网络架构需要实现全球覆盖以及随时随地进行可靠控制，由此带来全球大量地面站的部署，从而提升了网络复杂度和运营成本。核心网功能仅可在少数地面站进行部署，轨道间和星间的激光链路通信也会受限，从而导致端到端的时延较高。

解决方案包括采用层次化的架构来实现全域网络控制。全域控制由少量地面站和GEO卫星实现，局部控制由具备ISL能力的MEO卫星和LEO/VLEO卫星实现。甚至可以将一些核心网的功能部署在卫星上，建设空基核心网实现全球控制，无须通过多跳就可以将控制信令发送至地面站。

在NTN通信中，大规模通信卫星星座通常采用Walker星座来设计。对每颗卫星一般可以与轨道面内的前后两颗卫星建立星间链路，还可以和相邻轨道面的卫星建立星间链路。但是当卫星星座中的不同卫星的轨道是离散的，不在同一个轨道内时，采用Walker星座来建立星间链路的方式不再适用。需要一种星间链路构建方法及通信装置，以在轨道离散的卫星星座中建立星间链路。

2. 多波束预编码等空口技术有望提升卫星星座频谱利用效率

容量密度低、频谱利用效率低影响卫星星座的服务能力。评估特定星座的服务能力的重要指标之一是地球上任意位置的容量密度。以星链系统的Gen2星座为例，完全部署后的平均容量密度峰值分布在地表中纬度区域，每平方千米约3.6Mb/s，平均容量密度的峰值与蜂窝业务相比仍然很低。导致容量密度低的主要原因是，卫星很大一部分服务能力浪费在海洋和无人区，并且链路预算的不足导致每颗卫星所能提供的单用户吞吐量有限。

采用跳波束可以解决卫星覆盖区域的供需不平衡问题。跳波束可以利用所有可用的卫星资源为特定地点提供服务。通过调整波束的点亮时长和周期，提供不同的容量值，平衡不同波束覆盖区的要求。此外，跳波束还可以将未点亮的波束位置作为隔离区域以减少同频干扰。

多星协同传输作为另一种实现按需覆盖的方式，需要用户同时收发来自多颗卫星的信号。在多星协同传输中，用户同时接收来自多颗卫星的信号，或多颗卫星同时接收来自同一用户的信号。数万颗超大卫星星座是多卫星协同传输的基础，在巨型星座中的给定区域可同时部署大量卫星，从而显著提升峰值的容量密度。多波束预编码技术可有效降低同频干扰，提升频谱效率。多波束预编码技术可以在 VLEO/LEO 卫星通信场景中提供全频复用，实现向多个用户同时发送多个数据流。

3. 星上处理能力和低成本制造服务

6G 时代的 NTN 通信要求强大的星上处理能力，主要体现在星上处理器、射频子系统、天线和数据传输算法等方面。大规模波束高增益相控阵天线能够有效对抗星地通信的路径损耗。而数字波束成形(DBF)被认为是实现未来相控天线阵列非常可行的方案。实现 DBF 需要处理大量的数据，对卫星电力供应能力是一个考验。数字集成电路和混合信号集成电路的发展使 DBF 变成了现实。未来波束数量将扩大到 1000 多个，射频通道将扩大到 4000 多个。射频器件和材料的进步也有助于降低功耗，提高星上处理能力。降低卫星器件的制造成本和卫星通信的服务价格是普及卫星通信的先决条件。航天器的稳定性和商业效益尚待一系列工艺优化，包括选型时对成本和可靠性的平衡、防护罩设计创新以及故障检测和恢复机制等。

4. 智能终端卫星通信解决方案

手机卫星通话的核心难点在于在保障通话质量的同时，实现设备的小型化、轻量化。具体包括两方面：将卫星电话的大容量电池做小，以及将外置天线装进手机内部。天线方面，日常使用的手机，考虑到电磁和辐射标准、功耗、内部空间大小等因素，天线功率并不高，其信号的传输距离一般只有几千米，而用于接收卫星通话信号的天通卫星，离地有 3.6 万多千米。传统卫星手机通过硕大的外置天线来实现信号的放大，将微弱的信号上传至卫星。在手机里内置天线实现卫星通话，对天线设计、集成电路芯片设计水平以及卫星天线技术和集成电路技术都有很高要求。对内部器件堆叠工艺、零部件集成工艺也很高要求，并且需要针对发热、续航等进行优化。华为在没有外置天线、没有增厚机身的情况下实现了直连卫星通话的功能，引领了行业跨越式发展。

目前卫星通信主要有卫星电话连接卫星和 5G NTN 技术两种实现方式，5G NTN 是未来发展的主要方向。5G NTN 有 IoT NTN 和 NR NTN 两个技术方向，NR NTN 的目标是提供移动宽带服务；IoT NTN 的目标是提供窄带低速物联网服务，通过卫星网络扩展物联网连接。在 NTN 技术下，卫星直接向地面提供 5G 连接服务，实现手机之间互相通信，形成一体化的泛在接入网。NTN 的架构包括透明载荷和可再生载荷，基站上星是组建高质量卫星通信网络的必要手段。当卫星搭载部分基站单元，仅具备射频滤波、频率转换和放大功能时，称为透明载荷模式；当搭载全部基站单元，额外具备调制/编码、解调/解码、交换/路由等功能时，称为可再生载荷模式。

基站上星相当于把 5G 基站部署在了卫星上，星间链路类似于地面基站间的 Xn 接口，卫星和信关站之间的馈电链路相当于基站与核心网之间回传网络的一部分。

## 8.4 声音通信

### 8.4.1 声音通信简介

声音是一种波，与电磁波、光波一样，只不过声音是频率更低的机械波。声音是由物体的振动引起的。声音作为一种波，具有反射、折射、干涉、衍射、散射等特性，产生回声、混音、只闻其声不见其人等现象。声音可以分为次声波、声波、超声波。

音频通信系统是传送和接收语音信息的通信系统。所谓“音频”，是指在人的声音频率范围内，用来传送语音的那部分频率，通常为200～3500Hz，这段频带适合传送语音信号、传真信号和模拟信号。音频通信系统由语音输入设备、存储设备、传输设备和输出设备组成。在视频影音中应用比较多。

声波具有两个属性：强度和频率，强度的单位是分贝，频率的单位则是赫兹。众所周知，人耳听到过强分贝的噪声时，人耳耳蜗会受到伤害，甚至导致失聪。但这并不是声波武器的重要原理，声波武器主要依赖的是频率。按物理学的划分，超过20 000Hz的声波称为超声波，低于20Hz的声波称为次声波，而我们人类耳朵的听觉范围为20～20 000Hz。通过科学家的研究发现，次声波有着超强的破坏能力，因此世界上掀起一股研究声波的高潮。

随着新时代的发展，世界上又出现了一种新概念型武器——声波武器，这种武器可以说是杀人于无形，是一种无法防范的武器，它甚至能改变分子的结构，甚至在使用后，在被害人身上不会留下证据。

如今，随着中国国力的提升，我国的国防实力也更加强劲，我国也研制了一种利用声波的武器，它可以利用低频声波产生对人体不会致命的伤害，以达到抓捕暴徒以及犯罪分子的目的。这种武器被外界称为“声波枪”，因为它是以声波作为攻击方式的。这种武器不会致人死亡，但它会令人体产生强烈的不适感，因此人体会失去活动能力。而这只是中国实力的一小部分，据报道，我国海警3901号巡逻舰上也装备了次声波武器，当有人恶意侵犯我国海上领域时并无视我方的警告，我方就会动用这款武器，给出警告。

声波可是被称为“无形杀手”的，它的穿透能力不容小觑，即使在海底的潜艇也能穿透，更何况航母。

现在中国也研制出了定向声波武器，顾名思义，这种声波可以定向发射，它的指定性极强，而且最远距离可以达到3500m，这种定向声波的运用是为了保护海上军事、执法人员，为他们创造更安全的领域。可以说中国在声波武器上的研究，已经远远领先大多数的国家。

随着科技的进步，武器的时代也在不断更新，因为武器的不断进化，试想如果爆发战争，一定会生灵涂炭，因此不论我国的武器水平到底发展到什么地步，我们一定要反对战争，呼吁和平，共同守护我们的地球，守护人类的安全。

### 8.4.2 声音通信原理

1. 传播特性和频谱

声音可以分为次声波、声波、超声波。

次声波(Infrasound)：低于20Hz的声音为次声波，次声波不容易衰减，不易被水和空气吸收；次声波的波长往往很长，因此能绕开某些大型障碍物发生衍射；部分动物如象、长颈鹿和蓝鲸可以感受及使用次声波；次声波对人体是否有害目前还无定论。

声波：我们人类耳朵的听觉范围为20～20 000Hz，人耳能够听到的声音称为声波。

超声波(ultrasound)：超越人体可听到的频率，即大于20 000Hz的声音为超声波。

下面介绍几种最常用的声音参数。

频率：频率越大，音调越高；频率越小，音调越低。

波长：波长越短，音调越高；波长越长，音调越低。

振幅：振幅越大，音量(响度)越大；振幅越小，音量越小。

音色：即波形，如男音和女音；高音、中音和低音；弦乐和管乐等。

传播速度：在空气中的传播速度是 331m/s；在水中的传播速度是 1473m/s；在铁中的传播速度是 5188m/s。

2. 超声波能量传输原理

随着物联网低功耗设备的增加，无线供电技术越来越受到重视，在已有的无线电供电技术的基础上，本节介绍超声波无线供电技术。

超声波的传播与 8.1.2 节中的能量传输类似，都属于弗里斯(Friis)传输方程，其传输损耗公式如下：

$$I_{\mathrm{prop}}=\frac{P_{\mathrm{T_x}}G_{\mathrm{T_x}}}{4\pi R^2} \tag{8-10}$$

其中，$P_{\mathrm{T_x}}$ 是总的发射功率，$G_{\mathrm{T_x}}$ 是发射源的增益，$R$ 是发射源到目标点的距离。$I_{\mathrm{prop}}$ 是目标点接收超声波的强度。传输过程中的衰减不仅与传输损耗有关，也与吸收性和非线性有关。

超声波在传输过程中，因为空气的黏度和松弛性等特点产生了对超声波的吸收。这种吸收导致超声波的强度呈指数级下降，超过了由于传输损耗引起的衰减。超声波的吸收性与环境中的温度、湿度、超声波频率等有关系，如图 8-12 所示。

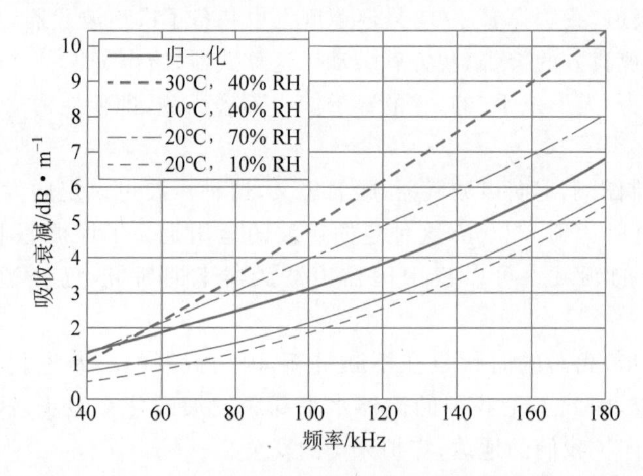


图 8-12　空气对超声波吸收衰减

声学介质的压力-密度关系的非线性和声学运动方程本身的固有非线性，导致了声学小波的速度与其绝对压力的依赖性：压缩小波比稀疏小波传播得更快。这导致声波在传播时发生失真；事实上，在没有扩散的情况下传输损耗和超声波的吸收性，可能导致发射端发出的信号是正弦波，传播到接收端就变成了锯齿波。

下面介绍一个超声波能量传输的前沿案例：科学家利用超声波，为人体植入设备进行无线充电。

当起搏器的电池电量不足时，通常必须通过手术更换整个植入物。因此，科学家正在开发一种无创电池充电系统，该系统利用外部施加的超声波来进行充电。举例来说，电磁感应已经用于为智能手机等设备的电池充电，但它只能在约 1.5cm(0.6inch)的距离上工作。磁共振是另一种方法，不过其磁场可能会受到蓝牙和 Wi-Fi 等其他无线通信频率的干扰。考虑到这些和其他限制，韩国科学技术研究院(KIST)的一个团队宣布，他们开发了一种可应用于人体植入物的超声波动力发生器。它利用了所谓的摩擦电效应,其中某些材料在相互摩擦时会带电,这也是梳头时产生静电荷的原因。在外部施加超声波时,会导致铁电材料的薄层在两个电极层之间来回振动,最后产生电流,为电池充电。研究人员在实验室对该装置进行了测试。结果显示,它可在6cm的距离处充电超过8mW的功率,这足以同时操作200个LED或在水下传输蓝牙传感器数据。研究人员表示,这表明电子设备可以通过超声波来进行无线充电。如果未来设备的稳定性和效率进一步提高,那么这项技术可应用于为植入式传感器或深海传感器无线供电。该研究论文题为 *Ferroelectrically augmented contact electrification enables efficient acoustic energy transfer through liquid and solid media*,已发表在《能源与环境科学》期刊上。

3. 水下应用原理

水下物联网(The Internet of Underwater Things,IoUT)是一种新型的物联网架构,旨在连接水下环境中的传感器和设备,支持水下探测、水下导航与定位、海洋灾害预报、应急搜救、海洋环境监测等涉海应用。尽管水下物联网的建设与陆上物联网存在许多通用技术,但水下环境的独特性给水下信息数据传输带来了巨大挑战。水声信道被认为是一种极具挑战性的无线信道,具有时空频移变化、强多径、带宽受限和高噪声等复杂特点。目前,对于水声信道缺乏公认的统计信道模型,因此大多数新型水声通信技术、算法的性能仍需要通过海试实验进行验证和评估。厦门大学童峰教授团队在计算机科学领域权威期刊 *IEEE Transactions on Aerospace and Electronic Systems* 在线发表了题为 *Internet of Underwater Things Infrastructure: A Shared Underwater Acoustic Communication Layer Scheme for Real-world Underwater Acoustic Experiments* 的研究论文。该研究提出了一种用于真实水下声学实验的可远程接入的共享水声通信层方案,可为新兴水声通信技术与算法的性能分析提供有效可靠的海试实验数据支撑。

水下物联网出现于2010年,并成为物联网的一个新的分支。其主要专注于水下物体的智能连接,连接的物体包括各种传感器和水上或者水下的载具。为了进一步支撑水下物联网,水下无线传感网络(Underwater Wireless Sensor Network,UWSN)的虚拟-现实网络被提出。水下无线传感网络的主要特点包括:小型化、智能化、使用电池供电、使用声音进行无线通信。水下无线传感网络的网络架构图如图8-13所示。水下传感器和AUV水下机器人采集水下环境信号,并通过声波传输到水面的汇集节点(汇聚节点包括浮标、自主水面载具、船舶等),汇聚节点通过无线电波传输到远处的监测中心或者卫星。监测中心对收集到数据进行分析并提供通知和报警服务。

4. 木材传播原理

以木质三合板为例子,讲述声波在不同厚度三合板中的密度参数、传播速度,以及在不同厚度、不同密度下的流动阻力。声波在木材中的传播与木材的厚度、密度、表面平整度都有关联。

木质三合板的第一个生产步骤是将树干劈开、切割、清洁和干燥;第二个生产步骤是将三聚氰胺、尿素、甲醛、木材碎料、纤维板等按比例混合搅拌;第三个生产步骤是将混合搅拌后的混合物进行压制,形成一定厚度的板材;第四个生产步骤是将板材烘干、砂光、切割成需要的尺寸。

以19mm厚度的三合板为例,三合板表面经过水热塑化,因此三合板表面层与内层不一样。其厚度-密度关系如图8-14所示。

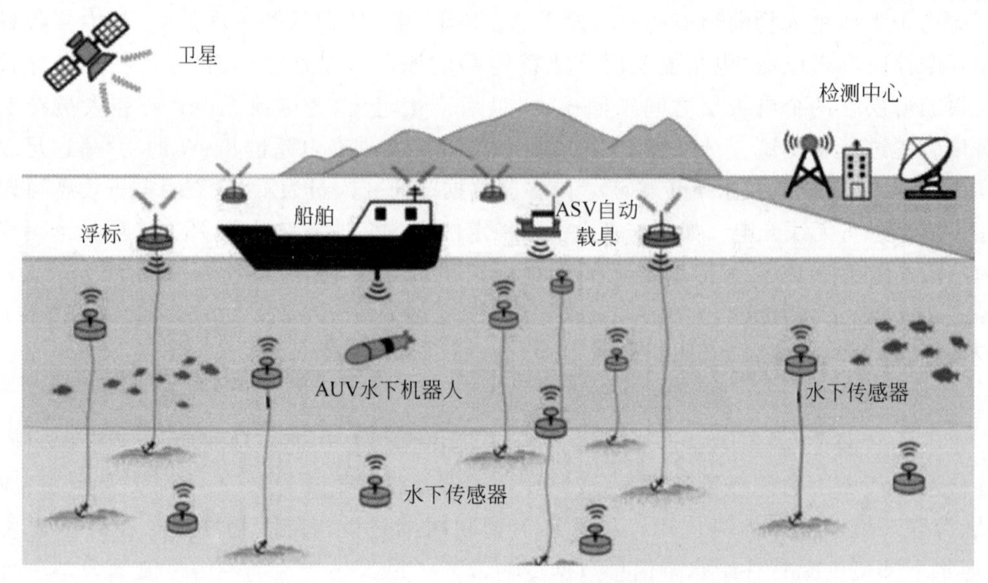


图 8-13　水下物联网架构

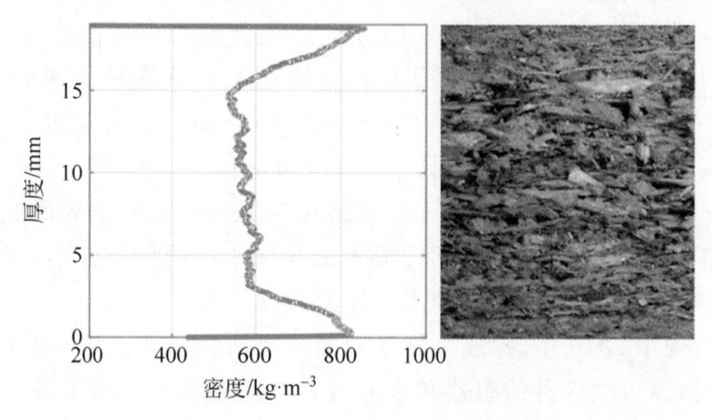


图 8-14　三合板厚度-密度关系

以 35mm 厚度的三合板为例，三合板表面经过水热塑化，因此三合板表面层与内层不一样。其厚度-声音传播速度关系如图 8-15 所示。

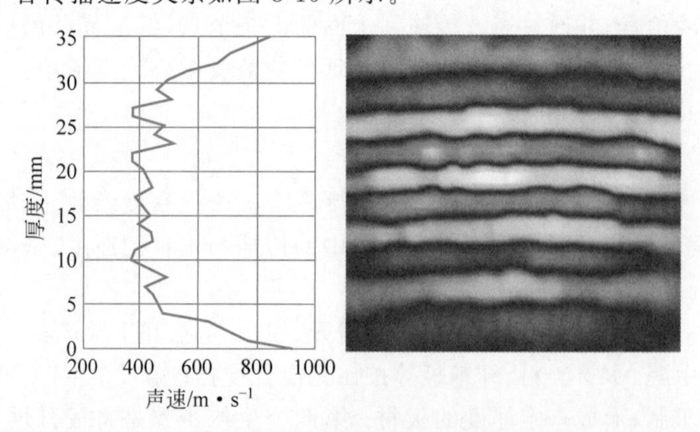


图 8-15　三合板厚度-声速关系

以三合板为例，不同厚度、不同密度的情况下，流动阻力关系如表 8-2 所示。

表 8-2 三合板不同厚度密度下的不同流动阻力关系

| 序号 | 厚度/mm | 平均密度/($kg/m^3$) | 最大密度/($kg/m^3$) | 流动阻力/(Pa·s/m) |
|---|---|---|---|---|
| 1 | 13 | 582 | 791 | 92 300 |
| 2 | 16 | 741 | 1019 | 100 850 |
| 3 | 23 | 609 | 831 | 94 917 |
| 4 | 35 | 614 | 858 | 96 117 |
| 5 | 55 | 595 | 819 | 94 050 |

5. 超声相控阵检测应用原理

相控阵超声波检测作为一种独特的技术得到开发和应用，在 21 世纪初已进入成熟阶段。20 世纪 80 年代初，相控阵超声波技术从医疗领域跃入工业领域。20 世纪 80 年代中期，压电复合材料的研制成功，为复合型相控阵探头的制作开创新途径。20 世纪 90 年代初，欧美将相控阵技术作为一种新的无损评价(NDE)方法，编入超声检测手册和无损检测工程师培训教程。1985—1992 年，该技术主要用于核反应压力容器(管接头)、大锻件轴类以及汽轮机部件的检测。压电符合技术、微型机制、微电子技术及计算机技术(包括探头设计和超声波与试件相互作用的模拟程序包)的最新发展，对相控阵技术的完善和精细化都有卓著贡献。随着计算机能力的增强，功能软件也得到了很好的发展。

超声波是由电压激励压电芯片探头在弹性介质(试件)中产生的机械振动。工业应用大多要求使用 0.5～15MHz 的超声频率。常规超声检测多用声束扩散的单晶探头，超声场以单一折射角沿声束轴线传播，其声束扩散可能是对检测方向性小裂纹唯一有利的“附加”角度。假设将其整个压电芯片分割成许多形状、尺寸相同的小芯片(称为阵元)，令小芯片宽度 $e$ 远小于其长度 $W$。这些小芯片(阵元)即组成所谓阵列，每个小芯片(阵元)均可视为辐射柱面波的线状波源，这些线状波源的波阵面就会产生波的干涉，形成整体波阵面。这些小波阵面可被延时并与相位和振幅同步，由此产生可变角调向的超声聚焦波束。

在发射过程中，探测器将触发信号传送至相阵器。后者将信号转变成特定的高压电脉冲，脉冲宽度预先设定，而时间延时由聚焦律界定。每个芯片只接收一个电脉冲，所产生的超声波束有一定角度，并聚焦在一定深度。该声束遇到缺陷即反射回来。接收回波信号后，相阵器按接收聚焦法则变换时间，并将这些信号汇合一起，形成一个脉冲信号，传送至探测器。

### 8.4.3 声音通信前沿动态

在美国亚利桑那大学怀恩特光学科学学院和桑迪亚国家实验室的一项突破性研究中，研究人员推出了一项新技术，该技术可能很快就会改变我们的设备通信、处理信息的方式，并使得设备更加小型化。这项技术以声子学(phononics)为中心，这是一个新兴领域，听起来可能像科幻小说，但很快就会变得非常真实和有影响力。

1. 什么是声子

要理解这种创新，人们必须首先掌握什么是声子。声子是机械振动量子力学版本的准粒子。简单地说，它们对振动就像光子(光粒子)对于光一样，声子是通过晶体等振动系统传递能量的基本单位。

2. 非线性声子学：游戏规则改变者

这项研究的重点是非线性声波相互作用，其中声子以非线性方式相互作用——这意味着它们的相互作用可以产生具有不同能量的新声子，而不仅仅是在没有相互作用的情况下相互通过。到目前为止，这种互动一直难以控制和利用。

3. 突破性技术

2024年发表在《自然材料》杂志上的这项研究取得了重大进展。研究人员使用铌酸锂和砷化镓的复杂分层结构，成功地展示了迄今为止声子最有效的非线性相互作用。这种组合不是随机的，而是一种战略选择。铌酸锂以其强大的压电性能而闻名，这使其成为产生和控制声子的绝佳介质。与此同时，砷化镓[一种高流动性(high-mobility semiconductor)的半导体]可以有效地操作和传输这些声子。

这项研究的突出方面之一是创建了支持增强声子混合的异质结构，从而在声子相互作用中达到新的效率水平。这是通过利用铌酸锂的压电性能与砷化镓的半导体特性相结合来实现的，并通过放大声子的半导体偏置场进一步增强。这种设置使研究人员所谓的"显著声子学非线性"(giant phononic nonlinearities)成为可能。

4. 对无线技术的影响

这项技术的潜在应用范围是巨大的。主要好处之一是可能将设备小型化。目前的无线通信设备严重依赖电子和光子组件，这些组件占用了大量空间并需要功耗。这项研究的高级研究人员表示，通过使用基于声子的技术，设备尺寸可以缩小到原来的1/100。

此外，这些较小的设备耗电非常少。由于在传统设备中将信号从一种形式转换为另一种形式时，通常会减少能量损失，因此它们也可能具有更好的性能。这意味着更好的信号覆盖率和更长的电池寿命——这对设备制造商和用户来说都是一直希望解决的问题。

## 8.5 跨技术通信

### 8.5.1 跨技术通信简介

随着无线通信和物联网技术的蓬勃发展，使用不同无线技术的应用系统越来越多地出现和丰富了人们的日常生活。Wi-Fi、ZigBee、Bluetooth、LoRa、RFID等无线技术广泛应用在智能家居、智能穿戴、智慧医疗和智慧工业等领域。一方面，不同的无线技术能够适应不同的系统性能要求，如通信范围、数据率、延迟和能耗等。另一方面，这些不同的无线技术共享同一个频段的信道资源。例如在智慧工厂中，ZigBee节点用于监控温度、湿度等环境信息，RFID标签用于监控设备的振动转角等状态信息，Wi-Fi路由器为巡检人员提供无线网络连接。在这种不同无线技术相互共存、相互融合的场景中，不同无线技术之间就会导致信道竞争、信号冲突、吞吐降低、延迟增加等严重的共存问题。

多种异质无线网络协议共存在很多物联网应用中都是不可避免的。被动地进行冲突避让、干扰容忍和并发解码只是缓兵之策，不同无线技术之间主动进行数据共享和融合协调才是解决共存问题的突破口。在这种背景下，跨技术通信方法应运而生。多个异构设备之间能够直接地传输数据和交换信息，实现更好的网络管理、干扰控制、交互操作和组网融合等。

跨技术通信方法是近年来学术界和工业界研究的热点之一，现有工作实现了两类跨技术通信的方法。第一类利用各种异构设备都能进行能量感知的共性，利用数据包级别的特征构建了数据包能量、长度、间隔、状态信息等侧信道来传输跨技术通信的比特信息。第二类挖掘了不同无线技术调制解调的兼容性，提出了物理层模拟的方法实现对目标信号的重构或映射。目前,跨技术通信方法已经取得了积极进展,但同时仍有大量的开放性问题有待解决。

对跨技术通信的研究最早可以追溯到2009年,Chebrolu等提出的Esense借助数据包能量实现了从Wi-Fi到ZigBee的直接数据传输,证明了跨技术通信的可行性。美国明尼苏达大学的He等在2015年的MobiCom会议上发表的论文FreeBee中率先将该成果定义为跨技术通信(Cross Technology Communication,CTC),该团队后续也发表了一系列代表性成果,为跨技术通信方向的研究树立了标杆。随后,清华大学何源团队于2016年率先在国内系统性开展跨技术通信相关研究,他们提出的能量编码和数字模拟等方法引起了国内外学者的广泛关注和讨论。另外,国内很多其他高校,如浙江大学、北京邮电大学、西北大学、燕山大学等团队都先后开展跨技术通信的相关研究。

与跨技术通信相关的另一个技术是多频段天线。随着5G通信技术的迅猛发展,对于多频段和高性能天线的需求逐渐增加。旨在实现在5G通信系统中的多频段覆盖和优异性能。通过对天线结构的优化和CSRR介质参数的调节,实现了2.4GHz和5.8GHz两个频段的双频工作,并具备较高的增益和辐射效率。具体内容可参考图8-10及其相关介绍。

### 8.5.2 跨技术通信原理

1. 数据包级别跨技术通信方法

因为物理层协议的不兼容,虽然异构无线设备之间不能直接地解调解码,但是可以利用数据包级别的特征构建一个能够对收发双方同时有效的侧信道,从而传送异构设备之间的跨技术通信的数据信息。这种方法类似于两个说不同语言的人,虽然听不懂对方的话,但是可以通过声音的高低、一句话的长短等来传递信息。目前,主要有基于接收信号强度(Received Signal Strength,RSS)和信道状态信息(Channel State Information,CSI)两种基于数据包级别特征的跨技术通信方法。

1)基于RSS的跨技术通信方法

大多数无线设备,如Wi-Fi、蓝牙、ZigBee、LoRa等,都能支持RSS检测的功能,能够将收到的无线信号的信号强度直接记录下来,而不需要将信号解码出来。收发双方可以通过信号强度信息来构建可识别的特征序列,从而实现跨技术数据信息的传输。我们可以通过调整数据包的发送能量、长度信息、发送间隔和顺序等来构建不同的RSS序列特征。

2)基于CSI的跨技术通信方法

无线异构信号在频域上互相重叠的特性为基于CSI的跨技术通信方法提供了理论支持。Wi-Fi 802.11a/g/n支持20MHz的信道宽度,每个信道分成64个子信道,CSI用来指示这些子载波上的信道状态,包括幅度和相位两个部分。相比于RSS,CSI的变化更稳定,抗干扰能力更强。通过影响Wi-Fi接收端收到的CSI的特征序列、波形构建和频偏等,可以实现跨技术通信方法。

2. 物理层级别跨技术通信方法

虽然基于数据包级别的跨技术通信方法实现简单,不需要修改设备的底层硬件和MAC协议,有很强的兼容适配能力,但是采用这种方法实现的跨技术传输的数据率是非常有限的,通常只有每秒几百到几千比特。通常一个数据包的持续时间是几毫秒,所以基于数据包能量、大小、间隔和发送顺序等数据包级别特征的方法的调制粒度有限,从而限制了数据率。为了进一步提升跨技术通信的传输效率,近年来提出了基于物理层级别的跨技术通信方法,能够实现每秒兆比特的数据率。按照发送端和接收端是否需要修改上层协议,我们将现有的物理层级别的跨技术通信方法分为3类,分别是接收端透明的、发送端透明的、非透明的跨技术通信方法。

接收端透明的跨技术通信方法是指接收端不需要任何修改就可以直接解码其他异构无线信号的方法。发送端通过适当的硬件修改或者固件升级去模拟接收端的信号。因为发送端有较强的计算能力,所以发送端模拟出的信号和接收端想要的信号非常相近,从而被接收端认为是合法的数据包,实现有效的接收。根据发送端模拟目标的不同,接收端透明的跨技术通信方法又可以分为对接收端时域波形的模拟和对接收端相偏序列的模拟。

发送端透明的跨技术通信方法是指发送端不需要做任何修改,充分利用接收端的计算能力,可以实现反向的从低端无线设备到高端无线设备的跨技术信息传输。

非透明的跨技术通信方法是指发送端和接收端都做出硬件修改或者固件升级的跨技术通信方法,这类技术通常可以用来改善跨技术通信的性能或者用来实现多路跨技术数据的并发传输。

3. 多频段天线

多频段通信应用的快速发展对高性能天线的需求提出了挑战。多功能CSRR介质加载的双频SIW背腔天线设计与实现方法通过合理调节CSRR介质的参数和结构,实现了在不同频段工作的能力,为多频段通信应用提供了一种有效的解决方案。

CSRR介质是一种具有非常丰富的电磁特性和调谐性能的介质。通过改变CSRR介质的形状、尺寸和排列方式,可以实现对天线频段的调谐和性能的优化。在双频SIW背腔天线设计中,CSRR介质加载到SIW背腔中,起到了重要的作用。

基于多功能CSRR介质加载的双频SIW背腔天线设计与实现方法主要包括以下步骤:确定天线设计所需的频段范围以及应用需求;通过优化天线结构和调节CSRR介质参数,实现天线在不同频段的工作;进行仿真验证和性能测试,包括增益、辐射效率、天线阻抗匹配等指标的评估;制作实际的天线样品进行实验验证。

经过仿真和实验验证,多功能CSRR介质加载的双频SIW背腔天线在所设计的两个频段内均实现了双频工作,并具备较高的增益和辐射效率。同时,天线的输入阻抗匹配也得到了有效优化。实验结果证明了该设计方案的可行性和优越性。

### 8.5.3 跨技术通信展望

在物联网时代,在智慧交通、智能电网、智能家居、智慧城市和相似的物联网应用中,数以亿计的智慧物体需要联网交互信息,实现智能管理。一个理想的物联网应用系统无疑需要所有的设备和物体都可以互联互通,并且能够高效、实时地交换数据,分享信息。

虽然目前的研究能够实现两个异构无线之间的跨技术通信方法,但是与广泛的互联互通这一愿景相比,仍有不小的距离。在跨网络、跨频率、跨介质的通信传输等研究方向,仍存在许多开放性问题,下面作简要的分析和探讨。

1. 跨网络的通信传输

反向散射通信(backscatter)系统因为成本低、功耗小、设计简单,在物联网系统中得到了广泛的应用。标签(RFID网络)通过反射激励源(无线电视网络)的信号(电视信号)实现信息的传递。我们可以利用现有的无线设备(电视塔)作为激励源(电视信号)激活标签,标签将感知数据传送给已有的无线设备(RFID读写器),这样既可以实现无线设备之间的数据通信，也能利用标签实现低功耗感知数据的监控。

2. 跨频率的通信传输

当两个异构无线设备不在同一个频段时，可以利用硬件的非线性实现频移，实现跨频率的通信传输。

3. 跨介质的通信传输

现有的通信技术无法实现跨介质边界的通信，例如，跨水和空气介质。因为大部分无线信号会直接在跨介质边界反射，而不会穿过水中，即使到达水中，无线信号在水中的衰减也会很大。TARF 系统实现了水下传感器向空气中的无人机进行数据传输，TARF 的设计依赖于声波的基本物理特性，水下声波传感器发出的声波信号是一种压力波，当压力波撞击水面时，会引起表面的扰动或位移。为了提取声波引起的表面信号，我们通过在空中传输射频信号测量水面反射信号，这些反射信号随表面位移而变化。鉴于声波引起的表面振动非常微小，只有几微米到几十微米，TARF 在空中传感器发射调频连续波（调频载波）测量反射信号的相位。AmphiLight 系统利用激光实现了反向地从空中传感器到水下接收器之间的跨介质数据传输。

随着无线通信技术的发展和智能设备的广泛应用，对于多频段和多功能天线的需求越来越迫切。背腔天线作为一种紧凑型的天线结构，被广泛应用于无线通信系统中。而卡片型子波导（SIW）技术则是一种新颖的微波传输线技术，具有低损耗、高集成度和容易制造的优点。因此，将 SIW 和背腔天线结合起来设计双频天线是一种有效的解决方案，也可作为将来多频段和多功能天线的技术基础。

## 8.6 6G

### 8.6.1 6G 简介

第六代移动通信技术（6th Generation mobile communication technology，6G）是一种具有原生 AI、通感一体化、极致连接、空天地一体化、原生可信、可持续发展等愿景，需要实现更高数据速率、高精度感知、物联网无线传能等能力，需要具有更高频段（如新中频、毫米波、太赫兹等）、智能超表面（RIS）、超大规模 MIMO、可移动天线、无蜂窝网络（Cell-free）等技术支撑的新一代通信技术。传统无线通信网络（1G～5G）主要依赖于 6GHz 以下，甚至是 3GHz 以下的频谱。受限于波长，这些网络通常采用较小规模的天线阵列。6G 将在 5G 的基础上进行提升，可促进产业互联网、物联网的发展。

2018 年，工业和信息化部表示中国已经着手研究 6G，当时芬兰也开始研究 6G 相关技术。2019 年 3 月，美国联邦通讯委员会（FCC）一致投票通过开放“太赫兹波”频谱的决定，以期其有朝一日被用于 6G 服务。3 月 24—26 日，芬兰举行关于 6G 的国际会议。欧盟、俄罗斯等也正在紧锣密鼓地开展相关工作。三星电子公司和 LG 电子公司都在 2019 年设立 6G 研究中心，2020 年 7 月，三星电子发布了《下一代超连接体验》白皮书。2020 年 4 月，日本总务省发布了 2025 年在国内确立 6G 主要技术的战略目标，希望在 2030 年实现 6G 实用化。在全球 6G 专利排行方面，中国以 40.3％的 6G 专利申请量占比高居榜首。2021 年 8 月，韩国 LG 电子于近期成功进行了 6G 太赫兹频段的无线信号传输测试，测试的距离超过了 100m。2022 年 1 月，紫金山实验室尤肖虎教授发布国际领先水平重大原创成果——360～430GHz 太赫兹 100/200Gbps 实时无线传输通信实验系统，创造出目前世界上公开报道的太赫兹实时无线通信的最高实时传输纪录。2024 年 5 月，日本多家电信公司联合宣布开发出世界上首个高速 6G 无线设备。

### 8.6.2　6G 总体愿景和能力

作为更先进的下一代移动通信系统，6G 的内涵将远超通信范畴，未来十年，在无线技术不断创新的同时，基于深度学习的 AI 应用将会崛起，大规模数字孪生应运而生，AI 和数字孪生形成双轮驱动，进一步助推技术的突破。更重要的是，6G 如同一个巨大的分布式神经网络，集通信、感知、计算等能力于一身。物理世界、生物世界以及数字世界将无缝融合，开启万物互联、万物智能、万物感知的新时代。6G 关键能力的六大支柱如图 8-16 所示。

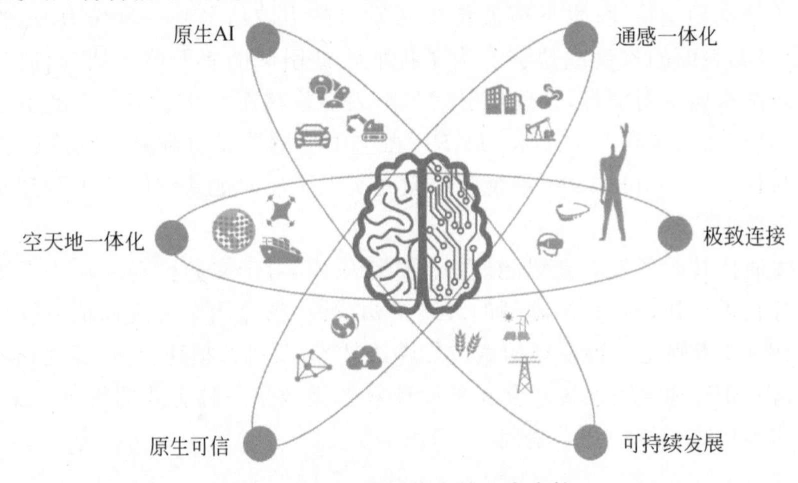


图 8-16　6G 关键能力的六大支柱

1. 原生 AI

6G 所拥有的 AI 能力不再是附加功能或 OTT 特性，而是一种原生能力。6G 的一个主要目标就是实现无处不在的 AI。在 6G 通信系统中，AI 即是服务，也是原生特性。6G 会为 AI 相关业务和应用提供端到端的支持。具体来说，6G 空口和网络设计将利用端到端 AI 及机器学习实现定制优化和自动化运维。此外，所有的 6G 网元都将原生集成通信、计算和感知能力，加速云上集中智能向深度边缘泛在感知演进。在 AIaaS 中，6G 作为原生智能架构，将通信、信息和数据技术以及工业智能深度集成到无线网络，并且具备大规模分布式训练、实时边缘推理和本地数据脱敏的能力。

2. 通感一体化

6G 将具有互联感知能力。未来的 6G 系统，频段更高（毫米波和太赫兹）、带宽更大、大规模天线阵列分布更密集，因此单个系统能够集成无线信号感知和通信能力，使各个系统之间可以相互提升性能。整个通信系统可以视为一个传感器，可以感知无线电波的传输、反射和散射，以便更好地理解物理世界，并以此为基础提供更多的新业务，因而称为“网络即传感器”（Network as a Sensor）。另外，感知可以实现高精度定位、成像和环境重建等能力，从而更精确地掌握信道信息，提高通信性能。例如，可以提高信道状态信息的开销，这就是“感知辅助通信”。此外，感知作为 6G 的基础特性，能观测并对物理世界和生物世界进行采样，从而开启了将物理世界和生物世界与数字世界融合的“新通道”。正因如此，实时感知对未来实现“数字孪生”这一概念非常重要（“数字孪生”是指为物理世界复刻出一个平行的数字世界）。

3. 极致连接

6G将提供通用、高性能的无线连接，在速度上可媲美光纤。实现5G的1000倍网络容量，0.1ms空口时延，室外50cm、室内1cm的感知定位精度，1～3mm感知成像分辨率，±0.1μs空口抖动，99.99999%可靠性，10dB+网络覆盖，1000万台/平方千米终端密度，20年感知电池寿命，5G的100倍能效，10～100Gb/s体验速率，1Tb/s峰值速率。不仅能实现以人为本的沉浸式业务，还将加速垂直行业的全面数字化转型和生产力升级。

4. 空天地一体化

6G将整合地面网络和非地面网络，提供全球覆盖，给当前未联网的区域提供网络连接。随着卫星制造和发射成本的降低，众多低轨或者超低轨（LEO/VLEO）卫星将应用于非地面网络，大型超低轨卫星星座极有可能成为6G的重要组成部分。超低轨卫星系统除了提供全球覆盖，还会产生一些新的能力和优势。比如，可以解决地球同步轨道卫星、中轨卫星系统固有的通信时延问题，还能通过无线接入的方式为地面网络提供补充覆盖。超低轨卫星系统的定位也更精确，这不仅对自动驾驶有着决定性的影响，在地球感测与成像方面也发挥着重要作用。大型低轨卫星星座通信要实现比传统长距离光纤通信更低的时延，必须满足特定的区域特征。

5. 原生可信

6G网络将集成通信、感知、计算、智能等多种能力，因此有必要重新定义网络架构。新的网络架构需要灵活适配协同感知、分布式学习等任务，以实现AI应用的大规模普及，而可信则是其中的内生特性。此处的"可信"涵盖了网络安全（security）、隐私（privacy）、韧性（resilience）、功能安全（safety）、可靠性（reliability）等多个方面。数据以及由数据衍生出的知识和智能，驱动6G网络架构重新设计。为了从设计上实现端到端原生可信，需要开发全新的特性。例如，开发全新的数据治理框架，为数据合规和变现提供支持；采用更先进的技术来保护用户隐私和抵御量子攻击。从技术层面来看，（由密码技术和防御技术实现的）安全、隐私和韧性通常被称为可信的三大支柱，这三大支柱又被细分为十大板块（安全3块、隐私2块、韧性5块）。

6. 可持续发展

绿色可持续发展是6G网络和终端设计的核心要求和终极目标。通过引入绿色设计理念和原生AI能力，6G在保证最佳业务性能和体验的同时，有望将全网整体"比特/焦耳"能效提升100倍，并将"焦耳"总能耗控制在低于5G的水平。6G作为数字经济的核心基础设施，应为人类的可持续发展作出贡献。在绿色6G网络的端到端设计的研究方向中，潜在的高能效技术横跨架构、材料、硬件器件、算法、软件和协议等领域，需要业界就整体生态系统的可持续性的评估方法达成共识。高能效6G通信系统需要考虑密集网络部署（传播距离更短）、集中式RAN架构（小区站点更少、资源效率更高）、节能协议设计、用户与基站配合等诸多方面。另外，还需考虑如何应用可再生能源和射频能源采集技术以及（无须有源射频功率的）后向散射通信技术。随着使用的无线频率越来越高，功放效率的降低成为一项重大挑战，需要创新的方法来解决。

现有的无线通信网络（1G～5G）主要利用6GHz以下的频谱，受波长限制，这些网络通常配备较小规模的天线阵列。由于低维天线阵列和较低频率的结合，无线近场通信范围通常受限于数米甚至数厘米。然而，为满足未来6G网络的需求及技术本身的演进，将会采用更大的天线孔径和更高频段(如新中频、毫米波、太赫兹等),这使得近场特性尤为突出。新兴技术,如智能超表面(RIS)、超大规模 MIMO、可移动天线、无蜂窝网络(Cell-free)等技术的引入,使得近场场景在未来无线网络中更加普遍。从空间资源利用的角度来看,传统无线通信系统虽充分利用远场空间资源,但对近场空间资源的进一步探索预计将为无线通信系统带来新的物理空间维度。近场通信技术因其在实现 6G 网络更高数据速率、高精度感知及物联网无线传能等方面的潜在作用而受到关注。

### 8.6.3 6G 目前需求新原理和规范

新的原理和规范包括新频谱、新材料与新天线、新信道、新终端及近场通信相关内容。

1. 新频谱

6G 预计将探索太赫兹(或亚太赫兹)等更高频段。在移动通信系统实现广覆盖的过程中,中低频段扮演着不可或缺的角色,而 6G 则进一步提出“多层频段框架”的概念,如图 8-17 所示。

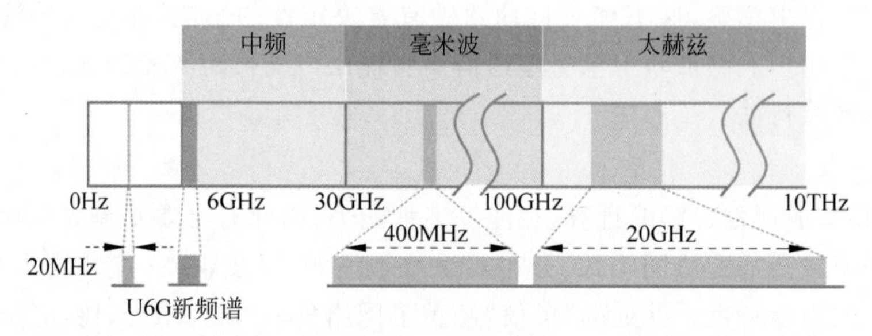


图 8-17 频谱图

2. 新材料与新天线

硅与太赫兹的结合,伴随着半导体技术的进步使得太赫兹集成电路成为可能。可重构材料和智能表面的实现和超大规模 MIMO 的应用,可以完成波束成形和波束控制,如图 8-18 所示。

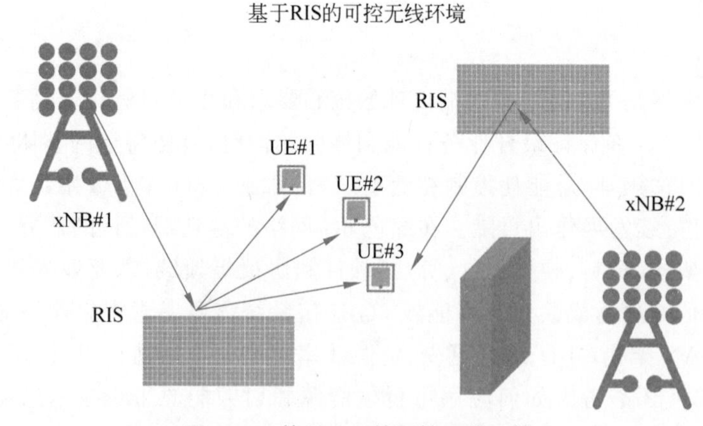


图 8-18 基于 RIS 的可控无线环境

3. 新信道

到了 6G,随着新频谱、新天线、新场景的涌现,信道建模将面临更多挑战,单一类型的信道建模方案难以满足不同 6G 应用场景的评估要求,场景化信道建模或许能提出新的出路,而如何在混合模型中实现准确性和复杂性的最佳平衡,值得我们深入研究,如图 8-19 所示。

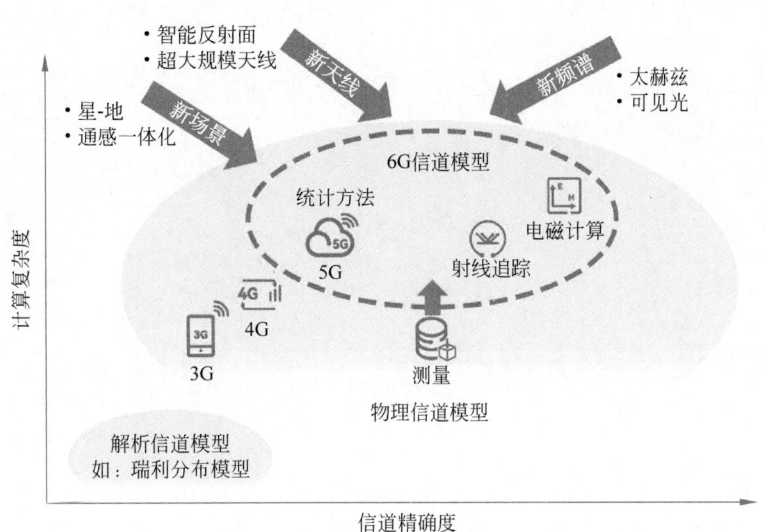


图 8-19 信道模型

4. 新终端

在过去20年里,智能手机取代了功能机,而6G预计将进一步革新移动终端。未来终端将具备6G通信系统使能的新能力,包括感知和成像、触觉通信、全息显示、AI等,还可能包括人类水平的感知、环境感知、多模态人机交互与能量收集,现今的终端只是连接物理世界和数字世界的智能助手,而在未来数字与物理融合的世界中,终端将具备新能力,演变为超级终端,如图8-20所示。

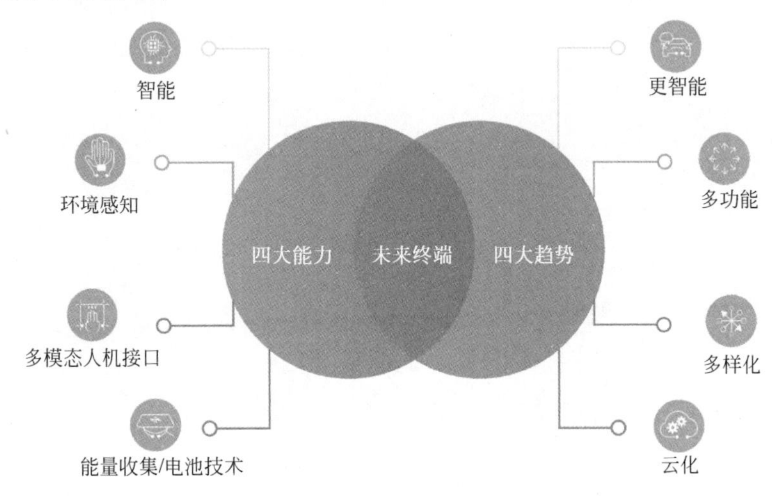


图 8-20 新终端具有的新能力

5. 近场通信

近场技术领域的研究显示,由于电磁波传播特性的变化,不再能简单地视为平面波,而需被视为球面波。这引入了空间非稳定性、波束分裂、三极化、倏逝波等新电磁效应。因此,许多传统通信算法在6G近场场景下性能下降,或无法充分利用新特性。需要从电磁理论的近场定义出发,分析近场电磁效应的根源及其对现有通信系统的影响,总结近场效应对通信系统设计和性能的影响,特别是通信自由度和通信容量两大核心指标。信道特性和模型的深入了解对通信系统设计至关重要,因此,可以从信道测量和建模的角度出发,探讨信道估计、波束形成、码本设计等近场传输技术。

# 共性支撑篇

# 第 9 章

# 编码标识与编目

物联网中的“物”即物品，通过对物品进行编码，可实现物品的数字化。随着“万物互联”“云计算”时代的到来，编码标识及编目系统为物联网万物互联提供底层标准化物品身份标识技术，为物联网中信息的传送、获取与处理提供基础数据标准。

编码标识作为万物互联的纽带，将产品生态链上产品数据、营销数据、物流数据、仓储数据、销售数据等多环节静态、动态商品数据进行整合，以进一步助力国家建立万物互联的大数据生态系统。建立我国物联网编码标识体系，既能为不同的企业提供整体的“一物一码”解决方案，满足物联网各个行业的应用需求，又能实现不同领域信息互联互通和数据共享，对全面实现协同工作具有重要意义。

编目的概念源自图书馆学，指按照一定的标准和规则，对某范围内文献信息资料每种实体的外部特征和内部特征进行分析、选择、描述，并予以记录成为款目，继而将款目按一定顺序组织成为目录或书目的过程。物资编目是物流标准体系中最核心的部分，是物流各环节进行信息交互和通信的基础和前提，对我国物流系统规范、国家物资管理标准建设等诸多方面具有重大意义，在我国军事物资保障领域发挥着重要作用。

## 9.1 编码标识体系

随着可穿戴设备、智能家居、智能网联汽车、智慧城市等应用的不断普及，数以千亿的设备接入物联网。世界各个国家都意识到唯一标识是贯穿物联网体系的核心要素，建立统一的标识体系是实现物联网各领域信息互联、产业发展的前提条件。编码标识通常采用一维条码、二维条码、射频识别标签作为载体。

### 9.1.1 国际编码标识情况

国际上物品编码标识体系主要是国际物品编码组织（The Global Language of Business）建立的全球统一标识系统（GS1 编码体系），其为供应链中不同层级的贸易项目（产品与服务）、物流单元、资产、位置、单据及其他特殊领域提供全球唯一的编码标识，作为全球商贸领域的供应链商贸语言。

贸易项目是指一项产品或服务（类似于品种代码），采用全球贸易项目代码（Global Trade Item Number，GTIN）编码，其应用最广，日常超市结算均采用该编码。GTIN 有多种编码结构，通常采用 GTIN-13，共 13 位，分为 4 段，前 3 位表示国家代码、4～7 位为厂商代码、8～12 位是商品流水号、最后 1 位是校验码。如小米 65 寸电视机的 GTIN-13 编码为 694-1059-61589-7，其中 694 代表中国大陆，1059 代表厂商小米，61589 是 65 寸电视机在小米内部的流水号，最后一位 7 是校验码。

物流单元是指产品供应链中为进行运输或存储管理而设立的任何组成单元，如托盘、集装箱、包装箱等。采用系列货运包装箱代码（Serial Shipping Container Code，SSCC）标识,SSCC由扩展位、厂商识别代码、序列号和校验码组部分组成,共18位。

资产是具体的物理实体,采用全球可回收资产标识符(Global Returnable Asset Identifier,GRAI)及全球单个资产标识符(Global Individual Asset Identifier,GIAI)编码,由分配资产标识符厂商的GS1公司前缀和单个资产参考组成,单个资产参考是数字字母型,其结构由资产所有者或管理者决定。具体来看,应用最广泛的是电子产品编码(Electronic Product Code),如EPC-96编码由8位标头、28位厂商识别代码、24位对象分类代码和36位序列号组成,在9.1.3节将详细讲述EPC标识体系。

美军在2006年6月颁布了《美军国防部物品唯一识别指南》,在该指南中明确了唯一识别的装备物资范围,主要有序列化管理的装备物资、严格管制的装备物资(包括保密品、敏感物资、易盗品和安全受控的物资)、对任务重要的装备物资,以及购置成本大于或等于5000美元的装备物资都必须进行唯一识别,对于单位购置成本小于5000美元的物品,如果该物品是属于以下3种情形之一的,也可以对其进行唯一识别管理:①对任务重要的装备或修理品;②生产改变形态的原料;③需要唯一识别的消耗品。

美军的唯一标识由发行机构代码、企业标识码、零件号/批次/批号、序列号组成。发行机构是指负责给企业分配不可重复标识符的组织,如GS1全球办公室、联合委员会、欧洲卫生行业商务交流委员会等。企业标识符是由某个注册的发行机构分配给企业的唯一代码。零件号是企业在资产制造结束时,为具有相同形状、装配方式、功能与链接形式的某类物品分配的数字或字母的组合。批号、批次表示由企业分配给一组指定物品的一种识别号码,这里的一组特定物品是指按相同条件制造的一批物品。序列号是由企业分配给物品的、区别于其他类似物品的数字或字母的组合。按照在企业下序列化管理模式的不同,分为两种标识结构。结构一是针对在企业内序列化管理的物资,其唯一标识由发行机构代码、企业标识符、序列号组成,如D0CVA5674A36458,其中发行机构代码为D,企业标识符为0CVA5,序列号为674A36458;结构二是针对在企业原始零件号、批号下系列化管理的物资,其唯一标识由发行机构代码、企业标识符、零件号/批次/批号、序列号组成,如D0CVA51234674A36458,其中,发行机构代码为D,企业标识符为0CVA5,原始零件号为1234,序列号为674A36458。美军还认可GRAI、GIAI、车辆识别号(Vehicle Identification Number,VIN)、移动电话电子序列号(Electronic Serial Number,ESN)4种商业唯一标识符。

另外,ISO/IEC联合委员会以及日本、韩国等发达国家也提出了各自的物联网标识体系,如日本UID中心提出的ucode编码标识体系,该编码标识技术可兼容已有的ID代码和编码标识体系,如书籍的ISBN和ISSN等。ucode编码采用128位,由编码类别、编码内容和物品的序列号组成,与EPC代码不兼容。

### 9.1.2 国内编码标识情况

为保持和国际一致,我国物品编码中心在1991年4月加入国际物品编码组织,国内商品贸易、医疗器械等基本遵循GS1编码体系。我国邮政系统还独立形成了自己的快递包裹标识体系。如EMS单号由13位纯数字构成;顺丰快递单号由12位数字组成,常见以电话区号后3位开头;申通快递单号由12位数字组成,常见以268、368、468、968等开头。

近年来,在我国物品编码中心的积极推动下,提出了具有我国自主知识产权、适用于物联网的编码标识体系Ecode,颁布实施了相关国家标准,9.1.4节将详细阐述Ecode标识体系。

我军资产唯一识别是定长25位的字母/数字混合型代码，遵循GJB 7375《军用物品唯一标识》标准编制。第1位为组织机构代码类型标识；第2～10位为赋码机构的组织机构代码，赋码机构为军队单位的，采用军委改革和编制办公室赋予的军队组织机构代码，赋码机构为地方单位的，采用国家统一社会信用代码中的9位主体标识码；第11～18位为赋码日期，格式为YYYYMMDD；第19～24位为序列号，优先采用阿拉伯数字，从000001开始编制，数字不够用时采用英文大写字母(I、O除外)；第25位为校验码。

### 9.1.3 EPC标识体系

EPC的全称是Electronic Product Code(产品电子代码)，它是GS1全球统一标识系统的重要组成部分，通过给每个实体对象分配一个全球唯一的代码来构建一个全球物品信息实时共享的实物互联网。从狭义上说，EPC是一种标识编码；从广义上说，EPC是一整套标识体系。为满足对单个产品的标识和高效识别，21世纪初，美国麻省理工学院Auto ID中心在美国统一代码委员会(Uniform Code Council，UCC)的支持下，提出了EPC的概念，随后由GS1主导，将EPC纳入全球统一编码标识系统，实现了全球统一编码标识系统中的GTIN编码体系与EPC概念的融合，从而确立了EPC在全球统一编码标识体系中的战略地位。为了顺利实施EPC，2003年11月，GS1成立了全球产品电子代码中心(EPCglobal)来管理和实施EPC的工作。EPCglobal的主要职责是在全球范围内对各个行业建立和维护EPC网络，保证供应链各环节信息的自动实时识别且采用全球统一标准，通过发展和管理EPC网络标准来提高供应链上贸易单元信息的透明性和可视性，以提高全球供应链的运作效率。

EPC标识体系是一个非常先进的，具有综合性和复杂性的系统，由EPC编码、射频识别系统和信息网络系统3部分组成，主要包括7方面，如表9-1所示。

表9-1 EPC标识体系组成

| 系统构成 | 名称 | 注释 |
|---|---|---|
| EPC编码 | EPC编码标准 | 识别目标的特定代码 |
| 射频识别系统 | EPC标签 | 贴在物品之上或者内嵌在物品之中的标签 |
| | 识读器 | 识读EPC标签的设备 |
| | Savant(神经网络软件) | EPC系统的软件支持系统 |
| 信息网络系统 | 对象名解析服务(Object Naming Service，ONS) | 物品及对象解析 |
| | 实体标记软件语言(Physical Markup Language，PML) | 是一种通用的、标准的对物理实体进行描述的语言 |
| | EPC信息服务(EPCIS) | 提供产品信息接口，采用可扩展标记语言(XML)进行信息描述 |

1. EPC编码

EPC编码是全球统一标识系统的重要组成部分，是EPC系统的核心与关键。EPC编码是由标头、管理者代码、对象分类代码、序列号等数据字段组成的一组数字。EPC的标头定义了总长、识别类型和EPC编码结构。EPCglobal的标签数据标准(1.4版)规定标头是8位，其中，0000000～11111110的值可以支持255个标头，11111111保留作为未来标头的扩展，这样使得更长数位的标识可以满足多于256个标头的需要。目前，根据使用的不同标头值，在EPC标签数据标准中已经制定9种编码方案，以使EPC能够兼容传统EAN·UCC系统的各种编码，确保EPC可以在原有领域中推广使用。在目前的EPC标签数据标准中，编码方案包括通用标识符（GID）、全球贸易项目代码（GTIN）、系列货运包装箱代码（SSCC）、全球位置码（GLN）、全球可回收资产标识（GRAI）、全球单个资产标识（GIAI）、全球文件类型标识符（GDTI）和全球服务关系代码（GSRN），即目前广泛使用的GTIN、SSCC、GLN、GRAI、GIAI等编码方案都可以顺利转换到EPC编码方案中去。

目前EPC编码有64位、96位和256位3种，为降低载体标签的成本，目前主流长度为96位。随着需要标识的物品越来越多，未来出现位数不够的情况时，则采用256位编码形式。EPC-64码目前制定了3种编码方式，即EPC-64 Ⅰ型、EPC-64 Ⅱ型、EPC-64 Ⅲ型。EPC-64 Ⅰ型提供2位版本号编码、21位的管理者编码、17位的存储单元和24位的序列号，可满足现阶段绝大部分企业的需要。EPC-64 Ⅱ型适合众多产品以及对价格反应敏感的消费品生产者，提供34位序列号和13位对象分类区。EPC-64 Ⅲ型通过增加应用公司的数量来满足增加编码数量的需求，它通过把管理者分区增加到26位，采用13位对象分类分区，序列号分区为23位。

EPC-96型的设计目的是使EPC编码成为全球物品唯一的标识代码。域名管理负责维护对象分类代码和序列号。域名管理必须保证对ONS可靠地操作并负责维护和公布相关的信息。域名管理的区域占28个数据位，能够容纳大约2.68亿家制造商。对象分类区域在EPC-96代码中占24位。这个区域能容纳当前所有的UPC库存单元的编码。EPC-96序列号对所有的同类对象提供36位的唯一标识号，其容量超过680亿，超出了已有标识产品的总数量。EPC-256是为满足未来使用EPC代码的应用需求而设计的。由于未来应用的具体要求目前无法准确获知，因而EPC-256版本具备可扩展性，多个版本的EPC-256编码提供了可扩展性。

2. 射频识别系统

射频识别系统是实现EPC代码自动采集的功能模块，主要是由射频标签和射频读写器组成。射频标签是EPC代码的物理载体，附着于可跟踪的物品上，可在全球流通并可对其进行识别和读写。射频读写器与EPC中间件相连，它可以读取标签中的EPC代码，并将其输入网络信息系统。射频标签和射频读写器之间利用无线传输方式进行信息交换，可以进行非接触识别，可以识别快速移动的物体，可以同时识别多个物体，EPC射频识别系统使数据采集最大限度地降低了人工干预，实现了完全自动化，是“物联网”形成的重要环节。射频识别的详细介绍见2.3节。

1）EPC标签

EPC标签是产品电子代码的信息载体，主要由天线和芯片组成。EPC标签中存储的唯一信息是96位或64位产品电子代码。为了降低成本，EPC标签通常是被动式射频标签。EPC标签根据其功能级别的不同目前分为5类，目前主要使用的是Class1/GEN2。

2）读写器

读写器是用来识别EPC标签的电子装置，与EPC射频识别中间件相连实现数据的交换。读写器使用多种方式与EPC标签交换信息，近距离读取被动标签最常用的方法是电感耦合方式。只要靠近，盘绕读写器的天线与盘绕标签的天线之间就形成了一个磁场。标签就利用这个磁场发送电磁波给读写器，返回的电磁波被转换为数据信息，也就是标签中包含的EPC代码。读写器的基本任务就是激活标签，与标签建立通信并且在应用软件和标签之间传送数据。

3）EPC中间件

EPC中间件具有一系列特定属性的“程序模块”或“服务”，并被用户集成以满足其特定需求，EPC中间件以前被称为SAVANT。EPC中间件是加工和处理来自读写器的所有信息和事件流的软件，是连接读写器和企业应用程序的纽带，主要任务是在将数据送往企业应用程序之前进行标签数据校对、读写器协调、数据传送、数据存储和任务管理。图9-1描述了EPC中间件组件与其他应用程序通信过程。

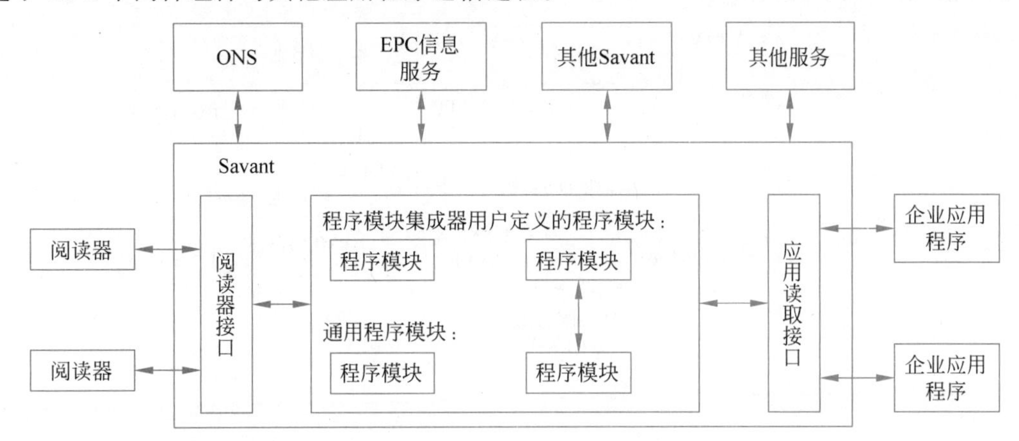


图9-1　EPC中间件组件与其他应用程序的通信过程

3．信息网络系统

信息网络系统分为EPC本地网络系统和全球互联网网络系统组成，是实现信息管理、信息流通的功能模块。EPC系统的信息网络系统部署在全球互联网上，通过EPC中间件、对象名称服务（Object Naming Service，ONS）和EPC信息服务（Economic Products Code Information Service，EPCIS）来实现全球“实物互联”。

1）EPC信息服务（EPCIS）

EPCIS是EPC网络中重要的一部分，采用网络数据库来实现的，相关标准规范了单一标准数据的采集和分享方式，为EPC数据提供一套标准的接口，支持各个行业和组织的扩展应用。具体来讲，EPCIS标准主要定义了一个数据模型和两个接口。EPCIS数据模型用一个标准的方法来表示实体对象的可视信息，涵盖了对象的EPC代码、时间、商业步骤、状态、识读点、交易信息和其他相关附加信息（可概括为“何物”“何地”“何时”“何因”）。随着现实中实体对象状态、位置等属性的改变（称为“事件”），EPCIS事件采集接口负责生成如上模型所述的对象信息，即读写器发送原始数据至EPCIS以供存储。EPCIS查询接口为内部和外部系统提供了向数据库查询实体EPC相关信息的方法，即应用程序发送查询至EPCIS以获取信息。

2）对象名称服务（ONS）

对象名称服务（ONS）是一个自动的网络服务系统，类似于域名服务（DNS），ONS给EPC中间件指明了存储产品的有关信息的服务器。

ONS是联系EPC中间件和后台EPCIS服务器的网络枢纽，并且ONS设计与架构都以Internet域名解析服务DNS为基础，因此，可以使整个EPC网络以Internet为依托，迅速架构并顺利延伸到世界各地。

3）对象名称服务工作流程

读写器从 EPC 标签中读取标识对象的 EPC 编码，该 EPC 编码只是被标识对象信息的索引。本地服务器从读写器获得该 EPC 编码，进行相关编码解析工作，并依据该 EPC 编码在本地网络中查询该 EPC 所标识物品的相关信息。如果还需要知道与 EPC 匹配的其他信息，则需将 EPC 发送给 ONS 服务器，ONS 服务器查询后返回存储产品数据的 EPCIS 服务器地址，本地服务器接收到产品数据的 EPCIS 地址，再发起对 EPCIS 的查询操作，获取所需的产品数据。具体过程如图 9-2 所示。

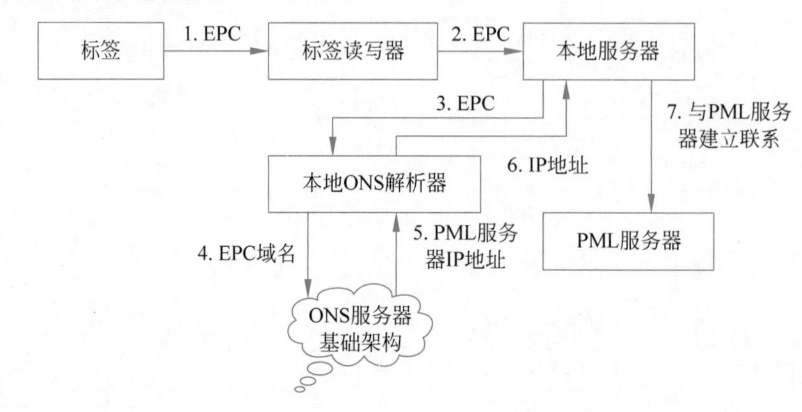


图 9-2　EPC 中间件 SAVANT 系统架构

### 9.1.4　Ecode 标识体系

物品编码 Ecode（Ecode entity code）是物联网标识体系中物品统一的编码（GB/T 31866—2015），明确了 OID 体系中底层码段描述物品（产品、实体对象等）的代码内容，也给出了具体编码载体如 EPC 各种长度代码（如 96 位）中的分段代码结构。它突破了各领域间的信息壁垒，满足跨行业、跨平台的多类型应用需求，由 Ecode 编码、数据标识、中间件、解析系统、信息查询和发现服务、安全机制等部分组成，是一个完整的物联网统一标识体系。它既能在物联网环境下实现对“物”的唯一编码，又能针对当前物联网中多种编码方案共存的现状，兼容各种编码方案。因而，Ecode 给出了物联网编码的一系列实施方案。

1. Ecode 编码结构

Ecode 编码的一般结构为三段式：版本＋编码体系标识＋主码，即 E＝V＋NSI＋MD。版本（Version，V）用于区分不同数据结构的 Ecode；编码体系标识（Numbering System Identifier，NSI）用于指示某一标识体系的代码；主码（Master Data code，MD）用于表示某一行业或应用系统中标准化的编码。

不同的 V、NSI 和 MD 编码长度不同，代码字符类型包括二进制、十进制、字母数字型和 Unicode 等，(0000)2 代表二进制位。Ecode 通过设定不同的版本、字长和主码容量以保证其适应不同的场合，并为扩展预留了相应空间。

现有 Ecode 编码结构有 Ecode-V0、Ecode-V1、Ecode-V2、Ecode-V3、Ecode-V4 共 5 个版本。Ecode-V0 采用二进制表示，用于兼容 ISO/IEC 29161 的编码体系；Ecode-V1、Ecode-V2、Ecode-V3 适用于兼容原有已成熟的编码结构；Ecode-V4 适用于兼容 Unicode 编码。

Ecode 通用编码包括 Ecode64、Ecode96、Ecode128 和 Ecode300120 共 4 种类型，通过编

码的主码 MD 由分区码(Domain Code,DC)、应用码(Application Code,AC)、标识码(Identification Code,IC)组成。其中,DC 用于表示 AC 与 IC 长度范围的分隔符;AC 用于表示一级无含义编码;IC 用于表示二级无含义编码;通用编码可以用二进制或十进制表示。

与 EPC 一样,Ecode 在具备优秀的技术性和应用特性的基础上,也可与全球贸易项目代码(SGTIN)、参与方位置代码(SGLN)、系列货运包装箱代码(SSCC)、全球可回收资产标识(GRAI)、全球单个资产标识(GIAI)和全球贸易项目代码(GTIN)兼容。随着编码数量的增多,Ecode 可对以上各种编码进行扩充,如 SGTIN 编码由 64 位、96 位扩充成 96 位、198 位。

2. Ecode 编码载体

Ecode 编码标识的载体主要有一维条码、二维条码、射频标签和 NFC。

(1) 一维条码:在一维方向上标识信息的条码符号。

(2) 二维条码:在二维方向上都标识信息的条码符号。Ecode 在二维码中的存储分为两种方式,即基本存储结构和 Ecode 解析网址的存储结构。可根据应用需求选择其中一种方式。

(3) 射频标签:射频标签数据采用二进制存储。射频标签的存储结构分为 3 种,即分段内存结构、离散内存结构和连续内存结构。

(4) NFC:NFC 标签中应按照 NFC 组织约定的 NFC 数据交换格式(NDEF)进行存储。

3. Ecode 编码解析

根据编码类型的不同,Ecode 提供了基于云平台和基于 DNS 的两种解析方式来实现产品信息的搜索与发现服务。Ecode 编码解析分为 3 个步骤:编码体系解析(VNSI)、编码数据结构解析、物品码解析。编码体系解析是指通过解析云平台,完成版本 V 和编码体系标识 NSI 的解析,可处理所有跨系统的解析请求;编码数据结构解析是指完成编码转换成 URI;物品码解析是指完成与物品相关的信息服务器地址的对应。

4. Ecode 编码查询

编码标识查询提供以 Ecode 编码为关键字的物联网全部信息资源的网络搜索服务,获取 Ecode 标识在不同企业、不同系统中进行数据交换时产生的动态信息流。用户可通过 Ecode 标识平台、Ecode APP 及与 Ecode 标识平台对接的其他平台 3 种方式查询承载于不同标签的编码,并在平台中显示从多个数据源获取的产品信息。

### 9.1.5 编码标识体系应用

通过对每个产品进行 EPC、Ecode 等编码,结合条码、RFID 技术,以 EPC、Ecode 等编码为索引能实时在物联网上查询和更新产品的相关信息,也能以编码为线索,在供应链各个流通环节对产品进行定位追踪。以下以 EPC 编码的应用为例具体介绍。

EPC 技术适合用于供应链上的仓库管理、运输管理、生产管理、物料跟踪、运载工具和货架识别、商店,特别是超市中商品防盗等场合。同时,在减少库存、有效客户反应(ECR)、提高工作效率和操作的智能化方面取得了一定的效果。从整个供应链来看,EPC 技术的应用使供应链的透明度提高,物品在供应链的任何地方都可被实时追踪。安装在工厂配送中心、仓库及商品货架上的读写器能够自动记录物品在整个供应链的流动——从生产线到最终的消费者。

EPC 技术的应用将在诸多环节上发挥重大的作用，其具体应用价值主要体现在以下几个环节。

1. 物料环节

不协调的生产物料配套、杂乱无序的物料仓库、复杂的生产备料及采购计划的执行是每个企业都会遇到的难题。通过在物料环节应用 EPC 技术，不仅便于物料跟踪管理，而且有助于做到合理的物料库存准备，提高生产效率，便于企业资金的合理运用。通过 EPC 技术可以建立完整的产品档案，与采购订单挂钩，建立对供应商的评价。

2. 生产环节

在生产制造环节应用 EPC 技术，可以完成自动化生产线运作，实现在整个生产线上对原材料、零部件、半成品和产成品的识别与跟踪，减少人工识别成本和出错率，提高效率和效益。采用了 EPC 技术之后，就能通过识别电子标签快速从品类繁多的库存中准确地找出生产线上所需的原材料和零部件。EPC 技术还能帮助管理人员及时根据生产进度发出补货信息，实现流水线均衡、稳步生产，同时也加强了对产品质量的控制与追踪。

3. 运输环节

在运输管理中对在途运输的货物和车辆贴上 EPC 标签，在运输线的一些检查点上安装 RFID 接收转发装置。货物在运输途中，无论是供应商还是经销商都能很好地了解货物目前所处的位置及预计到达时间。

4. 存储环节

在仓库，EPC 技术最广泛的使用是存取货物与库存盘点，它能用来实现自动化的存货和取货等操作。基于 EPC 的实时盘点和智能货架技术保证了发货、退货的正确性以及补货的及时性，而仓储区内商品可以实现自由放置，扩大仓储区的利用空间，并能够提供有关库存情况的准确信息。从而减少了库存，增强了作业的准确性和快捷性，提高了服务质量，降低了储存成本，节省了劳动力和库存空间，同时减少了整个物流中由于商品误置、偷窃、损害和出货错误等造成的损耗。

5. 零售环节

物联网可以改进零售商的库存管理，实现适时补货。有效跟踪运输与库存，提高效率，减少出错。比如当贴有标签的物件发生移动时，货架自动识别并向系统报告这些货物的移动。智能货架会扫描货架上摆放的商品，若是存货数量降到偏低的水位，或是侦测到有人偷窃，就会通过计算机提醒店员注意。因此，不仅能够实现适时补货，减少库存成本，还能起到货物防盗的作用。智能秤能根据果蔬的表皮特征、外观形状、颜色、大小等自动识别水果和蔬菜的类别，并对该商品计量、计价和打印小票；在商场出口处，带有射频识别标签的商标由读写器对整车货物进行一次性扫描，并能从顾客的结算卡上自动扣除相应的金额。这些操作无须人工参与，节约了大量人工成本，提高了效率，加快了结账流程，同时提高了顾客的满意度。另外，EPC 标签包含丰富的产品信息，如生产日期、保质期、储存方法以及与其不能共存的商品，最大限度地减少商品耗损。

6. 配送、分销环节

在配送环节采用 EPC 技术能加快配送的速度和提高拣选与分发过程的效率与准确率，并能减少人工、降低配送成本。如果到达配送中心的所有商品都贴有 EPC 标签，则在进入配送中心时，装在门上的读写器就会读取托盘上所有货箱上的标签内容并存入数据库。系统将这些信息与发货记录进行核对，以检测出可能的错误，然后将EPC标签更新为最新的商品存放地点和状态。这样管理员只需操作计算机就可以轻松了解库存情况，通过物联网查询货品信息及通知供应商商品已到货或缺货。这样就确保了精确的库存控制，甚至可确切了解目前有多少货箱处于转运途中、转运的始发地和目的地，以及预期的到达时间等信息。

7. 集装箱、港口、码头、报关报检环节

利用RFID技术，通过安装在出入境车辆上的RF电子卡(或RFPDA)与分布在口岸监管区域的无线射频基站群的无线信息交互，实现对出入境人员、车辆、货物实施电子化管理，从而取代了长期以来依靠司机填写纸质《出入境车辆检验检疫监管簿》申报的管理方式，实现出入境车辆及货物的快进快出、大进大出。集装箱上的电子标签可以记录固定信息，包括序列号、箱号、持箱人、箱型、尺寸等；还可以记录可改写信息，如货品信息、运单号、起运港、目的港、船名航次等。

集装箱RFID自动识别系统完成装箱数据输入、集装箱信息实时采集和自动识别；通信系统完成数据无线传输；集装箱信息管理系统完成对集装箱信息的实时处理和管理，能完成数据统计与分析，向客户提供集装箱信息查询服务。而港口集装箱管理系统可以监测、记录经过道口的集装箱、拖运车辆、事件发生时间、操作人员、集装箱堆放位置等信息。

基于物联网与RFID技术在供应链管理中的应用在运输、销售、使用、回收等任何环节都可以对产品进行定位追踪。但是也要清醒地认识到，物联网在供应链中的应用并非一朝一夕之功，它是融合多种应用系统于一网的统筹系统工程，其间仍有传输协议、信息安全、集成与嵌入技术等多项关键技术需要进一步研发。物联网将在未来一段时间内，逐渐融入供应链管理之中。它对于提高现代物流、供应链管理水平，降低成本，具有划时代的意义，必将成为物流供应链管理核心技术。

## 9.2 编目体系

### 9.2.1 编目简介

北约将编目定义为对军方供应系统中的所有装备组件及部件进行统一命名、描述、分类和赋予北约库存号(NATO Stock Number，NSN)的工作过程。我军理解为采用标准化的方法，采集、处理和管理军用物资品种数据的过程。我们理解编目是在对物品进行合理分类基础上，建立相应分类的数据模型，统一赋予每个分类品种唯一的标识码，统一注册和管理物品属性数据，统一构建包含基本标识数据、属性数据、供应商数据、产品数据的信息资源库，为物品在加工生产、计划采购、运输存储、配送使用等环节的自动识别、数据检索与交换提供支撑和服务。下面简单介绍编目涉及的若干概念。

(1) 物资分类是指按照物资分类标准对物资进行归类，如我军按照GJB7000—2010《军用物资和装备分类》标准对物资进行分类。

(2) 数据模型：编目主要依据物资属性数据模型系列标准，建立各个物资品种数据模型。

(3) 物资品种：具有相同或相似的自然属性，其自然属性的差异使其在管理和使用中可以忽略物品所在的集合。

(4) 物资品种与产品的关系：同一物资品种对应不同厂家的同一产品；同一物资品种对应同一厂家的不同产品；同一物资品种对应不同厂家的不同产品。

(5) 物资品种的基础属性数据：物资编目系统管理对象是各个物资品种的基础属性数据，主要包括唯一品种标识代码、分类代码、名称、名称代码、规格型号、使用管理范围、危险性质、主要用途、计量单位、体积、尺寸、重量、零部件与组套关系、替代互换关系、对应的相关专业物资编码及国际国内物资编码、供应商信息、外观图、说明书、设计图等各类技术文档数据，包装参数、运输参数、储存参数以及各项主要技术性能指标等在物资全寿命周期中基本保持不变的属性数据。而在物资管理和使用中经常变化、难以统一的信息，如发货单位、批次号、入库时间等，则不属于物资编目系统管理范畴。

(6) 军用物资编目系统：是集物资编目组织机构、政策法规、技术标准、软件系统和数据资源于一体的综合性物资品种数据管理与应用系统，是物流信息系统建设的基础和前提。目标是实现物资品种"唯一标识"、数据"集中统管"、系统"服务全国"。内容包括法规体系、标准体系、数据体系、软件体系、配套的组织机构，法规是前提、标准是基础、数据是核心、软件是关键、组织是保障。

### 9.2.2 国际编目情况

在美国主导下，北约于 1953 年起建立了当前应用最为广泛的北约物资编目系统，形成了由 78 个大类、680 个小类组成的物资分类体系，包含 4.7 万个物资基准名称、15 万条信息分类与代码和 27 300 余个物资属性数据模型，以及 1700 多万物资、150 多万供应商和 3800 余万种产品编目数据，编目系统支持 19 种语言在 67 个国家(包括 29 个成员国和 38 个非成员国)推广使用。北约实行物资统一编目后，物资品种由原来 3000 万种减少到了 1700 万种，同时降低了采购成本，减少了管理复杂度。

北约编目的目标是减少物资品种、统筹协调采购、有效减少库存、实现联合保障及统一财务核算，其主要依据物资的本质特性和保障功能来区分品种，逐品种进行编目，采取的品种码共 13 位，前 4 位是类别(2 位大类、2 位小类)，中间 2 位是国别，后 7 位是品种流水号。

### 9.2.3 国内编目情况

尽管我国没有加入北约编目组织，但是，由于我国许多企业和组织有对外开展贸易活动和提供服务的业务需求，所以，许多企业和组织都通过北约的编目系统申请了自己的 NCAGE 代码，注册了自己的产品。截至 2013 年 12 月，国内一共有 1312 家企业和组织申请了自己的 NCAGE 代码，2700 余种产品具有北约储备物资代码(NATO Stock Numbers，NSN)。

在我国，主要由中国物品编码中心负责物品编码标准编制和编码信息管理。该中心在全国设有 47 个分支机构，479 个工作站，通过中国商品信息服务平台管理全国所有商品的编码信息并提供相关服务。目前，中国商品信息服务平台共有 10 万注册用户，管理维护 1 亿多种商品和 30 余万生产制造企业数据，且商品数据还在以每天上万种的速度不断增加。服务平台提供条码生成、产品管理、产品同步、产品审核、用户管理、配置管理和订阅服务等功能，对各类商品基本信息、包装信息、度量信息、价格信息、物流信息、证书、产品照片等 200 多项属性数据进行维护管理。同时，为确保该系统能顺利实施，中国物品编码中心制定了《商品属性定义》等标准，规范数据的采集、更新维护。

我军借鉴北约编目系统的建设理念和原则，建了自己的军用物资和装备编目系统，也采用逐品种编目，品种码采用北约体制，共 13 位，前 4 位是类别(2 位大类、2 位小类)，中间 2 位是国别，后 7 位是品种流水号。

### 9.2.4 北约编目系统

1. 北约编目系统概况

编目系统建设是一个军队级的系统工程，起源于美国。经过几十年的发展，目前，美军基于编目系统已经建成了联邦后勤信息系统（FLIS），统管了美军现用的700多万种军用物资，其突出特点是：国防部和军种的253个单位只依托一个信息服务中心——国防后勤信息服务中心，统一采集、存储、处理和提供军用物资和军事物流信息服务，使后勤进入了物资可视、无纸办公的电子商务时代。当下，为满足军事物流、企业资源计划系统、产品全寿命支持系统的需求，美军正在准备采用面向服务的体系架构，研发基于工作流引擎和基于XML的数据交换机制，对其编目系统软件进行升级改造。

编目系统的建设也受到各国军队或国际军事组织尤其是发达国家军队的高度重视。它以北约编目手册、北约供应品分类、北约物资名称词典以及物品描述指南等标准为基础，以数据为核心，采取各国自行建设、数据统一交换汇总的模式，实现了成员内军用物资信息的共享，为实现多国联合后勤和全球市场化采购奠定了基础。

2. 北约编目系统建设特征

总结外军编目系统的发展，主要呈现以下几个特征。

1）建立比较完善的法规制度

北约许多国家在编目系统建设中，一般都是先建章立制，确定相关的法规制度，在此基础上再展开编目系统的建设。捷克就制定发布了十几项法规制度，确保编目系统的运行，斯洛伐克和日本等国也是如此。

2）具有专门的组织机构

加入北约编目系统的国家均设立了编目局，专门负责军用物资编目系统管理，该局大多设在采购部门或信息化部门。如美国主管物资编目系统的部门设在国防后勤局联邦后勤信息服务中心，对外称美国国家编目局，编制四百多人，年预算经费7000多万美元。法国国防物资编目机构为国防物资编目中心（CIMD），由三军参谋总部主管后勤的副参谋长领导，另在国防部、陆军、海军、空军设立编目室。澳大利亚1968年在国防部设立国家编目局，负责管理国防通用物资，研制供三军使用的物资编目系统软件，另在陆军、海军、空军设立编目办公室，1997年后，3个军种的编目办公室并入国家编目局。其他各主要国家均在国防后勤部门编设几十至数百人的物资编目常设机构，不但承担国防物资编目责任，也服务于军民兼用及民用目的。

3）遵循相同的国际标准

国外编目系统的建设基本遵循了ISO 8000和ISO 22745等国际标准。

ISO 8000主要是关于数据描述质量的标准，包括数据交换采用的语法、编码以及对数据的准确性、完整性和一致性描述等。

ISO 22745国际标准是为了确保数据质量，使编目系统内的数据更加符合ISO 8000标准，而提供的一系列数据模型、交换格式、准则和程序。它规定了基于XML的统一的、可扩展的数据交换格式。该标准核心之一是eOTD（ECCMA Open Technical Dictionary）电子商务代码管理协会开放技术字典，其主要目的是提供一个统一的、与编码语言无关的数据字典。

同时，eOTD针对北约编目系统专门开发了一个“智能STEP编码系统”（Smart STEP Codification），提供编目系统与工业自动化间的数据接口，以实现北约编目系统与工业自动化的衔接。该系统可以将军用物资的属性数据(如结构尺寸、材料、颜色等)转换为产品数据交换标准(STEP)所需的格式,直接作为参数提供给计算机辅助设计/制造系统进行加工生产,也可以将新产品的特征数据直接转换为军用物资编目系统的输入数据,用于编目系统的更新。这种模式加强了后勤保障部门与工业界的联系,使得工业界可以直接利用北约编目系统的信息资源优势,以最快捷的方式为军用物资生产提供服务,而军方的物资供应管理部门也可借此对物资进行科学管理。

4) 提供标准的数据服务

尽管各个国家的编目系统不尽相同,其开发语言、体系结构、数据库的选择等各不相同,但各国家编目系统在遵循 ISO 8000 和 ISO 22745 标准的基础上,实现了统一的数据交换体系,提供了标准化的编目数据服务。

在数据交换体系中,交换格式上统一采用符合 ISO 22745 标准 XML 文件,交换方式大多采用 E-Mail 的方式,交换内容采用 ISO 8000 标准进行约束。

在编目数据的采集、服务等方面,国外编目系统采取的方式基本相同,即查询和数据采集同步进行。

如图 9-3 所示,当订购方采购某种物资时,首先,它可以在编目系统中查询该物资的信息(过程),在查询过程中,编目系统会自动生成一个符合 ISO 22745 标准的 XML 格式的查询文件(eOTD-q-XML),如果编目系统中存在准确的、详尽的编目信息,系统会以符合 ISO 22745 标准的 XML 格式的文件(eOTD-r-XML)反馈给订购方(过程),订购方由此获得标准的、权威的编目信息。

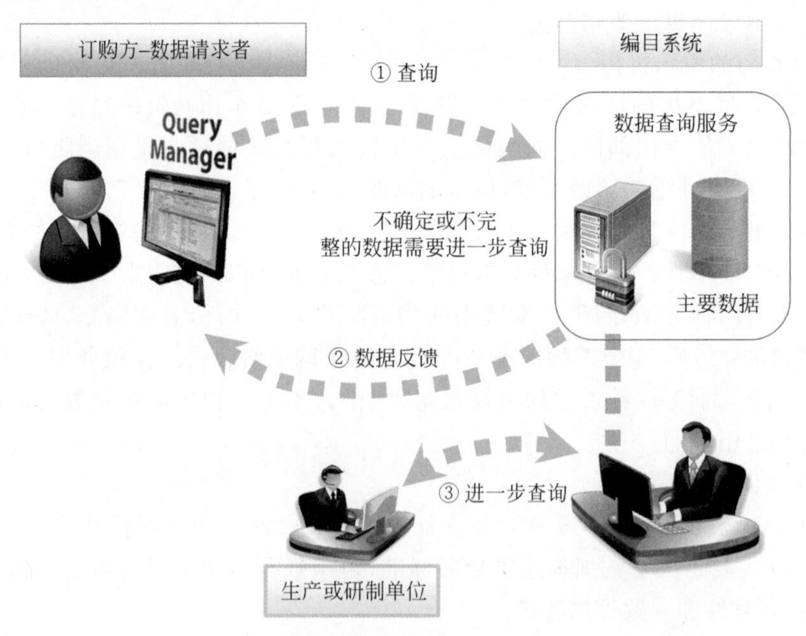


图 9-3　编目服务过程示意图

如果在编目系统中存在的编目信息不确定或不完整,系统会将查询信息(eOTD-q-XML)传递给更了解该物资的设计单位或生产单位,由其进行填写(过程),然后,编目系统会将设计单位或生产单位填写的物资信息反馈给订购方(过程)。从一定的角度上讲,数据的请求流程就是一个编目数据的采集过程。

尽管编目系统涉及的部门多,事务繁杂,数据采集困难,但外军却找到了较好的解决问题的方法,即充分利用市场经济下"买方"的权力,让"卖方"主动按"买方"的规则和标准提供物资数据,否则,该物资不能进入军队系统。

3. 北约物资编目机构设置

外军对物资编目工作普遍重视,都以国家名义成立了专门的编目机构,称为国家编目局(National Codification Bureau,NCB),具有固定编制,像美国的 NCB 就编有 400 余人。为了搞清外军物资编目机构的设置和具体的职能分工,我们赴捷克考察,较为深入地了解了相关情况,现主要介绍捷克编目相关机构设置情况。具体内容如图 9-4 所示。

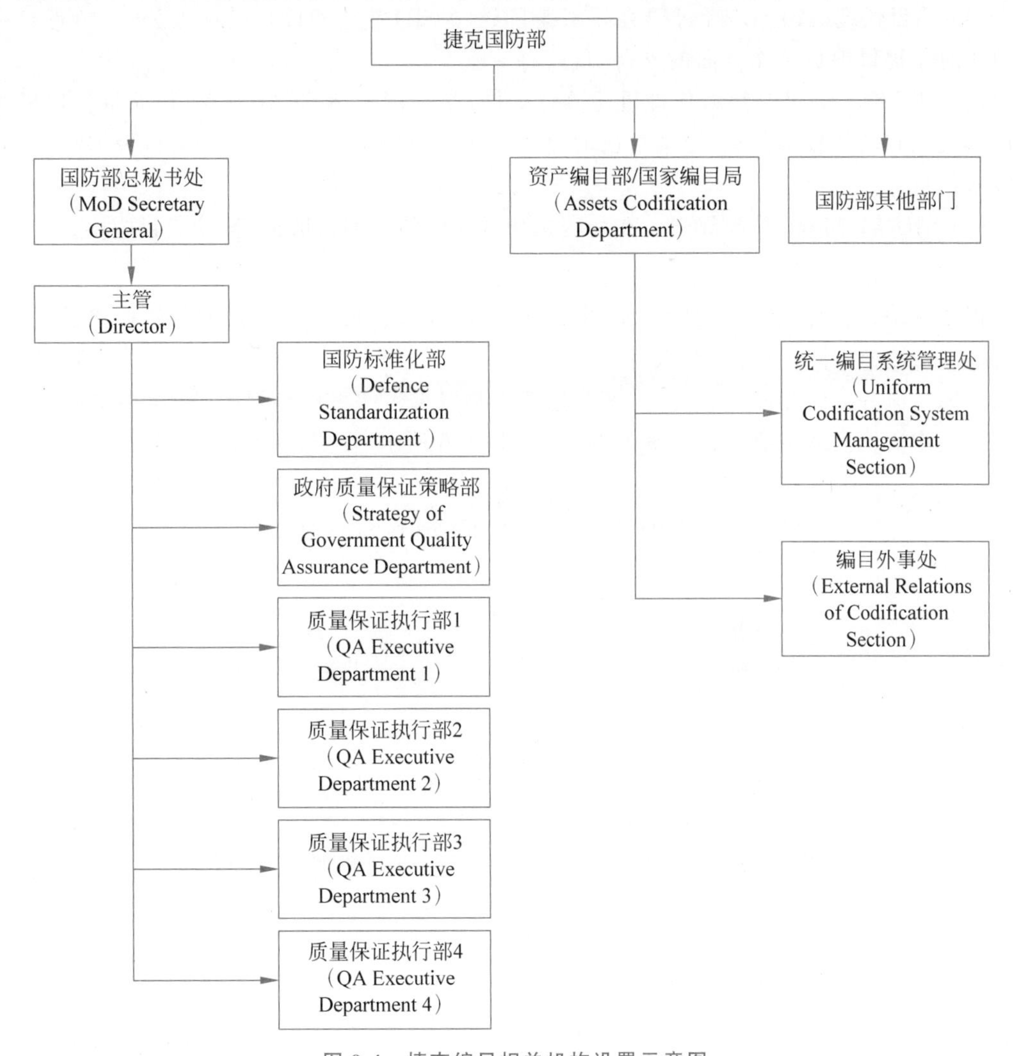


图 9-4 捷克编目相关机构设置示意图

捷克国防部下设资产编目部(即国家编目局 NCB),由统一编目系统管理处和编目外事处组成,编制 12 人,是编目工作的核心,军队和外部物资编目数据的交换均通过编目局完成。国防部同时下设国防标准化部,为编目局提供编目相关的信息标准;此外,还下设政府质量保证策略部,在 4 个城市各自设立质量保证执行部,监督控制编目数据应用。发布了十几项法规制度,确保编目系统的运行。其数据分 17 个专业,由物品主管部门负责更新维护,编制 31 个物资品种数据管理员。此外,在 5 个城市设立代理,由地方公司担任,负责供应商的培训、咨询和数据服务。

捷克的物资编目工作主要涉及以下部门和人员：

（1）国家编目局。国家级编目保证人，负责分配北约商业及政府机构代码（NCAGE）、对常规编目表的维护、对外联系等工作。

（2）资产管理员。负责确定编目对象、确定品种概念、确定品种类别、预估规格、技术条件等，并通过物资品种管理员维护编目系统中所有品种数据。

（3）物资品种数据管理员。资产管理员的下级编目人员，分为17个专业，负责编目数据处理，分配捷克编目代码，将编目数据导入后勤编目信息系统。

（4）编目代理机构。是经过捷克国家编目局（NCB）鉴定和授权的私人公司，负责对供应商等对象提供编目工作方面的支持，目前有5家。

（5）供应商。通过与编目代理机构签订合同，呈交国家编目局（NCB）和编目代理机构其产品文档和其他技术信息，申请自己的北约商业及政府机构代码，准备编目数据草案，处理技术信息等。

（6）国防部（MoD）采购部门。在物资采购过程中使用编目数据，推动编目应用。

4. 北约物资编目流程

据捷克编目局介绍，采用捷克AURA公司的MC CATALOGUE软件的斯洛伐克、芬兰、挪威、俄罗斯国防出口公司、俄罗斯国家出口军品编码中心等国家和组织的编目流程与捷克的编目流程大致相同。在此，主要描述捷克物资编目的工作流程。

捷克物资编目的主要工作流程如图9-5和图9-6所示，主要包括以下几步。

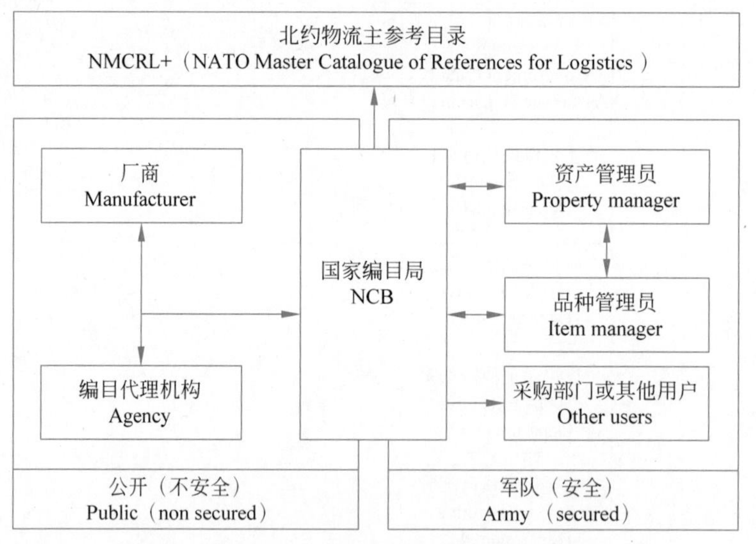


图9-5 捷克物资编目的工作流程关系示意图

第1步，厂商使用软件按照合同条款处理数据，提交国家编目局（NCB）请求编目。也可通过编目代理机构来处理数据，并通过代理机构提交国家编目局（NCB）请求编目。

第2步，国家编目局（NCB）接受编目申请，上传一个事务给后勤信息系统（Information System for Logistics，ISL），并发送给物资品种数据管理员来处理。

第3步，物资品种数据管理员确认数据。

第4步，国家编目局（NCB）通过相应的文档控制号（DCN）向编目代理机构确认编目请求。

第5步，编目代理机构通过软件处理来自厂商的数据，建立LNC（Request for NIIN assignment—descriptive method with partial characteristics）事务并提交给国家编目局（NCB）。

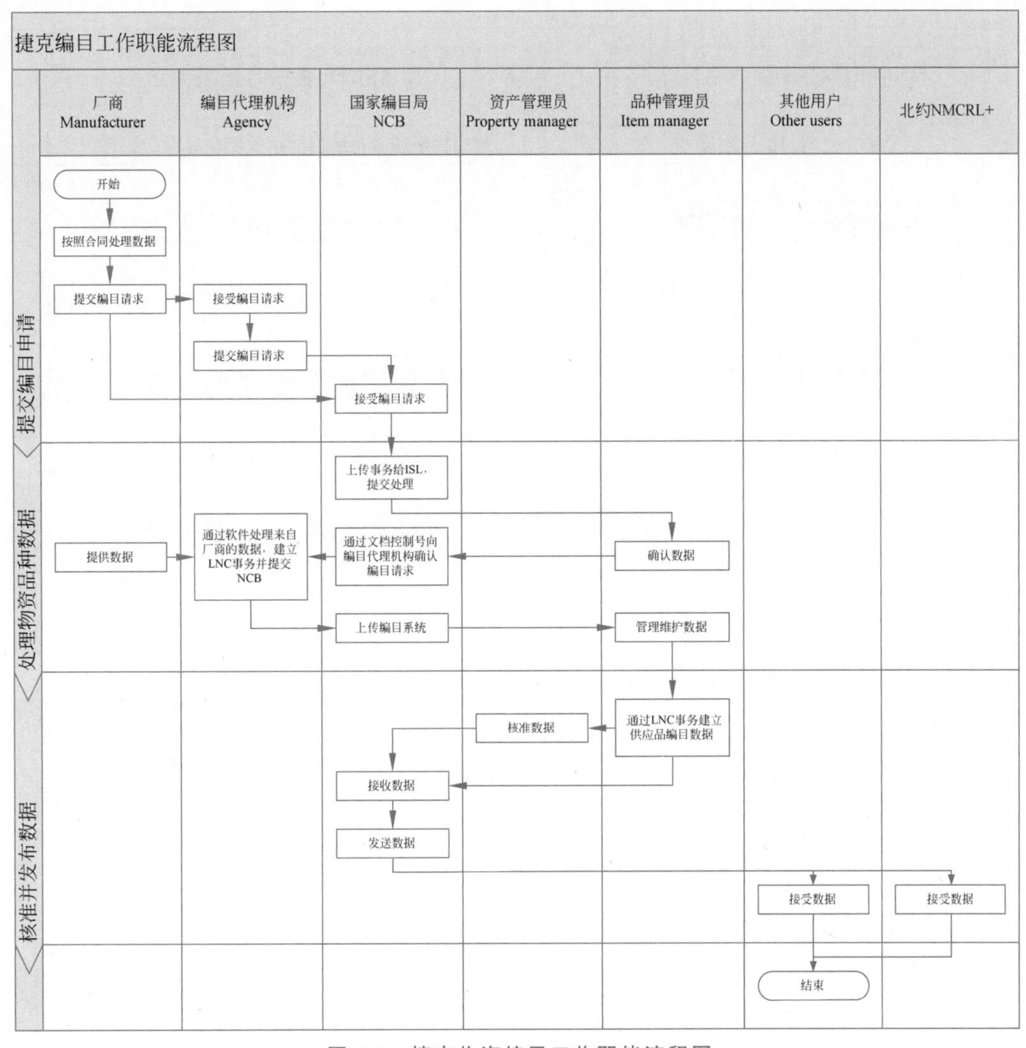


图 9-6　捷克物资编目工作职能流程图

第 6 步，国家编目局(NCB)将数据上传至编目系统，物资品种数据管理员管理维护数据。

第 7 步，物资品种数据管理员通过 LNC 事务建立供应品编目数据，并发送给国家编目局(NCB)和资产管理员。

第 8 步，经过批准后，该供应品种被分配至后勤信息系统(ISL)的其他子系统和北约编目系统(NMCRL＋)。

### 9.2.5　我军编目系统

我军跟踪北约编目系统发展多年，也做了一些前期的尝试，并取得了一定的成果，初步建立了军用物资编目系统，主要分为军用物资和装备编目标准、军用物资和装备编目数据、军用物资和装备编目信息系统、军用物资和装备编目运行机制四大部分。体系结构如图 9-7 所示。

1. 军用物资和装备编目标准

主要包括：军用物资和装备基准名称与代码系列标准、属性数据模型系列标准，以及需要参考借鉴的外军物资编目标准。

2. 军用物资和装备编目数据

按照物资编目数据标准体系，建立包括军用物资品种标识代码、基准名称、技术性能参

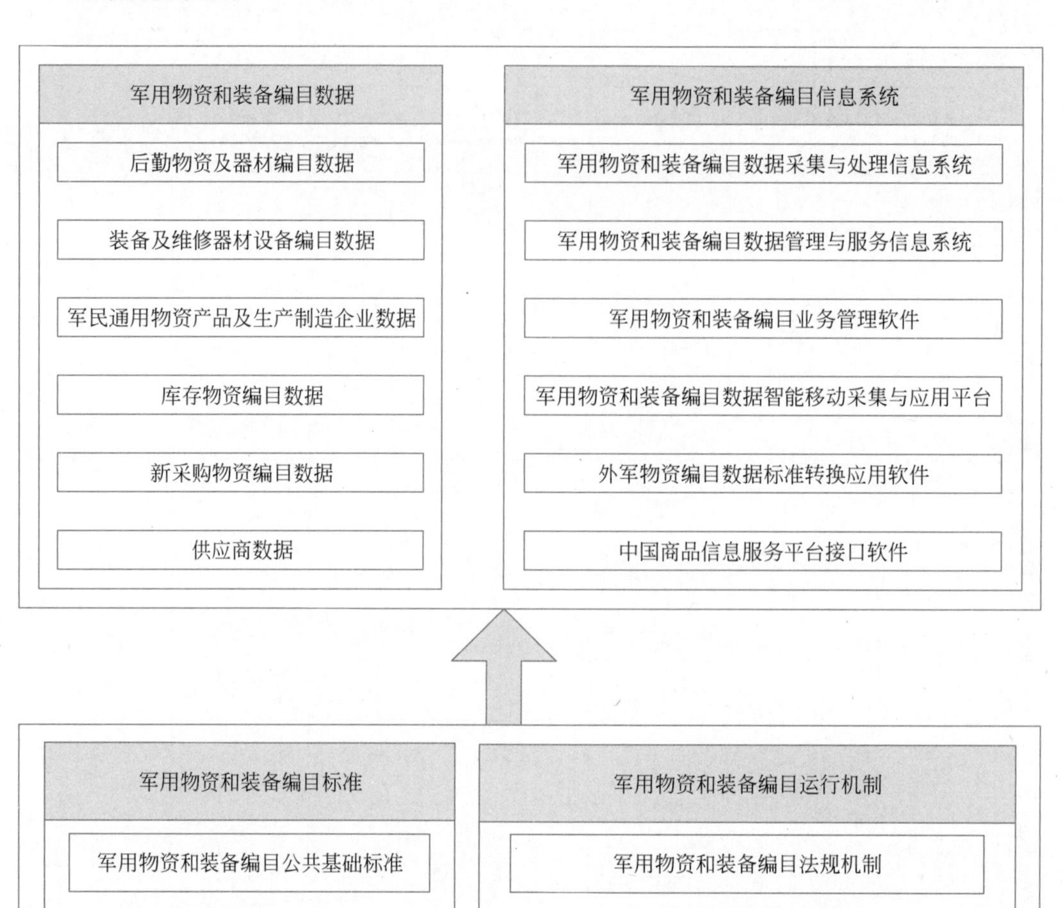


图 9-7　编目系统体系结构图

数、包装信息、运输存储要求、供应商及产品数据在内的军用物资和装备编目数据体系，统一为全军提供物资和装备基础数据信息服务。

3. 军用物资和装备编目信息系统

研制改造软件包括：军用物资和装备编目业务管理软件、军用物资和装备编目数据智能移动采集与应用平台、外军物资编目数据标准转换应用软件。

需改造验证的现有软件包括：军用物资和装备编目数据采集与处理信息系统、军用物资和装备编目数据管理与服务信息系统、中国商品信息服务平台。

4. 军用物资和装备编目运行机制

主要包括：《军用物资和装备编目工作规定》《军用物资和装备编目数据质量评定办法》等军用物资和装备编目专门法规制度；开展军用物资和装备编目业务培训，建强专业力量体系；军用物资和装备编目系统在后勤虚拟专网、军事综合信息网、指挥专网、国际互联网上运行的网络及软硬件支撑环境，同时搭建必要的联调联试环境。

# 第10章

# 安全与隐私

## 10.1 概述

物联网是建立在传统互联网基础之上的，因此物联网的安全也是互联网安全的延伸，物联网和互联网的关系是密不可分、相辅相成的。物联网安全不是全新的概念，物联网安全比互联网安全更复杂。物联网安全比互联网安全多了感知层，传统互联网的安全机制可以应用到物联网。物联网的安全问题与传统互联网安全有许多共通之处，例如，都需要考虑数据的保密性、完整性和可用性。然而，随着物联网技术的发展，物联网有别于互联网的特点也带来了许多不同于原有信息行业的安全与隐私问题，为了保护物联网的安全性与隐私性，人们仍在不断努力。

### 10.1.1 物联网的安全需求

物联网的愿景是将物理世界与虚拟世界相互融合，实现万物互联的智能世界。这个宏愿意味着人们身边的所有物品都需要接入互联网，而在任何时间、任何地点，任何人或设备都可以通过任何可能的路径、网络以及相关服务来连接至任何物品。同时，支撑起物联网物理空间基础的海量传感器将产生大量的数据，传统的集中式存储、通信不再能满足实际需求，分布式存储、通信将为物联网设备提供无处不在的服务。而每个人所持的终端设备、每个智能物品、每台智能机器、每个服务平台将构筑起一个相互连接但高度分散的庞大的公共动态网络。这一网络所使用的“通信语言”需要基于一种可交互的操作协议，在异构的网络环境和平台上运行。借助云计算的发展与人工智能的发展，这一网络将逐渐脱离人为干预而实现完全自主化的信息选择和传递，为网络中的用户提供智能服务。

事实上，在物联网出现之前，人们便已开始探索借助网络技术影响物理世界事物的可能性，其主要借助人与人的沟通形式完成。这种传统的形式在物联网时代依旧适用，而且根据网络空间与物理世界的交互方式可以简单分为：由用户进行感知和驱动的交互、由本地设备进行感知和驱动的交互以及由远程设备进行感知和驱动的交互。

这意味着为了实现物联网的愿景，除了人与物的交互之外，还存在设备之间的大量交互行为。传统意义上的隐私是针对“人”而言的，而在物联网中人与物的隐私都需要得到同等地位的保护。随着物联网自主化、智能化程度的不断增加，物品的隐私问题乃至物品的责任问题都需要被重点考虑。这便引出了物联网身份管理与信任管理两个安全需求，特别是对物联网中的“物”的身份管理与信任管理。

物联网继承了互联网的大部分特性。从系统架构的角度来看，物联网的应用层与网络传输层继承了互联网的应用层与网络传输层的几乎全部特性，并且物联网还具有一层感知层。从数据产生的角度来看，从互联网诞生开始，其数据绝大部分是由用户产生的，而物联网中由用户产生的数据仅仅是数据海洋中的冰山一角，一般只起动态调控的作用，物联网设备与传感器才是数据海洋的主要生产者。物联网设备与传感器产生的数据除了数据量大的特点外，还具有数据产生频率高、数据价值密度低、数据实时性强等特点。这些特点使得物联网的数据安全需求相较于互联网数据安全要求更加苛刻，特别是物联网特有的感知层中的数据安全需求。

下面依据物联网中的层次划分来说明各层次对身份管理、信任管理、数据安全和物理安全的具体需求。

在感知层中，多数情况下不需要对身份、密钥等进行集中管理，但一般需要内部节点间点对点地对传输数据行为协商密钥并进行加密，也需要安全路由技术；个别网络中为了更高的安全性，存在身份管理与信任管理的需求，需要进行节点认证与信誉评估。同时由于物联网的传感器节点常常布置在无人值守的环境中，攻击者可能直接物理接触到这些节点，因此还需要考虑其物理安全，或者说考虑其直接遭受物理接触攻击的可能性。

在网络层中，如果仅考虑互联网与专用网络的情况，其对安全的需求与互联网安全基本一致，即数据机密性、数据完整性与信息流机密性。同时由于物联网感知层的节点数量往往非常多，正常访问网络层节点的流量也较大，这使得网络层的节点在面临 DDOS 攻击时可能有些节点风险更大，因此需要对 DDOS 攻击进行检测与防护。但需求相同并不意味着技术实现的具体方式相同。与互联网安全不太相同的是，物联网的网络层往往需要跨架构、跨域、跨网络进行数据交换，这些情况下还需要解决一致性或兼容性等问题。

在应用层这一层次，相较于物联网自身的特性需求，更多情况下考虑的是物联网与互联网之间的共性需求。因此，该层次对安全的需求与互联网安全基本一致，除了对数据机密性、数据完整性与信息流机密性的需求外，还包括隐私保护、知识产权保护、计算机取证、计算机数据销毁等安全需求。

总的来说，物联网安全的总体需求就是物理安全、信息采集安全、信息传输安全和信息处理安全的综合，安全的最终目标就是确保信息的机密性、完整性、真实性和数据时效性。

### 10.1.2 物联网的安全技术基础

1. 加密技术

加密技术是保护物联网中数据传输安全的关键技术。它通过将数据转换成不可读的密文，确保只有授权用户才能访问和解读信息。它通过将原始数据(明文)转换成不可读格式(密文)，以确保只有拥有正确密钥的用户才能解密并访问数据内容。在物联网安全应用中，常用的加密方法包括对称加密和非对称加密。

对称加密使用相同的密钥进行数据的加密和解密过程。这类算法的加解密速度快，适合大量数据的加密处理。常见的对称加密算法包括 DES(Data Encryption Standard)、3DES 和 AES(Advanced Encryption Standard)。AES 具有 128 位、192 位或 256 位的密钥长度，是目前常用的一种安全且快速的对称加密算法，128 位的 AES 在物联网的应用中也十分常见。

非对称加密使用一对密钥，即公钥和私钥。公钥可以公开分享，用于加密数据；私钥则是保密的，仅用于解密。即便公钥被泄露，没有私钥也无法解密数据。非对称加密相对于对称加密更复杂，加解密速度慢，常用于数字签名和少量数据的加密。RSA 和椭圆曲线加密(Elliptic Curve Cryptography，ECC)算法是两个广泛使用的非对称加密算法。

此外，还有一些加密算法可应用于物联网安全，如不可逆加密算法，也称为散列函数或哈希(Hash)函数,它们将任意长度的输入转换为固定长度的输出,并且这个过程是不可逆的。MD5 和 SHA(Secure Hash Algorithm)系列是常见的使用散列函数的算法,可用于数据完整性校验和数字签名等场景。

在实际应用中,数据加密可以从软件层面实现,也可以在硬件层面实现。软件层面的加密通常通过编程实现,而硬件层面的加密则依赖于专门的加密芯片。

对于资源有限、能源有限的物联网设备而言,需要根据具体的安全需求选用合适的加密方式,同时考虑设备的成本。对安全性要求较高的应用场合可以考虑采用硬件加密,如银行卡和第二代居民身份证等由于其具有逻辑加密电路及配套的密钥算法,使其具备极高的安全性,能够作为身份认证以及金融交易的凭证,但其成本也远超一般的 RFID 电子标签。

2. 身份认证技术

身份认证技术是指通信双方可靠地验证对方身份的技术,其目的在于保证存储在设备或网络系统中的数据只能被有权访问的设备或用户访问,只能被有权操作的设备或用户进行操作,而所有未被授权的用户或设备无法读写这些数据,因此一般必须与下面介绍的访问控制技术一起使用。

在物联网系统中,身份认证技术包括用户或物联网设备向系统出示身份证明和系统查核用户或物联网设备身份证明的两个环节。它确保只有验证过的用户或物联网设备才能访问系统资源。常用的身份认证技术主要有基于信息密码的身份认证、基于信任物体的身份认证、基于生物特征的身份认证,以及数字签名、专用协议等方式。

基于信息密码的身份认证依赖于用户知道的信息,如密码、PIN 码或者安全问题的答案来验证身份。这种方法的优点在于实现简单,但缺点是容易受到社会工程学攻击或者猜测攻击。

基于信任物体的身份认证依赖于用户拥有的物理对象,如智能卡、安全令牌或者手机应用生成的一次性密码。例如,短信验证码就是一种常见的基于信任物体的认证方式,它通过将验证码发送到用户的手机上,再由用户输入验证码来验证用户的身份。在物联网中,实施身份认证的典型代表方式就是 RFID。

基于生物特征的身份认证根据用户的生物特征来验证身份,如指纹、面部识别、虹膜扫描或者语音识别。生物识别技术具有唯一性和难以伪造的特点,因此提供了更高级别的安全性。然而,采用这种技术意味着额外的硬件设备,并且涉及个人生物特征隐私保护的问题。

数字签名是一种用于验证电子文档完整性和来源的技术,它通常与非对称加密技术结合使用。数字签名可以证明文档未被篡改,并且确实来源于声称的发送者。

专用协议是网络安全通信中常用的身份认证和加密协议。如目前常用的 SSL 协议提供了安全的网页浏览体验,通过证书来验证服务器和客户端的身份。

前 3 种方法大部分是针对“人”的认证,只有信任物体中的 RFID 涉及了对“物”的身份认证,而数字签名和专用协议仅针对设备与设备之间的认证。在物联网的网络环境下,由于认证信息的传输特性,物与物之间的身份认证更为复杂,不能仅依靠简单的口令或网络地址,而 RFID 又具有距离限制。同时由于物联网设备的低成本、低功耗、小存储和网络的异构性等特点,使得传统计算机网络中的身份认证机制往往难以直接适用。因此,物联网身份认证不仅需要适应物联网设备的特点,还需要适应不同的应用场景,以应对多样化的安全挑战。为了确保身份认证的有效性和安全性,需要采用多种技术和策略,并且遵循相关的安全标准。

3. 访问控制技术

访问控制技术是一种确保只有授权用户或物联网设备能够进行数据访问的管理和限制的技术,一般必须与上面介绍的身份认证技术一起使用。访问控制涉及认证、控制策略与安全审计3个过程。认证是确认一个主体(如用户、进程或设备)的身份。控制策略则是决定这个经过认证的主体能够执行哪些操作,它确保只有授权的请求才能得到响应,同时防止合法与非法用户越权访问。安全审计是指系统自动根据用户的访问权限,根据其相关活动进行系统的、独立的检查验证,动态做出评价与审计。

访问控制通常基于角色、权限级别或属性来实施,有强制访问控制(Mandatory Access Control,MAC)模型、自主访问控制(Discretionary Access Control,DAC)模型、基于角色的访问控制(Role Based Access Control,RBAC)模型等。MAC是一种由操作系统实施的安全策略,用于限制用户或程序对系统资源的访问和操作,这种模型的访问控制基于中央策略,通常用于安全级别较高的系统,其中安全策略由政府或组织的统一标准决定。DAC允许资源的所有者或指定的管理者对访问权限进行管理,相较于MAC灵活性较高,但管理起来可能会比较复杂。RBAC访问权限是基于用户的角色来分配的,一旦用户被分配了某个角色,他们就继承了该角色的所有权限,这种方法简化了权限的管理过程。

对任何具有一定规模的分布式应用来说,在具有开放性和动态性的网络环境下,节点与节点之间的信任关系非常脆弱,甚至可以假设为不存在。面对这种情况,信任管理是十分必要的,同时信任的仲裁也需要去中心化。

4. 入侵检测技术

入侵检测技术通过监控受保护系统的状态和活动,采用误用检测或异常检测的方式,发现非授权或恶意的系统及网络行为。该技术基于一个应用前提,即入侵行为和合法行为是可区分的,即需要前面介绍的身份认证技术和访问控制技术。入侵检测主要有3个步骤:信息收集、信息分析与结果处理,简单来说,就是通过提取行为的模式特征来判断该行为的性质,并对该行为做出相应的决断。

入侵检测系统的3个步骤对应解决3个问题:如何充分并可靠地提取描述行为特征的数据,如何根据特征数据高效并准确地判定行为的性质,如何根据行为的性质采取相应的措施。

误用检测是根据已知的入侵模式或特征进行匹配,适用于检测已知的攻击模式。异常检测则是根据系统正常行为的轨迹进行比较,以发现任何偏离正常模式的行为。入侵检测系统是一种积极主动的安全防护技术,它与其他网络安全设备的不同之处在于其能够对网络传输进行即时监视,并在发现可疑传输时发出警报或采取主动反应措施。入侵检测系统用于监控网络活动并识别潜在的恶意行为。在物联网中,由于设备众多且环境复杂,因此有效的入侵检测对于及时发现和响应安全威胁至关重要。

### 10.1.3 物联网的安全体系结构

与互联网相比,物联网通信的范围扩大到了物与物之间。基于物联网的层次结构,并考虑互联网安全的相关内容,物联网的安全层次体系结构主要由底层的物理安全与信息采集安全、中间层的信息传输安全与顶层的信息利用安全组成。在物联网层次中,底层对应感知识别层，中间层对应网络构建层，而顶层则为应用层和中间件层，如图 1-5 所示。

上述的物联网安全层次体系结构已被广泛使用，其是在互联网安全体系结构基础上拓展得来的，这种按层次划分的体系结构能够将绝大部分物联网特有的安全问题集中在感知识别层和网络构建层上，以实现在更高层级中直接使用已经较为成熟的互联网安全方案提供安全防护。在工业和信息化部于 2021 年印发的《物联网基础安全标准体系建设指南》中，定义了物联网基础安全标准主要是指物联网终端、网关、平台等关键基础环节的安全标准。其中同时定义了物联网基础安全标准体系包括总体安全、终端安全、网关安全、平台安全、安全管理五大类标准，如图 10-1 所示。这种定义方式可以认为是在底层的节点安全、中间层的信息传输安全与顶层的信息利用安全基础上，将信息利用安全拆分为平台安全与安全管理，增加了偏向于的基础性、指导性和通用性的总体安全，并以现有或拟定的标准搭建起的物联网安全体系结构。从各大类标准的数量来看，终端安全与网关安全无疑是最多的，这也体现了绝大部分物联网特有的安全问题集中在感知识别层和网络构建层上。

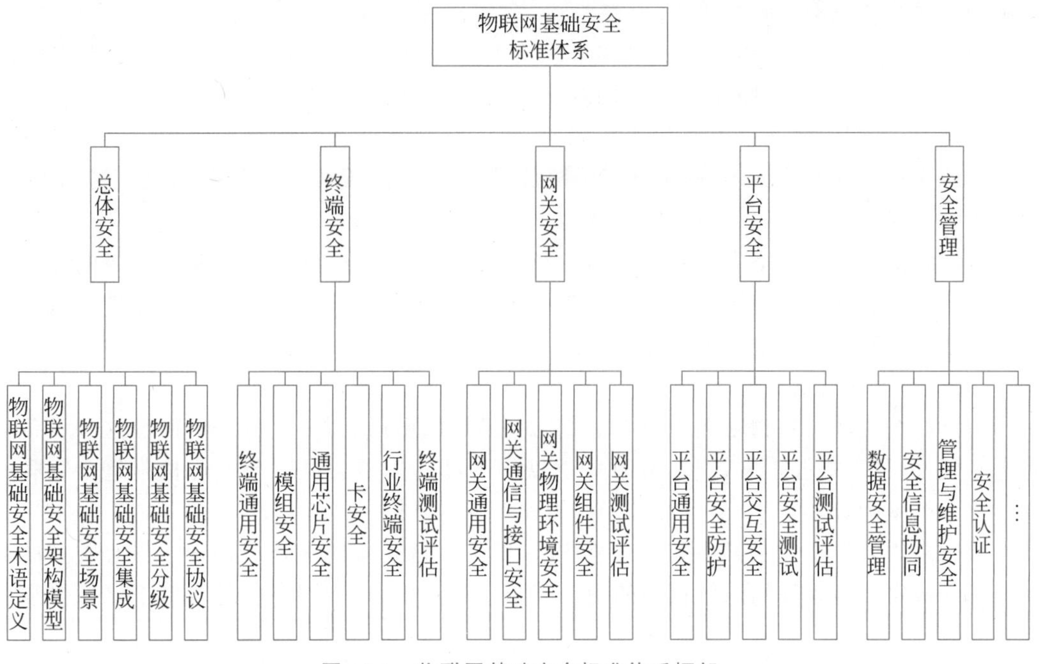


图 10-1　物联网基础安全标准体系框架

同时，针对某一具体的物联网系统应用或是其中应用的安全技术，人们也提出了物联网安全的整体防护体系，这是一个复杂的多层次结构，旨在为具体的应用提供多方位、全层面的物联网安全保障。物联网整体防护体系依据安全需求在横向上分为物理安全、安全计算环境、安全区域边界、安全通信网络、安全管理中心以及应急响应恢复与处置 6 个方面；依据保护对象的重要程度在纵向上分为边界防护、区域防护、节点防护和核心防护 4 个层次。

物理安全是指保护物联网设备和基础设施不受物理损害或干扰的措施。通常包括设备的物理加固、访问控制、环境安全、记录介质安全、电源安全和电子标签设备安全等，以防止未经授权的人员接触或破坏关键设备。

安全计算环境涉及确保物联网设备在执行数据收集、处理和存储时的安全性。通常包括传感器节点身份认证、访问控制、授权管理、传感器节点安全防护以及数据源可信性、数据保密性和完整性、电子标签认证、系统安全审计等，以保证物联网节点收集、处理、存储的数据真实有效且可信。

安全区域边界是指在网络上划分不同的安全区域，并在这些区域之间实施适当的隔离和控制措施。通常包括节点控制、信息安全交换、节点完整性和边界审计。有助于防止潜在的攻击者在不同安全区域之间横向移动，从而保护更敏感的数据和系统。

安全通信网络关注的是物联网设备之间以及设备与云端或其他服务之间的数据传输安全。通常包括链路安全和传输安全，保证数据传输的机密性与完整性。

安全管理中心是物联网安全体系的中枢，负责监控、分析和报告整个物联网环境的安全状况。通常包括业务与系统管理、安全检测系统以及安全管理系统。

应急响应恢复与处置是指在发生安全事件时，能够迅速采取措施以减轻损害、恢复服务并处理后果的能力。通常包括容灾备份、故障恢复、安全事件处理与分析和应急机制。

物联网的边界可以指单个应用的边界，也可以理解为互联网与感知层的边界，还可以理解为不同业务应用之间的边界。

边界防护是第一道防线，它的主要任务是控制进出网络的数据流和防止未授权访问。在物联网环境中，边界防护需要考虑网络边界设备端口和链路的可靠性，确保物理端口的可信性，防止非授权的网络链路接入。同时，需要对外部设备的网络接入行为及内部设备的网络外连行为进行管控，以减少外部威胁的引入。此外，无线网络的使用也应受到管控，以防止因无线网络的滥用而引入安全威胁。

区域防护是指在网络内部划分不同的安全区域，并在这些区域之间实施适当的隔离和控制措施。这有助于防止潜在的攻击者在不同安全区域之间横向移动，从而保护更敏感的数据和系统。安全区域边界的安全控制点包括访问控制、入侵防范、恶意代码和垃圾邮件防范、安全审计和可信验证等。

节点防护关注的是物联网中单个节点（如传感器、摄像头等）的保护。确保这些设备不被恶意软件侵害，能够正常运行，并且能够抵御外部的攻击尝试。节点防护是整个物联网安全体系的基础，因为每个节点都可能成为攻击者的目标。

核心防护可以是针对某一具体安全技术，也可以是具体的节点或用户。核心防护的目的是确保被定义为物联网系统核心的功能或服务不受威胁，能够在各种攻击下保持可靠和稳定运行。

由于物联网的整体防护体系需要涉及具体的应用场景，因此本节内容主要基于物联网安全层次体系结构进行展开；10.2节主要介绍感知层的传感器节点带来的安全与隐私泄露问题；10.3节主要介绍感知层与网络构建层中流量处理节点带来的安全与隐私泄露问题，同时也探讨了一些有关于应用层中云服务的安全与隐私问题。

## 10.2 基于传感器的隐私泄露

物联网与互联网最大的区别就在于物联网的感知层。感知层由物理世界中的大量传感器构成，时刻采集物联网所需的数据。传感器采集物理世界海量的真实数据，虽然其中的信息密度偏低，但极易被攻击且防护能力往往不足，存在严重的隐私泄露风险。不仅可能泄露包括传统意义上的“人”的隐私，如个人的位置信息、生物特征数据以及个人的行为模式等，还包括了物联网中“物”的隐私。同时，随着技术的发展，传感器采集的以往不被认为是“隐私”的信息也可能成为非法用户发动侧信道攻击的有效信源，通过技术处理后的隐私不敏感的信息也可能被恢复成隐私敏感的信息，隐私敏感与隐私不敏感的界限逐渐变得模糊。

### 10.2.1 隐私敏感的传感器

所谓隐私敏感的传感器，是指感知的数据能够确定到具体的人或设备的传感器，如人的生物特征或设备的唯一标识，或其位置信息、位置标识等。因此 RFID、位置感知类的传感器几乎都是隐私敏感的传感器。

尽管 RFID 技术带来了许多便利，但它也引发了隐私和安全方面的担忧。RFID 主要面临位置隐私和信息隐私两类隐私侵犯问题。隐私泄露威胁主要来自 RFID 本身的访问缺陷与通信链路的不安全性。

RFID 标签可能会被未经授权的阅读器追踪，导致个人或物品的位置信息泄露给第三方。而 RFID 中的数据在传输过程中可能被拦截，如果数据未加密或保护不当，个人信息可能会被窃取。如果攻击者能够复制 RFID 标签上的信息，可能会进行身份盗用或其他欺诈行为。同时由于 RIFD 标签识别设备相对低廉，且被动标签信号不能切断、尺寸小较易隐藏、使用寿命长等特性，使得利用 RFID 的恶意跟踪成为一种容易实现的手段，从而对个人位置隐私和信息隐私产生极大的威胁。

为了解决这些问题，业界已有一些 RFID 隐私保护技术，如采用静电屏蔽、阻塞标签等物理方法，或采用密码机制等。基于物理方法的安全机制主要通过保护标签本身来保护用户的隐私，主要用于低成本的电子标签。阻塞机制利用阻塞标签来保护用户的隐私，阻塞标签被设置为隐私状态后，RFID 中的信息不能再被读写。销毁(kill)命令机制可以在物理上毁坏标签，但标签功能被关闭后无法再次被激活。休眠(sleep)命令机制可以使标签处于休眠状态，可以再次激活标签，但加大了标签成本。有源屏蔽则是利用金属屏蔽非法阅读器的探测，但适用的场所受限。同时，这些物理方法需要在安全性与成本之间做出平衡，且这些方法能够提供的安全性有限。

由于基于物理方法的安全机制存在种种缺点，在更高的安全性要求下，往往需要基于加密技术的软件安全机制，其通过利用各种成熟的加密方案对数据进行加密，即使数据被截取，也无法被未授权的第三方解读。此外，还可以通过认证协议对隐私进行保护，确保只有经过验证的阅读器才能与 RFID 标签进行通信，防止非法阅读器获取标签信息。但 RFID 本身存在计算能力有限、存储空间有限、电源供给有限等限制，这使得 RFID 的加密技术研究主要从两方面入手：一方面是设计低成本 RFID 安全通信协议来保障阅读器和标签之间的通信安全，另一方面是设计轻量级的加密算法。

除了 RFID 外，位置跟踪传感器与生物特征识别传感器直接涉及位置隐私和信息隐私，因此也面临着极大的隐私泄露风险。

位置跟踪传感器通常通过全球导航卫星系统(Global Navigation Satellite System，GNSS)，以及蜂窝网络、Wi-Fi 或蓝牙等无线网络技术来追踪和确定对象的位置。这些传感器广泛应用于导航、定位服务、物联网设备等领域，能够提供精确的地理位置信息。位置跟踪传感器在带来便利的同时，也带来了隐私泄露的风险。攻击者可能通过监测和分析通信模式来获取数据源或基站的重要目标位置信息。一旦位置隐私信息被泄露，就可能导致网络节点被破坏或捕获，进而影响整个网络的安全和稳定。例如，物联网节点的具体位置信息暴露后，攻击者可以在物理上接近该节点，进而在物理空间捕获该节点或基于该物理节点发动更大规模的攻击。

为了保护位置隐私，研究者提出了多种技术手段，如路径伪装和虚假通信等，以隐藏真实的通信模式并防止敏感位置信息的泄露。同时，这些技术还能够控制网络的能量消耗，降低通信时延，并提高查询精度和可靠性。

生物特征类的传感器可以称得上是最涉及隐私的一类应用，特别是传统意义上的"人"的隐私。因为物联网的设备不存在生物特征，且个人的生物特征又具有唯一性和难以变更的特性，这类传感器往往与"人"的身份认证强相关，而之前介绍过的身份认证又和访问控制息息相关，这使得无论是生物特征的伪造还是生物特征的泄露都会带来极大的隐私与安全性问题。生物特征数据因其唯一性和不可变更性，一旦泄露，就可能会给用户带来长期的隐私和安全问题。例如，如果指纹或面部数据被盗用，可能导致身份盗用或其他形式的安全威胁。

### 10.2.2 隐私不敏感的传感器

鉴于数据挖掘与大数据分析以及人工智能的发展，事实上已经没有传感器不会直接或间接涉及用户隐私了。所谓隐私不敏感，是相对于10.2.1节而言的，主要区别在于隐私不敏感的传感器并不会直接涉及用户或设备的位置隐私或具体的信息隐私，主要涉及用户或设备周围物理环境的信息。人工智能和机器学习的发展使得物联网设备可以利用这些技术更有效地从这些原先隐私不敏感的数据中检测、提取并整合大量有效信息，从而提高智能水平，然而这种数据挖掘的行为已经构成了新的隐私问题。

环境监测传感器能够感知和采集环境中的各种参数数据，如温度、湿度、气压、光照等，提供关键的环境信息。环境监测传感器与物联网技术的结合，使得我们能够实时监测各种环境情况，如空气质量、水质、土壤状况等。这些传感器可以部署在需要监测的关键区域，例如，可能存在有毒物质的地点或者人口密集的区域，以扩大监测范围并提高数据收集的效率。环境监测传感器在使用中往往并不会涉及传统意义上的个人隐私，但由于物联网万物互联的特性，以及数据挖掘、大数据分析的广泛应用，其在物联网应用中也会带来一些隐私泄露问题，主要包括个人数据收集风险、数据传输风险、数据滥用风险等。

随着物联网技术的发展，越来越多的传感器被嵌入到我们的社会环境和自然环境中。这些传感器能够收集大量的数据，包括个人的行为模式和其他敏感信息。由于物联网设备的普遍性和感知能力，它们可能会"无意中"收集到个人不愿意共享的信息，或是在数据聚合分析的过程中"无意中"分析出了一些涉及个人隐私的信息。

物联网设备的部署环境多样，包括家庭、零售商店、公共场所等。在这些环境中，获取设备所有者以外的人的知情同意非常困难。物联网设备往往缺乏足够的交互界面来展示数据收集和功能控制选项，使得用户难以了解和管理自己的数据。许多用户可能根本没有意识到物联网设备的存在，更不用说退出被动的数据收集过程。

同时，私人空间与公共空间的界限变得模糊。随着可穿戴设备、智能家居等物联网应用的普及，原本属于私人空间的家居生活开始与公共空间交融。这些设备可能会"无意中"收集大量涉及个人生活习惯和行为的环境数据，如一个光照传感器收集到房间内开关灯或拉开窗帘的光照变化，配合其收集到这些信息的时间信息，就能够粗略推断个人的作息时间，如果这个房间内还有其他的传感器提供额外信息，那么对房间主人生活作息的推断就能够更加准确。这意味着这些传感器收集到的环境信息如果未经妥善处理，完全可能导致隐私的泄露。

这里强调行为的无意性是想说明这些行为理应是隐私不敏感的，这些数据如果孤立使用或是做好脱敏处理基本不会泄露隐私，但由于同一环境中接入物联网的传感器不断增多，出现了“集群效应”，量变引起了质变，使隐私的泄露由不可能变为了可能；同时也是为了与有意甚至恶意收集这类信息的侧信道攻击进行区分。

物联网设备之间的高速数据传输在支持“万物互联”的同时也增加了数据在传输过程中被拦截的风险。环境监测传感器因为常用于感知和采集环境中的各种参数数据，意味着其大量布置在无人值守或难以值守的环境中，同时由于其涉及的数据往往被认为并不是隐私性的，这使得其数据传输仍存在未经加密或保护措施不足的问题，这可能导致信息泄露，进而导致威胁到个人隐私。如家庭智能冰箱中的传感器，其在接入物联网前的应用中这些传感器采集到的数据仅提供给冰箱，并仅用于冰箱的正常工作，但接入物联网后，冰箱中的传感器可以为用户提供更多的服务，如向用户的终端发送冰箱中蔬菜储备不足并推荐购买的信息、根据环境条件自动调节冰箱的工作，如果恶意攻击者从物联网中收集到了这些传感器信息，就可以大致推断出这个家庭的人口数量、就餐时间、在家情况等隐私信息。

用户对隐私政策的理解和使用现状也是物联网隐私问题的一个重要方面。如果用户不能正确理解或使用隐私政策，那么他们的个人信息可能会在不知情的情况下被收集和使用。同时用户隐私保护是一个动态变化的问题，其根据用户所需要的服务动态地变化，如在家庭冰箱的例子中，如果消费者不需要冰箱向用户终端推送信息，那么关闭这个服务就在一定程度上保护了涉及的隐私信息。同样，如果一个用户希望物联网应用提供一些基于地理位置的推荐服务，那么原本应受到完全保护的位置隐私信息必须让渡一部分给指定的服务提供商。然而服务的提供商往往会以改善用户体验等名义收集这些用户的信息，即便服务商对这些数据进行了脱敏处理，但这些数据中仍潜藏了大量不完整的个人隐私，且服务商间的第三方数据共享政策更加重了数据滥用的风险。

同时目前也存在一些监管界限上的模糊。物联网设备和服务往往跨越不同的部门和法域，而隐私立法通常是按领域划分的。因此，物联网设备的隐私保护很难完全纳入现有的法律框架中。此外，不同国家和地区可能有不同的隐私立法，使得物联网在数据收集和处理环节上面临着复杂的监管问题。

### 10.2.3 传感器的其他安全风险

10.2.2节中已经提到隐私不敏感的信息也可能导致隐私敏感的信息被泄露，而本节介绍的两种攻击形式则不需要区分传感器涉及的信息是否敏感。确切地说，当攻击者采取后门攻击或是侧信道攻击时，传感器收集到任何信息最终都会导向攻击者所需要的信息，从攻击者的角度而言传感器所收集的信息几乎都是有效的。

传感器收集的设备状态、环境参数等数据可能包含节点设备的敏感信息，如果传输和存储过程中未采取足够的加密措施，那么数据可能被未经授权的第三方截获，从而对节点设备进行分析并攻击。

随着物联网技术的发展，特别是工业物联网技术的应用，后门隐私信息的泄露成为一个重大挑战。攻击者可能在系统设计或实施阶段植入后门，以获取非法访问权限，从而威胁到整个工业控制系统及物联网环境的安全性和稳定性。

同时，目前仍有一些核心传感器依赖于进口，这可能导致对外部供应商的依赖，增加了系统的脆弱性。如果供应商的产品存在安全隐患或者故意设置的漏洞，就可能会对物联网系统造成风险。

传统的传感器技术、数据采集技术和数据处理技术往往存在一个性能强大的中心，随着物联网的发展，计算存储的中心也已转化为分布式的，但节点采集的数据选择直接在节点之间进行计算并存储可能是更安全的选择，以确保数据在整个生命周期中的安全性。

传感器系统需要定期更新和维护，以修补已知的安全漏洞。如果系统更新不及时，则可能被新出现的安全威胁所利用。对于无人值守的传感器系统则需要定期进行通信检测，及时补充或更换失效的传感器节点。操作人员的安全意识不足或操作失误也可能导致设备节点的隐私泄露，因此加强员工培训和制定严格的操作规程是必要的。

侧信道攻击是一种利用密码设备的非预期信息泄露来间接获取敏感信息的攻击方式。这种攻击方法不直接针对加密算法本身，而是通过观察和分析加密设备在运行过程中产生的各种侧信道信息，如时间、能量消耗、电磁辐射等，来推断出加密密钥或其他敏感数据。物联网中就存在一个典型案例，由于传感器节点能源受限，其传输的数据仅进行了简单加密，但其发送数据 0 和 1 时的能耗特征明显不同，研究者通过捕获其发送的电磁辐射的能量特征推断出了其发送的信息，进而利用这些信息并通过其他的攻击手段控制了其上级节点。

具体来说，物联网传感器节点面临的侧信道攻击可以分为两大类：针对传感器的侧信道攻击与利用传感器的侧信道攻击。

针对传感器的侧信道攻击主要是通过分析传感器本身的物理特性来进行的。例如，通过监测传感器运行时产生的声音、电磁波、热量等物理信号，攻击者可以推测出传感器的工作状态或者它所处理的数据。上面提到的通过能耗特征的攻击案例就是此类。

利用传感器的侧信道攻击是利用传感器作为攻击的媒介。由于传感器能够捕捉到环境中微弱的信号，因此它们可以被用来收集来自其他设备（如密码设备）的侧信道信息。例如，一个精确的电流传感器有可能捕捉到设备在加密或解密过程中的电源波动，从而为攻击者提供有关加密过程的信息。一个较为夸张的案例是攻击者首先捕获了一个具有麦克风的节点设备，通过键盘的敲击声大致确定了键盘被按下的区域，再结合其他的一些信息与猜测手段，成功猜测出了被攻击者的密码。

防范侧信道攻击除了常规的安全措施外，还可以采用屏蔽、使用随机延时、优化能量效率等看似不是安全措施的方法。正是物联网的不断发展、物联网设备的不断增多、数据挖掘和大数据的应用等因素，使得看似隐私“不敏感”的传感器节点数据海洋反而可能成为隐私挖掘和隐私泄露的重灾区。

## 10.3 基于流量的隐私泄露

在 10.2 节中已经介绍了物联网中的传感器节点与智能设备需要进行数据的收集、传输、处理和存储，此过程中的每一环节均有可能成为隐私泄露的弱点。本节将着重探讨传感器节点收集并简单处理数据之后在流量处理节点发生的隐私泄露，即数据在进行跨架构、跨域、跨网络转换过程中发生的隐私泄露问题。相较于感知层的传感器节点，流量处理节点收集了由感知层收集的海量数据，并对这些数据进行了简单整合，使其信息密度提升，已经具有了较高的信息价值，而这些数据还没有完全进入传统互联网安全的保护范围内，这使得流量处理节点面临着最严重的安全与隐私泄露风险。同时物联网节点间往往采用无线通信技术进行数据收集、传输、处理和存储，而无线通信也会带来安全隐私泄露风险，包括设备、终端与云之间的通信。

### 10.3.1 数据处理与隐私性

在10.2节中已经介绍了传感器节点的数据收集、处理中的隐私风险，由于物联网是基于感知层的，因此这些风险也会向上传递到各个层次中，并且同样包括数据收集风险、数据传输风险、数据滥用风险等。流量处理节点在物联网中起到的是路由与边缘计算的作用，其收集传感器节点收集到的数据，简单处理后发送给本地或云端的设备进行使用，一般也将这种交由流量处理节点计算的方式称为边缘计算。数据经流量处理节点收集处理后，数据往往能够得到更成熟、更完善的互联网安全领域的保护，但此过程中处理的信息涉及多个传感器节点，待处理的数据涉及多个网络架构间的转换，隐私在此过程中泄露的风险极大。

相较于传感器节点中的数据收集风险，在流量处理节点中的数据收集风险更大。因为在这个阶段往往已经汇集了大量传感器节点的数据，即信息密度较大，而且传感器节点的数据往往仅进行了简单加密，还未进行复杂加密来保证上传云端的安全性，即数据加密性仍较差，这使得攻击者对这类节点兴趣更大，遭受攻击从而发生信息或隐私泄露的风险极大。同时物联网传感器节点产生的数据量巨大，如何有效、安全地处理和存储这些数据对流量处理节点而言也是一个挑战。如果数据处理不当或者存储不安全，则可能导致隐私泄露，非必要的数据应尽可能截留在本地进行处理或销毁，必要数据才进行上传处理并安全存储。

此外，物联网设备的安全性参差不齐，许多设备都可能存在安全漏洞。这也给了攻击者可乘之机，他们可以利用这些漏洞进行攻击，窃取或篡改设备收集的数据，从而侵犯用户的隐私。

由于物联网万物互联的特点，节点间的数据共享不可避免。在数据共享过程中，第三方可能获得并滥用用户数据。相较于传感器节点中海量的浅层次数据，已由流量处理节点聚合的物联网数据非常适合进行数据挖掘，具有很高的商业价值，这使得数据被滥用的风险也变大了。一些企业可能会在未经用户同意的情况下收集、使用甚至将用户数据交换给第三方。这种行为不仅侵犯了用户的隐私权，更可能导致数据的滥用。

在物联网生态系统中常常涉及第三方服务提供商，他们可能负责数据的传输、存储或分析，或提供额外的服务。如果这些第三方没有足够的隐私保护措施，也可能成为隐私泄露的风险点。虽然这些数据往往已经在技术上进行了脱敏处理，但从被滥用的数据中深度挖掘以描绘个人信息特征是可能的，对于专门提供这类信息服务的“第三方”企业来说更是如此，在数据收集、传输的过程中总会有薄弱环节，或者用户不经意间的授权使其“合法”获取到了这些敏感信息，准确来说是“推断”出了这些敏感信息。即使整个数据收集、传输进行了数据加密与数据脱敏处理，数据挖掘方仍可能通过其他方式获得特定个人的不完整数据集，再通过大数据平台数据进行匹配，便可以推测得到特定个人的敏感信息。整个过程就如同进行拼图游戏，但数据挖掘者拿到的拼图非常散乱，甚至夹杂着其他人的拼图碎片(因为信息拼图碎片进行了脱敏)，同时其并不知道拼图的最终效果，甚至有时候拼图碎片上没有图案只有轮廓(因为整个信息拼图以及信息拼图的碎片都进行了加密)。但通过数据匹配，数据挖掘者最终可得到有一定错误的拼图，这份拼图已足够其窥探到大量所需信息了。

目前最常见的数据滥用的例子就是消费数据的滥用，也被人们称为“大数据杀熟”。消费者的行为数据往往被企业用于构建个人画像，并基于此实施区别定价等行为，它涉及对数据权益、算法权力和市场地位的滥用。而且消费数据滥用的情况已经开始逐渐将物联网系统的数据纳入，如可以通过之前所述的一些例子那样先推断出用户的个人生活习惯等敏感信息，再结合地理位置信息推断用户的社交关系网，根据这些信息丰富已构建的用户画像，便能进行更精准的推送。

为了实现物联网的服务，传感器网络和用户的数据最终需要汇总到云平台上，并根据整合数据经过计算做出决策，将决策服务反馈给发起请求的用户或设备。云平台可以认为是数据处理的最后一环，理想的云平台在完成服务后不应截留有关用户的任何未允许的隐私信息，允许的隐私信息也应脱敏后再存储或使用。如果说数据滥用仍在“合法”范围内，那么人们对云端的数据隐私与安全性存在许多争议更多的是指向“不合法”的行为。特别是 2013 年爱德华·斯诺登曝光 NSA 的间谍活动后，基于云端的数据中心特别是位于美国境内的云平台违规存储数据的行为，引起了世界各国人民与政府的极大不满，如欧盟法庭于 2015 年宣布 2000 年签署并生效的“2000/520 号欧盟决定”即安全港协议（Safe Harbor Decision）无效。次年签订的欧美隐私盾协议（EUUS Privacy Shield）与隐私盾框架（Privacy Shield Framework）又于 2020 年被欧洲法院裁定无效。经过近 3 年的协商后又于 2023 年签订了欧盟-美国数据保护框架（EU-US DPF）。这些法案或协议的签订与废除也正反映了人们对云端数据安全的担忧，特别是那些在本国“非法”却在他国“合法”的数据安全的担忧。

### 10.3.2 流量与隐私泄露

物联网设备通过网络发送和接收的数据流量中携带的个人隐私信息面临多种泄露风险。第 6～8 章已详细介绍了部分常用的网络技术。

物联网的传感器节点、流量处理节点及其所使用的无线通信技术构成了无线传感器网络（Wireless Sensor Network，WSN）。WSN 的特点是物理空间上广泛部署，节点位置不确定，网络拓扑结构不断变化。同时，WSN 节点在通信能力、计算能力、存储能力、电源供给能力、物理安全与无线通信等方面存在局限性，使得应用于互联网的成熟、有效的安全方案难以直接应用。在之前已经探讨了传感器节点与流量处理节点的隐私泄露问题，本节主要介绍无线通信技术带来的隐私泄露问题，具体而言是数据传输链路中存在的安全性与隐私风险。

首先对物联网中常用的 ZigBee 技术进行说明。为了满足安全性与隐私保护的需求，ZigBee 技术提供了刷新功能、数据包完整性检查功能、认证功能与加密功能，同时加密密钥分为主密钥、连接密钥与网络密钥，基本可以满足物联网传感器节点通信的安全性需求，因此常被用于传感器节点间或传感器节点与流量处理节点的通信。虽然 ZigBee 技术采用了多种措施来保证安全性，但仍有一些需要关注的问题。如有机构预计 ZigBee 技术采用的加密算法至少在 2036 年前都是安全的，但单一的加密算法可能成为安全隐患。同时 ZigBee 技术存在组网方面的限制，并且 ZigBee 联盟对网络层的安全协议描述仅停留在理论层面。随着物联网节点对安全性要求的不断提升，进一步加强 ZigBee 的安全研究是必要的。

下面对互联网中广泛使用的无线通信网络技术进行说明。自无线通信网络技术问世以来，其不安全的信道使得“无线”的话题与“安全”的话题形影不离，目前所涉及的网络包括无线通信网络 WLAN、WPAN、移动通信网络等，这些网络主要存在的问题是业务流量模型、空中接口和网络架构安全问题，主要面临的攻击一般认为有窃听、假冒、篡改、抵赖与重放攻击。

业务流量模型是指网络中的业务流量在时间尺度上的变化模型，用于预测并应对网络流量峰值等情况，合理分配网络资源。空中接口是无线网络中的“线路”，它规定了如何在空中传输数据和信号。相较于传输链路安全的概念，空中接口安全包括一系列复杂的技术规范，涵盖了频率分配、调制解调方式、信号强度、编码方案等多个方面。而网络架构的安全则是物联网安全中的薄弱点之一，因为物联网感知层数据采用的网络架构与网络层往往并不相同，存在跨架构的数据传输，进而产生了跨架构的安全问题。对于传感器节点网络与流量处理节点之间安全性较低的网络架构，须经过流量处理节点进行转换以达到更高安全性的要求并在更类似于传统互联网的网络架构内传输。同时由于传感器节点网络到流量处理节点的局限性，因此对两者间的网络架构的安全性也需要额外注意。

目前物联网无线网络的安全防范主要依赖无线通信协议的安全性。常用的互联网协议有 WAP(Wireless Application Protocol)、HTTP/HTTPS 等，由于物联网的低功耗特性，也有一些用于轻量级低功耗的协议，如 MQTT 与 CoAP 等。

WAP 的设计初衷是让使用手机等移动通信终端设备的用户能够通过该协议接收各种信息，WAP 简化了互联网协议，以适应移动手机的限制。WAP2 向无线终端提供了 HTTP 或简化的 HTTP 功能。WPA2 可以加密网络数据，确保了数据传输的安全性。此外，WPA2 还能防止暴力破解的客户端隔离和阻止未授权的网络访问。生活中最常使用的 Wi-Fi 技术就是基于 WAP 的，但其一直存在不小的安全问题，在 WAP 中，用户发起服务请求时需要发送 ID 等敏感信息，这些信息先通过 WTLS(Wireless Transport Layer Security)协议加密传送到 WAP 网关，之后 WAP 网关再通过 TLS(Transport Layer Security)协议加密传送到服务器，在这个过程中敏感信息短暂地以明文形式在 WAP 网关上被处理。而在 WPA2 中，尽管 WPA2 提供了一定程度的安全保护，但它并不是不可破解的。例如，KRACK 攻击(Key Reinstallation Attacks)就是一种针对 WPA2 的严重安全漏洞，该漏洞允许攻击者解密网络流量、注入恶意数据和重放攻击等。

由于 WAP 的安全缺陷，随着移动互联网与移动手机的发展，用户终端已经可以直接访问基于 HTTP/HTTPS 的网站，WAP 的使用也大幅减少。

HTTP(超文本传输协议)是用于在网络上进行数据传输的一套规则和标准，它定义了客户端与服务器之间的通信方式。HTTP 是建立在 TCP/IP 之上的应用层协议，它使用 TCP 作为其传输层协议来确保数据的可靠传输。但 HTTP 在数据传输过程中不会对数据进行加密，这意味着任何人都可以在数据传输过程中截获、修改或者伪造请求和响应报文，导致数据泄露或被篡改。为了提高数据传输的安全性，HTTPS(HTTP Secure)被引入，它在 HTTP 的基础上增加了 SSL/TLS 加密层，以保护数据在传输过程中的安全性。HTTPS 通过使用 SSL/TLS 协议对数据进行加密，以有效防止数据在传输过程中被截获或篡改，提高数据传输的安全性，同时需要使用 SSL/TLS 证书来验证服务器的身份，这增加了通信的信任度。

上述网络协议都是针对互联网设计的，下面介绍两个针对物联网应用设计的通信协议。MQTT 是一种轻量级的发布/订阅模式的消息传输协议，专为物联网和移动应用等设计。MQTT 协议设计简洁,适合在带宽有限和不稳定的网络环境中使用,这使得它非常适合物联网设备和移动应用,同时其支持 TLS/SSL 加密,可确保数据传输的安全性。CoAP 是一种专为受限设备和网络设计的物联网协议,用于机器对机器的数据交换。CoAP 是 HTTP 的简化版,它的最小长度仅 4 字节,而 HTTP 的头部通常需要几十字节,同时 CoAP 采用二进制格式,这使得 CoAP 在资源受限的物联网设备上更为高效、紧凑和轻量化。CoAP 可与 DTLS(Datagram Transport Layer Security)协议结合使用,以提供端到端的通信加密,保护 CoAP 通信的机密性和完整性。然而,CoAP 的安全性实现需要考虑到资源和带宽的限制,DTLS 的实现需要较多的资源和带宽,这可能在资源非常有限的终端和极有限的带宽下造成问题,可能导致无法正常运行。

## 10.4 物联网隐私安全防护

### 10.4.1 隐私保护策略

由于物联网的节点在物理空间中广泛分布,节点与节点之间存在大量的数据交换,因此隐私保护策略可以分为设备安全策略与数据安全策略。

1. 设备安全策略

设备安全策略主要是对设备的硬件设计以及物理安全等进行描述的,应用这些安全策略往往意味着更高的成本,必须要根据所需的安全性要求选用合适的保护策略。

由于攻击者可能在物理空间上接近物联网设备,在硬件设计时可以采用设备接口最小化策略和防篡改硬件的策略。

(1) 设备接口最小化策略即指在选择设备物理接口硬件时,应仅包含物联网设备运行所需的最低功能。例如,只有当 USB 端口是设备运行所必需时,才将其包括在内。额外的接口只会增大设备受攻击的可能性。开发中的设备可以不遵循这条策略,因为开发中的设备还不能确定哪些接口是必需的,同时开发中的设备往往也意味着更高等级的人为保护,使攻击者难以物理接近。

(2) 选择防篡改硬件是十分有效的安全策略,选择具有内置机制的设备硬件,以检测物理篡改,如设备盖被打开或设备的某个部件被移除。这些检测到的篡改可以成为上传到云端的数据流的一部分,从而提醒管理员注意这些事件,进而对攻击者进行追捕或是检测更换被篡改的设备。但该策略没有办法应对直接破坏物理节点的攻击。

此外,如果需要更高的安全性,那么选择包含安全功能的设备硬件是一个非常有效的策略,如安全加密存储和基于可信平台模块的启动功能。这些功能使设备更加安全,有助于保护整个物联网基础设施,但会带来更高的成本、功耗等。

设备安全策略还包含一些软件方面的策略。

(1) 推送安全升级。在设备的生命周期内,固件升级是不可避免的。构建具有安全升级路径和固件版本加密保证的设备,以确保设备在升级期间和升级后的安全。

(2) 遵循安全的软件开发方法。开发安全软件要求从项目开始到实施、测试和部署的整个过程中都要考虑安全问题。

(3) 尽可能使用设备 SDK。设备 SDK 实现了各种安全功能,如加密和身份验证,这些功能有助于开发安全稳定的设备应用程序。

(4) 谨慎选择使用的软件。开源软件为快速开发解决方案提供了机会。在选择开源软件时，要考虑每个开源组件社区的活跃程度。活跃的社区可确保软件得到支持，问题可被发现并得到解决。一个不起眼、不活跃的开源软件项目可能得不到支持，问题也不可能被发现。而闭源软件虽然可以获得技术支持，但遭遇安全问题时可能会被软件提供方掩盖，其闭源的特性也使得难以验证安全问题是否真正被解决，同时还存在植入软件后门的风险。

最后，设备安全策略还包含安全部署设备与身份验证密钥保管的策略。安全性需求较高的物联网设备应该设置在能够保证物理安全的地点，并且有人进行值守。然而物联网系统可能需要将设备部署在不安全的地方，如公共场所或无人值守的地方。在这种情况下，应确保硬件部署尽可能防篡改。例如，如果硬件有 USB 端口，那么应确保它们被安全地覆盖。在部署过程中，每个设备都需要云服务生成的设备 ID 和相关身份验证密钥，在部署之后，要妥善保管这些密钥，恶意设备可以使用任何泄露的密钥伪装成现有设备。同时，已部署的设备身份密钥应尽可能地更改并妥善保管，避免直接使用出厂的默认密码。

此外，如果节点或路由的性能与操作系统允许，可在每个设备操作系统上安装的防病毒和防恶意软件功能。

(1) 经常进行安全性审计。在应对安全事件时，对物联网基础设施的安全相关问题进行审计是关键。大多数操作系统都提供内置事件日志，管理员应经常查看，以确保没有发生安全漏洞。设备可将审计信息作为单独的遥测流发送到云服务，以便对其进行分析，进而调整相关的安全策略，如调整某一身份在系统中的权限。

(2) 遵循设备制造商的安全和部署指导。如果设备制造商提供安全和部署指导服务，那么在使用这些设备时应当遵循厂商提供的安全性的指导。

(3) 使用网关设备为传统或受限设备提供安全服务。传统设备和受限设备可能缺乏加密数据、连接互联网或提供高级审计的能力。在这种情况下，现代化的安全网关可以汇总传统设备的数据，并提供通过互联网连接这些设备所需的安全性。网关设备可以提供安全验证、加密会话协商、接收云端命令以及许多其他安全功能。

此外，在物联网设备的无线通信中，需要注意使用协议的安全性。如使用 SLL/TLS 协议需要确保有办法更新设备上的 TLS 根证书。TLS 根证书的有效期较长，但仍有可能过期或被撤销。同时如果根证书泄露，则有可能遭到恶意伪装。

2. 数据安全策略

数据安全策略主要包含数据的收集限制策略即最小化原则，以及敏感数据的处理策略。

数据最小化原则的核心在于限制对个人数据的处理范围，确保仅在服务于特定目的时才处理个人数据，并且只保留所需的最短时间，它要求信息收集方在处理个人或设备的信息时考虑充分性、相关性和必要性 3 个关键因素。充分性指所处理的数据是否足以实现声明的目的，这意味着收集的数据应该是为了完成特定的任务或目标，而不是无目的地积累信息。相关性指信息与该目的是否有明确的联系，这要求数据与既定目标直接相关，不相关的数据不应被收集。必要性指是否拥有比实现该目标所需的更多信息，这一点强调了只在没有更少的替代选项可以实现同样目标的情况下才能收集数据。

信息收集方在应用数据最小化原则时，必须证明其处理实践的合理性，并解释为什么它们符合数据最小化的标准。这通常涉及对数据处理活动的详细审查，以确保所有收集的信息都是为了实现特定的目的，并且没有超出必要的范围。

总的来说,数据最小化原则是数据保护策略中的一个核心原则,它要求数据收集方在处理数据时做到精准、高效,并且始终保持对个人与设备隐私的尊重。这不仅有助于减少数据泄露的风险,还可在一定程度上减少数据滥用的风险。

用户同意与透明度在个人数据保护和隐私权方面扮演着至关重要的角色。这两个概念强调了用户对其个人数据被收集、处理和利用的知情权和控制权。

用户同意原则要求任何对个人数据的收集、使用或披露都必须基于用户的明确授权。这通常通过让用户在事先阅读并理解相关的隐私政策后,勾选复选框或以其他方式表示同意来实现。同意必须是基于充分信息做出的自愿行动,且用户应随时能够撤回其同意。

用户同意有明确性、自由给予性、可撤回性。用户同意必须是具体的,并且容易理解。在表示同意之前,用户必须收到关于数据收集目的、范围以及如何处理的充分信息。用户需要知道他们正在同意什么,包括他们的数据将如何被使用和共享。用户应该能够在没有压力或惩罚的情况下自主决定是否同意数据收集。用户应随时能够撤回其同意,并且撤回的过程应当简单明了,撤回同意后用户的过往数据应依据法律进行封存或是直接销毁,不能再被调用。

透明度则是确保用户了解其个人数据如何被处理的基石。这意味着企业或组织必须提供清晰的信息和机制,使用户能够轻松了解到如何、为什么以及何时收集和存储数据,以及存储多长时间。同时用户可以请求查看其个人数据,并对不准确的信息进行更正或删除。此外,透明度还包括用户对第三方参与数据处理的知情权,用户有权知道这些第三方是谁以及他们的数据如何被共享。同时企业或组织应向用户展示其采取何种措施来保护用户数据不被未授权访问或滥用。

总的来说,用户同意与透明度是建立用户信任的基础,同时它们也是一些数据保护法律的关键要求。当用户清楚地了解并同意了其个人数据的处理方式时,他们对服务或产品的信任度会提高,同时也能减少企业违法收集个人隐私的风险。

数据生命周期管理(Data Lifecycle Management,DLM)是指在整个数据的存在周期内对其进行管理和治理的一系列过程和策略。它确保数据在其生命周期的每个阶段都受到适当的保护,同时符合组织的政策、合规要求和法律义务。

数据生命周期通常包括数据创建/采集、数据存储、数据使用、数据共享与传输、数据备份、数据归档、数据销毁等过程。在整个数据生命周期管理过程中,数据收集方或服务提供方需要制定明确的策略和程序来处理数据,至少应包括数据分类与控制、合规性监管、风险管理以及审计与监控等。

数据分类与控制根据数据的敏感性和重要性进行分类,并相应地实施不同级别的保护措施。合规性监管能够确保所有数据处理活动均符合相关的法律法规和行业标准。风险管理可以识别潜在的风险,并实施相应的缓解措施来减少这些风险的影响。审计与监控对数据活动进行持续的审计和监控,以检测和预防不当行为。恰当的数据生命周期管理有助于提高组织的效率,降低运营成本,减少违规风险,并增强客户和利益相关者的信任。

除此之外,还需要防范社会工程学攻击。无论整套安全保障系统怎样高明,无懈可击,搭建安全系统终究离不开人的参与,维护运营也离不开人的参与,人反而可能成为最易攻击的因素。社会工程学攻击的关键在于人的要素,而不是系统的技术漏洞,对抗社会工程学攻击的最好方法是定期进行培训以提高员工的安全意识,以应对潜在的社会工程学攻击。

### 10.4.2 技术手段

随着物联网的发展，围绕着加密、身份认证、访问控制以及入侵检测4项安全防护基本技术，人们提出了非常多的技术手段，或是利用现有技术改善这4项基本的安全防护技术。然而，这些技术往往在提供安全性提升的同时，也能够成为攻击者新的"武器"。技术发展带来了更高的安全性，同时也带来了新的威胁，为了应对这些新威胁又需要技术的发展。

数字水印(digital watermarking)是一种信息隐藏技术，用于在数字媒体中嵌入标识信息，以实现版权保护、内容验证和防伪溯源等功能。其与数据隐写不同的地方在于数字水印隐藏的对象是为了保护传播的主要信息，而数据隐写隐藏的对象就是传播的主要信息。其将特定信息嵌入数字信号中，这种嵌入的信息通常是不可见的，且具有一定的鲁棒性，即使在经历一定程度的数据处理或攻击后仍能被检测出来。数字水印的具体实现过程包括嵌入和提取两个阶段。在嵌入阶段，通过特定的算法将水印信息加入到媒体文件中；在提取阶段，使用相应的检测或解码方法来识别和恢复水印信息。

数字证书(digital certificate)是一个包含用户公钥和其他身份信息的数字文件，由权威机构证书授权中心(Certificate Authority，CA)发行，是用于在互联网上进行身份验证的权威性电子文档。数字证书中包含了用户的公钥、姓名、组织名称、地理位置等信息，并由CA使用其私钥进行签名。任何人都可以使用CA的公钥来验证证书的签名，从而确认证书的合法性和用户的身份。数字证书的安全性依赖于CA的信任基础和证书的有效性验证。CA会对申请者提交的信息进行严格的审查，以确保证书中的信息准确无误。数字证书通常用于TLS/SSL加密通信，以确保网站服务器的身份，并建立加密连接。此外，它们也用于电子邮件加密和数字签名，以提供更高层次的安全性和信任度。

数字签名(digital signature)是一种利用密码学原理，对电子文档或数据进行身份验证和完整性检验的技术。它使用私钥对文件的摘要(通常是哈希值)进行加密，形成签名。当发送方想要发送一个签名的文件时，它会先计算文件的摘要，然后使用其私钥对这个摘要进行加密，生成数字签名。接收方在收到文件后，会使用发送方的公钥对数字签名进行解密，得到文件的摘要。接收方也会对收到的文件计算摘要，如果两个摘要相同，则证明文件在传输过程中未被篡改，并且确实来自声称的发送方。数字签名的安全性基于公钥加密技术，特别是非对称加密算法，如RSA、ECC等。这些算法的密钥长度足够长，可以提供极高的安全性。数字签名广泛应用于软件分发、电子邮件确认、在线交易等领域，它们为电子文件提供了与传统手写签名相同的法律效力。

这些技术带来的主要问题为身份伪造问题，单一的认证方式并不能提供非常高的安全性。可以结合上述提到的多种方式进行身份认证，即多因素的认证技术。

数据隐写(steganography)是一种将秘密信息隐藏在其他数据载体中的技术，目的是让信息传递不被预期接收者之外的人员所察觉。隐写术通常通过利用数据的冗余或不易被注意到的特性来隐藏信息。例如，在数字图像中，可以通过轻微改变像素颜色值来嵌入信息，而这种改变对于人眼几乎是不可检测的。数据隐写技术主要由编码器、解码器和评估器3部分组成。编码器负责将数据嵌入到载体中生成隐写图像；解码器则从隐写图像中恢复原始数据；评估器用来评价载体图像与隐写图像的质量，包括它们之间的相似度和隐写图像的真实性。编码器、解码器、评估器既可以由软件构建，也可以由硬件构建。同时，隐写分析技术也是研究的一部分，它旨在检测和攻击隐写算法，以发现并提取隐藏的信息。

信道隐蔽(covert channels)也称为隐蔽信道，是一种通过正常通信信道隐秘地传输信息的技术，在不影响系统正常使用的情况下，通过非预期的方式传输信息。隐蔽信道本质上是信息传输通道，传输机制的研究重点集中在对传输介质的研究上。这种信道可用于在正常通信过程中实现隐藏敏感信息的传递。而由于隐蔽信道检测和阻止的手段不完善，因此这种技术同样能够在公开的信道掩盖下，传输非法或私密的信息而不被人发现，即隐蔽信道的存在对系统安全构成了威胁。隐蔽信道最初是指那些没有被设计用来传输信息的通信信道，它们可以是故意设计的，也可以是系统设计或实施中的副作用产生的。隐蔽信道可以分为存储型和时间型两种。存储型隐蔽信道利用数据的存储过程来隐藏信息，而时间型隐蔽信道则依赖于时间差异来传输数据。存储型隐蔽信道容量较大，但更容易被检测；时间型隐蔽信道容量小，且难以检测，但要求发送者和接收者之间有精确的同步。目前信道隐蔽技术应用研究的主要目的是防范其应用于非法用途。如在基于 DNS 协议的隐蔽信道中，由于 DNS 报文的长度限制，为了传输非法数据，通常需要大量 DNS 请求及响应报文，这必然会影响正常 DNS 报文的传输。研究人员和安全专家根据需要大量 DNS 请求及响应报文这一特征，已经建立了基于 DNS 协议的隐蔽信道的检测与分析技术方案，以保障公共信道的网络环境安全。为了进一步防范隐蔽信道的威胁并将这种技术用于合法的数据信息保护，研究人员和安全专家仍在开发新的技术和方法来检测和限制这些信道的使用。

数据隐写与信道隐蔽技术在保护数据信息的同时，也可能成为攻击者发动隐蔽攻击的新手段，或是成为非法分子逃脱监管从事违法行为的手段，特别是信道隐蔽技术。这也可以认为是如何控制信息的匿名化程度、脱敏化程度的问题。

安全路由技术是指在物联网中选择安全路径进行数据传输的过程。它需要考虑网络拓扑、节点安全性和链路安全等多个因素。通过安全路由，可以防止数据在不安全的节点或链路上被截获或篡改。

安全路由可以对每条链路的访问权限进行控制，确保只有授权的数据包能够被转发到内部局域网或外部公网。安全路由具备协助对传输数据进行加密、确保数据完整性和数据源认证的能力。这意味着在数据传输过程中，信息被加密，以防止窃听和篡改。同时安全路由还提供内外识别地址转变、支持灵活密钥配置，并能够基于密码学的安全路由协议对路由控制信息进行签名、认证和完整性校验，保障路由协议的正常稳定工作。安全路由通常还集成有包过滤和代理协议的防火墙功能，能够有效阻止未经授权的访问和网络攻击。流量管理提供流量控制功能，确保网络资源的合理分配和使用，防止网络拥塞和服务拒绝攻击。

侵入容错技术是指物联网系统在遭受攻击或部分组件失效时，仍能维持基本功能的能力。这要求系统设计具有冗余性、弹性和自愈能力，以确保系统的可靠性和连续性。容错技术是一种使系统在出现某些错误时仍能保持正常工作的技术，它能够提高系统的可靠性和稳定性。容错技术的发展始于计算机系统领域，尤其是针对分布式系统的计算结果一致性问题，20 世纪 80 年代，容错技术开始被应用于恶意漏洞的防御，从而发展出“入侵容忍”概念。入侵容忍系统即使在部分组件被成功攻击的情况下，也能继续正常工作并向用户提供预期服务。

实现容错技术的常见方法有硬件容错、软件容错、信息容错和时间容错等。硬件容错可能包括使用冗余的硬件组件；软件容错则可能涉及编写能够处理异常情况的程序代码；

信息容错通常是指数据校验和纠错；而时间容错则与系统恢复和重试机制有关。容错技术通过多种技术和策略的结合，确保了系统在面临攻击和故障时的稳定性和持续服务能力。

此外，也有一些新兴的技术正在参与并改变物联网安全领域，如机器学习技术、人工智能技术、量子计算技术、区块链技术等。但同时这些技术也能够成为攻击者或非法分子从事违法活动的利器，带来了更大的安全隐私威胁。

人工智能与机器学习能够用于恶意攻击的检测与预防、智能风险评估与管理以及数据安全与隐私保护。通过使用机器学习算法和数据挖掘技术，可以有效识别和分析异常的网络流量和设备行为，及时发现并预防潜在的威胁。人工智能可以根据物联网设备的特征和历史数据进行智能风险评估和管理，通过预测分析和模式识别来识别潜在风险和漏洞，并提供个性化的管理策略。同时人工智能技术有助于实现数据的安全和隐私保护，应用加密算法和身份认证技术可确保设备间通信的安全性和信任度。

人工智能和机器学习也可能给物联网安全带来零日攻击、对抗性攻击、模型窃取、误报和漏报等安全与隐私的威胁。“零日攻击”是指利用之前未被记录或识别的漏洞进行攻击的行为，因为训练模型没有相应的数据来识别这些新型威胁，所以可能无法有效预防或检测这类攻击。利用人工智能系统进行安全防护意味着可能会受到人工智能的对抗性攻击，这种攻击是专门设计来欺骗人工智能的感知和决策过程，使其做出错误的判断或行为。同时，受限于模型数据的有限，模型可能会出现误报（错误地将正常行为标记为异常）和漏报（未能检测到真正的威胁），这会影响系统的可靠性和用户的信任度。

量子计算技术能够提高加密算法强度，并提供了一种新型的物理加密技术。量子计算的发展促使研究人员寻找新的加密算法，这些算法能够抵御量子计算机的攻击。量子密钥分发是一种利用量子态进行密钥分发的技术，它可以提供理论上无法被破解的通信安全性。这对于物联网设备之间的安全通信至关重要。而且如果能够应用量子随机数生成器，其可以产生真正的随机数，这对于生成高强度的加密密钥非常有用，能够极大地提升用于保护物联网设备及其传输的数据的密钥的安全性。

但同时，量子技术也会对现有的物联网安全带来很大的威胁。量子计算机有能力破解目前广泛使用的加密算法，这意味着现有加密技术几乎全部无效，这可能会导致存储在物联网设备上的敏感信息和通信过程中的数据泄露。同时，物联网设备通常处理能力和内存有限，而强度足够大的加密需要大量算力和内存。量子计算的出现可能会使得现有的安全措施不足以保护物联网设备免受攻击。

区块链技术也能够应用于物联网安全与隐私保护，可用于确保数据安全、增强设备身份验证、提供去中心化的网络管理、提供去中心化的信任管理、支持自动化合约执行等。

区块链的分布式账本技术可以为物联网设备提供安全的数据传输和存储环境。由于区块链的不可篡改性，一旦数据被记录在区块链上，就无法被更改或删除，这有助于保护物联网设备生成的数据不被非法篡改。区块链技术可以用于验证物联网设备的身份，确保只有经过授权的设备能够连接到网络并进行通信。这有助于防止未授权的设备接入网络，从而减少潜在的安全威胁。在涉及多个参与方的物联网场景中，区块链技术可以作为一个信任的基础，确保所有参与方都能够访问相同的数据，并在一个共享的真实数据源上进行协作。同时所有的参与方都可以评价某一方的可信任度，并被记录在区块链上，以达成去中心化的信任管理。区块链的去中心化特性意味着没有单一的控制点，这使得物联网网络更加难以被攻击。在一个去中心化的网络中，即使某个节点受到攻击，也不会影响到整个网络的运行。

通过智能合约,物联网设备可以在满足特定条件时自动执行合约条款,无须人工干预。这提高了操作的效率,并减少了因人为错误导致的安全问题。同时,区块链技术可以帮助物联网设备在不暴露敏感信息的情况下进行通信,通过对数据的加密和匿名处理,保护用户的隐私。随着物联网设备数量的激增,管理这些设备变得越来越复杂,区块链技术可以通过提供一个可扩展的解决方案来应对这一挑战,使得设备管理更加高效和安全。区块链技术还可以实时记录物联网设备的状态和行为,便于进行实时监控和维护,及时发现并解决可能的安全问题。

### 10.4.3 法律与政策

物联网的发展离不开国际机构制定的标准,物联网的安全性保障也离不开这些标准。目前物联网行业影响较大的机构有国际电信联盟(ITU)及其下属机构、国际标准化组织(ISO)、国际电工委员会(IEC)、电气和电子工程师协会(IEEE)等。这些机构在通信技术标准化、电子设备安全性、可靠性标准化、物联网设备设计制作标准化等方面做出了许多努力。

ITU 是联合国下属的专门机构,主要负责全球通信技术的标准化工作。它由 3 个主要部门组成,其中包括 ITU 的电信标准化部门(ITU-T)主要负责制定全球通信技术和服务的标准,包括物联网领域的技术和服务标准;无线电通信部门(ITU-R)涉及无线频谱和卫星轨道资源的管理,对于物联网设备的无线通信至关重要;电信发展部门(ITU-D)则关注电信技术的发展和应用,推动物联网技术的普及和发展。ITU 通过其工作为物联网设备提供了安全、稳定和互操作的环境。这包括了服务质量标准以及互联网协议自身的标准。ITU 的工作确保了不同地区和国家间的通信系统能够无缝对接,从而支持物联网设备的全球连接性。

ISO 是独立的非政府国际组织,旨在促进国际标准化。在物联网领域,ISO 制定了多项标准来规范物联网设备的设计、制造、测试和部署过程。ISO 的标准覆盖了从物联网系统的互操作性、数据交换到设备安全性的各个方面。这些标准有助于确保物联网设备和系统在全球范围内具有高度的兼容性和安全性。

IEC 主要负责制定和发布电工和电子产品的国际标准。在物联网领域,IEC 的标准涉及电子设备的安全性、可靠性和效率等方面,为物联网设备的设计和运行提供了重要指导。与 ISO 共同制定了 ISO/IEC 27000 系列标准,目前仍是物联网行业重要的标准之一。

IEEE 是一个国际性的技术专业组织,致力于推动电子工程、计算机工程和相关领域的技术进步。在物联网领域,IEEE 通过其工作组定义了许多有助于保护网络安全的安全标准。此外,IEEE 还推动了服务质量标准以及下一代互联网协议的发展。IEEE 在无线通信技术方面制定的标准也在物联网设备间的无线通信中大量使用。

同时,面对物联网带来的新的安全与隐私需求,这些机构也在着手更新相应的标准,以确保在资源有限的物联网应用下仍能够利用合适的技术为其提供足够的安全保护。

除了国际组织制定的标准外,各国内部的组织或政府也着手通过行业标准或法规对物联网领域的安全与隐私进行保护。这些行业标准或法规主要针对两个问题:一个是数据保护的问题,另一个是跨境数据传输的问题。如欧盟《一般数据保护条例》(GDPR)、欧盟-美国数据保护框架(EU-US DPF)等。在之前讨论云平台安全时所举的欧盟与美国的法案事实上就包含了跨境数据传输的有关规定，特别是在2023年欧盟与美国签订并生效的欧盟-美国数据保护框架(EU-US DPF)中，再次对这一问题进行了详细的规定。

我国的数据保护相关法律起步较晚，但随着数字经济的蓬勃发展以及国家安全的需要，目前我国已经搭建起了一套较为完整的法律框架，现有《网络安全法》《数据安全法》《个人信息保护法》等。前两部法案于2021年9月1日实施，《个人信息保护法》于同年11月1日起实行。这些法案是为了规范数据处理活动，保障数据安全，促进数据开发利用，保护个人、组织的合法权益，维护国家主权、安全和发展利益。2022年9月1日，国家互联网信息办公室公布了《数据出境安全评估办法》，为数据保护的法律框架补上了一块重要拼图。《数据出境安全评估办法》在落实《网络安全法》《数据安全法》《个人信息保护法》规定的同时，规范了数据出境活动，切实保护了个人信息权益，维护了国家安全和社会公共利益，促进了数据跨境安全、自由流动，贯彻了切实以安全保发展、以发展促安全的思想。

此外，在10.1.3节提到的工业和信息化部于2021年印发的《物联网基础安全标准体系建设指南》的附录中汇总了物联网基础安全的相关标准，这些标准也能够满足物联网的基础安全需要，提升物联网的基础安全能力。

视频

# 第11章 物联网平台

物联网包含感知层、传输层、平台层和应用层4部分；也可以分为感知层、传输层和应用层3部分，其中平台层属于应用层。平台层的主要功能是将感知层数据接入到系统，并对数据进行过滤、保存、解析、分析、聚合，从而将原生数据转化为应用层需要的特征数据并进行输出。物联网平台是指涵盖并实现了平台层功能的所有软硬件设备集合，作为整个物联网技术实现的中间件，具备承上启下的核心作用，是物联网技术运用推广的主要决定因素。

## 11.1 物联网平台简述

物联网平台起源于物联网中间件，向下连接智能硬件设备设施，向上对接应用软件和系统，起到信息收集、分析、传递，设备管理和控制，信息系统融合互通等作用，由于物联网平台涵盖的功能面广，技术实现的伸缩性大，因此可以从多种角度对其进行分类叙述。

从运营管理的角度，可分为企业自建平台、公共商业平台两种类型。企业自建平台：自建平台接入设备规模适中，但对安全可靠性有较高要求，此类平台适用的领域包括工业现场设备管理，水电煤气基础设施管理，交通基础设施管理等。公共商业平台：商业平台面向的是接入数据庞大或业务需求多样的领域，具有大众化通用普适的特点，相关的领域包括农林牧畜监控、商品生产管理、物流过程监控、智能家居使用、商业场所运维等。

从服务内容的角度，公共商业物联网平台划分为IaaS、PaaS、SaaS 3种类型。IaaS(Infrastructure as a service)是基础平台，由物理数据中心的服务器构成，提供计算和存储的基本服务。PaaS(Platform as a service)平台可以进一步在服务器中向用户提供便捷可靠的软件开发工具与运行操作系统。SaaS(Software as a Service)平台则更进一步向用户提供应用软件框架与数据演示功能。目前大多数公共商业物联网平台提供的是SaaS和IaaS服务，这3种类型的平台的关系如图11-1所示。

从成本效用的角度，物联网平台可分为开源平台、通用商业平台、一站式平台3种类型。开源平台：开源物联网一般多采用IaaS模式的物联网平台来实现，平台采用的技术提供源码，成本投入低，适用于小型企业快速承接简单的物联网项目，进行小型项目部署和落地，可以支撑用户在项目验证阶段的低成本需求，但开源平台通常只提供基础功能，功能扩展难度大，需要投入大量时间才能充分发挥平台潜力，严重依赖自建技术团队长期开发维护，因此会带来较高的运维成本，并且由于源码公开，其安全性相对脆弱，所连接的项目容易受到人为因素的影响造成损失，因此适合开发者学习或小型企业采用。通用商业物联网平台：通用商业平台属于PaaS或者SaaS模式的物联网平台，此类平台部署简单，可通过公共云访问并完成应用的自行配置，平台提供持续的运维服务，应用规模可裁剪，用户按需付费，使用方便，可减少业务上线的时间成本和运维成本，但是通用商业平台同质化严重，通常不具备二次开发能力，不易满足行业的拓展和定制化需求，并且流量和用户数据由平台

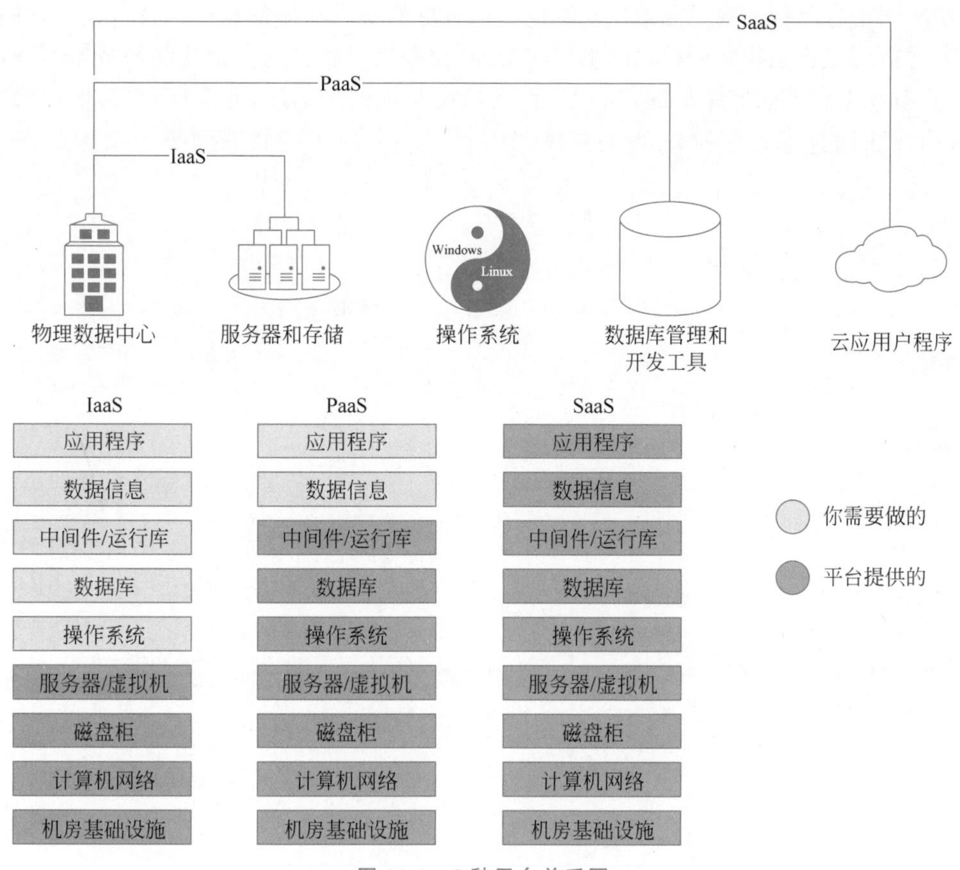


图 11-1 3种平台关系图

管理，对用户数据隐私保护性弱，具有一定商业运营风险，因此适用于小型企业，需求明确，接入规模不大的项目或具体的场景搭建，是市场需求规模最大的物联网平台。一站式平台：一站式平台属于定制化 SaaS 模式的物联网平台，此类平台多与特定行业领域关联，在该行业领域具备项目落地验证和业务资产沉淀优势，平台自带现成的成熟项目模板，即得即用，具备二次开发能力，可赋予系统更强的扩展性，满足行业用户搭建物联网系统的全场景业务的个性化需求，但此类平台的初期投入成本高，更适合长期合作的大中型项目的实施，以及满足大中型企业自建物联网平台的需要。

## 11.2 物联网平台原理

物理网通过“感知”这一重要方式，完成了对人类所处物理世界的量化和抽取，虚拟网络空间才得以成型；自然世界中海量的事物和状态通过物联网转换为海量的数据，大数据才应运而生；对于数据的运用终归要回到对各种规律的预测和决策的执行，人工智能才得以如火如荼地发展。因此，物联网平台被认为是数据、算法、算力构成的新计算时代的关键支撑技术。物联网平台按照处理数据流的顺序进一步划分的关键技术包括中间件、大数据、人工智能；也可以再进一步细分为边缘计算、中间件（中台）、平台载体、大数据、人工智能。物联网平台按照功能模块划分为业务平台（中台）、算法平台（中台）、数据平台（中台）3部分；也可以划分为设备管理平台、连接管理平台、应用使能平台、应用中心平台、资源管理平台、业务分析平台。

物联网平台泛指实现了涵盖物联网技术平台层的所有功能的软硬件设备集合，并且部分平台还衍生融合了物联网技术网络层的功能，物联网平台作为整个物联网技术实现的中间件，具备承上启下兼容并举的核心作用，其功能实现的灵活度，冗余度，难易度以及性价比，成为物联网技术运用推广的主要决定因素。一款商用的物联网平台架构如图 11-2 所示。

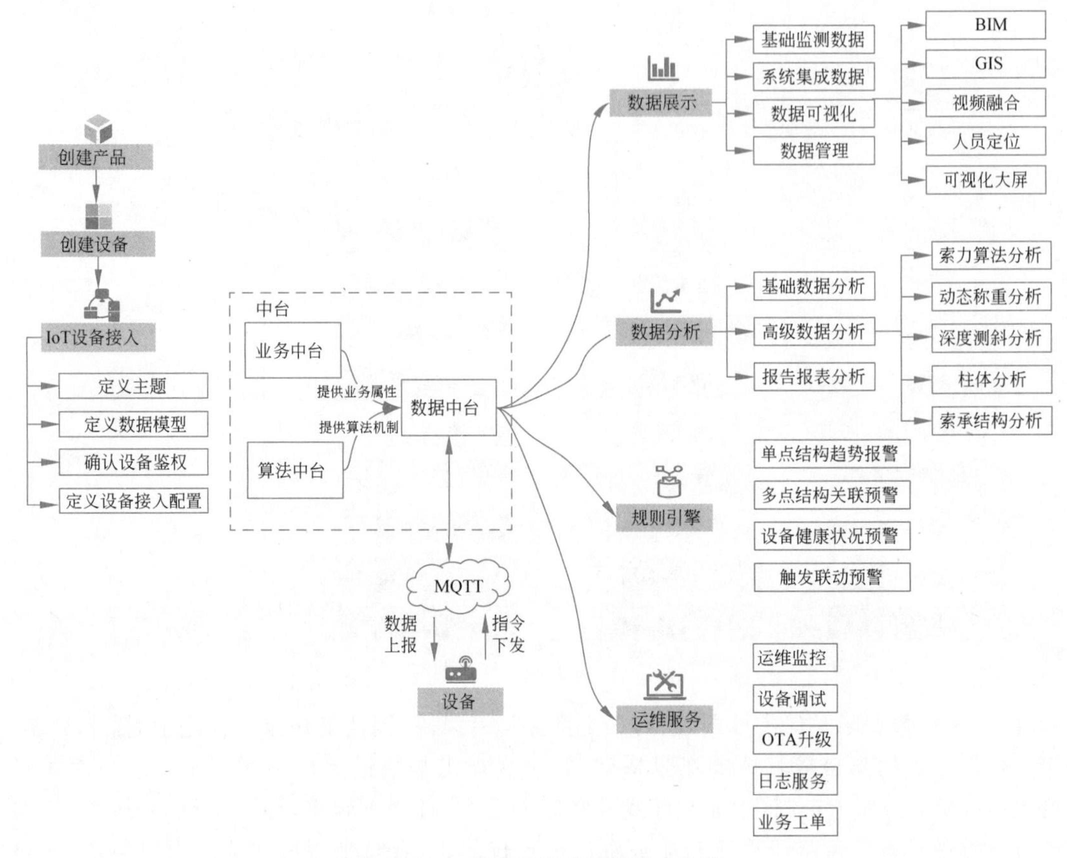


图 11-2　一款商用的物联网平台架构

在此架构中，平台功能模块划分为业务中台、算法中台、数据中台 3 部分。业务中台主要面向底层设备，负责产品管理、设备管理、设备接入；算法中台主要面向数据处理，负责数据存储与聚合，提供应用后台涉及的数据算法处理支持；数据中台主要面向应用接口，负责数据展示、数据分析、规则引擎，以及运维服务。

通过调研分析，物联网平台架构的组成也可以按照开源软件的 4 部分进行叙述：企业服务总线（ESB）、复杂事件处理（CEP）、业务流程管理（BPM）、消息队列（MQ）。企业服务总线提供网络中最基本的连接中枢，是构筑企业神经系统的必要元素，它消除了不同应用之间的技术差异，实现不同服务之间的通信与整合；它支持基于内容的路由和过滤，具备复杂数据的传输能力，并可提供一系列标准接口。复杂事件处理是一种新兴的基于事件流的处理技术，它将系统数据看作不同类型的事件，通过分析事件间的关系，建立不同的事件关系序列库，利用过滤、关联、聚合等技术，最终由简单事件产生高级事件或商业流程。业务流程管理是通过对企业运营的业务流程梳理、改造、监控、优化来获得利益的最大化的；业务流程管理开源软件就是针对这种管理方式而产生的，是为帮助企业实现业务流程管理而设计的一种 IT 工具。消息队列提供了进程之间或进程内不同线程之间的通信支持；消息队列软件的每个存储队列中包含详细信息，如发生的时间、输入装置的种类、特定输入参数等；消息的发送者和接收者不需要同时与消息队列交互，消息会保护在队列中，直到接收者取回它。

## 11.3 物联网平台关键技术

各种传感器数据、沉淀的日志记录、互联网数据等都采集到嵌入式设备；嵌入式设备通过网络传输到本地性能较强的计算机或嵌入式终端；本地的计算机或嵌入式终端对数据进行汇聚、初步分析处理（边缘计算）后，通过网络传输到核心且性能强的计算中心（物联网平台）；核心且性能强的计算中心对收集到的大数据进行整理清洗、规律预测后，通过网络连接到应用程序端（应用层）；应用程序端根据各自的使用场景，关联到核心且性能强的计算中心中相关使用场景的部分数据，并传输到应用程序端，供应用层各种应用场景使用。按照物联网平台处理数据流顺序使用到的关键技术，细化分为边缘计算、中间件、平台载体、大数据、人工智能等模块。对这几个关键模块的掌握，可以理解小/中/大型项目中物联网平台部署样式区别的原因。本节内容可以让物联网平台概念更加形象立体。

### 11.3.1 边缘计算

1. 边缘计算综述

思科在 2016—2021 年的全球云指数报告中指出：接入互联网的设备数量从 2016 年的 171 亿增加到 271 亿。每天产生的数据量也在激增，全球的设备产生的数据量从 2016 年的 218ZB 增长到 2021 年的 827ZB。传统的云计算模型是将所有数据通过网络上传至云计算中心，利用云计算中心的超强计算能力来集中解决应用的计算需求问题。然而，云计算的集中处理模式在万物互联的背景下有 3 点不足：

（1）万物互联实时性需求。万物互联环境下，随着边缘设备数量的增加，这些设备产生的数据量也在激增，导致网络带宽逐渐成为了云计算的一个瓶颈。例如，波音 787 每秒产生的数据量超过 5GB，但飞机与卫星之间的带宽不足以支持实时数据传输。

（2）数据安全与隐私。随着智能家居的普及，许多家庭在屋内安装网络摄像头，直接将摄像头收集的视频数据上传至云计算中心会增加泄露用户隐私数据的风险。

（3）能耗较大。随着在云服务器运行的用户应用程序越来越多，未来大规模数据中心对能耗的需求将难以满足。现有的关于云计算中心的能耗研究主要集中在如何提高能耗使用效率方面。然而，提高能耗使用效率，仍不能解决数据中心巨大的能耗问题，这在万物互联环境下将更加突出。

针对上述不足，万物互联应用需求的发展催生了边缘计算模型。边缘计算模型是指在网络边缘执行计算的一种新型计算模型。边缘计算模型中边缘设备具有执行计算和数据分析的处理能力，将原有云计算模型执行的部分或全部计算任务迁移到网络边缘设备上，降低云服务器的计算负载，减缓网络带宽的压力，提高万物互联时代数据的处理效率。边缘计算并不是为了取代云，而是对云的补充，为移动计算、物联网等相关技术提供一个更好的计算平台，边缘计算模型成为新兴万物互联应用的支撑平台。

对于边缘计算，不同的组织给出了不同的定义。美国韦恩州立大学计算机科学系的施巍松等把边缘计算定义为：“边缘计算是指在网络边缘执行计算的一种新型计算模式，边缘计算中边缘的下行数据表示云服务，上行数据表示万物互联服务”。边缘计算产业联盟把边缘计算定义为：“边缘计算是在靠近物或数据源头的网络边缘侧，融合网络、计算、存储、应用核心能力的开发平台，就近提供边缘智能服务，满足行业数字在敏捷连接、实时业务、数据优化、应用智能、安全与隐私保护等方面的关键需求。”因此，边缘计算是一种新型计算模式，通过在靠近物或数据源头的网络边缘侧，为应用提供融合计算、存储和网络等资源。同时，边缘计算也是一种使能技术，通过在网络边缘侧提供这些资源，满足行业在敏捷连接、实时业务、数据优化、应用智能、安全与隐私保护等方面的关键需求。

与边缘计算类似的范例，如雾计算、移动边缘计算等，虽然与边缘计算不尽相同，但它们在动机、节点设备、节点位置等上与边缘计算范例类似。协同边缘计算是一种新的计算范例，它使用边缘设备和路由器的网状网络来实现网络内的分布式决策。决策是在网络内部通过在边缘设备之间共享数据和计算而不是将所有数据发送到集中式服务器来完成的。这与通常执行集中计算的现有计算范例不同，并且诸如网关的边缘设备仅用于收集数据并将数据发送到服务器以进行处理。边缘计算与协同边缘计算的对比如表 11-1 所示。

表 11-1　边缘计算和协同边缘计算对比

| | 边缘计算 | 协同边缘计算 |
| --- | --- | --- |
| 动机 | 支持物联网应用程序的移动性、位置感知和低延迟 | 允许多个服务提供商合作和共享数据 |
| 节点设备 | 路由器、交换机、网关 | 基站的服务器 |
| 节点位置 | 从终端设备到云 | 基站 |
| 软件架构 | 基于移动协调器 | 基于移动协调器 |
| 情境感知能力 | 中等 | 强 |
| 邻近跳数 | 一跳或多跳 | 一跳 |
| 访问机制 | 蓝牙、Wi-Fi、移动网络 | 移动网络 |
| 节点之间通信 | 支持 | 支持 |

边缘计算模型将原有云计算中心的部分或全部计算任务迁移到数据源附近，相比于传统的云计算模型，边缘计算模型具有实时数据处理和分析、安全性高、隐私保护、可扩展性强、位置感知以及低流量的优势。

(1) 实时数据处理和分析。将原有云计算中心的计算任务部分或全部迁移到网络边缘，在边缘设备处理数据，而不是在外部数据中心或云端进行；因此提高了数据传输性能，保证了处理的实时性，同时也降低了云计算中心的计算负载。

(2) 安全性高。传统的云计算模型是集中式的，这使得它容易受到分布式拒绝服务供给和断电的影响。边缘计算模型在边缘设备和云计算中心之间分配处理、存储和应用，使得其安全性提高。边缘计算模型同时也降低了发生单点故障的可能性。

(3) 隐私保护。边缘计算模型是在本地设备上处理更多数据而不是将其上传至云计算中心，因此边缘计算还可以减少实际存在风险的数据量。即使设备受到攻击，它也只会包含本地收集的数据，而不会使云计算中心受损。

(4) 可扩展性强。边缘计算提供了更便宜的可扩展性路径，允许公司通过物联网设备和边缘数据中心的组合来扩展其计算能力。使用具有处理能力的物联网设备还可以降低扩展成本，因此添加的新设备都不会对网络产生大量带宽需求。

(5) 位置感知。边缘分布式设备利用低级信令进行信息共享。边缘计算模型从本地接入网络内的边缘设备接收信息以发现设备的位置。例如导航，终端设备可以根据自己的实时位置将相关位置信息和数据交给边缘节点来进行处理，边缘节点基于现有的数据进行判断和决策。

(6) 低流量。本地设备收集的数据可以进行本地计算分析，或者在本地设备上进行数据的预处理，不必将本地设备收集的所有数据上传至云计算中心，从而可以减少进入核心网的流量。

2. 边缘计算体系架构

边缘计算通过在终端设备和云之间引入边缘设备，将云服务扩展到网络边缘。边缘计算架构包括终端层、边缘层和云层。图 11-3 展示了边缘计算的体系架构。接下来简要介绍边缘计算体系架构中每层的组成和功能。

1) 终端层

终端层是最接近终端用户的层，它由各种物联网设备组成，例如，传感器、智能手机、智能车辆、智能卡、读卡器等。为了延长终端设备提供服务的时间，则应该避免在终端设备上运行复杂的计算任务。因此，我们只让终端设备负责收集原始数据，并上传至上层进行计算和存储。终端层连接上一层主要通过蜂窝网络。

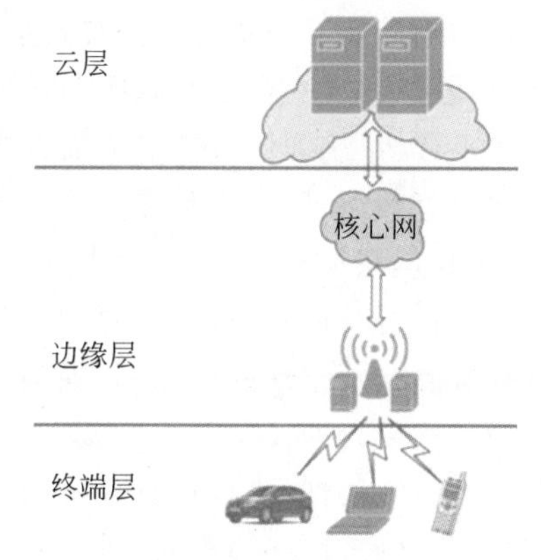

图 11-3 边缘计算的体系架构

2) 边缘层

边缘层位于网络的边缘，由大量的边缘节点组成，通常包括路由器、网关、交换机、接入点、基站、特定边缘服务器等。这些边缘节点广泛分布在终端设备和云层之间，例如，咖啡馆、购物中心、公交总站、街道、公园等。它们能够对终端设备上传的数据进行计算和存储。由于这些边缘节点距离用户距离较近，因此可以运行对延迟比较敏感的应用，从而满足用户的实时性要求。边缘节点也可以对收集的数据进行预处理，再把预处理的数据上传至云端，从而减少核心网络的传输流量。边缘层连接上一层主要通过 Internet。

3) 云层

云层由多个高性能服务器和存储设备组成，它具有强大的计算和存储功能，可以执行复杂的计算任务。云模块通过控制策略可以有效地管理和调度边缘节点和云计算中心，为用户提供更好的服务。

3. 边缘计算关键技术

1) 计算卸载

计算卸载是指终端设备将部分或全部计算任务卸载到资源丰富的边缘服务器，以弥补终端设备在资源存储、计算性能以及能效等方面存在的不足。计算卸载的主要技术是卸载决策。卸载决策主要解决的是移动终端如何卸载计算任务、卸载多少以及卸载什么的问题。根据卸载决策的优化目标将计算卸载分为以降低时延为目标、以降低能量消耗为目标以及权衡能耗和时延为目标 3 种类型。

2) 移动性管理

边缘计算依靠资源在地理上广泛分布的特点来支持应用的移动性，一个边缘计算节点只对周围的用户提供服务。云计算模式对应用移动性的支持则是服务器位置固定，数据通过网络传输到服务器，所以在边缘计算中应用的移动管理是一种新模式，主要涉及两个问题。一个问题是资源发现，即用户在移动的过程中需要快速发现周围可以利用的资源，并选择最合适的资源；边缘计算的资源发现需要适应异构的资源环境，还需要保证资源发现的速度，才能使应用不间断地为用户提供服务。另一个问题是资源切换，即当用户移动时，移动应用使用的计算资源可能会在多个设备间切换；资源切换要将服务程序的运行现场迁移，保证服务连续性是边缘计算研究的一个重点。一些应用程序期望在用户位置改变之后继续为用户提供服务。边缘计算资源的异构性与网络的多样性，需要迁移过程自适应设备计算能力与网络带宽的变化。

边缘计算还涉及网络控制、内容缓存、内容自适应、数据聚合以及安全卸载等关键技术和热点。

4. 边缘计算开源平台

边缘计算系统是一个分布式系统范例，在具体实现过程中需要将其落地到一个计算平台上，各个边缘平台之间如何相互协作提高效率，如何实现资源的最大利用率，对设计边缘计算平台、系统和接口带来了挑战。例如，网络边缘的计算、存储和网络资源数量众多但在空间上分散，如何组织和统一管理这些资源，是一个需要解决的问题。在边缘计算的场景下，尤其是在物联网中，诸如传感器之类的数据源，其软件和硬件以及传输协议等具有多样性，如何方便有效地从数据源中采集数据也是一个需要考虑的问题。此外，在网络边缘的计算资源并不丰富的条件下，如何高效地完成数据处理任务也是需要解决的问题。目前，边缘计算平台的发展方兴未艾。由于针对的问题不同，各边缘计算平台的设计多种多样，但也不失一般性。边缘计算平台的一般性功能框架如图 11-4 所示。在该框架中，资源管理功能用于管理网络边缘的计算、网络和存储资源。设备接入和数据采集分别用于接入设备和从设备中获取数据。安全管理用于保障来自设备的数据的安全。平台管理功能用于管理设备和监测控制边缘计算应用的运行情况。各边缘计算平台的差异可从以下方面进行对比和分析：

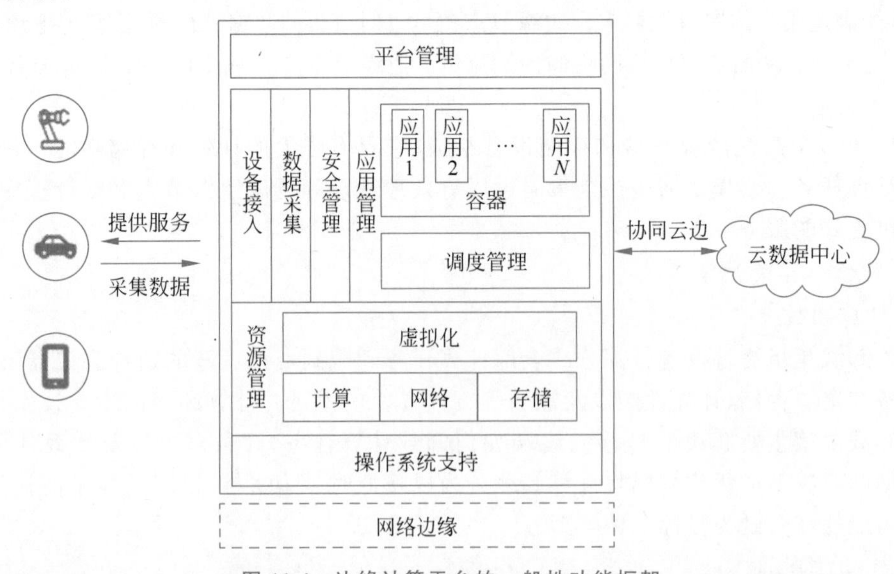


图 11-4　边缘计算平台的一般性功能框架

(1) 设计目标。边缘计算平台的设计目标反映了其所针对解决的问题领域，并对平台的系统结构和功能设计有关键性的影响。

(2) 目标用户。在现有的各种边缘计算平台中，有部分平台是提供给网络运营商以部署边缘云服务；有的平台则没有限制，普通用户可以自行在边缘设备上部署使用。

(3) 可扩展性。为满足用户应用动态增加和删除的需求，边缘计算平台需要具有良好的可扩展性。

(4) 系统特点。面向不同应用领域的边缘计算开源平台具有不同的特点，而这些特点能为边缘计算应用的开发或部署带来方便。

(5) 应用场景。常见的应用领域包括智慧交通、智能工厂和智能家居等多种场景，还有增强现实(AR)/虚拟现实(VR)应用、边缘视频处理和无人车等对响应时延敏感的应用场景。

根据边缘计算平台的设计目标和部署方式，可将目前的边缘计算开源平台分为3类：面向物联网端的边缘计算开源平台、面向边缘云服务的边缘计算开源平台、面向云边融合的边缘计算开源平台。

5. 边缘计算应用

(1) 医疗保健。边缘计算可以辅助医疗保健，例如，可以针对患有中风的患者提供辅助医疗保健。研究人员提出了一种名为U-fall的智能医疗基础设施，它通过采用边缘计算技术来利用智能设备。在边缘计算的辅助下，U-fall借助智能设备传感器实时感应运动检测。边缘计算还可以帮助健康顾问协助他们的病人，而不受其地理位置的影响。边缘计算使智能手机能够从智能传感器收集患者的生理信息，并将其发送到云服务器以进行存储、数据同步以及共享。

(2) 视频分析。在万物联网时代，用于监测控制的摄像机无处不在，传统的终端设备——云服务器架构可能无法传输来自数百万台终端设备的视频。在这种情况下，边缘计算可以辅助基于视频分析的应用。在边缘计算的辅助下，大量的视频不用再全部上传至云服务器，而是在靠近终端设备的边缘服务器中进行数据分析，只把边缘服务器不能处理的小部分数据上传至云计算中心即可。

(3) 车辆互联。通过互联网接入为车辆提供便利，使其能够与道路上的其他车辆连接。如果把车辆收集的数据全部上传至云端处理会造成互联网负载过大，导致传输延迟，因此，需要边缘设备其本身具有处理视频、音频、信号等数据的能力。边缘计算可以为这一需要提供相应的架构、服务、支持能力，缩短端到端延迟，使数据更快地被处理，避免因信号处理不及时而造成车祸等事故。一辆车可以与其他接近的车辆通信，并告知他们任何预期的风险或交通拥堵。

(4) 移动大数据分析。无处不在的移动终端设备可以收集大量的数据，大数据对业务至关重要，因为它可以提取可能有益于不同业务部门的分析和有用信息。大数据分析是从原始数据中提取有意义信息的过程。在移动设备附近实施部署边缘服务器可以通过网络高带宽和低延迟提升大数据分析能力。例如，首先在附近的边缘服务器中收集和分析大数据，然后可以将大数据分析的结果传递到核心网络以进一步处理，从而减轻核心网络的压力。

(5) 智能建筑控制。智能建筑控制系统由部署在建筑物不同部分的无线传感器组成。传感器负责监测和控制建筑环境，例如，温度、气体浓度或湿度。在智能建筑环境中，部署边缘计算环境的建筑可以通过传感器共享信息并对任何异常情况做出反应。这些传感器可以根据其他无线节点接收的集体信息来监测建筑的状况。

(6) 海洋监测控制。科学家正在研究如何应对海洋灾难性事件，并提前了解气候的变化。这可以帮助人们快速采取应对措施，从而减轻灾难性事件造成的严重后果。部署在海洋中某些位置的传感器大量传输数据，这需要大量的计算资源和存储资源。而利用传统的云计算中心来处理接收到的大量数据可能会导致预测传输的延迟。在这种情况下，边缘计算可以发挥重要作用，通过在靠近数据源的地方就近处理，从而防止数据丢失或传感器数据传输延迟。

(7) 智能家居。随着物联网技术的发展，智能家居系统得到进一步发展，其利用大量的物联网设备实时监测控制家庭内部状态，接收外部控制命令并最终完成对家居环境的调控，以提升家居安全性、便利性、舒适性。由于家庭数据的隐私性，用户并不总是愿意将数据上传至云端进行处理，尤其是一些家庭的内部视频数据。而边缘计算可以将家庭数据处理推送至家庭内部网关，减少家庭数据的外流，降低数据外泄的可能性，提升系统的隐私性。

(8) 智慧城市。根据预测，一个百万人口的城市每天将可能会产生 200PB 的数据。因此，应用边缘计算模型，将数据在网络边缘处理是一个很好的解决方案。例如，在城市路面检测中，在道路两侧路灯上安装传感器收集城市路面信息，检测空气质量、光照强度、噪声水平等环境数据，当路灯发生故障时能够及时反馈给维护人员，以及在健康急救和公共安全领域提供帮助。

### 11.3.2 中间件

1. 中间件综述

当前，物联网发展呈现出“边缘智能化、连接泛在化、服务平台化、数据延伸化”的新特征。在这种发展趋势下，物联网系统难免要承载海量的异构设备，汇聚海量的异构数据。在与工业控制技术和信息技术结合之后，物联网系统也呈现出规模化发展的势头，各种管理百万级和千万级节点的大中型系统不断涌现，产生了各种复杂工业流和业务逻辑的控制问题，其设计、开发和实施工作变得越发困难。因此，如何便捷、可靠地进行各种大中型物联网系统的开发和构建就成为一个至关重要的问题。

物联网中间件是物联网系统不可或缺的组成部分，它的出现有助于消除各种异构设备和应用间的交互、协作障碍，能帮助用户更加稳定、便捷地进行物联网系统的设计、开发和搭建。各类物联网中间件平台正是为解决困扰物联网行业的难题而出现的。

物联网中间件作为解决各种异构和海量设备、数据等问题的重要技术已经得到了业界认可。就其本质而言，物联网中间件的主要作用是将林林总总的设备、协议等抽象为一个个通用的对象，帮助开发者将精力聚焦于物联网系统内部的业务和数据，从而快速完成物联网应用系统的构建。

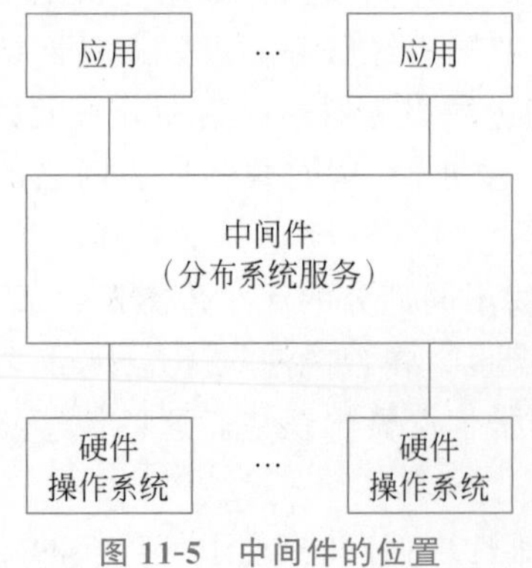

图 11-5 中间件的位置

中间件是介于操作系统和在其上运行的应用程序之间的软件，如图 11-5 所示。中间件实质上是隐藏转换层，实现了分布式应用程序的通信和数据管理。它有时被称为“管道”，因为它将两个应用程序连接在一起，使数据和数据库可在“管道”间轻松传递。通过中间件，用户可执行很多请求，例如，在 Web 浏览器上提交表单，或者允许 Web 服务器基于用户的配置文件返回动态网页。Java 语言中的 Tomcat、WebLogic、JBoss、WebSphere 等都是典型的中间件。

中间件作为一种独立的系统软件或服务程序，介于上层应用和下层硬件系统之间，起到服务支撑和数据传递的作用。中间件向下负责协议适配和数据集成，向上提供数据资源和服务接口。上层应用会借助中间件在不同的技术之间共享资源。中间件位于客户机/服务器的操作系统之上，管理计算机资源和网络通信，可以提供两个独立应用程序或独立系统间的连接服务功能。即使具有不同的接口，系统也可以通过中间件相互交换信息，这也是中间件的一个重要价值。通过中间件，应用程序可以工作于多平台或操作系统环境，即实现常规的跨平台。

简言之，中间件是一种连接了软硬件部件和应用程序的计算机软件。这种软件由一组服务构成，这些服务允许多进程运行在一个或者多个机器上，实现交互的目的。常见的中间件示例包括数据库中间件、应用程序服务器中间件、面向消息的中间件、Web 中间件和事务处理监视器。

中间件的主要特点包括：可承载大量应用；可运行于多种硬件和操作系统平台；支持分布式计算，支持进行跨网络、跨软硬件平台的透明性交互服务；支持多种标准的协议；支持多种标准的接口。

中间件在物联网系统中起到的作用主要包括屏蔽异构性、确保交互性、数据预处理。

2. 中间件体系架构

随着物联网中间件重要性的日益凸显，很多企业陆续推出了物联网中间件平台，用于实现对设备互联、协议转换等的支持。目前常见的物联网中间件平台框架有霍尼韦尔的 Niagara 平台、GE 的 Predix 平台、华为的 OneAir 解决方案以及海尔的 COSMOPlat 等。下面以 Niagara 平台为例，简要介绍物联网中间件平台框架、基本结构和功能。

Niagara Framework 是一种灵活、可扩展的物联网框架，广泛应用于智慧建筑、数据中心、智能制造、智慧城市，以及物联网领域的其他垂直市场，已安装、部署在全球 100 多万个系统上。它可以实现对设备的互联及管理、能源分析、大数据平台下的预测和诊断等功能，并与云平台协作工作，实现可靠的在线数据流。Niagara Framework 提供了一个开放的、没有壁垒的体系结构，可以在整个物联网架构平台接入和部署。如图 11-6 所示，Niagara Framework 技术支持图中所有层的设备和数据连接。同时 Niagara 作为一个具有通用性的中间件框架，其本身基于 Java 的专有技术，可以跨任意平台，集成各节点不同系统平台上的架构。通过通用模型提供算法程序，抽象、标准化异构数据，大大降低了分布式系统的复杂性。

物联网中间件已经成为中大型物联网系统的必要部分，因此，要了解和掌握中间件，首先要熟悉物联网中间件系统的设计模块。物联网中间件模块包括通用对象模型与组态、业务逻辑与第三方组件、协议转换与设备连接、数据整理与人机交互、用户体系与安全机制、分布式架构与边缘计算、物联网中间件与人工智能。

3. 中间件模块及原理

1）通用对象模型与组态

（1）通用对象模型。无论何种功能，都可以将其总结为数据的输入、数据的输出和数据的处理。因此，应该可以用一种描述方法或者描述方式来代表某种功能，这就是通用对象模型。具体解释为设计之初需要对具体的事物进行抽象，提取共同的特征，得到基本的通用对象模型，比如，以苹果的颜色和形态为特征，提取出苹果模型，如图 11-7 所示。当我们希望在物联网中间件平台上实现某种功能时，只需要按照这种描述方式将功能的作用叙述清楚，就可以形成能实现该功能的代码和可以使用的软件模块了。常见的通用对象模型有

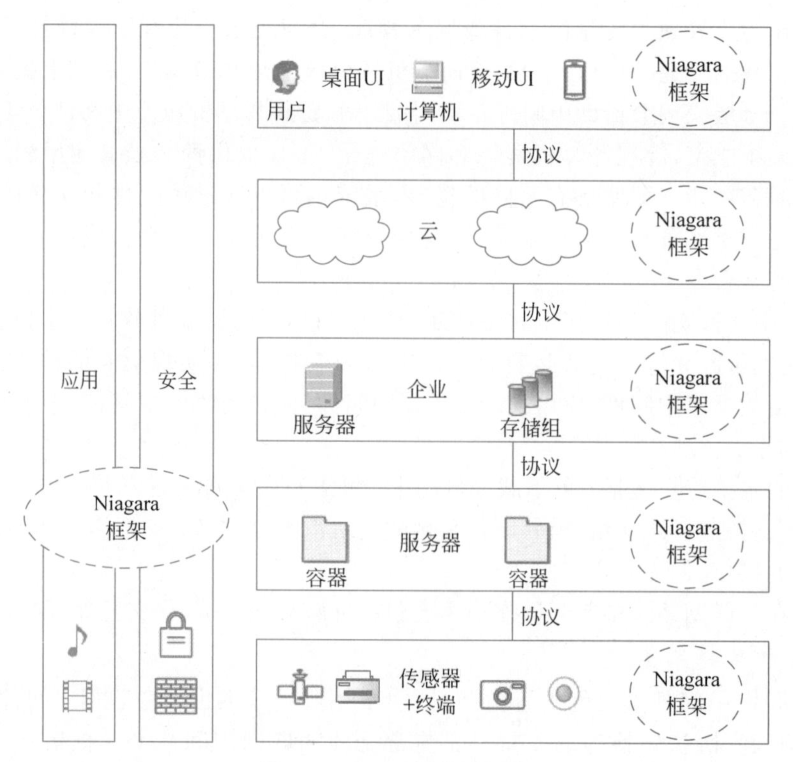


图 11-6 Niagara 技术架构

以下 4 种：布尔型(Boolean)、数值型(Numeric)、枚举型(Enum)、字符串型(String)。每种类型根据被抽象事物的需求分为只读型(又称单点型,Point)和读写型(Writable)两类。如表 11-2 所示。布尔型：代表仅具有两种状态的二进制量,常用于进行各种开关功能的表征,其值一般用于两种状态的切换,例如,Off 或 On。数值型：代表连续的模拟量表征,例如,温度、电平、速率。数值类型既可作为浮点量使用,也可作为整数的计数使用,与常见变成语言中的单精度(32bit)或者双精度(64bit)兼容。枚举型：代表枚举状态(超过两种状态),即多种状态间的切换,常用于多状态或者多功能切换的控制部件中,例如,具有低速(slow)、中速(medium)和高速(fast)状态的可变速风扇。从数值的角度而言,枚举类型属于离散变量的描述,使用过程中要求所有的状态都是已知、可预测的。字符串型：代表各种字符的描述,常用于提示信息或者人机交互中的数据使用,主要使用 ASCII 字符集。只读型：也称为 read-only 类型,代表一种只提供信息但是不能修改的数据类型。读写型：代表既可以被修改又可读的数据类型。

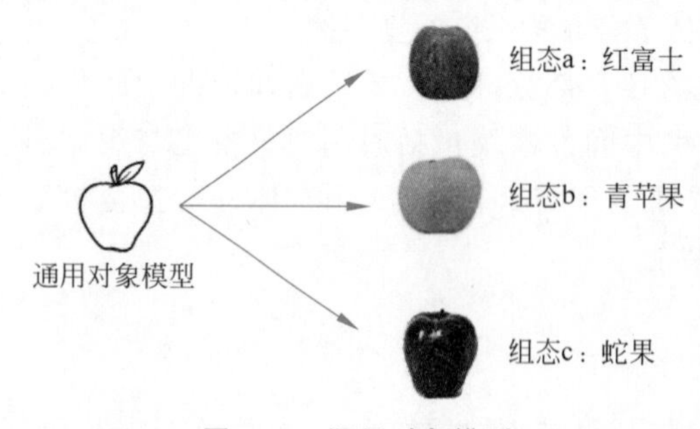


图 11-7 通用对象模型

表 11-2 常见通用对象模型类别

| Boolean 类型 | Numeric 类型 | Enum 类型 | String 类型 |
|---|---|---|---|
| BooleanPoint | NumericPoint | EnumPoint | StringPoint |
| BooleanWritable | NumericWritable | EnumWritable | StringWritable |

(2) 组态(configuration)。在很多领域中都会提及组态这个概念,但不同领域对组态的定义不尽相同。例如,在工控领域,组态是指应用软件中提供的工具、方法来完成工程中某一具体任务的过程,可分为硬件组态和软件组态。就其形式而言,类似乐高这样的拼接积木,每种基本功能都可以做成一个基本组态(类似一个独立的积木块),设计复杂功能的过程如同搭积木,将一个个基本组态按照顺序组合起来即可。组态被定义为实现某种功能的代码化部件,在物联网中间件汇总。组态程序设计就是某个组态进行的开发。组态概念的核心在于将通用对象模型代码化为被具体调用和执行的模块。

2) 业务逻辑与第三方组件

(1) 业务逻辑。如前所述,在物联网中间件平台上实现物联网系统的过程可以视为实现一个个基本功能后再将其拼装、搭建起来的过程。在前面介绍了基本功能的实现,即组态的相关情况,现在将重点讨论应用组态进行拼装、搭建的过程。承载了功能的组态必须按照一定的逻辑流程来进行拼装,该流程是由物联网系统要实现的总体功能来决定的,这个流程也称为业务逻辑。业务逻辑来自物联网系统自身的需求分析,一方面,包含各个功能之间的逻辑关系(并列、因果、递进、时序等);另一方面,包含了由业务本身决定的流程,这部分流程根据业务场景的不同有较大区别。业务逻辑的设计是系统设计中十分重要的一环,它往往基于需求分析,其准确性依赖于系统设计人员的产品规划能力。在物联网系统的开发和实施中,业务逻辑的实现是物联网中间件平台的重要功能。利用物联网中间件平台强大的开发集成功能,可以方便、快捷地实现业务逻辑。当前主流的物联网中间件平台都支持图形化的业务逻辑实现功能,即通过所见即所得的开发方式进行组态之间的关联,即实现功能之间流程排布。

(2) 第三方组件。物联网系统中的异构情况极其普遍,即使利用通用对象模型也难以保证兼容每一种异构设备,这时就需要该设备厂商提供的组态(类似操作系统中的驱动程序)。另外,许多专业性较强的工作(例如,复杂的机器视觉测温方法等特殊的数据分析工作)都会交由专业公司完成,因此,为了更好地解决上述问题,体现集成性和兼容性,物联网中间件平台会支持第三方的组态和组件。这些组件被导入物联网中间件平台后,就可以像本地组态和组件一样进行管理和供用户调用。

3) 协议转换与设备连接

物联网中间件最大的价值在于能够对各种异构设备进行兼容性管理,这也是大多数物联网系统的关键性问题。常用的兼容性管理方法是在抽象数据共性的同时,保持对于各种协议的转换连接。物联网采集的数据是多种多样的,如压力、位置、液位、速度与加速度、辐射、能耗、振动、湿度、磁场、温度、浓度、化学成分等;物联网软硬件也是各异的,如 x86、MIPS、ARM、SPARC、PowerPC、Windows、macOS、Linux、UNIX 等。协议是各种异构设备进行连接和通信的重要甚至是唯一的手段,换言之,设计各种通信协议的目的就是解决异构设备和系统间的通信问题。

各种协议的出现似乎有效地解决了异构设备间的连接问题,但又导致了另一个问题——协议的异构(也称为异构网络问题)。物联网中间件平台的出现解决了这一令人困扰的难题。一般而言,物联网中间件平台会支持数种甚至数十种物联网协议,并往往将协议的实现过程简化为各种屏蔽了底层细节的配置过程,仅将关键的业务逻辑流程搭建和数据处理工作保留给开发者进行控制,极大地提高了工作效率,大幅降低了对异构设备和多种协议进行兼容性开发的工作量。常见的物联网协议有 TCP/IP、蓝牙协议、ZigBee、NFC、

MQTT、BACnet、Modbus、LonWorks、SNMP、ProfiBus 等。

4）数据整理与人机交互

（1）数据整理。数据整理问题来源于物联网感知层带来的大数据问题。众所周知，大数据中的数据来源规模最大的就是物联网数据。如果将全部原始数据（raw data）经由物联网中间件汇聚到系统内部进行分析，将给带宽、算力、存储等资源带来极大的压力。而且，在大多数场景和系统中，基于抽样的传统统计学方法已经足够支持系统对数据处理的需求。因此，需要对数据进行整理，决定底层数据向系统汇聚的方法和取舍方式，以便在满足数据处理需求的同时，尽量降低系统资源的消耗。常见的数据整理技术一般分为数据分级处理、数据降维处理、数据优化处理。数据分级处理：对局部区域的协作感知、网络中数据分级传输、云边协同下的事务分级。数据降维处理：PCA 主成分分析法、最小量嵌入算法、SVD 矩阵邻域分解等。数据优化处理：数据保留策略、数据压缩。

（2）人机交互。经过整理的数据最终要向系统进行汇聚，而汇聚数据的目的只有 3 种：系统数据分析（业务逻辑）、呈现给用户观测（人机交互）、交付到系统外部供其他系统处理（数据服务）。随着消费领域的移动互联网产品迅速普及，人机交互和 UI（User Interface，用户界面）设计的概念逐渐被人熟知并受到重视。物联网中间件平台通常在人机交互方面提供了从配色风格到图表种类等功能丰富的支持。

5）用户体系与安全机制

目前，物联网安全已经成为物联网系统建设中的基础问题，物联网中间件作为构建物联网系统的重要工具和支撑技术也必须将物联网安全问题纳入管理范围。物联网中间件安全机制主要包括异构设备的安全连接机制、数据安全机制、访问控制技术等。

（1）异构设备的安全连接机制。物联网系统的异构设备安全连接体系结构如图 11-8 所示，由安全接入模块、管理模块、外部安全支撑模块、执行模块 4 部分构成。安全接入模块是异构设备安全互联的核心模块，主要功能是接收管理系统命令，调用正确的身份认证模块、通过与执行模块的交互，完成异构设备接入认证过程。管理模块主要由安全管理、配置管理、异常管理子模块构成，可实现参数配置、异常监测等功能。外部安全支撑模块主要包括证书机构（Certification Authority，CA）、授权机构（Authorization Authority，AA）、信用数据库（Credit Database，CD），分别实现确认异构设备身份、赋予异构设备接入权限、存储异构设备身份证明等功能。执行模块位于异构设备安全连接体系中的最底层，直接和异构设备硬件进行数据交互，由接口控制引擎和驱动适配层组成，该模块包含所有支持的底层通信程序，通过上层命令选择相应的异构设备通信驱动文件，配置信息交互网络环境，提供统一的信息交互程序接口。

（2）数据安全机制。应用层为物联网系统提供了一个包含计算和存储的平台，可以对收集的数据进行相应的分析和处理。该层的安全威胁主要来自软件和固件中的漏洞，攻击者可以远程利用这些漏洞进行代码注入攻击、缓冲溢出、钓鱼攻击、基于控制访问的攻击等，从而轻易地从底层收集到的敏感数据。基于此，可以在数据传输、数据存储、数据处理等方面进行防护。

（3）访问控制技术。访问控制是指系统对用户身份及其所属的预先定义的策略组限制其使用数据资源能力的手段，通常由系统管理员控制用户对服务器、目录、文件等网络资源的访问。访问控制是确保系统机密性、完整性、可用性和合法使用性的重要基础，是网络安全防范和资源保护的关键策略之一。其本质是校验对信息资源访问的合法性，目标是保证

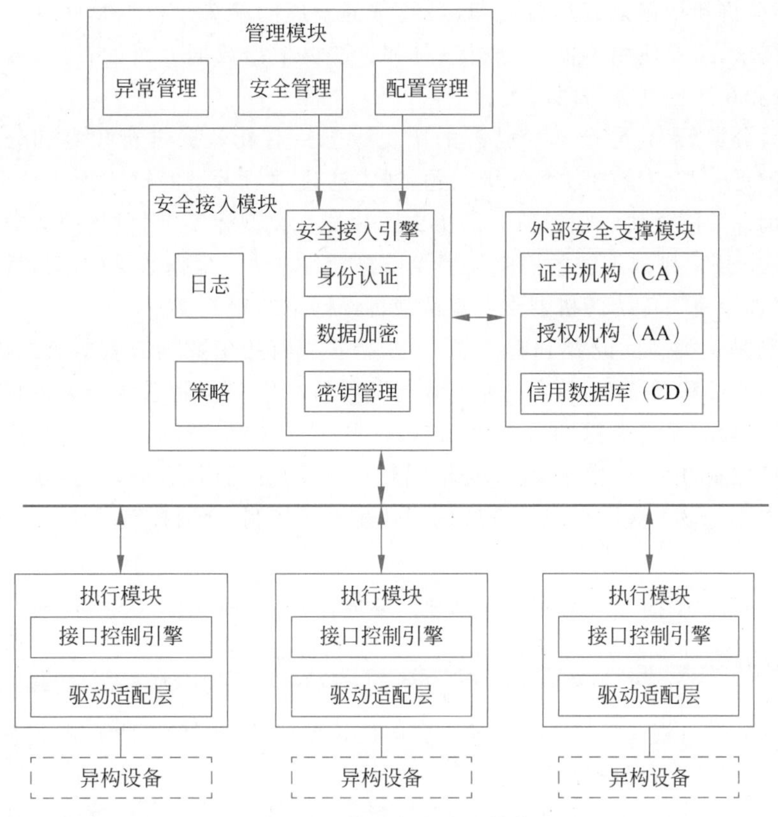


图 11-8 异构设备安全连接体系

主体在授权的条件下访问信息。访问控制的主要目的是限制访问主体对客体的访问，从而保障数据资源在合法范围内得以有效使用和管理。为了达到上述目的，访问控制需要完成两个任务：识别和确认访问系统的用户、决定该用户可以对某一系统资源进行何种类型的访问。

6）分布式架构与边缘计算

整个物联网其实就是一个庞大的分布式系统，可以由工业物联网、车联网、移动设备网络、传感器网络和云平台等部分有机结合而成。值得注意的是，物联网中的每个部分本身也可能是一个分布式系统。例如，智慧工厂的生产流水线上装配有不同种类、不同功能的电子设备：监控设备实时监测各个生产线的运行情况，生产设备执行不同的生产步骤，控制设备根据当前的需求控制生产设备的动作。这些设备可能分布在不同的厂房或厂区，通过有线和无线网络互相通信，从而构成了一个分布式的工业物联网系统。由于分布式系统具有地理分散性和资源异构性的特点，在构建过程中需要考虑远程过程调用框架、分布式文件系统与数据库，以及分布式数据处理框架和分布式资源管理平台等基础中间件的支持。

边缘计算是一个分布式的计算范式，它利用靠近数据源或用户端的网络边缘设备（基站或者小型数据中心），形成一个集网络、计算、存储、应用等核心功能于一体的开放平台，为用户提供实时的数据分析和处理功能，更多内容可以参考 11.3.1 节。

7）物联网中间件与人工智能

物联网的价值在于将运行中的物理世界进行了量化，使整个世界具备了可计算性。通过物联网中的传感器等硬件设备的集成和嵌入式软件平台发来的海量数据，可以洞悉事物的态势，进而分析和挖掘出其运行规律，最终掌握发展的趋势。根据物联网中的数据形式以及应用的需求，需要使用不同的分析思路和算法。根据数据分析的目的，可分为离线分类/聚类算法和在线控制算法两大类。

其中离线分类/聚类是指基于已有的历史数据针对新数据进行预测和分类。离线回归/分类/聚类是一类传统的数据分析问题，通常通过学习大量的形式为＜特征，标签＞的历史数据来训练智能模块。如果所有的历史图片都有类型标签，则可按照分类思路使用有监督学习方法；反之则以聚类的思路使用无监督学习方法。根据数据的结构性和问题的复杂度，又可以选择使用传统的机器学习算法或神经网络的相关算法。

在线控制是一类新的问题和解决思路，是指在没有历史数据或者既有经验的基础上，让智能体学会通过和系统交互，实现基于现有的系统状态来控制系统行为的目的。该类问题通常是从零学起，无需大量的历史数据积累。以交通控制为例，在线控制算法通过探索不同的红绿灯控制方案，产生正反馈（拥堵缓解）/负反馈（拥堵加剧），再传递到交通控制模块更新控制方法。该类算法可以广泛应用于智慧工厂控制、交通控制等场景。

4. 中间件应用

物联网中间件用途广泛，涉及智慧交通、环境保护、政府工作、公共安全、智能楼宇、智能消防、智能制造、环境监测、个人健康、智慧农业和食品溯源等众多领域，典型应用场景包括：智能家居的智能音箱、安防监控、服务机器人、健康监控；工业 IoT 的云平台、物流机器人、故障预测、数据可视化；智慧城市的 NB-IoT、道路监控、环境监测预测、能源监控；车联网的雷达、自动驾驶、道路监控、智慧停车。

5G 的出现及应用为无人机、汽车自动驾驶、高清 AR/VR 的应用奠定了基础。智慧城市由大型互联网企业、电信企业和各地系统集成商共同推动。在智能表、智慧政务等领域存在大量软硬件解决方案企业。一线城市向二线、三线城市渗透，现有网络向 LPWAN 网络更新，智能表向智慧环保、智慧消防、智慧交通调度、智慧停车等方向发展。在智慧医疗领域，相关企业都在稳步前进并且取得了一定的成果。另外，由于室内定位、电子标签、无线互联、云平台等技术的发展，医疗资产管理也变得更加智能。车联网领域仍然处于发展前期，特别是自动驾驶领域还处于摸索阶段，呈现出强强联合的态势。互联网巨头纷纷与传统车厂结合，自动驾驶领域不断出现更低成本的导航、避障技术方案商。在工业物联网方面，出现了各细分行业的大数据公司和无人工厂解决方案企业。在智能家居方面，部分智能单品增长迅猛。可穿戴设备在娱乐方面虽然并未如愿迎来爆发，但是在人员看护、健康追踪领域取得了较大进展。小米、华为等拥有品牌和渠道资源的厂商也进入了该市场。

### 11.3.3 平台载体

1. 平台载体综述

通过对服务器技术发展历史的回溯，可以让我们更加理解现代服务器的功能特点。维基百科对服务器（server）这个单词的定义是：服务器是一个计算机硬件或软件（计算机程序），为其他程序或设备提供功能，其他程序或设备在这里就称为“客户机”。因此广义地看，服务器与计算机可以说是同时诞生的，但现代的服务器概念主要是从 20 世纪 90 年代互联网发展兴起而产生，服务器的功能逐渐成为网络化通信结构的核心节点，这个时期伴随的是基于 x86 架构微处理器的标准个人计算机的普及，对网络核心节点的访问需求爆炸式的增长，原来基于大型机与小型机的服务节点由于封闭的商业环境，造成成本过高，已经无法满足社会的发展需要，因此基于x86架构的服务节点便由于其极大的性价比优势，开始在服务器市场上崭露头角。x86架构服务器芯片的设计与生产厂家主要就是Intel与AMD，其他的企业都是这两家企业技术授权的生产企业，这两家企业在x86服务器市场占据了99%的市场份额，并主导了x86架构服务器芯片的发展史。

1990—1998年，Intel与AMD公司推出一系列基于桌面处理器架构的功能增强型服务器芯片，用于初期的服务器市场。1998年Intel公司问世的Xeon品牌，成为x86专业服务器芯片问世的里程碑。2002年AMD发布的Opteron品牌，成为x86-64位服务器芯片问世的标志。2000—2005年，Intel推出与HP合作的IA-64指令集Itanium处理器，Itanium系列服务器芯片不兼容x86架构，因此商业推广失败。在此期间AMD凭借兼容x86架构的x86-64架构芯片，并通过加入缓存侦错容错机制、HyperTransport多处理器扩展总线以及原生多核心架构等一系列特色技术功能，在性价比上做到了优于Intel的服务器芯片，曾一度达到40%以上的市场占有率。2006—2008年，Intel开始在服务器芯片中推出Core微架构，新架构中的存储器缓冲控制器(External Memory Buffer，XMB)设计实现了更高的存储器容量与频宽。2008—2011年，Intel在服务器芯片中引进源自于Alpha EV7的QPI总线，也导入处理器多内核的环状(ring)总线，并在此后演变到网状结构(mesh)，奠定未来数年Intel多核心x86处理器的技术优势，为了强化服务器的RAS(可靠性、可用性、可服务性)，Intel引入Itanium架构中诸如MCA(Machine Check Architecture)Recovery等技术，开始在服务器领域夺回领先优势，而在同时期，AMD公司因为并购ATI图形显卡公司，严重影响了内部产品的研发时程，并造成一连串骨牌效应，终于在2007年，爆发了会造成系统死机的TLB臭虫事件，虽然通过更新BIOS可关闭TLB功能，但代价是将会降低10%～30%的性能，至此，AMD在服务器市场的气势，就如同自由落体般直线下坠，再也没有挽回的可能。2011—2017年，以2011年Sandy Bridge(Tock)为起点，Intel采用钟摆(Tick-Tock)运转的升级模式，制程从32nm、22nm演进到14nm，架构引入AVX指令集等强化虚拟化机能的新技术，不但在先进半导体制程领域领先其他半导体厂商，并在芯片多核心架构扩展技术方面超越AMD。而AMD由于连续4个世代的微架构：推土机(Bulldozer)、打桩机(Piledriver)、压路机(Steamroller)、挖土机(Excavator)在性能上的劣势，以及单芯片核心数与制程上不能与Intel拉开差距，导致在服务器市场彻底崩盘。2017—2020年，由于巨大的领先优势，Intel的发展速度慢慢降低，并一直停留在14nm制程，只在芯片微架构上进行技术升级，而AMD在2017年推出了新的服务器芯片品牌EPYC，以及新的芯片架构ZEN，并在三星等先进制程工艺的加持下，在多核领域再次领先，并逐渐恢复了市场占有率。2021年，Intel宣布重启钟摆巨轮的升级模式，但面对大数据、物联网、人工智能、5G通信等技术快速发展，数据呈现爆炸式增长的态势，以云端服务业企业的数据中心为大宗的服务器市场，对服务器处理器价格已经开始敏感，x86架构这种不开放授权的商业模式，已经开始出现危机，云端企业越来越有自己开发服务器芯片的本钱与条件，以ARM为代表的IP授权的架构芯片开始出现在服务器领域，并有了逐渐扩大市场占有率的趋势，而更新的开源商业模式的RISC-V架构芯片也正在崛起的路程上。

从目前服务器的发展状态可以看到，随着使用场景不同，服务器的发展一方面向多核异构可扩展架构提升算力的方向继续演进，另一方面随着虚拟技术云服务器的出现，分布式集群服务器节点的功能开始向低功耗高性价比方向发展，并逐渐下沉向设备端靠近，随着节点间通信网络速度的提升，以及工业生产制程技术的发展，服务器功能逐渐向大众用户普及。

2. 本地服务器

通俗地看，服务器硬件平台和普通微型计算机的功能类似，主体由CPU中央处理器、GPU协处理器、扩展芯片组、内存、磁盘系统、网络等硬件构成，相对于普通计算机，服务器除了在并行处理能力方面效能突出，还在RAS特性方面存在显著的差异，RAS是Reliability(高可靠性)、Availability(高可用性)、Serviceability(高服务性)3个英文单词的缩写。

服务器的功能与形态是不断演变的，它主要由半导体集成电路技术推动发展，并随着商业模式的演化而不断迭代递进，其转变过程也是计算机技术发展的缩影，由最初的大型机时代，变化到小型机时代，随着微型计算机标准的推广普及，发展到x86架构服务器时代，伴随着大数据、人工智能、云计算等应用技术的出现，衍生出面向不同领域的服务器形态，如：用于复杂问题计算处理，基于集群的高性能超级计算机；汇集集群资源，强调弹性利用、效率优先地针对数据或I/O密集型访问的云服务器；专注于提升计算能效比，采用异构架构的计算密集型服务器等。按照构成的处理器单元数量规模大小，服务器可划分为超级计算机(巨型机)、大型计算机、小型计算机、通用服务器。按照采用的处理器ISA(Instruction Set Architectures)指令集架构不同，可分为x86、Power PC、MIPS、Alpha、SPARC、ARM等架构服务器。按照使用场景功能不同，服务器可分为存储服务器、计算服务器、云服务器、AI服务器、边缘服务器、域控制服务器(Domain Server)、文件服务器(File Server)、打印服务器(Print Server)、数据库服务器(Database Server)、邮件服务器(E-mail Server)、Web服务器(Web Server)、多媒体服务器(Multimedia Server)、通信服务器(Communication Server)、终端服务器(Terminal Server)、基础架构服务器(Infrastructure Server)、虚拟化服务器(Virtualization Server)等多种类型。按照结构形态不同，服务器可分为多节点服务器、整机柜服务器、机架式服务器、塔式服务器、刀片式服务器等。

服务器网络集群中的基本功能单元称为节点(node)，每个节点都是一个可独立运行OS操作系统，可直接进行输入/输出(I/O)控制的功能单元，单个处理器单元称为路，基于不同的处理器架构，每个节点可由单路或多路处理器构成，每路处理器还可包含多个内核，用于提升并行计算能力。

服务器节点间可通过连接来形成网络，以进一步提高数据运算处理能力，对于一定数量的节点，节点间点对点的带宽越高，延迟越小，网络性能质量就越好。节点连接的拓扑结构包括阵列(array)、环(ring)、网格(mesh)、网格环(torus)、树(tree)、超立方体(hypercube)、蝶网(butterfly)、网(Benes)等，连接的物理方式可以采用背板总线连接、多层总线交叉开关连接、网卡交换机宽带连接等。

基于性价比和商业生态等原因，面向物联网应用的服务器大多为x86架构服务器，并通过宽带连接方式来搭建分布式集群网络。

3. 云服务器

云服务器是在云计算环境中运行的虚拟(而非物理)服务器，可由无限用户按需访问。云服务器的工作方式与物理服务器相同，它们执行类似的功能，例如存储数据和运行应用程序。由于云服务由第三方提供商托管，因此它们会通过Internet提供计算资源。云服务器是通过使用虚拟化软件(称为虚拟机监控程序)将物理服务器划分为多个虚拟服务器来创建的。也就是说,虚拟机监控程序将服务器的处理能力抽象化,并将它们合在一起,从而创建虚拟服务器。

云服务器是分布式服务器集群技术在互联网领域运用的表现形式,云服务器的出现是互联网发展过程中伴随解决实际问题的过程而孕育产生的。具体的问题包括:数据访问量巨大造成单机架构的服务器节点无法满足应用的需要;交易发生的接入服务器节点位置分散,需要在保证数据安全可靠的情况下实现各服务器节点数据的同步一致;互联网交易数据量变化范围剧烈,导致服务商投入的服务器节点数量在满足高峰交易的需求后出现闲置;服务器节点增加后应用升级维护的成本增加等等。而云服务器的优势正好可以解决以上诸多问题,云服务器的优势表现在:可伸缩性,可以轻松地升级内存或空间以支持更多用户;安全性,云计算服务器不会因用户过多而过载,任何软件问题都与本地环境隔离;处理能力,用于云计算的服务器连接在一起,共享各种工作负载的计算能力,因此它们可以在构建应用程序、工具或环境方面发挥关键作用;可靠性,云服务器为授权用户提供可靠、不间断的连接和快速访问权限;灵活性,通过云服务器工作可让用户从不同位置访问同一服务器,此外,云服务器还可以通过快速缩放到不同的计算需求来适应不同的工作负荷;可负担性,由于大多数提供商提供即用即付定价,因此云服务器为企业提供更低的硬件支出和更低的能源成本,这意味着可以根据需求自动缩放计算能力和资源。

云服务器构建在服务器集群上,而服务器集群是一组相互协作的服务器,它们在物理上或逻辑上互相连接,以共同完成任务,服务器集群通常分为以下几种类型:高可用性(HA)集群、负载均衡(LB)集群、数据库集群、高性能计算(HPC)集群。服务器集群的架构通常由以下几部分组成:服务器节点、网络连接、存储设备、管理节点。

(1) 服务器节点是集群中的基本单元,它们通常具有相似的硬件和软件配置。每个节点通常都运行相同的操作系统和应用程序,以共同完成任务。

(2) 网络连接是集群中的重要组成部分,它们通常由高速网络连接器、交换机和路由器等组成。网络连接器通常用于将节点连接起来,以实现数据的传输和共享。交换机和路由器通常用于管理网络流量和路由数据,以保证系统的高性能和可用性。

(3) 存储设备是集群中的重要组成部分,它们通常用于存储数据和应用程序。存储设备通常包括磁盘阵列、网络存储器和分布式文件系统等。磁盘阵列通常用于提供高速存储和冗余数据保护。网络存储器通常用于提供共享存储和备份存储。分布式文件系统通常用于实现数据的复制、分布和同步等功能。

(4) 管理节点是集群中的重要组成部分,它们通常用于管理集群的运行和配置。管理节点通常包括集群管理软件和集群管理工具等。集群管理软件通常包括集群监控软件、集群调度软件和集群安全软件等。集群监控软件通常用于监控集群的运行状态和性能指标。集群调度软件通常用于调度任务和资源,以保证系统的高性能和可用性。集群安全软件通常用于保护系统的安全和可靠性,如认证、授权和加密等。

为了对服务器集群的功能资源进行更有效的调度和分配,需要采用虚拟技术将软件应用资源与实际硬件设备进行解耦,并采用分布式的设计思想来开发设计应用程序架构。这其中运用到的技术包括虚拟化技术、负载均衡、分布式数据库、分布式文件系统等。

### 11.3.4 大数据

1. 大数据综述

数据科学有着悠久的历史,随着人们越来越多地使用云计算技术和物联网技术来构建智慧世界，数据科学变得越来越热门。大数据具有 3 个重要的特点：数据容量超大（Volume）、数据的高速处理（Velocity）、数据的多样性（Variety），这 3 个特点通常称为大数据的 3 个 V。其他人还在此基础上增加了大数据的另外两个 V：一个是真实性（Veracity），即跟踪或预测数据的困难；另一个是数据价值（Value）的变化性，即数据价值会随着数据处理方式的不同而发生变化，如图 11-9 所示。

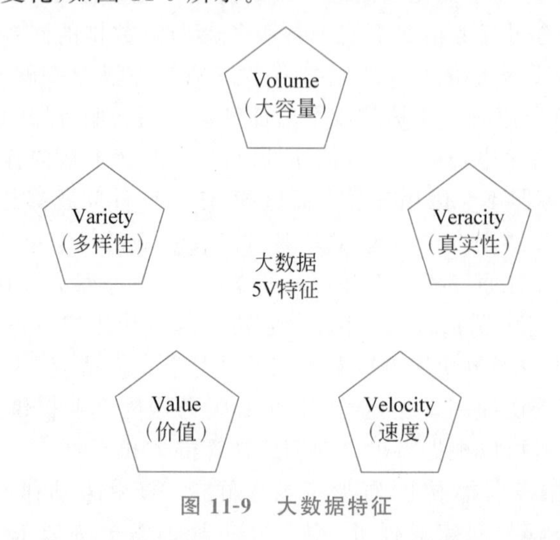


图 11-9 大数据特征

按照今天的标准，大数据一般指规模在 1TB 以上的数据量。根据 IDC 的预测，2030 年将有 40ZB 的数据需要处理，这意味着每个人将有 5.2TB 的数据需要处理，如此巨大的数据量要求足够的存储能力和分析能力，这样才能够对海量数据进行处理。数据的多样性意味着数据格式的多样性，这导致数据精准管理是非常困难和昂贵的。高速处理数据意味着实时处理大数据并从中提取有意义的信息或知识。数据的真实性意味着验证数据的准确性是非常困难的。以上所有的 V 导致我们很难使用现有的硬件和软件基础设施去捕捉、管理和处理数据，这也使得人们对智慧云与物联网等技术的需求更加迫切。

今天，数据科学需要对大量的信息进行集成和排序，并设计算法从这些大规模的数据元素中提取有用的信息。

2. 大数据关键技术及处理过程

大数据关键技术及处理过程包括大数据生成、大数据采集、大数据存储、大数据分析。

1）大数据生成

大数据生成是大数据的第一步。生成的数据类型主要包括互联网数据和感知数据等。以互联网数据作为例子，大量的数据由搜索互联网论坛帖子、聊天记录和微博消息产生。

2）大数据采集

大数据采集是大数据的第二步，包括数据收集、数据传输和数据预处理。在大数据采集过程中，一旦收集到原始数据，就利用一个有效的传输机制将其发送到适当的存储管理系统中，以支持不同的应用。收集的数据集有时可能包括大量的冗余或无用的数据，这会增加不必要的存储空间，并影响后续的数据分析。数据收集主要从日志文件、传感器、网络数据等获取。数据预处理主要有数据集成和清理。

3）大数据存储

大数据存储是大数据的第三步。大数据存储是指为保证数据访问的可靠性和可用性，对大规模数据集的存储和管理。数据的爆炸式增长导致对数据存储和管理的要求越来越严格。存储的基础设施需要可靠的存储空间来提供信息存储服务，它必须提供一个强大的访问接口，用于查询和分析大量的数据。大数据的大量研究促进了大数据存储机制的发展，现有的大数据存储机制可分为3个自底向上的层次：文件系统、数据库和程序模型。

4）大数据分析

大数据分析是大数据的第四步。大数据分析是通过研究大量各种类型的大数据，以发现隐藏的模式、未知的相关性和其他有用信息的过程。这些信息可以提供超越竞争对手的竞争优势，并导致更出色的商业智能或科学发现，如更有效的营销、收入增加等。来自Web服务器上的日志和网络点击流数据、社交媒体的活动报道、手机通话记录以及传感器和物联网设备捕获的信息等大数据源都必须得到保护。大数据分析和软件工具经常被用作先进的分析学科的一部分，如预测分析和数据挖掘。

3. 大数据应用

1）商业应用

最早的商业数据一般都是结构化数据，这些数据由公司从旧系统中收集，并且存储在RDBMS(关系数据库管理系统)中。这类系统用到的分析技术在20世纪90年代比较流行，而且一般都是很直观和简洁的，比如报告、仪表板、专题查询、基于研究的商业智能、在线交易处理、交互式可视化、记分卡、预测模型以及数据挖掘等。21世纪以来，以网络和网站为平台的在线展示以及直接与顾客进行交易的平台的出现为大数据的发展提供了难得的机会。丰富的产品和顾客信息，包括点击流数据日志和用户的行为等，都能够从网站中获得。产品布局优化、顾客交易分析、产品建议和市场结构分析可以通过文本分析和网站挖掘技术来进行管理。2011年，移动手机和平板电脑的数量第一次超过了笔记本电脑和个人计算机的数量。移动手机和基于传感器的物联网开启了创新应用的新时代，如支持位置感测、面向人和文本操作的搜索。

2）网络应用

最早的网络主要提供电子邮件和网页服务。目前文本分析、数据挖掘以及网页分析已经被应用到邮件内容的挖掘与搜索引擎的建立过程中。现在，大多数应用的应用领域以及设计目标都是基于网络的。网络数据在整个数据量中有主要的比重，如文本、图像、视频、图片以及互动内容等。而对于半结构化或者非结构化数据，则急需先进的技术来对它们进行处理。例如，图像分析技术是从图片中提取有用的信息，如人脸识别。多媒体分析技术可以应用到自动视频监控系统，主要用于商业、执法机关以及军队应用领域。在线社交媒体应用，如网络论坛、在线社区、博客、社交网络服务以及社交多媒体网站等，为用户提供了很多的机会来创造、上传和分享内容。不同的用户群可能会寻找每日新闻，发表他们的意见并及时反馈。

3）科学应用中的大数据

很多领域的科学研究通过高通量传感器和仪器来获得大量的数据，如天体物理学、海洋学、基因组学以及环境研究。美国科学基金会(NSF)宣布了大数据研究专项计划，以促进从大量复杂的数据中提取知识和见解的研究。一些科学研究项目已经开发了大量的数据平台并且获得了有用的结果。

4）企业中大数据的应用

现在，大数据主要来源于企业并且主要应用于企业中，BI和OLAP可以视为大数据应用的先驱。大数据在企业中的应用可以在很多方面增强其生产效率和竞争力。特别是在市场方面,应用大数据的关联分析,企业可以准确地预测顾客的行为。在销售计划中,通过大量数据的比较,企业能够优化其商品价格。在操作中,企业可以提高操作效率和操作满意度,优化劳动力的输入,准确地预测人员配置需求,避免产能过剩,减少人工成本。在供应链中,利用大数据,企业可以进行库存优化、物流优化和供应商协调等,来缓和供需之间的矛盾,控制预算,提高服务质量。

5）健康和医疗应用

医疗数据是持续且快速增长的复杂数据,包含丰富的信息价值。大数据为医疗数据进行有效的存储、处理、查询和分析提供了无限可能。医疗大数据的应用将会深深影响人类的健康。物联网使得健康监控行业发生了革命性的变化。传感器可以收集病人的数据,微控制器通过无线网对数据进行处理、分析和交流。微处理器能够提供丰富的图形用户界面。健康监控云与网关帮助进行数据分析,并且具有统计准确性。

6）群体智能

群体智能也称集体智能。随着无线通信和传感技术的快速发展,移动手机和平板电脑已经整合了越来越多的传感器,拥有了日益强大的计算和感知能力。因此,群体智能正在成为移动计算的中心舞台。在群体感知中,大量的普通用户利用移动设备作为基本的传感单元来配合移动网络进行传感任务的分配以及传感数据的收集和利用,目的是完成大规模复杂的社交感知任务。在群体感知中,参与完成复杂感知任务的人不需要有专业的技能。

### 11.3.5 人工智能

1. 人工智能综述

AIoT(Artificial Intelligence & Internet of Things,人工智能物联网)＝AI(Artificial Intelligence,人工智能)＋IoT(Internet of Things,物联网)。AIoT 融合了 AI 技术和 IoT 技术,将物联网产生的、来自不同维度的、海量的数据收集并存储于云端、边缘端,再通过大数据分析,以及更高形式的人工智能,实现万物数据化、万物智联化。物联网技术与人工智能相融合,最终追求的是形成一个智能化生态体系,在该体系内,实现了不同智能终端设备之间、不同系统平台之间、不同应用场景之间的互融互通,万物互融。除了在技术上需要不断革新外,与 AIoT 相关的技术标准、测试标准的研发、相关技术的落地与典型案例的推广和规模应用也是现阶段物联网与人工智能领域亟待突破的重要问题。

我们将机器智能应用到物联网的大数据应用之后,出现了机器智能化,这主要归功于物联网感知中智慧云的应用和大数据分析能力,也就是物联网、大数据、人工智能等技术的交叉融合。本节就交叉融合的部分进行分析,首先分析数据挖掘与机器学习之间的关系,随后概述重要的应用。

2. 人工智能关键技术及融合技术

我们将数据挖掘分为 3 类,即关联分析、分类和聚类分析。同样,机器学习技术也分为 3 类,即监督学习、无监督学习以及其他学习方法。

数据挖掘与机器学习紧密相连。数据挖掘是在大数据中发现模式的计算过程,包括的方法涉及人工智能、机器学习、统计以及与数据库的交叉。数据挖掘的总体目标就是从数据集中提取信息,并将其转化成可以理解的结构以供未来使用。除了原始的分析步骤,它还包括数据库的数据管理、数据预处理、模型的建立、推理的产生、兴趣度量、复杂性考虑、可视化以及在线更新。机器学习探究结构并研究算法，使之能够从数据中学习并做出预测。这样的算法由实例输入建造模型，目的是做出数据驱动的预测和决策，而不仅仅是严格地遵循静态程序指令。这两个术语通常会被混淆，因为二者经常利用相同的方法，并且在很大程度上有重叠。

（1）数据挖掘更倾向于对数据源的分析。它专注于发现数据的未知属性，这也被认为是数据库分析步骤中的知识发现。如图11-10所示，经典的数据挖掘技术被分为3类：关联分析，如Apriori算法、FP-growing算法；分类算法，如决策树、支持向量机（SVM）、$k$NN、朴素贝叶斯、贝叶斯信念网络、人工神经网络（ANN）等；聚类算法，如$K$均值、带有噪声的基于密度的空间聚类。

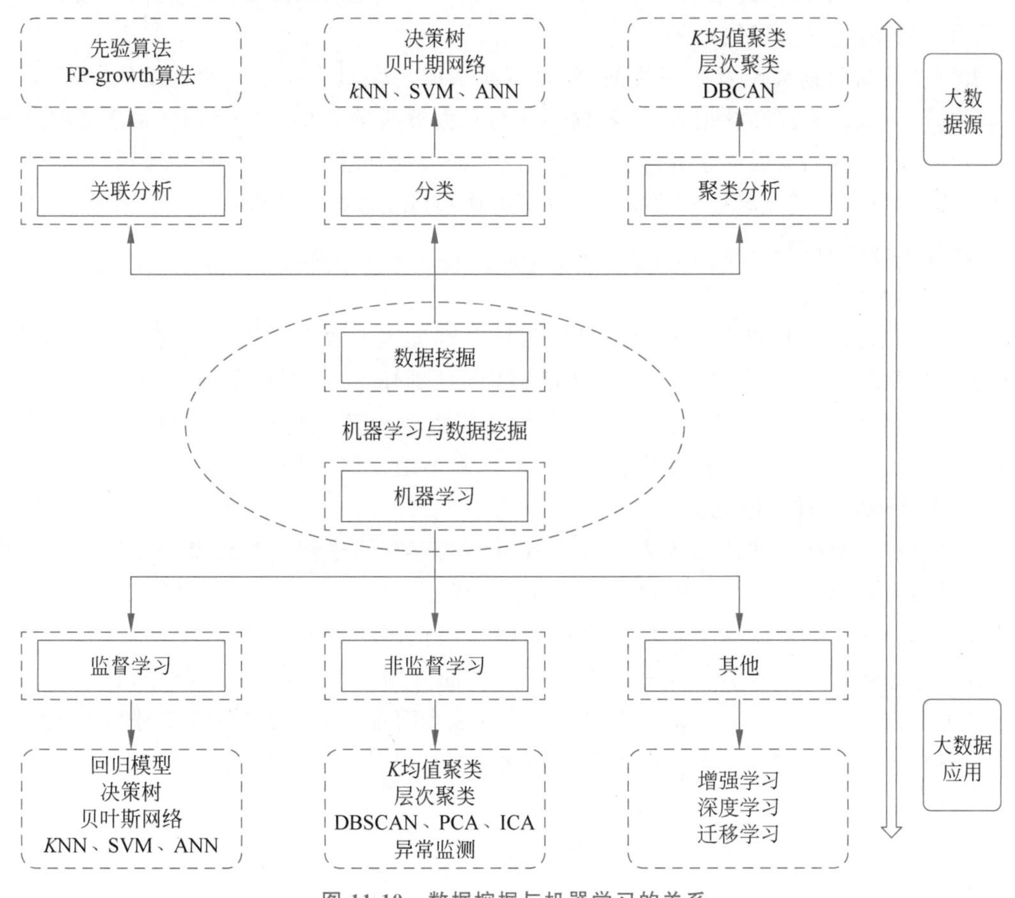


图11-10 数据挖掘与机器学习的关系

（2）机器学习更接近于应用和用户端。它专注于基于训练数据中学习到的已知属性做出预测。如图11-10所示，我们将机器学习技术分为3类：监督学习，如回归模型、决策树等；非监督学习，如聚类、异常监测等；其他的学习算法，如增强学习、深度学习和迁移学习等。

① 监督学习。在监督学习系统中，机器从一对{输入，输出}数据集中学习。输入数据有着固定的格式，例如，借贷人信用报告；输出数据可能离散的，如yes或no表示是否可以借贷，也可能是连续的，如还款时间的概率分布。我们的主要目标是构建一个合适的模型，该模式对于新的输入能够给出正确的输出。监督学习系统像一个可以微调的函数，而学习

系统是建立该函数系数的过程。输入一个表示借贷人信用的数据,系统可以给出是否给予借贷的正确答案。

② 非监督学习。现实生活中常常会有这样的问题:缺乏足够的先验知识,因此难以人工标注类别或进行人工类别标注的成本太高。很自然地,我们希望计算机能代我们完成这些工作,或至少提供一些帮助。根据类别未知(没有被标记)的训练样本解决模式识别中的各种问题,称为非监督学习。在非监督学习中,学习者必须选择一个函数用于描述隐藏在无标签数据中的结构。

③ 深度学习。深度学习是机器学习的一个分支,它使用多层神经网络结构来模拟人脑的分层信息处理方法,是一种特征学习方法。深度学习与传统机器学习方法最大的不同是具有"特征学习"能力,因此不需要事先手工设计特征。常见的深度学习架构有堆叠自编码器、深信念网络、卷积神经网络等。

大数据分析目前面临着很多挑战,但是现阶段的研究只是处于开始的阶段,我们需要相当多的研究成果来提高数据表示、数据存储与数据分析的效率。研究团体需要更加严谨的大数据定义。我们需要关于大数据的结构模型,大数据的形式化描述以及数据科学的理论系统等。另外,还需及时提出数据质量的评价体系以及数据计算效率的评价标准。

3. 人工智能应用

1) 健康大数据

具体通过健康监护机器人和移动健康云可实现健康大数据应用,作为前端设备,机器人负责收集信号、具体的操作和一些简单的分析与处理任务,而更复杂的任务则递交给云。通过运用其强大的存储和计算能力,健康云使用机器学习算法构建有效的模型,并将分析结果传送回机器人。机器人还将基于其可用资源在本地处理一些计算。

2) 社交网络的社区检测

社区检测是指在大型社交图表中检测社区结构存在的过程。空模型用于验证研究中的图形是否可显示特定的社区结构。最流行的空模型对应全局图中的随机子图,随机子图具有随机重新布线的边。这个空模型是原始图模块化概念下的基本概念。具有良好模块性的社交图意味着它很容易将许多具有相同功能的区划分在一起,在聚类中,这将可以对一个图的分区进行评估。模块化使检测社区结构成为可能,图形聚类通常基于模块化属性执行。各种聚类技术(基本聚类、$K$ 均值和层次聚类)都可用于社区检测。

## 11.4 物联网平台应用及市场分析

目前大多数物联网平台企业提供的是 SaaS 和 IaaS 服务模型的组合,以下是一些典型的物联网平台。

- 运营商平台:中国电信的天翼物联、中国联通的物联网平台、中国移动的 ONENet。
- 互联网大厂平台:百度天工、阿里云物联网、腾讯 IoT Explorer、腾讯 QQ 物联、京东微联、京东小京鱼、京东智联云、小米 IoT 开发者平台。
- 设备商平台:华为云 IoT、浪潮云 IoT、新华三绿洲平台、庆科云 FogCloud、中消云。
- 创业型公司平台:涂鸦智能、机智云、云智易、青云、智城云、氦氪云、Ablecloud、Yeelink、艾拉物联。
- 物联网安全云平台:360 智汇云、信锐物联网开放平台、青莲云。

- 企业自用云平台：美的 M-Smart、TCL 鸿鹄实验室。
- 工业互联网平台：树根云、有人物联、繁易、宏电 Walle、鲁邦通 RCMS、瀚云科技 HanClouds、蘑菇物联、普奥云、中科云创、联想 LeapIOT、紫光云、中服云、广联达筑联、海尔卡奥斯、寄云。
- 国外大厂：亚马逊 AWS IoT、谷歌 IoT、微软 Azure IoT。
- 云计算服务平台：Microsoft Azure、Arm Pelion、GE Predix、IBM Watson、西门子、甲骨文、思科。

可以看到，如今的物联网平台已经进入竞争非常激烈的“战国”时代，通过回顾其发展历程，可以让我们更好地理解当前平台使用技术的发展脉络，选择最适合的平台来开展业务。

2015 年 10 月，亚马逊在全球云计算技术大会上发布了一个物联网平台，可以让数亿设备连接到 AWS IoT，这是最早真正意义上的物联网云平台。

紧随其后，微软也在 10 月的 AzureCon 2015 技术大会上宣布 Azure 物联网套件 Azure IoT Suite 正式上市，不到四个月，微软又在 2016 年的 2 月正式向公众开放 Azure IoT Hub 服务，成为 Azure IoT Suite 的重要组成部分，也是微软物联网战略的重要基础。

在国内，百度是国内最早推出物联网平台的公司，在“百度世界 2015”开放云论坛上发布了物联网平台 Baidu IoT，吹响了进军物联网的号角，在此后的时间里，百度将重心转移到了人工智能领域，特别是在无人驾驶领域投入重兵，以寻求在这个层面有更大的突破，所以后续百度的天工智能物联网的影响力逐渐减弱。

腾讯早在 2014 年就发布了 QQ 物联，但企业的发展重点还是微信平台。而同时期的华为也推出了物联网平台 OceanConnect，并将此平台作为电信的天翼云物联网平台推到了前台。直到 2016 年的下半年，阿里的物联网平台姗姗来迟，名为“物联网开发套件”，并且功能也相对简单，就是通过 MQTT 协议，把数据包从设备端传送到云端，数据包的内容可以是二进制数据，也可以是 XML 或 JSON 格式的文本数据，具体内容由用户自行去解释。使阿里物联网平台上一个台阶的里程碑事件，是在 2017 年中和无锡市政府达成一个物联网平台开发的合作，无锡市政府投入 1 亿元委托阿里云开发地方性物联网平台——“飞燕”系统，在当年阿里云物联网团队通过不断完善 Alink 协议，开发出第一个企业名下的物联网平台“飞凤”，紧接着以“飞凤”平台为基础，在 2018 年初正式对外发布面向全国通用的一站式物联网平台 Link Develop 1.0，并且把一站式平台的 Link Develop 数据接入部分（以 Alink 协议为核心的物模型接入）专门独立出来，和原有的物联网套件打包在一起，作为物联网的通用接入平台。原有的接入方式称为“基础版”，新的基于 Alink 协议的面向物模型的接入方式为“高级版”，并于 2018 年 4 月正式对外发布。同年 6 月末，“物联网套件”正式更名为“物联网平台”。次年 4 月，产品版本正式统一，控制台不再区分“基础版”和“高级版”。以 Link Develop 为蓝本，阿里 Link 生活平台——“飞燕”，在 2018 年 5 月正式上线，专门面向智能电器及白色家电设备，不仅提供认证好的嵌入式模组，并且一站式提供手机 App，可以快速打造生活类的物联网智能产品。2018 年 9 月，Link Develop 2.0 正式上线，2019 年初 Link Develop 正式升级为 IoT Studio。2019 年 3 月，阿里云物联网络管理平台（LinkWAN）和阿里云物联网平台打通，以“物联网平台”和 IoT Studio 为核心的产品，成为阿里云物联网战略的中间层。

面向设备端，阿里在 2017 年 10 月云栖大会上正式发布了自己的物联网嵌入式系统

AliOS Things。2018 年 9 月，在云栖大会上，阿里巴巴达摩院宣布，成立独立芯片企业“平头哥半导体有限公司”，开发设备端基于 RISV-V 架构的微处理器芯片。2018 年 12 月，阿里宣布和高通、联发科等 23 个芯片模组厂商合作，推出预装 AliOS Things 操作系统的模组。

随着这些平台级产品的不断完善，阿里开始在应用层发力。在 2019 年的阿里云北京峰会上，阿里云发布新产品 SaaS 加速器：人工智能、虚拟现实等技术能力被集成为模块，ISV 和开发者只需要简单拖曳，就可以快速搭建 SaaS 应用；同时联合支付宝、淘宝、钉钉和高德一起共同发布“阿里巴巴小程序繁星计划”，正式发布了小程序云。

至此，阿里云物联网平台一举成为国内物联网平台领域的领先者。目前来看，国内几大领先的物联网平台，其标准组成越来越趋于一致，其基本构成相差不多，如表 11-3 所示。

表 11-3　物联网平台对比

| 组件项 | 阿里云 | 华为 | 腾讯云 | 中移动 |
| --- | --- | --- | --- | --- |
| 小程序平台 | 支付宝、淘宝、天猫等全家桶 | 快应用 | 微信＋腾讯连接 | — |
| 物联网应用平台 | IoT Studio、飞燕智能家庭、飞凤物联平台、飞象工业互联 | — | 腾讯物联网开发平台（类似阿里飞燕平台） | 应用定制 |
| 数据接入平台 | 物联网开发平台 | 华为 IoTDA | 腾讯物联网通信 | OneNET 物联平台 |
| 嵌入式 OS | AliOS Things | LiteOS | Tencent Tiny OS | OneOS |
| 边缘计算 | 边缘计算系统、边缘一体机 | 华为 KubeEdge | 腾讯 5G 边缘计算 | 5G 边缘计算 |
| 芯片模组 | 平头哥芯片系列 | 海思物联网芯片 | — | 各种通信模组 |
| 私有化部署 | 支持 | 支持 | — | — |

各平台从“物模型”角度的对比如表 11-4 所示。

表 11-4　从“物模型”角度对比物联网平台

| 组件项 | 阿里云 | 华为 | 腾讯云 | 京东 |
| --- | --- | --- | --- | --- |
| 物模型 | 物模型 | 产品模型＋服务 ID | 数据模板 | 物类型＋物模型 |
| 产品 | 产品/产品密钥 | 产品/产品 ID | 产品/子产品 | 物类型/物类型标识 |
| 设备 | 网关设备、直连设备、子设备 | 网关设备、直连设备、非直连设备 | 网关、设备、子设备 | 直连设备、连接代理设备、非直连设备 |
| 设备鉴权 | 三元组：产品密钥、设备名称、设备密钥 | 二元组：设备 ID、设备密钥 | 三元组：产品 ID、设备名称、设备密钥 | 一元组：设备 ID |
| 属性 | 属性 | 属性 | 属性 | 属性 Key、物类型 · 属性 |
| 事件 | 事件 | — | 事件 | 事件 |
| 方法 | 服务 | 命令 | 行为 | 方法 |

从以上的比较可以看出，各大物联网平台有完全趋同的势头。总体来说，基于阿里在物联网领域持之以恒的投入，阿里云物联网平台成为了物联网平台行业的标杆。这不仅让走了一程的华为改弦易辙，物联网平台接入重新趋同于阿里物联网平台，更让追随者腾讯，几乎完全兼容阿里云物联网平台的操作习惯。相对于其他物联网平台公司，由于阿里云一直在物联网平台上深耕，所以平台功能也是最为完善的。

# 应用篇

# 第12章

视频

# 智慧交通

## 12.1 概述

1990年,美国智慧交通学会(ITS America)提出智能车辆公路系统(IVHS)的概念,并于1994年将其改名为智慧交通系统(ITS),以表明智慧交通系统不只局限于道路系统,而是一个包含道路、铁路、民航、水运等各种交通方式的综合智能化交通体系。

围绕智慧交通系统,各国都曾根据本国情况提出相应的ITS架构,这些架构的提出引领了各国交通系统在过去20年的智能化发展。21世纪以来,随着信息技术、传感技术、通信技术的飞速发展,一方面,用户对交通系统的要求在不断提高,增加了对交通系统智慧自主、人性服务、节能环保等方面的需求;另一方面,新兴技术不断发展和成熟,相对现有技术具备更强的先进性,从技术角度上推动着交通系统更新换代。

在这样的发展背景下,交通运输领域已逐步实现智慧交通,并开始向智慧交通转型升级。原有的智慧交通系统架构已经难以满足交通系统智慧化发展的需要。本章从智慧交通系统的定义入手,重构一种适合多种交通方式的、共性的智慧交通体系架构,从顶层宏观的角度来引导综合智慧交通系统的发展。

### 12.1.1 智慧交通系统

近年来,随着数字技术、人工智能、超级计算等新技术与交通运输深度融合,"交通医生""城市交通大脑""无人物流"等一系列智慧交通新名词层出不穷。但也有人提出质疑:"交通医生"和传统的交通信息采集、交通信号控制技术有何区别?"城市交通大脑"在交通指挥管控、优化交通信号、治理交通拥堵等方面的应用场景和10年前的智慧交通发展重点又有何不同?在这些日新月异的交通运输新技术背后,必须考虑的是,智慧交通是如何向智慧交通发展的,智慧交通系统能够解决什么问题,它的本质又是什么。

布莱恩·阿瑟(W. Brian Arthur)在《技术的本质:技术是什么,它是如何进化的》一书中将技术定义为实现目的的手段,而一个系统则是所有"实现目的的手段"的总体。布莱恩·阿瑟还在书中提出了技术进化的两种机制:一种是组合进化;另一种是持续地捕获新的自然现象以及基于特定目的地驾驭这些现象。

由此可见,技术的产生和发展往往是在特定目的的引导下进行的。对于智慧交通系统而言,所谓的"特定目的"就是交通运输领域对安全舒适、经济高效、方便快捷、节能环保等一系列内容的要求,这也是旅客货主、运输企业、政府部门等各相关方面对交通运输的整体需求和期望。

综上所述,一方面,智慧交通向智慧交通的发展要靠技术的推动,大数据、云计算、物联网、人工智能等新兴技术为智慧交通的发展起到了必要的推动作用;但另一方面,智慧交通的产生与发展离不开需求的引领。只有在特定交通运输需求的引导下,对于智慧交通系统的研究才具有现实意义。对智慧交通系统的定义也必须从系统需求出发。

智慧交通系统实质上就是在智慧交通系统的基础上建设而成的新一代综合交通运输系统，两者在建设内容、关键技术、应用方向等方面拥有较大的公共部分，但在理念、关注点、目标、结果等方面也存在着显著差异。

智慧交通系统的产生与发展都应在系统需求、系统目标的引导下进行，因此，在对智慧交通系统进行定义时，应采用先明确需求，后阐述技术的方式。由此，归纳得出智慧交通系统的定义，即智慧交通系统是以安全可靠、经济高效、温馨舒适、方便快捷、节能环保为目标，在较完善的交通运输基础设施上，综合运用物联网、人工智能等智慧信息采集、智慧通信传输、智慧数据处理、智慧决策、智慧管理服务、智慧控制技术的新一代综合交通运输系统。

### 12.1.2 智慧交通系统架构研究综述

《系统架构：复杂系统的产品设计与开发》一书中曾提到："架构是系统的 DNA，也是形成竞争优势的基础所在。用最简单的方式来说，架构就是对系统中的实体以及实体之间的关系所进行的抽象描述。"

交通运输系统是一个涵盖道路、铁路、航空、水运等多种交通方式，由多个子系统构成的复杂系统。系统集成了大量的监督、控制、管理等功能和种类繁多的高新技术以及大量时间的、空间的、静态的、动态的信息，通信需求和资源共享需求也是多种多样的。因此，对于交通运输系统的设计也是复杂而烦琐的。建设一种新型交通系统的首要任务就是要进行宏观层面上的、定性的总体规划设计，即体系架构设计。

智慧交通系统体系架构设计的目的是指导智慧交通系统未来发展的总体规划、分步实施的方法与策略。其设计的目的主要包含以下 4 方面：

(1) 智慧交通系统体系架构设计可以为智慧交通系统的发展制定蓝图，确立分阶段实施计划和方案，在较短的时间内，以较小的代价达到较高水平。

(2) 智慧交通系统体系架构设计可以引导现有交通系统向智慧化、综合化、体系化方向发展，提高各类资源的利用率，避免重复建设和无计划的开发。

(3) 智慧交通系统体系架构设计为智慧交通系统相关标准的制定提供了重要依据，可以指导智慧交通系统标准体系的建立，并提供一个检查标准是否完备、是否重叠、是否一致等问题的手段。

(4) 智慧交通系统体系架构设计是确保不同运输方式、不同时间、不同地区开发的系统相互协调、无缝集成的一种重要手段，进而保证指挥交通系统集成的兼容性、可控性和可交互操作性。

在智慧交通系统发展建设时期，各国相关领域的科研团队、专家学者都曾提出不同的智慧交通系统架构，这些架构对智慧交通系统架构的构建仍具有较强的借鉴意义。

1. 美国智慧交通系统概况

美国作为 ITS 的发源地，对智慧交通系统的研究也最早。1976—1997 年，美国每年车辆公里数平均上升 77%，而同期道路建设里程仅增长 36%，在交通高峰期，5%的车辆发生堵塞。正是在这一背景下，美国从 20 世纪 80 年代开始开展智能道路交通系统的研究与规划。1997 年，美国运输部正式启动了 ITS 体系结构开发计划，其目的是开发一个经过详细规划的国家 ITS 体系结构，用来指导 ITS 产品和服务的配置，同时在保持地区特色和灵活性的基础上为全国范围内的兼容和协调提供保证。

美国 ITS 体系结构包括 8 类服务领域，具体如下：

(1) 出行和交通管理——包括出行前信息、途中驾驶人信息、路径导航、合乘与预约、出行者服务信息、交通控制、事件管理、出行需求管理、公路和铁路交叉口控制、排放物检测与控制。

(2) 公共交通管理——包括在途公交信息、个性化公共交通管理、公共出行安全。

(3) 电子付费。

(4) 商业车辆运营——包括商用车电子通关、自动路侧安全检查、商用车辆管理、车辆行驶安全监视、危险物品事件响应、商用车队管理。

(5) 紧急事件管理——包括紧急通知与个人安全、紧急车辆管理、事故的响应和评估。

(6) 先进的车辆安全系统——包括纵向防撞、横向防撞、交叉口防撞、视野扩展、车辆安全准备、碰撞前措施实施、自动车辆控制。

(7) 信息管理——包括存档数据管理。

(8) 维护和建设管理——包括维护和建设运营管理。

2. 日本智慧交通系统概况

ITS 在日本的发展始于 20 世纪 70 年代。作为一个土地稀少人口众多的国家，日本每天有大量的机动车在路上行驶，引发的交通拥堵、环境污染等交通问题更为严重，依靠建设新的道路网来解决此类问题对日本而言更加困难，因此发展智慧交通系统、有效利用现有道路资源，也成为日本解决交通问题的关键和必经之路。日本的 ITS 体系架构同样由用户服务、逻辑架构和物理架构 3 部分组成，但在具体内容上，与美国存在区别。在用户服务方面，日本在对出行者出行需求进行广泛调查的基础上，将本国 ITS 体系结构分为 10 个开发领域和 1 个用户服务，在 1 个用户服务下设定了 56 种具体的用户服务和 177 项具体服务内容，从而形成了一个包括发展领域、用户服务、特定的用户服务和子服务等多层次的系统服务结构。具体包括：

(1) 先进的导航系统——提供路径诱导信息、提供目的地信息。

(2) 电子收费系统——电子收费。

(3) 安全辅助驾驶——提供驾驶环境信息、危险警告、协助驾驶、自动驾驶。

(4) 优化交通管理——交通流优化、在发生交通事故时提供交通管制信息。

(5) 道路管理效率化——维护管理效率化、特殊车辆管理、提供通行管制信息。

(6) 协助公交车辆运营——提供公共交通信息、协助公共交通的运营管理。

(7) 商用车效率化——协助商用车运营管理、商用车自动列队驾驶。

(8) 协助行人——行人路径诱导、车辆行人交通事故避免。

(9) 协助紧急车辆运营——紧急事件自动通报、紧急车辆路径诱导、协助救援活动。

(10) 提供与信息化社会其他领域的接口——在先进的信息化社会中利用先进的信息。

逻辑体系结构从子服务的定义出发，分析实现每个子系统应该进行什么处理。其具体工作是：分析使用情况、识别为提供服务所需要的重要信息和功能、将信息归于信息模型、用控制模型建立信息与功能的联系。

物理体系结构按照逻辑体系结构定义对应用户服务的子系统结构，包括子系统之间交换的信息。系统分量是将逻辑体系结构中的每个功能分配到道路、中心和车辆而得到的。一个服务的模型提供一个 ITS 子系统的框架。各个子系统的物理模型联合构成整体物理模型。

## 12.2 基于车联网的智慧交通应用

在世界道路协会编写的《智慧交通系统手册》中，ITS的定义是：将先进的通信、控制和信息处理技术有效率地集成运用于整个交通运输系统中，从而实现交通运输的高效、安全、舒适和可持续发展。

ITS主要由智能化的交通管理和智能化的交通服务两部分组成。

（1）智能化的交通管理。在交通管理范围内，建立交通管理中枢指挥下的、由交通信号控制系统、城市交通流动态诱导系统、交通事件监控系统、应急救援服务系统、不停车收费系统等联网组成的高度自动化的管理体系，使交通运输时刻处于良好的运行状态中。

（2）智能化的交通服务。在交通服务范围内，建立面向社会公众或特殊受众群体的，包含广播、手机、电台、车载终端、路侧情报板等各类发布渠道的，由公交信息服务系统、停车信息服务系统、综合枢纽换乘信息服务系统、动态导航信息服务系统等联网组成的人性化的服务体系，提供"无处不在、无时不有、所想即得"的交通信息服务。

在道路交通领域，智慧交通的建设包括智慧公路建设和智慧城市道路交通建设两方面。

智慧公路是智慧交通系统的重要组成部分。20世纪80年代，美国交通部开展了15项有关自动公路系统（Automated Highway Systems，AHS）的研究。该系统通过安装在道路上和车辆上的传感器收集信息，并将信息提供给计算机控制系统来实现车辆自动控制驾驶。AHS的概念主要包括自动驾驶、合作协同、基础设施支持和管理控制4个阶段，并具有位置保持、车道变换、拥堵缓解和流量控制4个主要功能，4个功能在AHS不同阶段具有不同的特征。美国的AHS项目研究给出了智慧公路建设的基本框架。我国交通运输部在"十三五"期间，通过试点的方式部署了一系列智慧公路建设实践探索，重点关注智慧基础设施建设、基于车路协同的交通运输管理和控制等领域。

智慧城市道路交通系统是缓解城市交通拥堵和交通安全问题，提升城市交通系统运行效率，提高公众出行服务水平的有效途径。智慧城市道路交通领域的主要建设内容包括智慧交通信号控制系统、智慧出行信息服务系统、智慧公交系统、智慧停车诱导信息系统等。

智慧交通信号控制系统是城市道路交通管理中对交叉路口、行人过街及环路出入口采用信号控制的系统。智慧交通信号控制系统的基本组成包括主控中心、路口交通信号控制机及数据传输设备。国内外已应用的信号控制系统大多是以优化定周期方案、优化路口绿信号配比以及协调相关路口通行能力为基础的，通过历史数据或实时监测车流量，优化交通信号控制模式，调整信号控制参数，实施交叉口间的协调控制，调整道路交通流分布，充分挖掘道路网容量。随着网络技术的发展，交互式控制策略使信号控制由感控到诱导实现了真正的智慧，交通信号控制系统不仅可以实时检测到车流量等交通信息参数，实时调控路口绿信号配比，变化交通限行、禁行等指路标志，还可以根据系统连接的数据仓完成与交通参与者之间的信息交换，向交通参与者显示道路交通信息、停车场信息，提供给交通参与者合理的行驶线路，在保障交通安全的前提下，合理配置城市道路交叉口的时间和空间资源，使停车次数、延误时间、最大排队长度减至最小，充分发挥道路交通的效益，使道路交通系统最大限度地畅通无阻。

智慧出行信息服务系统（Advanced Traveler Information System，ATIS）是智慧交通系统的重要组成部分，也是发展智慧交通系统的基础和关键技术，通过相关交通信息的采集、分析处理与发布，为城市交通出行者在从起点到终点的出行过程中提供实时帮助，使整个出行过程舒适、方便、高效。

智慧公交系统(Advanced Public Transportation System，APTS)就是在公交网络分配、公交调度等基础理论研究的前提下，利用系统工程的理论和方法，将现代通信、信息、电子控制、计算机网络、GPS和GIS(Geographic Information System)应用于公共交通系统中，并通过建立公交智能化调度系统、公交信息服务系统、公交电子收费系统，实现公共交通调度、运营、管理的现代化，实现区域内公交车统一组织和调度，区域人员集中管理、车辆集中停放、计划统一编制、调度统一指挥，人力、运力资源在更大的范围内的动态优化和配置，降低公交运营成本；同时，实现公交车辆运行的信息化和可视化，为出行者提供更加安全、舒适、便捷的公共交通服务，从而吸引更多乘客乘用公交出行，缓解城市交通拥堵，有效解决城市交通问题。

城市停车诱导信息系统(Parking Guidance and Information System，PGIS)是城市智慧交通系统的重要组成部分。PGIS主要由停车场信息采集系统、信息管理(中心)系统、信息传输系统和信息服务系统部分组成。该系统将采集到的停车场位置、停车场名称、车位数和车位占用情况等信息，传输给信息管理系统，经信息管理控制中心计算机处理后，借助互联网、手机、车载导航、诱导屏等方式，实时将信息发送给驾驶员，诱导驾驶员最有效地找到停车场位置，使用停车设施，减少路边停车现象和驾驶员寻找停车泊位所需时间。

### 12.2.1 智慧铁路

人工智能、大数据、物联网等信息技术的广泛应用，以及传感器、通信技术的创新，为智慧铁路的发展奠定了重要基础。通过在智慧建造、智慧装备、智慧运营等方面不断推进，加快铁路数字化转型、推动新一代信息技术与铁路深度融合成为必然趋势。

1. 智慧铁路的内涵

《新时代交通强国铁路先行规划纲要》指出，以新型基础设施赋能智慧发展。加大5G通信网络、大数据、区块链、物联网等新型基础设施建设应用，丰富应用场景，延伸产业链条，统筹推进新一代移动通信专网建设，构建泛在先进、安全高效的现代铁路信息基础设施体系，打造中国铁路多活数据中心和人工智能平台，提升数据治理能力和共享应用水平。强化铁路网络和信息系统安全防护能力，确保网络信息安全。以推动新一代信息技术与铁路深度融合赋能赋智为牵引，打造现代智慧铁路系统。“智慧铁路”是指充分利用先进的信息通信、人工智能、物联网、大数据、机器人等技术，以自主感知、自主学习、自主决策和自主控制为核心处理流程，在对设备设施优化管控的基础上，提供高效精准、个性化的位移服务，从而实现更加安全、高效、舒适、绿色的新一代铁路交通运输系统——自主铁路运输系统。

2. 智慧铁路发展现状

铁路作为世界各国关键的交通骨干基础设施，随着全球经济一体化不断推进，面临着安全高效、快捷服务、低碳环保、可持续发展等一系列的挑战。

国外发达国家面对铁路向智慧化发展的挑战，不断寻求新的发展途径，提升铁路的竞争力和发展水平。近年来，铁路运输系统智慧化已被普遍认可，成为发展方向。欧盟相关铁路组织相继提出了《铁路发展路线2050：走向竞争、资源高效、智慧化的轨道交通系统》《铁路2050远景：欧洲流动性的支柱》，以及Shift2Rail等新技术发展规划；日本政府及铁路技术研究院提出了《国土大设计2050》《铁路研究2020》以及Cyber Rail等发展研究计划；美国提出了《超越交通2050》，IBM公司发布了推动铁路行业技术发展的*Think beyond the Rails：Leading in 2025*等。

随着我国社会经济的快速增长，以高速铁路为代表的中国铁路运输系统得到快速发展。目前，中国铁路在建设运营规模、装备制造交付能力、技术体系完整性和服务能力方面都位于世界先进行列。《交通强国建设纲要》明确，到21世纪中叶，要全面建成人民满意、保障有力、世界前列的交通强国。交通强国、铁路先行，交通强国的建设从基础设施规模质量、技术装备、科技创新能力、智慧化与绿色化水平等方面对我国铁路提出了更高的要求。而大力发展智慧铁路，推动大数据、互联网、人工智能、区块链、超级计算等新技术与铁路行业深度融合，则是推进新时代交通强国、铁路先行的必然趋势。

3. 智慧铁路发展机遇与挑战

铁路是国家战略性、先导性、关键性重大基础设施，是国民经济大动脉、重大民生工程和综合交通运输体系骨干，在经济社会发展中的地位和作用至关重要。高速、高原、高寒、重载铁路技术达到世界领先水平，"复兴号"高速列车迈出从追赶到领跑的关键一步。"十四五"期间，国家从持续推动铁路科技创新发展、推进交通基础设施一体化融合发展、提升技术装备现代化水平、提升运输服务品质、持续推动铁路"走出去"、提升铁路治理效能6个方面，推动铁路高质量发展，加快建设交通强国。

2019年，《交通强国建设纲要》印发，指出要大力发展智慧交通。2020年，中国国家铁路集团有限公司出台《新时代交通强国铁路先行规划纲要》，指出"交通强国，铁路先行"，深入贯彻新发展理念，坚持以供给侧结构性改革为主线，对标国际先进标准水平，着力固根基、扬优势、补短板、强弱项，加快推动铁路发展质量变革、效率变革和动力变革，全面打造世界一流的铁路设施网络、技术装备、服务供给、安全水平、经营管理和治理水平，率先建成现代化铁路强国。

随着交通强国建设的不断推进，中国铁路将进入高质量发展阶段。中国铁路的发展需要与时俱进，必须要提高铁路的智慧化水平。同时，在未来的30年，中国将释放出巨大的社会经济需求，这也将为智慧铁路的发展创造千载难逢的机遇和得天独厚的条件。因此，在国家交通强国政策的引领下，结合铁路实际业务需求和技术发展趋势，不断推进智慧铁路的发展势在必行。

### 12.2.2 智慧民航

从全球民航业来看，新技术日新月异，从飞机制造到航班运行，从空中交通到地面保障，从组织管理到商业模式，新一轮科技革命和产业变革正在全方位重塑民航业的形态、模式和格局。智慧民航是大势所趋，包括民航在内的现代交通是工业革命的产物，也是各种高新技术率先应用的领域。为了顺应这一潮流，中国民航以"智慧机场""智慧空管""智慧航司"建设为抓手，努力探索一条智慧发展之路。

1. 智慧民航的定义

智慧民航是运用各种信息化和通信手段，分析整合各种关键信息，最终实现对民航行业安全、服务、运营和保障等需求做出数字化处理、智能化响应和智慧化支撑的建设过程，主要特征是物联网、云计算、移动互联网和大数据等新一代信息技术在民航的广泛应用和深度融合。智慧民航的核心体现为智慧机场、智慧空管、智慧航司三大要素的实现和有效集成。

民航业是一个专业、复杂的运行系统，各链条运行牵一发而动全身：飞机运行、机场管理、空中交通指挥等都会对航班的安全运营和旅客的出行产生直接的影响，推进“智慧机场”“智慧空管”“智慧航司”的建设，促进民航业整体运营效率的大幅提升。无论是从《交通强国建设纲要》还是从《新时代民航强国建设行动纲要》看，智慧民航建设都是中国实现由民航大国向民航强国迈进的关键要素。这不仅是国际民航竞争大环境推动的结果，也是由数字时代世界经济秩序与竞争格局重建决定的。“十四五”时期，民航总体工作思路也将智慧民航建设纳入其中，将“智慧民航建设有新突破”作为开拓4个新局面的其中之一，要求实施以智慧民航建设为牵引的发展战略，把推进智慧民航建设贯穿行业发展的全过程和各领域，以智慧民航建设构建新的竞争优势，使智慧民航建设成为驱动行业创新发展的主要动力。

2. 智慧民航的发展现状

国外发达国家，如美国、英国、法国、德国、日本等民航事业起步较早的民航强国和民航大国，也围绕智慧民航发展提出了相关主张与举措。

1）美国

自1978年开始放松管制以来，美国民航业经过一轮又一轮的竞争、兼并、联合、重组，不断有公司被市场淘汰而倒闭，也有优秀者脱颖而出并不断发展壮大，随着市场竞争机制充分发挥作用，以及民航体量越来越大，再加上科技的日新月异，美国民航业已处于比较成熟的发展阶段。

为了保持美国在航空运输业、制造业、标准制定和新技术等方面的世界领先地位，适应更加节约成本、节能环保的航空发展趋势，2000年，美国颁布《世纪航空再授权法案》，开展新一代航空运输系统的研究、开发与建设。2001年，联合计划发展办公室向国会提交了《新一代航空运输系统计划》，2006年正式更名为NextGen计划。NextGen计划旨在建立一个更加现代化的新型航空运输系统，把用于国家防御与民用飞行的能力整合在一起，为民用、军事使用者提供服务，使航空旅行更加有效率和效益，更加安全，并以此促进美国的经济发展。该计划的核心是保障安全、增加容量、增强灵活性、提高运行效率、更加环保和降低成本。

NextGen计划开发和实施的创新、变革性的新技术包括以下几种：

(1) 自动相关监视广播。自动相关监视广播的主要作用是提高安全性并进行态势感知。自动相关监视广播采用卫星而不是雷达技术，可以更准确地观察和跟踪空中交通。配备自动相关监视广播输出发射机的飞机将其位置、高度、航向、地速、垂直速度、呼号等信息发送到地面站网络，由地面站网络将信息中继到空中交通管制显示器，配备可选自动相关监视广播和接收器的飞行员或航空器可以获得交通信息，并体验其带来的益处。

(2) 自动化空中交通管制。美国联邦航空管理局覆盖全美国的空中交通管制设施中已经部署了先进的计算机系统，如标准终端自动化更换系统、航路自动化系统等，能够在飞行的所有阶段支持NextGen功能。

(3) 数据通信。配备此功能的飞行员和空中交通管制员可以快速发送和回复信息，无须通过无线电进行通话，从而避免了错过或误解语音信息的风险。全美若干机场可以在起飞前使用该数据通信功能。

(4) 决策支持系统。决策支持系统空中交通管制员提供工具系统，帮助管制员在整个国家空域系统中尽可能安全有效地引导交通流量。

(5) 基于性能的导航。基于性能的导航利用 GPS 卫星和先进的飞机导航设备在空中生成新路径,使得飞行距离更短,可以更有效地飞往目的地。这意味着不仅可以减少飞机燃油消耗,而且可使乘客更早抵达目的地。

(6) 全系统信息管理。全系统信息管理汇集了多个航空数据源中的数据信息,其信息可以通过单一接入点供授权用户共享。全系统信息管理提高了态势感知能力,有助于在正确的时间向正确的系统和人员提供正确的信息,从而提高安全性和效率。

(7) 天气管理。天气管理程序集强大的计算能力、前所未有的精准天气预报能力、将天气信息应用于空域限制的能力以及提供现代化信息管理服务的能力于一身。通过这种强大能力的组合,天气管理程序可以提供量身定制的航空气象产品,帮助管制员和运营商制定可靠的飞行计划,做出更好的决策并提高航班准时性能。

2) 欧盟

近些年欧洲各国智慧民航的应用主要体现在以下 3 方面:

(1) 更少的延误。扩展的进场管理系统,可实现对进港航班的实时排序,并提前预测航路情况,将排序范围从机场周围的空域扩展到更远的航路,还能实现数据共享,促进系统的协调运行。

(2) 更少的噪声。目前欧洲各国正在研究使用地基增强系统辅助航空器执行进近程序,以降低进港飞机噪声。基于地基增强系统,欧洲各国改进了进近程序和飞行轨迹,以减少噪声影响并提高燃油效率,同时不影响跑道容量。

(3) 更安全的运行。2016 年,法国巴黎夏尔·戴高乐机场安装了跑道状态灯系统,为机组人员和车辆驾驶员提供即时、准确和清晰的跑道占用状态指示。据估计,该系统可以将最严重的跑道侵入事件减少 50%～70%。此外,欧盟资助了项目“2050＋机场”(2050AP),主要面向 2050 年及以后的机场运行,研究颠覆性、革命性的技术解决方案。通过创建概念开发方法为 2050 年及以后的机场做准备,最终将实现以下目标:

① 让 90%的欧洲旅客在 4 小时内完成欧洲内部门到门旅程;

② 通过低运营成本和最大限度地提升收入来提高机场成本效益;

③ 推行气候中和运行计划,消减噪声污染。

3) 日本

日本民航局发布的东京羽田国际网络的发展计划,通过降低成本和优化基础设施来提高竞争力。2017 年,日本首个智能安全设施在关西国际机场投入运营,它能提供更好的乘客体验以及更有效的安全性。随着在成田机场完成智能安全设施评估,日本成为实施智能安全的典范。日本是国内机场运营自助技术的领导者,但许多自助功能国际旅行者无法使用。为了在东京奥运会之前最大限度地提高航站楼效率,日本机场优先考虑为国际旅客提供移动登机、自助值机和家庭打印行李标签等服务。

3. 智慧民航发展机遇与挑战

1) 交通强国是智慧民航发展的引领方向

民航是战略性产业,在社会主义现代化建设中发挥基础性、先导性作用,是提升交通可达性、提供更高效率和更好出行体验的重要依托。民航强国是交通强国建设的重要组成部分,深入贯彻新发展理念,发挥民航比较优势,加快供给侧结构性改革,推动民航高质量发展,是建设民航强国的必由之路,也是交通强国建设的内在要求。民航业的高质量发展是交通强国建设的重要基础和关键支撑,《交通强国建设纲要》明确了民航在交通强国建设各领域的重点任务，将指引民航加快质量、效率和动力变革，建设民航强国。

2）"十四五"规划是智慧民航的近期纲要

"十四五"时期，民航业在国家经济社会发展中的战略作用必将更加凸显，中国民航进入新的发展时期，机遇与挑战并存。中国民航的发展需要与时俱进，民航的智慧化势在必行。

在2016年的全国民航工作会议、全国民航安全工作会议上，民航局党组对"十三五"时期"一二三三四"总体工作思路进行了适当调整，形成"十四五"时期民航总体工作思路：践行一个理念、推动两翼齐飞、坚守三条底线、构建完善三个体系、开拓四个新局面。

其中，践行"发展为了人民"的理念，推动公共运输航空和通用航空"两翼齐飞"，坚守飞行安全、廉政安全、真情服务三条底线，这些是我国民航发展的基本原则。"构建完善三个体系"是"打造三张网络"的升级版，分别为构建完善功能健全的现代化国家机场体系、系统布局效率运行的航空运输网络体系和安全高效的生产运行保障体系。"开拓四个新局面"指民航产业协同发展有新格局、智慧民航建设有新突破、资源保障能力有新提升、行业治理体系和治理能力有新成效。

"十四五"期间，我国民航进入3个发展时期：发展阶段转换期、发展质量提升期、发展格局拓展期。

其中，发展阶段转换期，意味着"十四五"末，民航运输规模再上一个新台阶，接近甚至有可能超过美国成为全球第一；通用航空市场需求进一步激活：航空器维修、地面保障以及航油、航信、航材等专业领域服务保障能力持续提升促进我国从单一的航空运输强国跨入多领域民航强国建设的新阶段。

发展质量提升期，意味着"十四五"期间我国民航加强系统安全管理，大幅提高运行效率，做到服务产品多样、价格合理、流程便利、旅客体验美好；改善经营管理，创新经营机制，加强成本控制，保持与需求相匹配的机队发展规模提高抗风险能力，争创世界一流企业；民航旅客结构发生较大变化，新市场新需求为行业发展带来新动力。

发展格局拓展期，意味着"十四五"期间，立足国内市场这一战略基点我国民航进一步发展支线航空，激活二、三线城市航空出行潜在需求，扩大国内循环规模、提升效率、提高质量；加大支持力度，打造我国完整的航空产业链：加强行业内部、与其他交通方式以及与地方经济社会发展的融合，拓展更大的新空间。

3）"新基建"是智慧民航发展的基本支撑

新基建是一种新思维模式。所谓"新基建"，是与传统基建相对应的，结合新一轮科技革命和产业变革的特征，面向国家战略需求，为经济社会的创新、协调、绿色、开放、共享发展提供底层支撑的、具有乘数效应的战略性、网络型基础设施。新基建理念对民航业的转型升级起到关键指导作用。我国要完成从民航大国向民航强国的转型，势必要借助"新基建"的东风，转变传统发展理念，利用数字化、信息化技术改造传统民航，发展智慧民航。

在新基建的浪潮之下，中国民航首先要完成理念的转变，从传统的基建模式中走出来，摆脱"基建＝跑道＋航站楼"的旧观念，完成智慧化升级，即利用"新基建"赋能"四型机场"建设，将新基建战略中提到的"开放、共享、融合"等元素融入机场等基础设施建设中去。以京津冀协同发展战略、粤港澳大湾区发展战略为例，所在区的机场规划建设已经逐渐以服务国家战略、大区域发展为目标，统筹性和全局性在这些区域机场规划建设决策中的影响愈发凸显。此外，机场建设的差异化趋势要进一步加强。目前，我国已经形成了集群化、差异化和互补化的立体多层次机场发展格局。北上广已经建成功能完善、辐射全球的大型国际航空枢纽，昆明、乌鲁木齐已成功培育出国家门户机场，沈阳、杭州等地的大型机场逐渐成长为区域性枢纽。过去"千人一面"的机场建设观念已经不复存在，建设因地制宜，发展空地结合，走差异化、特色化之路将是新基建背景下，机场建设的立足之本和发展之魂。

新一轮技术的发展将有望改变民航业原有的运行方式和商业模式，民航业将经历一场前所未有的数字化革命。在经历了高速发展之后，中国民航运输业要实现高质量发展就必须融入国家新基建发展战略中去，充分利用新技术帮助中国民航实现从民航大国向民航强国的转变。在新基建的浪潮下，中国民航的机遇与挑战并存。

### 12.2.3 智慧物流

目前，世界经济正在进入数字经济大发展的时代。在这样的大环境下，云计算、大数据、人工智能、5G、物联网、机器视觉、数字孪生等技术呈爆发趋势，越来越多的智能化技术和装备投入物流工作实践中，国内外在智慧物流方面的研究也取得了诸多成果。

1. 智慧物流的研究现状

按照服务对象和服务范围，智慧物流体系可以划分为企业智慧物流、行业智慧物流、区域或国家的智慧物流 3 个层次。在企业智慧物流层面，集中体现在推广信息技术在物流企业的应用，应用新的技术实现智慧仓储、智慧运输、智慧装卸搬运、智慧包装、智慧配送和智慧供应链等环节。在行业智慧物流层面，主要体现在建设智慧区域物流中心、智慧物流行业以及智慧物流预警和协调机制 3 个方面。在区域或国家智慧的物流层面，主要指打造一体化的交通同制、规划同网、铁路同轨、乘车同卡的现代化物流支持平台，以资源互补、制度协调、需求放大效应为目标，借助物流一体化拉动整个国家经济的稳步增长。

智慧物流模式的底层是信息感知区，利用各类传感器标签等感知获取信息；其次是数据集成区，对于外部数据进行数字化处理；再向上是数据存储区，利用分析软件进行数据的智能处理；最上层是综合服务区，主要包含数据交换平台、公共服务平台和客户平台，可向用户提供各类服务。越来越多的企业加大技术装备改造升级力度，行业信息化、自动化、机械化及智能化趋势明显。物流基础设施也正在发生深刻变革，我国高速公路和高速铁路里程均位居世界首位，交通线路和园区节点等物流基础设施编制形成了互联互通的物流网络。

国外的物流行业发展起步较早，现已具备较为完善的物流体系，在物流效率提高、成本控制、安全性保障等方面表现优良，其中以美国纽约、日本东京和德国不来梅的物流系统最为典型。

1）美国纽约"精益物流系统"

美国依靠先进的互联网技术、电子信息技术和现代物流技术，其物流智慧化水平世界领先。美国注重物流企业在信息技术方面的研究，在物流信息发展领域享有很高的声誉。其中美国纽约的"精益物流系统"（见图 12-1）基于大数据和先进电子信息技术建立物流信息平台，打破以往的按部门分管体制，采用从整体上进行统一规划管理的方式将物流的信息高度集成来实现全面共享，构建以客户为中心的物流服务体系，通过物流信息平台为客户提供准确、及时、高效的智慧物流服务。

2）日本东京"物流业务互联系统"

日本东京的"物流业务互联系统"（见图 12-2）是典型的日本物流发展模式之一。各个物流基地之间通过建立业务互联系统，将生产、仓储、运输、配送等物流业务紧密结合为一

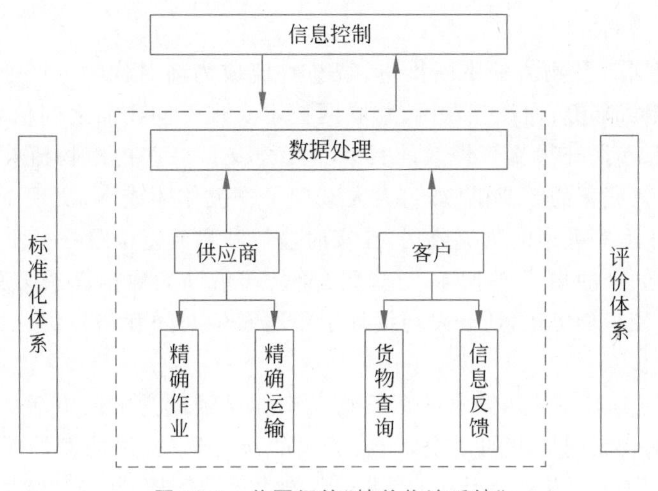


图 12-1 美国纽约“精益物流系统”

个整体，方便企业对商品的生产、仓储、运输、配送等环节展开全面协调。此外，“物流业务互联系统”实现了各个基地之间的物流各环节无缝衔接，能够充分利用物流资源，形成了集约化、综合型的物流业务互联系统。

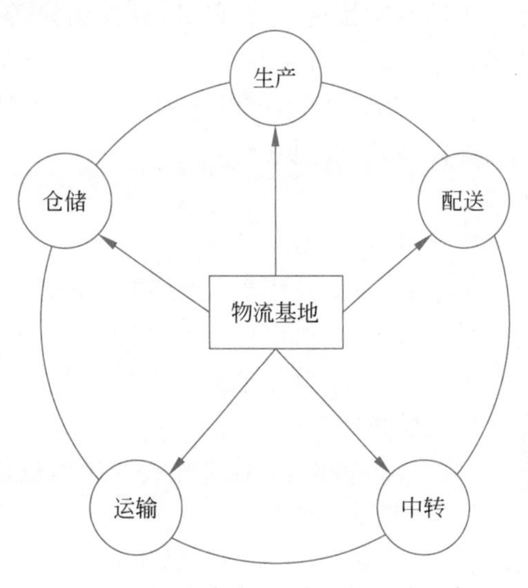


图 12-2 日本东京“物流业务互联系统”

3）德国不来梅“多式联运物流系统”

德国最典型的物流系统是不来梅“多式联运物流系统”（见图 12-3），该系统利用多式联运将运输环节紧密衔接，充分利用各交通方式的优势，提高物流系统的作业效率。德国不来梅物流园区是一个集运输、仓储、中转、配送等功能于一体的物流园区，是德国乃至欧洲最重要的物流中转基地之一。德国物流业发展采用“政府统筹规划，企业自主经营”的方式，政府进行物流配套基础服务设施建设，对物流业发展进行科学合理规划。企业自主经营，依据自身的经营需要建设料场、库房、车间、转运站，同时配置相关的机械装备和辅助设施。

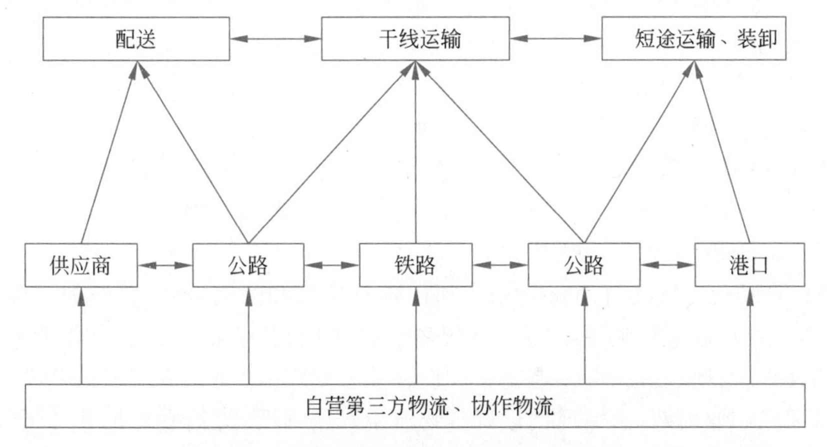


图 12-3 德国不来梅“多式联运物流系统”

2. 智慧物流应用

在我国，随着对智慧物流的不断推进，智慧物流成为新时代物流产业与信息技术产业集成发展的重要组成部分，通过互联网、物联网技术实现不同物品之间信息互联互通，对于有效配置物流资源和提升物流管理效能具有重要意义。一些前沿物流技术也已经运用到物流业中，形成了较完善的产业供应链，大大减少了物流作业成本，实现了物流业的转型升级。国内的顺丰速运等大型的物流公司，在实时监控和物流定位跟踪上使用了GPS和北斗导航技术，形成了健全的物流产业链。德邦快递公司借助大数据算法工具，进行干线网络优化，包含走货路径车辆优化，还开发与设计了干线车辆时间和路径优化系统，协助干线网络优化成果落地。

在国外，日本、美国等发达国家的智慧物流产业已经成为国民生活中不可或缺的重要组成部分之一。从物联网技术的角度来看，美国的沃尔玛、德国的麦德龙等大型零售企业都已经应用RFID技术来获取货品信息，进行货物出入库管理，并且继续加大投资到物流行业。美国联邦快递、瑞士邮政、法国雷诺等互联网、物流、车企行业巨头均着眼于无人驾驶技术在物流服务场景中的应用，美国达美航空公司使用物联网技术进行行李跟踪，对行李的追踪和定位成功率可以达到99.9%。对于货运处理中的物流，通过使用RFID系统和GPS基站系统，在机场建立起一个新的流程，自动跟踪所有航空货物的流向，保证货物的安全运输。

3. 智慧物流发展趋势

近年来，我国智慧物流发展明显提速，推动物流革命的同时，物流业服务水平得到快速提升，智慧物流是现代物流发展的趋势，同时也是我国物流产业转型与升级的重要方向。近年来，我国智慧物流迎来新的发展机遇，加快传统物流向更加智慧化转型成为我国物流产业发展的必然趋势。

(1) 行业标准化。标准化是现代物流业发展的基础，快递物流企业提升效率与服务水平的抓手，网络资源优化的先行条件。其中，规范统一行业标准，可以大幅提升物流分拣、装卸、运输效率，实施统一的服务标准与流程标准，也将成为传统物流企业提升服务的重要举措。

(2) 整体物联化。物联网基于传感器、RFID、声、光、电、定位、移动计算等先进技术，实现物与物、物与人以及所有的人、货、场全面与网络连接，方便识别、控制和管理。未来5～10年，物联网、大数据、云计算等新一代信息技术将进入成熟期，货物、装备设施、物流人员将全面接入互联网，呈现指数级增长，形成全覆盖、广连接的物流互联网，万物互联助推智慧物流发展。建立全物联化的物流仓储中心、作业流程、配送过程、信息网络，实现物流与制造联动，实现商流、物流、信息流、资金流的全面协同。

(3) 数据可视化。随着信息系统建设、数据对接协同与手持终端的普及，物流数据将全面实现可采集、可存储、可传输、可分析，物流数字化程度将显著提升，从而打破行业信息不对称和信息孤岛现象，全程强化智慧物流。

(4) 操作自动化。物流自动化是充分利用各种机械和运输设备、计算机系统和综合作业协调等技术手段，通过物流系统的整体规划和技术应用，使物流相关的作业和内容能够省力、高效、合理、快速、准确、可靠地完成。设备能自动、有序地完成所有的物流作业，缩短物料周转管理和作业周期，满足现代化智慧物流生产的需要，提高仓库的作业效率，节约劳动力，提高生产率。

(5) 过程透明化。透明的物流管理可以从源头上处理货物损坏、丢失、长期滞留、逾期收货等异常情况,有效实现各经营实体之间的信息交流,提高效率,杜绝假货纠纷。透明的物流管理可实现车辆、货物状态信息透明,运单流转、流程操作信息透明,产业需求链透明。通过仓储全程可视化监控和在途可视化技术,实时反馈在途重要节点的运行情况,将多方供应链角色与物流全链云技术平台连接起来,实现真正的物流透明化。

(6) 业务流程化。未来,众包、众筹、共享等新型分工合作方式将得到广泛应用,它们将打破传统的分工体系,重构企业业务流程和商业模式,降低采购、生产、运输、仓储成本。

(7) 服务个性化。预计未来分布式的物流互联网将更加接近消费者,全面替代集中化运作方式,依托开放共享的物流服务网络,满足客户的个性化需求,体验经济创造智慧物流价值。

(8) 机器智能化。随着人工智能技术的快速迭代,机器将在很多方面替代人工,人工智能对物流带来颠覆性的变化,一切都将变得智能化。未来,物流机器人使用密度将持续增长,将人类双手从物流作业中解放出来,最终实现用户与企业之间的合作共赢。

(9) 系统集成化。物流信息系统建设围绕着不同的业务展开,如果建设好的系统只用来满足各自业务的需要,则会出现在系统建设中各自为政,多套系统并存的问题,导致在数据标准化和信息共享上形成信息孤岛。针对上述情况,要理顺商流、物流、信息流、资金流的数据并将其整合,全面协同资源规划,通过统一平台的信息管理系统集成提供集成的财务和业务解决方案,实现企业的标准化管理。

(10) 过程绿色化。智慧物流充分利用社会闲置资源,降低能源消耗,符合全球绿色、可持续发展的要求。未来将推广应用绿色包装、绿色运输、绿色仓储,从而有效降低物流成本,提高运营效率,减少环境污染,实现绿色发展,提升智慧物流影响力。

(11) 管理智能化。物流运作过程包括许多决策,如物流网络规划与优化、配送路径优化、运输装载量决策、多种货物的拼装优化、运输工具调度、库存水平确定、补给策略的选择、有限资源的分配、配送策略的选择。由人工智能、仿真学、运筹学、智能商务、数据挖掘和机器人等技术支持的智能管理,将帮助管理者优化物流运作。

当前,我国正处于新一轮科技革命和产业变革的关键时期,在新一代物流行业发展的大背景下,我国物流业正全面向智能化转型,各大龙头企业纷纷聚焦人工智能、物联网、大数据、区块链等前沿技术,驱动整个物流业从人力密集型向资本、技术密集型转变。智慧物流将凭借靠近用户的优势,带动互联网深入产业链上下游,以用户需求倒逼产业链各环节强化联动与深化融合,助推协同共享生态体系加快形成,深刻影响社会生产与流通方式,促进产业结构调整与动能转换,推动供给侧结构性改革,为物流业发展创造新机遇。

## 12.3 发展与展望

2020年,交通运输部印发《关于推动交通运输领域新型基础设施建设的指导意见》。指导思想是围绕加快建设交通强国总体目标,推动交通基础设施数字转型、智能升级,建设便捷顺畅、经济高效、绿色集约、智能先进、安全可靠的交通运输领域新型基础设施。发展目标是到2035年交通运输领域新型基础设施建设取得显著成效:先进信息技术深度赋能交通基础设施,精准感知、精确分析、精细管理和精心服务能力全面提升,成为加快建设交通强国的有力支撑。基础设施建设运营能耗水平有效控制。泛在感知设施、先进传输网络、北斗时空信息服务在交通运输行业深度覆盖,行业数据中心和网络安全体系基本建立,智能列车、自动驾驶汽车、智能船舶等逐步应用。

### 12.3.1 建设交通强国

《交通强国建设纲要》制定了以下发展目标：到2020年，完成决胜全面建成小康社会交通建设任务和"十三五"现代综合交通运输体系发展规划各项任务，为交通强国建设定坚实基础。从2021年到21世纪中叶，分两个阶段推进交通强国建设。

到2035年，基本建成交通强国。现代化综合交通体系基本形成，人民满意度明显提高，支撑国家现代化建设能力显著增强；拥有发达的快速网、完善的干线网、广泛的基础网，城乡区域交通协调发展达到新高度；基本形成"全国123出行交通圈"(都市区1小时通勤、城市群2小时通达、全国主要城市3小时覆盖)和"全球123快货物流圈"(国内1天送达、周边国家2天送达、全球主要城市3天送达)，旅客联程运输便捷顺畅，货物多式联运高效经济；智能、平安、绿色共享交通发展水平明显提高，城市交通拥堵基本缓解，无障碍出行服务体系基本完善；交通科技创新体系基本建成，交通关键装备先进安全，人才队伍精良，市场环境优良；基本实现交通治理体系和治理能力现代化；交通国际竞争力和影响力显著提升。

到21世纪中叶，全面建成人民满意、保障有力、世界前列的交通强国基础设施，规模质量、技术装备、科技创新能力、智能化与绿色化水平位居世界前列，交通安全水平、治理能力、文明程度、国际竞争力及影响力达到国际先进水平，全面服务和保障社会主义现代化强国建设，人民享有美好交通服务。

### 12.3.2 智慧交通是智慧城市的重要组成

在维基百科中，智慧城市定义为利用各种信息技术或创新意念，集成城市的组成系统和服务，以提升资源运用的效率，优化城市管理和服务，以及改善市民生活质量。智慧城市把新一代信息技术充分运用到城市的各行各业之中，基于知识社会下一代创新(创新2.0)的城市信息化高级形态，实现信息化、工业化与城镇化深度融合，有助于缓解"大城市病"，提高城镇化质量，实现精细化和动态管理，并提升城市管理成效和改善市民生活质量。

智慧城市通过在人力和社会资本，以及在交通和信息通信基础设施上的投资来推动可持续经济增长和高品质生活，并且通过参与式的管理对上述的人力、社会资本等资源及自然资源进行科学的管理。一些智慧城市建设的先行城市也越来越突出以人为本的可持续创新，例如欧盟启动了面向知识社会创新2.0的LivingLab计划，致力于围绕市民需求将城市建设为各方共同参与的开放创新空间。智慧交通是智慧城市最重要的组成部分，其发展与智慧城市建设的内在需求相契合。首先，交通污染、交通堵塞是城市病最主要的表现形式，而智慧交通可以有效化解这两种问题，成为有效解决城市交通顽疾的突破口。其次，基于智慧交通的需求和现实压力，各级政府、交通部门已将云计算、互联网等先进技术广泛运用到交通管理工作中。可见，智慧交通必将带动移动互联等新兴行业的发展，进而更好地适应智慧城市建设的需要。

因为城市的复杂性，我们正在面临着很多问题，如爆炸式的城市人口增长、达到扩张极限的城市空间以及层出不穷的城市病，这是一个非线性的、复杂多变的综合性问题，需要在全面统筹下从多维度、多领域求解。城市中的社会问题经济问题或是环境问题产生的原因不是在单一的子系统内就可以找到的，城市的各个领域，如智慧交通、智慧城管、智慧政务、智慧建筑、智慧旅游、智慧医疗等，本身也是一个复杂的体系，城市作为复杂系统的叠加，其管理的对象、内容以及管理的目标设定、过程设计等也显得异常复杂。

由此,优先落地各个领域各个维度的应用,才可能系统性地看待智慧城市的发展规划和管理。而智慧交通是这个复杂系统中最重要也是应用最广泛的内容之一。所以说,智慧交通是智慧城市建设的先行者。

智慧交通中智慧公交、信息服务、智慧停车等项目的发展,体现了改善民生的特性。因此,可以说智慧交通不但对智慧城市建设发挥了重要作用,而且正以先行者的身份发挥着积极作用。

### 12.3.3 智慧交通是《中国制造2025》的重要组成

制造业是国民经济的主体,是立国之本、兴国之器、强国之基。大力推进智能制造是顺应世界制造业发展趋势、培育我国经济新优势的必然选择,也是加快我国经济发展方式转变,促进工业向中高端迈进、建设制造强国的重要举措。《中国制造2025》就是在这样的背景下出台的战略文件,是中国实施制造强国战略第一个十年的行动纲领。

《中国制造2025》由百余名院士专家参与制定,为中国制造业设计顶层规划和路线图,通过努力实现中国制造向中国创造、中国速度向中国质量、中国产品向中国品牌三大转变,推动中国到2025年基本实现工业化,迈入制造强国行列。它可以概括为“一、二、三、四、五五、十”的总体结构:

“一”,就是从制造业大国向制造业强国转变,最终实现制造业强国的一个目标。

“二”,就是通过两化融合发展来实现这一目标。党的十八大提出了用信息化和工业化两化深度融合来引领和带动整个制造业的发展,这也是我国制造业所要占据的一个制高点。

“三”,就是要通过“三步走”的战略,大体上每一步用十年左右的时间来实现我国从制造业大国向制造业强国转变的目标。

“四”,就是四项原则。第一项原则是市场主导、政府引导;第二项原则是既立足当前,又着眼长远;第三项原则是全面推进、重点突破;第四项原则是自主发展和合作共赢。

“五五”,就是有两个“五”。一是五条方针,即创新驱动、质量为先、绿色发展、结构优化和人才为本。二是实行五大工程,包括制造业创新中心建设工程、强化基础工程、智能制造工程、绿色制造工程和高端装备创新工程。

“十”,就是十大领域,包括新一代信息技术产业、高档数控机床和机器人、航空航天装备、海洋工程装备及高技术船舶、先进轨道交通装备、节能与新能源汽车、电力装备、农机装备、新材料、生物医药及高性能医疗器械10个重点领域。

可以看出,两化融合的信息化深度融合,反映了智慧产业的重要性;而五大工程中的高端装备创新工程以及十大领域中的航空航天装备、高技术船舶、先进轨道交通装备、节能与新能源汽车等都涉及交通事业的发展。其中和智慧交通相关的内容包括:研发新一代绿色智能、高速重载轨道交通装备系统,围绕系统全生命周期,向用户提供整体解决方案,建立世界领先的现代轨道交通产业体系;继续支持电动汽车、燃料电池汽车发展,掌握汽车低碳化、信息化、智能化核心技术,提升动力电池、驱动电机、高效内燃机、先进变速器、轻量化材料、智能控制等核心技术的工程化和产业化能力,形成从关键零部件到整车的完整工业体系和创新体系,推动自主品牌节能与新能源汽车同国际先进水平接轨等。所以说,智慧交通是《中国制造2025》的重要组成。

### 12.3.4 智慧交通仍然面临巨大挑战

在2019智慧交通产业发展高峰论坛中，深圳市城市交通规划设计研究中心宋家骅提出了智慧交通建设理念存在的问题，即"三重三轻"。"三重"分别是重建设、重监管和重单点，"三轻"分别是轻需求、轻服务和轻融合。这些问题折射出了执行层面和顶层设计之间容易产生的偏差。很显然，加大基础设施建设，加大硬件投入，进行单点突破是发展智慧交通最快速直接的方法，但距离理想、全面的智慧交通还有较大的落差。

《交通强国建设纲要》提到要大力发展智慧交通：推动大数据、互联网、人工智能、区块链、超级计算等新技术与交通行业深度融合；推进数据资源赋能交通发展，加速交通基础设施网、运输服务网、能源网与信息网络融合发展，构建泛在先进的交通信息基础设施；构建综合交通大数据中心体系，深化交通公共服务和电子政务发展；推进北斗卫星导航系统应用。

未来，智慧交通产业将进入一个智慧融合的时代，正如2019年全国交通运输工作会议中强调的：围绕智慧交通建设，需要加快国家综合交通运输信息平台建设，开展首批交通大数据融合平台试点；持续推进新一代国家交通控制网、智慧公路等试点；启动建设互联网道路运输综合服务平台；推动国家交通运输物流公共信息平台升级工作，推动多式联运公共信息平台建设。

未来，我们要打通服务通道，需要综合考虑用户需求、服务需求以及融合需求。在这样的新常态下，智慧交通企业应该借力"发展建设＋服务＋运营"三位一体的新战略，在立足于项目建设的同时进行深化管理服务，做全民生服务，并通过行业的政企合作、产业联盟、"物联网＋"的方式去尝试数据与服务的运营，为城市整体出行提供更高效的服务，为城市居民提供更智慧的服务。

从应用层面讲，智慧交通的发展还有一些方向需要突破。

(1) 数据感知。虽然我们现在已经掌握了很多数据，但是仍然有很多数据是未知的，例如，基础设施的桥梁、隧道、边坡等大量数据存在缺失情况，所以要加大传感器、数据采集设备的研发力度，并快速普及。运用海量视频及其他交通传感数据，构建面向交通治理的"人-车-路-环境"全方位实时精准感知体系，支撑城市交通综合治理与规划建设。

(2) 决策支撑。需要思考在拥有数据后如何决策，如何真正创造价值，降低风险。结合智能识别、大数据挖掘、机器学习、人工智能等技术手段，将海量碎片化交通数据提炼成交通知识图谱，形成可认知的交通信息，为多层次交通分析决策提供有力支撑。

(3) 综合管控。即针对城市治理者提供综合管控网络。未来城市更多强调治理而非管理，强调政府服务转型、服务协同和创造社会价值，城市发展将突出精明治理、精明增长。未来城市治理体系将凝聚城市战略体系、空间规划体系、公共政策体系、智慧交通支撑体系和治理机制体系为一体，更加关注交通需求的精准管控、交通管理的精明控制和交通服务的个性提供，以寻求城市治理的突破点，提升未来城市智慧化治理水平。

(4) GIS技术的应用和发展。将GIS升级纳入设计的考虑要素中，例如，BIM(建筑信息模型化)向DIM(区域信息模型化)和CIM(城市信息模型化)的发展演绎，就从建筑层面的三维建模拓展到区域层面和城市层面，建立了城市层面的三维立体模型，这样就可以支持建筑师和规划师在城市范围内对包括车流、交通拥堵、能源、自然灾害等管理的仿真模拟，为智慧交通提供更好的解决方案。

在5G、人工智能、大数据、云计算等一系列技术的加持下，交通的智慧化转型正从过去单一系统的信息化、数字化，转变为在智慧交通的更大框架、更广范围下，跨系统、跨边界、跨业务的高效协同。

智慧交通场景千差万别，但技术架构是有共性的。一个整合的数字平台可以支持有实力的行业生态，围绕交通类型的个性化需求敏捷开发、迭代运营，让有追求、志存高远的交通管理者的愿景变得触手可及。

智慧交通建设需要更智慧的方式，它不是一步到位的项目，而是一个长期持续的建设过程，从顶层规划、平台先行、联合创新、敏捷迭代到持续运营，是智慧交通建设的一条可行的路径。

5G＋智慧交通已经上路。路虽远，行则将至；事虽难，做则必成！

视频

# 第13章

# 智能制造系统

## 13.1 概述

智能制造(Intelligent Manufacturing,IM)是一种由智能机器和人类专家共同组成的人机一体化智能系统,它在制造过程中能进行智能活动,如分析、推理、判断、构思和决策等。通过人与智能机器的合作共事,去扩大、延伸和部分地取代人类专家在制造过程中的脑力劳动。它把制造自动化的概念更新,扩展到柔性化、智能化和高度集成化。新西兰奥克兰大学的徐旬及其团队将智能制造的概念定义为用先进的信息和制造技术实现制造过程的柔性化、智能化和可重构,以应对动态和全球化的市场的一种制造模式。智能化是制造自动化的发展方向。在制造过程的各个环节广泛应用人工智能技术。专家系统技术可以用于工程设计、工艺过程设计、生产调度、故障诊断等;也可以将神经网络和模糊控制技术等先进的计算机智能方法应用于产品配方、生产调度等,实现制造过程智能化。而人工智能技术尤其适合于解决特别复杂和不确定的问题。

数字化制造是智能制造的第一个基本范式,也可称为第一代智能制造。其基本特征体现在3个方面。第一,数字技术在产品中得到普遍应用,形成"数字一代"创新产品;第二,广泛应用数字化设计、建模仿真、数字化装备、信息化管理;第三,实现生产过程的集成优化。

数字化网络化制造是智能制造的第二种基本范式,也可称为"互联网+制造"或第二代智能制造。其特征同样体现在3个方面。第一,在产品方面,数字技术、网络技术得到普遍应用,产品实现络连接,设计、研发实现协同与共享;第二,在制造方面,实现横向集成、纵向集成和端到端集成,打通整个制造系统的数据流、信息流;第三,在服务方面,企业与用户通过网络平台实现连接和交互,企业生产开始从以产品为中心向以用户为中心转型。

从智能制造系统的本质特征出发,在分布式制造网络环境中,根据分布式集成的基本思想,应用分布式人工智能中多Agent系统的理论与方法,实现制造单元的柔性智能化与基于网络的制造系统柔性智能化集成。根据分布式系统的同构特征,局域实现形式实际也反映了基于Internet的全球制造网络环境下智能制造系统的实现模式。

智能制造系统的本质特征是个体制造单元的"自主性"与系统整体的"自组织能力",其基本格局是分布式多自主体智能系统。基于这一思想,同时考虑基于Internet的全球制造网络环境,可以提出适用于中小企业单位的分布式网络化IMS的基本构架。一方面,通过Agent赋予各制造单元以自主权,使其自治独立、功能完善;另一方面,通过Agent之间的协同与合作,赋予系统自组织能力。

基于以上构架,结合数控加工系统,开发分布式网络化原型系统相应地可由系统经理、任务规划、设计和生产者4个节点组成。

系统经理节点包括数据库服务器和系统Agent两个数据库服务器,负责管理整个全局数据库，可供原型系统中获得权限的节点进行数据的查询、读取，存储和检索等操作，并为各节点进行数据交换与共享提供一个公共场所，系统 Agent 则负责该系统在网络与外部的交互，通过 Web 服务器在 Internet 上发布该系统的主页，网上用户可以通过访问主页获得系统的有关信息，并根据自己的需求，决定是否由该系统来满足这些需求，系统 Agent 还负责监视该原型系统上各个节点间的交互活动，如记录和实时显示节点间发送和接收消息的情况、任务的执行情况等。

任务规划节点由任务经理和它的代理(任务经理 Agent)组成，其主要功能是对从网上获取的任务进行规划，分解成若干子任务，然后通过招标-投标的方式将这些任务分配给各个节点。

设计节点由 CAD 工具和它的代理(设计 Agent)组成，它提供一个良好的人机界面以使设计人员能有效地和计算机进行交互，共同完成设计任务。CAD 工具用于帮助设计人员根据用户要求进行产品设计；而设计 Agent 则负责网络注册、取消注册、数据库管理、与其他节点的交互、决定是否接受设计任务和向任务发送者提交任务等事务。

生产者节点实际是该项目研究开发的一个智能制造系统(智能制造单元)，包括加工中心和它的网络代理(机床 Agent)。该加工中心配置了智能自适应。该数控系统通过智能控制器控制加工过程，以充分发挥自动化加工设备的加工潜力，提高加工效率；具有一定的自诊断和自修复能力，以提高加工设备运行的可靠性和安全性；具有和外部环境交互的能力；具有开放式的体系结构以支持系统集成和扩展。

智能制造源于人工智能的研究。人工智能就是用人工方法在计算机上实现的智能。随着产品性能的完善化及其结构的复杂化、精细化，以及功能的多样化，促使产品所包含的设计信息和工艺信息量猛增，生产线和生产设备内部的信息流量随之增加，制造过程和管理工作的信息量也必然剧增，因而促使制造技术发展的热点与前沿转向了提高制造系统对于爆炸性增长的制造信息处理的能力、效率及规模上。先进的制造设备离开了信息的输入就无法运转，柔性制造系统(FMS)一旦被切断信息来源就会立刻停止工作。专家认为，制造系统正在由原先的能量驱动型转变为信息驱动型，这就要求制造系统不但要具备柔性，而且要表现出智能，否则是难以处理如此大量而复杂的信息工作量的。另外，瞬息万变的市场需求和激烈竞争的复杂环境，也要求制造系统表现得更灵活、更敏捷和更智能。因此，智能制造越来越受到高度的重视。纵览全球，虽然总体而言智能制造尚处于概念和实验阶段，但各国政府均将此列入国家发展计划，大力推动实施。1992 年，美国执行新技术政策，大力支持关键重大技术(Critical Technology)，包括信息技术和新的制造工艺，智能制造技术自在其中，美国政府希望借助此举改造传统工业并启动新产业。

加拿大制定的 1994—1998 年发展战略计划，认为未来知识密集型产业是驱动全球经济和加拿大经济发展的基础，认为发展和应用智能系统至关重要，并将具体研究项目选择为在智能计算机、人机界面、机械传感器、机器人控制、新装置、动态环境下的系统集成。

日本于 1989 年提出智能制造系统，且于 1994 年启动了先进制造国际合作研究项目，包括公司集成和全球制造、制造知识体系、分布智能系统控制、快速产品实现的分布智能系统技术等。

欧洲联盟的信息技术相关研究有 ESPRIT 项目，该项目大力资助有市场潜力的信息技术。1994 年又启动了新的项目，选择了 39 项核心技术，其中 3 项(信息技术、分子生物学和先进制造技术)中均突出了智能制造的位置。

中国在20世纪80年代末将"智能模拟"列入国家科技发展规划的主要课题,已在专家系统、模式识别、机器人、汉语机器理解方面取得了一批成果。科技部正式提出了"工业智能工程",作为技术创新计划中创新能力建设的重要组成部分,智能制造将是该项工程中的重要内容。

由此可见,智能制造正在世界范围内兴起,它是制造技术发展,特别是制造信息技术发展的必然,是自动化和集成技术向纵深发展的结果

智能装备面向传统产业改造提升和战略性新兴产业发展需求,重点包括智能仪器仪表与控制系统、关键零部件及通用部件、智能专用装备等。它能实现各种制造过程自动化、智能化、精益化、绿色化,带动装备制造业整体技术水平的提升。

中国机械科学研究总院原副院长屈贤明指出,国内装备制造业存在自主创新能力薄弱、高端制造环节主要有国外企业掌握、关键零部件发展滞后、现代制造服务业发展缓慢等问题。而中国装备制造业"由大变强"的标志包括:国际市场占有率处于世界第一,超过一半产业的国际竞争力处于世界前三,成为影响国际市场供需平衡的关键产业,拥有一批国际竞争力和市场占有率处于全球前列的世界级装备制造基地,原始创新突破,一批独创、原创装备问世等多个方面。该领域的研究中心有国家重大技术装备独立第三方研究中心——中国重大机械装备网。

2021年,工业和信息化部、国家发展和改革委员会、教育部、科技部、财政部、人力资源社会保障部、市场监督管理总局、国有资产监督管理委员会8部门联合发布了《"十四五"智能制造发展规划》(以下简称《规划》),对"十四五"推进制造业智能化作了具体部署。《规划》提出了2025年智能制造发展目标和2035年远景目标,部署了智能制造技术攻关行动、智能制造示范工厂建设行动、行业智能化改造升级行动、智能制造装备创新发展行动、工业软件突破提升行动、智能制造标准领航行动6个专项行动。

智能制造和传统的制造相比,智能制造系统具有以下特征:

(1) 自律能力。即搜集与理解环境信息和自身的信息,并进行分析判断和规划自身行为的能力。具有自律能力的设备称为"智能机器"。"智能机器"在一定程度上表现出独立性、自主性和个性,甚至相互间还能协调运作与竞争。强有力的知识库和基于知识的模型是自律能力的基础。

(2) 人机一体化。智能制造系统(Intelligent Manufacturing System, IMS)不单纯是"人工智能"系统,而是人机一体化智能系统,是一种混合智能。基于人工智能的智能机器只能进行机械式的推理、预测、判断,它只能具有逻辑思维(专家系统),最多做到形象思维(神经网络),完全做不到灵感(顿悟)思维,只有人类专家才真正同时具备以上3种思维能力。因此,想以人工智能全面取代制造过程中人类专家的智能,独立承担起分析、判断、决策等任务是不现实的。人机一体化突出人在制造系统中的核心地位,同时在智能机器的配合下,更好地发挥出人的潜能,使人机之间表现出一种平等共事、相互"理解"、相互协作的关系,使二者在不同的层次上各显其能,相辅相成。因此,在智能制造系统中,高素质、高智能的人将发挥更好的作用,机器智能和人的智能将真正地集成在一起,互相配合,相得益彰。

(3) 虚拟现实技术。这是实现虚拟制造的支持技术,也是实现高水平人机一体化的关键技术之一。虚拟现实技术(Virtual Reality)是以计算机为基础,融合信号处理、动画技术、智能推理、预测、仿真和多媒体技术于一体;借助各种音像和传感装置,虚拟展示现实生活

中的各种过程、物件等，因而也能模拟实现制造过程和未来的产品，从感官和视觉上使人获得完全如同真实的感受。但其特点是可以按照人们的意愿任意变化，这种人机结合的新一代智能界面，是智能制造的一个显著特征。

(4) 自组织超柔性。智能制造系统中的各组成单元能够依据工作任务的需要，自行组成一种最佳结构，其柔性不仅突出在运行方式上，而且突出在结构形式上，所以称这种柔性为超柔性，如同一群人类专家组成的群体，具有生物特征。

(5) 学习与维护。智能制造系统能够在实践中不断地充实知识库，具有自学习功能。同时，在运行过程中自行故障诊断，并具备对故障自行排除、自行维护的能力。这种特征使智能制造系统能够自我优化并适应各种复杂的环境。

## 13.2 智能制造应用技术及设备

### 13.2.1 智能制造技术

(1) 新型传感技术——高传感灵敏度、精度、可靠性和环境适应性的传感技术，采用新原理、新材料、新工艺的传感技术(如量子测量、纳米聚合物传感、光纤传感等)，微弱传感信号提取与处理技术。

(2) 模块化、嵌入式控制系统设计技术——不同结构的模块化硬件设计技术，微内核操作系统和开放式系统软件技术、组态语言和人机界面技术，以及实现统一数据格式、统一编程环境的工程软件平台技术。

(3) 先进控制与优化技术——工业过程多层次性能评估技术，基于大量数据的建模技术，大规模高性能多目标优化技术，大型复杂装备系统仿真技术，高阶导数连续运动规划、电子传动等精密运动控制技术。

(4) 系统协同技术——大型制造工程项目复杂自动化系统整体方案设计技术以及安装调试技术，统一操作界面和工程工具的设计技术，统一事件序列和报警处理技术，一体化资产管理技术。

(5) 故障诊断与健康维护技术——在线或远程状态监测与故障诊断、自愈合调控与损伤智能识别以及健康维护技术，重大装备的寿命测试和剩余寿命预测技术，可靠性与寿命评估技术。

(6) 高可靠实时通信网络技术——嵌入式互联网技术，高可靠无线通信网络构建技术，工业通信网络信息安全技术和异构通信网络间信息无缝交换技术。

(7) 功能安全技术——智能装备硬件、软件的功能安全分析、设计、验证技术及方法，建立功能安全验证的测试平台，研究自动化控制系统整体功能安全评估技术。

(8) 特种工艺与精密制造技术——多维精密加工工艺，精密成型工艺，焊接、粘接、烧结等特殊连接工艺，微机电系统(MEMS)技术，精确可控热处理技术，精密锻造技术等。

(9) 识别技术——低成本、低功耗 RFID 芯片设计制造技术，超高频和微波天线设计技术，低温热压封装技术，超高频 RFID 核心模块设计制造技术，基于深度三维图像识别技术，物体缺陷识别技术。

### 13.2.2 测控装置

(1) 新型传感器及其系统——新原理、新效应传感器，新材料传感器，微型化、智能化、低功耗传感器，集成化传感器(如单传感器阵列集成和多传感器集成)和无线传感器网络。

(2) 智能控制系统——现场总线分散型控制系统(FCS)、大规模联合网络控制系统、高端可编程控制系统(PLC)、面向装备的嵌入式控制系统、功能安全监控系统。

(3) 智能仪表——智能化温度、压力、流量、物位、热量、工业在线分析仪表、智能变频电动执行机构、智能阀门定位器和高可靠执行器。

(4) 精密仪器——在线质谱/激光气体/紫外光谱/紫外荧光/近红外光谱分析系统、板材加工智能板形仪、高速自动化超声无损探伤检测仪、特种环境下蠕变疲劳性能检测设备等产品。

(5) 工业机器人与专用机器人——焊接、涂装、搬运、装配等工业机器人及安防、危险作业、救援等专用机器人。

(6) 精密传动装置——高速精密重载轴承,高速精密齿轮传动装置,高速精密链传动装置,高精度高可靠性制动装置,谐波减速器,大型电液动力换挡变速器,高速、高刚度、大功率电主轴,直线电机、丝杠、导轨。

(7) 伺服控制机构——高性能变频调速装置、数位伺服控制系统、网络分布式伺服系统等产品,提升重点领域电气传动和执行的自动化水平,提高运行稳定性。

(8) 液气密元件及系统——高压大流量液压元件和液压系统、高转速大功率液力偶合器调速装置、智能润滑系统、智能化阀岛、智能定位气动执行系统、高性能密封装置。

### 13.2.3 制造装备

(1) 石油石化智能成套设备——集成开发具有在线检测、优化控制、功能安全等功能的百万吨级大型乙烯和千万吨级大型炼油装置、多联产煤化工装备、合成橡胶及塑料生产装置。

(2) 冶金智能成套设备——集成开发具有特种参数在线检测、自适应控制、高精度运动控制等功能的金属冶炼、短流程连铸连轧、精整等成套装备。

(3) 智能化成形和加工成套设备——集成开发基于机器人的自动化成型、加工、装配生产线及具有加工工艺参数自动检测、控制、优化功能的大型复合材料构件成型加工生产线。

(4) 自动化物流成套设备——集成开发基于计算智能与生产物流分层梯阶设计、具有网络智能监控、动态优化、高效敏捷的智能制造物流设备。

(5) 建材制造成套设备——集成开发具有物料自动配送、设备状态远程跟踪和能耗优化控制功能的水泥成套设备、高端特种玻璃成套设备。

(6) 智能化食品制造生产线——集成开发具有在线成分检测、质量溯源、机电光液一体化控制等功能的食品加工成套装备。

(7) 智能化纺织成套装备——集成开发具有卷绕张力控制、半制品的单位重量、染化料的浓度、色差等物理、化学参数的检测仪器与控制设备,可实现物料自动配送和过程控制的化纤、纺纱、织造、染整、制成品等加工成套装备。

(8) 智能化印刷装备——集成开发具有墨色预置遥控、自动套准、在线检测、闭环自动跟踪调节等功能的数字化高速多色单张和卷筒料平版、凹版、柔版印刷装备、数字喷墨印刷设备、计算机直接制版设备(CTP)及高速多功能智能化印后加工装备。

## 13.3 智能家居

智能家居是在互联网的影响之下的物联化体现,它可以定义为一个过程或者一个系统,是智能穿戴设备的一个分支,主要以住宅为平台,是兼备建筑、网络通信、信息家电、设备自动化，集系统、结构、服务、管理于一体的高效、舒适、安全、便利、环保的居住环境。

智能家居(Smart Home)的概念最早出现于美国，它利用先进的计算机技术、嵌入式技术、网络通信技术、综合布线技术，将与家居生活有关的各种子系统有机地结合在一起。

由 Home Automation Association(HAA，家庭自动化协会)所定义的智能家居是：一个使用不同的方法或设备的过程，以此来提高人们生活的能力，使家庭变得更舒适、安全和有效。

传统的智能家居(见图 13-1)，涵盖了智能家电控制、智能灯光控制、智能安防、智能影音等方面，在 20 世纪末与 21 世纪初已经在一些国家的不同层面得到了比较广泛的应用。基于物联网的智能家居(见图 13-2)，可以说是随着智能穿戴产业引爆之后所形成的一种以远程、无线技术为主要载体的智能家居。其在传统智能家居的基础上涵盖了远程监控、家庭医疗保健和监护、信息服务、网络教育以及联合智慧社区、智慧城市的各项拓展应用，主要表现在以下 8 方面。

图 13-1 传统的智能家居

(1) 智能家电控制：智能家电在传统智能家居中占据重要地位，它主要是通过电话或手机控制、计算机远程控制、定时控制、可穿戴设备控制和场景自适应等多种方式，实现对空调、热水器、饮水机、电视以及电动窗帘等设备的智能控制。用户可以根据自己的需求自由地配置和添加家电控制节点。该功能的实现不仅给用户带来了便利，也在一定程度上节约了能源。

(2) 智能灯光控制：光影变幻是营造现代家居环境的重要手段，智能灯光的出现，为家居个性生活添加了一抹神秘的色彩。它主要通过智能开关替换传统开关，实现对家庭灯光进行感应控制并可创造任意环境氛围和灯光开关场景。不管是家庭影院的放映灯光、浪漫晚宴的灯光、朋友聚会的场景灯光，还是宁静周末的餐后读报光灯等，都可以轻松实现。当您外出或加班的时候，灯光会自动调整到相应的模式。此外，智能灯光控制系统还会根据外界的光线自动调整室内灯光，在全天不同的时间段自动调整室内灯光。

(3) 智能影音：智能家居能够控制室内 DVD/VCR/卫星电视/有线电视等影音设备，包括音量/频道/预设/暂停/快进等，实现随时随地的全方位控制，并根据具体的生活场景，自由转换影音配合效果，让家居生活倍感愉悦。智能电视就属于智能影音系统中的重要载体之一。

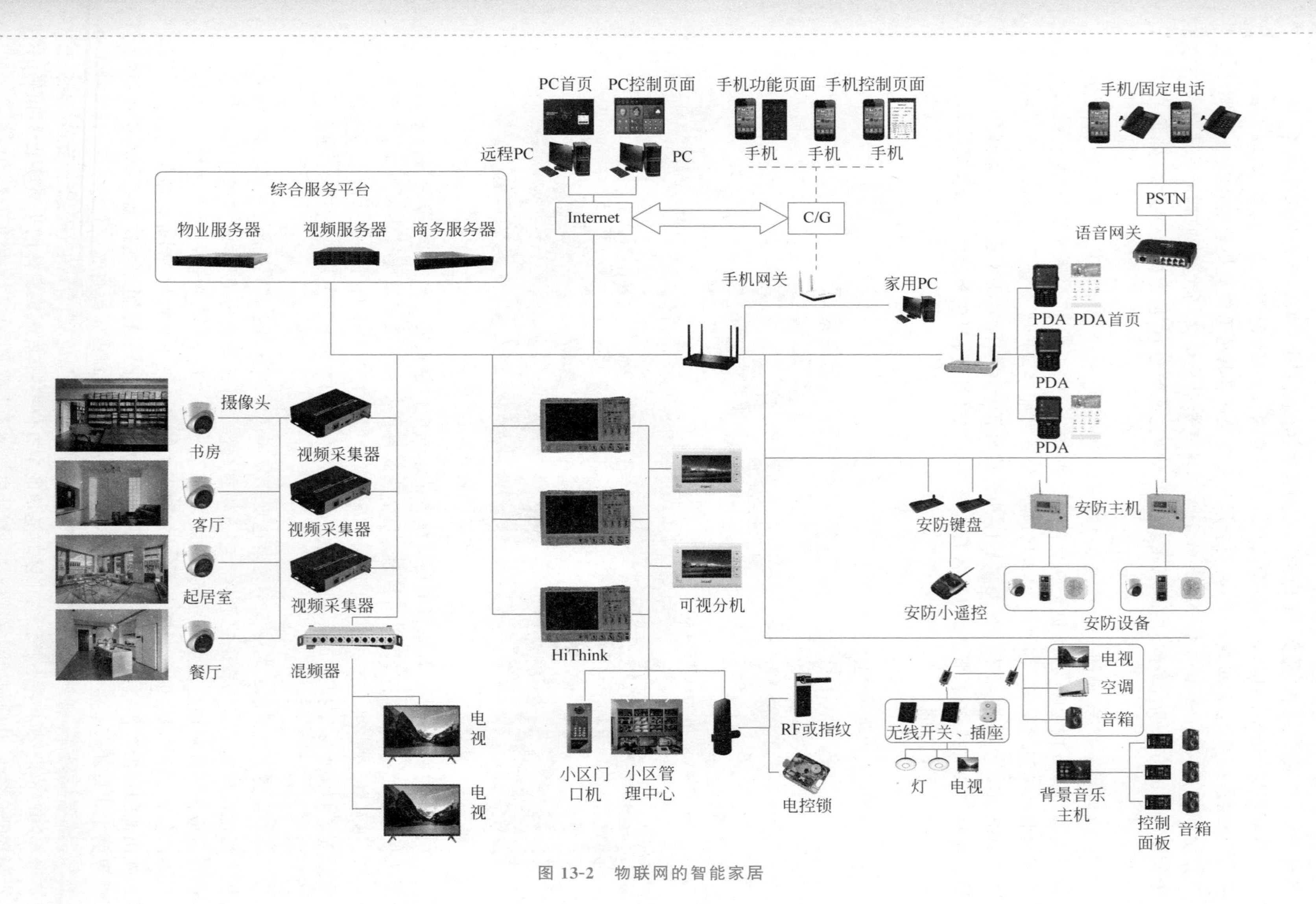


图 13-2 物联网的智能家居

(4) 智能安防：住宅安全一直是人们关注的重点。智能安防是智能家居的首要组成部分，也是住户对智能家居系统的首要要求。智能安防主要是指智能家居通过安防系统中的各种安防探测器(如烟感、移动探测、玻璃破碎探测、门磁等)和门禁、可视对讲、监控录像等组成立体防范系统。举个例子：可视对讲使用户能够很清楚地观察来访者，从而确认是否遥控开门。当遭遇危险或者检测到潜在危险时，报警系统会自动将报警信息发送给小区物业，并以电话或短信形式将报警信息发送给用户。与可穿戴设备配合使用的智能安防系统将在更大的程度上提升智能安防效果。

(5) 基于物联网的远程监控：随着物联网技术的不断发展与完善，传统智能家居范畴被进一步扩展。智能家居系统在电信宽带平台上，通过 IE 或者手机远程调控家居内的摄像头，从而实现远程探视。此外，住户还可通过 IE 或者智能手机、可穿戴设备等控制家庭电器。如远程控制电饭锅煮饭，提前烧好洗澡水，提前开启空调调整室内温度等。

(6) 基于物联网的家庭医疗监护：利用 Internet，智能家居如今可以实现家庭的远程医疗和监护。这类型的延伸运用不仅有助身心健康，而且可以降低医疗保健成本。借助医疗可穿戴设备，用户不需要走进医院，在家中即可以将测量的血压、体温、脉搏、葡萄糖含量等参数传递给医疗保健专家，并向医院保健专家在线咨询和讨论，省去了许多在医院排队等候的麻烦。

(7) 基于物联网的信息服务：Internet 让用户可以在任何时间、任何地点获得和交换信息，同样，智能家居联网，尤其是整个可视化的影音系统的融入，以及头戴式可穿戴设备、虚拟现实技术的融合，可以让用户随时随地畅游网络信息世界。

(8) 基于物联网的网络教育：基于物联网的智能家居为网络教育的发展提供了新的契机，学校和家长通过家居中基于 Internet 的教育工具可以实现更加紧密的合作，并在家庭和课堂之间建立了桥梁。在智能家居中，各个年龄段的人都可以享受教育资源，进行终身教育和学习。

在物联网时代的智能家居可以理解为一个更复杂、庞大、系统的家居智能化系统，借助总线、无线等各种通信技术的融合，让各种融合了智能、监测功能的产品可以借助于系统平台实现互联、互通、互动，并为用户带来一种便捷的智能生活方式。

## 13.4 智能建筑

城市化、工业化和信息化进程的发展，为人们的生活、生产方式带来日新月异的变化，新型城市住宅、大型工厂、办公建筑、商业服务建筑等如雨后春笋般涌现出来。相较于传统建筑，新型建筑存在新的特点和功能要求：高度增加，高层建筑甚至摩天大厦随处可见；跨度规模庞大，如博物馆、体育馆、展览馆等；建筑结构复杂，如大型商业建筑、运输中心；使用人员复杂，如大型购物中心、写字楼；使用功能复杂，如医院、科学实验室、车站等。这些新特点对传统的建筑运行管理方式提出了巨大的挑战：庞大而复杂的结构设计使得建筑的结构维护和故障检测变得异常困难；功能和人员的复杂则需要更有效的运行机制和更可靠的安全保障机制；同时，在全球日益严峻的能源紧缺和环境污染背景下，大型建筑产生的能源消耗和废物排放，无疑对现代建筑的节能和环保带来了新的挑战；此外，更健康、更舒适等从用户角度出发的人性化需求亦被广泛提出。智能建筑正是在这样的时代背景下，顺应社会生产、居民生活的各种需求而产生的。智能建筑作为一个大型复杂综合系统，如人体一般，需要同时拥有感知、决策、控制和协调能力，才能完成各项复杂功能。而感知识别技术、通信技术、计算技术等各种物联网技术的迅猛发展恰好为建筑植入了丰富的周围神经元和强大的中枢神经系统，让建筑有了感知、传导、思考和决策的能力，从而真正地拥有智慧。

### 13.4.1 智能建筑概述

智能建筑的概念起源很早，世界上公认的第一幢智能大厦是1984年由美国联合科技集团公司将哈佛城广场大厦改造而成的都市大厦。经过改造的大楼引入了计算机设备、数据通信线路、程序控制交换机等技术，可以对大楼内的空调、电梯、照明等设备进行监控和控制，并能为用户提供语音通信、电子邮件和情报资料等方面的信息化服务。此后，智能建筑在西欧、日本及世界各地蓬勃发展，成为21世纪房地产投资开发的主导方向。

智能建筑作为建筑艺术与先进信息技术的结合体，目前还没有一个标准的定义。美国智能建筑学会将智能建筑定义为将建筑、设备、服务和经营四要素各自优化、互相联系、全面综合并达到最佳组合，以获得高效率、高功能、高舒适与高安全的建筑物；日本电机工业协会楼宇智能化分会则认为，综合计算机、信息通信等方面的最先进技术，使建筑物内的电力、空调、照明、防灾、防盗、运输设备等协调工作，实现建筑物自动化、通信自动化、办公自动化、安全保卫自动化系统和消防自动化系统，将这5种功能结合起来的建筑，外加结构化综合布线系统、结构化综合网络系统、智能楼宇综合信息管理自动化系统，就是智能建筑；而我国在国家标准《智能建筑设计标准》(GB/T 50314—2015)中将智能建筑定义为：以建筑物为平台，兼备信息设施系统、信息化应用系统、建筑设备管理系统、公共安全系统等，集结构、系统、服务、管理及其优化组合于一体，向人们提供安全、高效、便捷、节能、环保、健康的建筑环境。

描述和定义显示出人们从各个方面对智能建筑提出了需求和美好的愿望。从各国已有的智能建筑和标准来看，早期的智能建筑主要通过计算机、网络和自动控制技术来实现建筑的运作自动化和管理智能化。随着物联网概念的提出和物联网技术的发展，除传统的计算技术、互联网技术和控制技术外，大量新型技术，如传感器、RFID、无线自组织网络、云计算等，也被用于建筑的运行、管理和维护，为智能建筑带来了大量新的功能。下面就从各个角度对智能建筑应具备的功能进行简要介绍。

1. 建筑系统智能化

一个大型现代建筑是一个多层次协作的系统，它包括维持建筑各种功能正常运转的多个子系统。每个子系统的健康运行和各子系统之间的良好协作是保证建筑正常运转的基础。智能建筑包含很多子系统，常见的有以下几种。

(1) 采暖空调系统智能建筑需要监测建筑物内各区域环境，通过智能决策和判断，自动控制室内温度、湿度和空气质量，以满足建筑物的使用要求并向使用者提供健康舒适的室内环境。

(2) 给排水系统包括供水系统、污水处理系统和排水系统。智能建筑需要对此系统状况进行监测，对水质进行检测，对水泵等设备进行自动控制等。

(3) 采光、照明系统智能建筑需要监测建筑物内的采光和照明状况，并对部分系统，尤其对公共区域照明系统，进行各种控制，以达到功能和节能要求。此外，建筑物维护结构通过对窗的开闭、各种遮阳装置的调整、建筑物的自然通风等实现智能控制，以同时满足采光要求、通风要求以及热环境要求等，从而达到舒适与节能的要求。智能建筑还需要监测电梯、扶梯的状态，以在某些场合进行必要的集中控制。

2. 办公智能化

智能化办公系统借助先进的办公设备，最大限度地提高办公效率和改进办公质量，改善办公环境和条件，并辅助决策，减少或避免各种差错和弊端，提高管理和决策的科学化水平，在智能建筑中占有重要地位。

传统的智能办公系统主要为办公人员建立内部的通信平台和信息发布平台，致力于各部门系统和人员之间的无障碍通信，形成有效的信息发布和回应的渠道，实现数字化的信息和设备管理、会议管理等。而物联网技术的加入为智能办公带来了新的功能，如工作流程的自动化、对工作流程实时监控与跟踪等。以文档、设备管理的智能化为例，各类文档和设备能够按权限进行保存、共享和使用，并为用户提供文档和设备的跟踪、查找和防盗功能。此外，车辆管理、分布式办公、移动办公等，都是现代办公所面临的迫切需求，推动着包含智能办公系统的智能建筑的快速发展。

3. 通信智能化

作为现代智能建筑的重要组成部分，智能信息通信系统不仅会保证建筑物内语音、数据、图像的高效传输，同时可保证建筑与外部通信网流畅地互通信息。

除了传统固定电话通信系统、声讯服务通信系统、计算机网络通信系统、卫星通信系统和广播电视等系统外，智能通信系统往往还引入物联网中的多种无线通信技术，并支持视频会议、视频点播等各种新型应用，极大地丰富了智能建筑的通信方式。

4. 安防和逃生智能化

安全防范和紧急逃生系统包括门禁控制系统、闭路电视监控系统、防盗报警控制系统、停车场管理系统、求救求助系统、煤气泄漏报警系统、消防报警系统等，它们是智能建筑保障其安全性和可靠性的重要组成部分。其中，前者的主要目的是预防入侵、盗窃、抢劫、爆炸等违法犯罪活动；后者则是在发生火灾、地震等重大紧急事件时保证人员及时安全逃生的关键。智能安保和逃生系统是随着物联网技术日益成熟而迅速发展起来的，这些系统综合利用了感知、识别、通信、定位等技术。

5. 能耗监测和控制

近年来，全球气候变暖、能源紧缩、污染加剧等全球性问题受到越来越广泛的关注，新的环境形势赋予了智能建筑新的含义和使命——不仅要求建筑满足功能性的需求，更要求其在节能、降耗、减排等方面给出令人满意的解决方案。

现代智能建筑利用传感器、智能电源等监测设备全面监测建筑的环境和能耗情况，将采集到的数据传输到智能中心进行综合分析决策，并根据决策结果自动控制建筑中的各种系统(如空调系统、照明系统、通风系统、供水系统、办公系统等)，以达到在满足建筑功能需求的同时，尽可能降低能耗的目的。

6. 智能综合管理

智能建筑内部的电力、空调、照明、通信、防灾、防盗等系统虽然在一定程度上独立运行、具有较好的封装性，但是除了各个子系统正常运作外，更需要通信网络和智能的综合管理系统将这些子系统连接起来，从而形成一个有机的整体，互相配合，协调工作，达到智能建筑运行的最佳状态。正如一个健康的人体，需要呼吸系统、消化系统、运动系统等多个系统，但只有在中枢神经系统的统一调控下，它们才能共同驱动复杂的生命机器。智能的综合管理系统便是智能建筑的中枢神经系统，它综合监测所有的子系统，并进行智能分析和决策，是整个建筑的控制核心。

### 13.4.2 智能建筑中的物联网技术

1. 自动识别

自动识别与 RFID 技术作为物联网中的核心关键技术之一，被越来越频繁地应用于智能建筑的各个子系统中。例如，在推进图书馆办公自动化的进程中，利用 RFID 技术可以对文档、书籍、设备进行自动化管理，实现方便地清点、定位、查找和自助借出归还，同时实现重要文件和贵重物品的保密和防盗。在智能安防系统中，识别技术更是发挥了不可取代的作用。指纹、虹膜、磁卡、非接触式 IC 卡磁卡及其相应的识别设备（如指纹扫描、读卡器等）被广泛使用到各种门禁系统中，成为安保系统中必备的部分。同时非接触式 IC 卡也被普遍应用于停车场管理系统，用来实现车辆管理和自动收费。此外，智能建筑内部的各种资产和设备都可以采用 RFID 进行标识和管理，控制系统的所有操作环节都可以使用生物识别和 RFID 技术进行用户权限管理和认证。

2. 传感器

传感器赋予了物联网对物理世界的感知能力。在智能建筑中，它充当着末梢神经的角色，成为获取建筑状态信息的主要手段，也是设备自动控制算法的输入数据的重要来源。从基本功能需求的角度来看，传感器是许多子系统实现特定功能的关键部分：采暖空调系统利用广泛部署的温湿度传感器，对室内环境进行智能调控，以满足不同区域的具体环境要求；给排水系统中的水质传感器既监测饮用水水质，又对排出的污水质量进行监控，同时根据水压传感器的反馈对水泵等设备进行控制，并通过智能水表远程记录各个区域的用水量；采光、照明系统依据光照传感器的读数，对建筑内相应位置的采光（如窗帘升降、遮阳设备角度）和照明（灯光明暗）进行实时控制；红外传感器可以辅助实现自动门和自动扶梯等功能。从能源管理的角度来看，传感器有助于能耗监测与控制：智能建筑可以利用智能电表、智能水表、智能电源内的多种传感器来监测能耗情况，以制定节能减耗策略和计量收费算法。从安全保障的角度来看，开关探测器、光束遮断式探测器、热感红外线探测器、微波物体移动探测器、超声波物体移动探测器、玻璃破碎探测器、震动探测器在内的多种感应器被广泛应用于智能安防系统中，安防系统根据采集到的信息进行区域控制和报警，以保证建筑的安全。"Wi-Fi 雷达"技术也为建筑内的无线路由器增加了安防功能：Wi-Fi 信号的变化可以反映出环境中人的出现、运动、姿势甚至行为。因此，该技术可以广泛应用于安全监控、入侵者检测等领域。在传统的安防体系中，摄像头作为一种视频信息采集设备，是不可缺少的组成部分。通过布置大量室内摄像头并结合视频识别技术，管理人能实时了解出口、通道、电梯，车库等关键区域的情况。而与摄像头监控相比，"Wi-Fi 雷达"具有保护隐私、部署简单、计算量小、成本低等优势，有着不容忽视的发展前景。

3. 通信技术

对智能建筑而言，感知设备和计算资源固然是不可或缺的"耳目"和"心腹"，但它们的光芒并不能掩盖现代通信技术在整个体系中的核心地位。融合的异构通信技术可以将感知末端采集的环境和设备信息及时传回数据中心，同时把控制中心的指令发送到末端设备。短距离通信技术（红外、蓝牙等）常用来实现资产管理和设备智能控制；有线网络、无线网络、移动网络等多种通信方式的综合利用，常用来构建建筑内部的通信平台、信息发布平台和多种便捷的通信应用，并实现高速多媒体通信；卫星通信系统可以构建连接建筑内外的语音等数据通道，实现远距离通信。此外，更具重要意义的是，物联网的自组织网络技术能够在基础通信设施受到破坏的情况下（如火灾、地震），将可通信设备自组成网，向用户发送灾情信息和疏导逃生建议，尽可能降低天灾人祸造成的危害。

### 13.4.3 智能建筑的应用

物联网时代之前的智能建筑主要是利用计算机、网络和自动控制技术实现部分建筑功能的自动化，但是没有传感、识别等技术支持的智能建筑缺乏“末梢神经”，无法对各种状态和环境进行有效的知觉和响应。物联网的到来为我们描绘了智慧地球、智慧城市的美好蓝图，而智能建筑正是智慧城市最基本的单元。物联网技术与建筑行业的碰撞，迸发出大量创新应用的智慧火花。下面以几个新型的基于物联网技术的智能建筑应用为例，更直观地呈现物联网为现代建筑行业带来的改变。

自《国家中长期科学和技术发展规划纲要(2006—2020年)》实施以来，我国政府加大对绿色建筑领域相关科研的重视程度，“十二五”期间，绿色建筑的关键技术、标准体系和核心设备等研发方面实现了阶段性突破。“十三五”期间，中共中央、国务院印发了《国家新型城镇化规划(2014—2020年)》，明确提出“绿色建筑比例大幅提高，到2020年城镇绿色建筑占新建建筑比重要提升到50%”以及“完善绿色建筑标准及认证体系”等要求。

但调研发现，不少获得设计标识的绿色建筑项目建成运行后常处于低效、高能耗、低品质的运行状态，与设计工况下的性能存在显著差距。如何提升建筑实际运行能耗、环境品质和使用者满意度，成为绿色建筑发展中的难题。其中突出的矛盾即在于绿色建筑运行实际性能（主要指节能、环境品质和使用者满意度）数据少、质量差、覆盖范围有限。物联网技术可以在绿色建筑运行性能监测方面大显身手。根据绿色建筑评估对能耗、室内环境监测的需求，利用物联网、云计算等先进的信息技术，可以开发新型建筑性能监测及反馈系统，实现建筑能耗与环境品质以及建筑用户行为的大规模长期化的实时监测；还可以利用监测信息建立描述建筑性能参数的数据库，为建筑项目后评估和建筑的横向比较提供高质量的数据基础；在此基础上可以进行深度数据挖掘与智慧决策，从而进一步增强绿色建筑评估与诊断的科学性。

在实践中，清华大学软件学院与建筑学院合作，开展了基于物联网技术的建筑实际性能监测研究项目。研究内容主要包括3方面。

(1) 基于物联网的绿色建筑性能传感网系统设计与布置。研究高可用性建筑性能传感器和大规模可扩展的无线传感器网络，设计低成本、低功耗、高精度的传感器来监测能耗、水耗、照度、温湿度、二氧化碳浓度、$PM_{2.5}$等，进行多模态传感器系统集成，搭建满足绿色建筑监测范围广、环境复杂多样、数据多元异质等特点的无线网络系统，实现绿色建筑大规模、长周期感知数据的高效收集。

(2) 绿色建筑性能数据监测与反馈云平台。设计有效的数据质量管理技术，实现不同质量感知数据的高效利用与低误读；搭建绿色建筑性能海量数据开放式云存储平台，存储、发布和共享绿色建筑性能数据；设计绿色建筑大数据的快速查询技术平台，提供面向绿色建筑研究和应用领域的海量数据查询和调用云服务。

(3) 建筑性能多源数据融合与挖掘方法。研究面向绿色建筑性能评测的大数据分析与挖掘技术，建立多源异质绿色建筑监测数据的分析方法与理论，探索预测式建筑环境调节和能耗管理，评估智能化、自动化建筑环境品质和能耗调节的效果。

上面的实例表明，运用物联网技术，对绿色建筑实际运行效果开展大规模、长周期、全类型覆盖的性能数据测试，建立能耗、环境质量等参数的基准线以及后评估标准体系，并对建筑设计、施工和运行提供反馈，将有利于全面提升绿色建筑能源效率、环境品质与用户满意度。

### 13.4.4 智能建筑的发展与展望

自1984年美国诞生第一栋智能建筑以来，智能建筑在世界各地都蓬勃发展起来。据有关估测，美国的智能建筑超万幢，日本和泰国新建大厦中的60%为智能建筑。智能建筑在英国的发展不仅较早，而且比较快。早在1989年，在西欧的智能建筑面积中，法兰克福和马德里各占5%。巴黎占10%，而伦敦就占了12%。20世纪90年代以后，法国、瑞典等欧洲国家以及新加坡等地的智能建筑也如雨后春笋般出现。我国虽起步晚，但迅猛发展的势头令世人瞩目。随着经济的飞速增长以及房地产行业的迅猛发展，以北京为中心的华北地区、以深圳和广州为中心的华南地区、以上海和南京为中心的华东地区都建起了具有代表性的高水平智能建筑。北京的发展大厦可谓是我国智能建筑的雏形，紧随其后的是上海金茂大厦、深圳地王大厦、广州中信大厦、南京商茂国际商城、香港的国际金融中心、台北101大厦等。

用户对智能建筑的需求是广泛而迫切的。从安全角度出发，政府机构对相应办公场所安防系统的智能和可靠程度提出了更高的要求；为适应信息时代的生产效率需求，各类高科技公司纷纷建成或改建现代化建筑，并提供相应的智能化办公环境；从提升生活品质和舒适度的角度，普通的住宅社区也纷纷开展智能家居、智慧社区的建设，积极抢占智能建筑市场，并得到政府的充分重视和鼓励。

从可持续发展的角度来看，智能建筑的发展也是必要的。我国正处于城镇化和工业化快速发展时期，每年有几十亿平方米的建筑增量。高速发展的城市建筑已经成为能耗大户，智能城市将是减少能源消耗及其对气候变化影响的重要途径，而智能建筑便是智能城市中的必要组成部分。日本和韩国分别有藤泽市和松岛新城两座智能城市；新加坡计划到2050年发展成为智能国家；马来西亚的伊斯干达已经成为其旗舰智能城市；德里、孟买工业带将成为未来印度的智能城市；在我国有多座智能城市正在建设。放眼望去，世界范围内迎来了一次建设智慧城市的发展热潮，而政府、建筑业主、终端用户也都是其有力推手。随着智能城市进程的发展，智能建筑逐渐成为新型建筑发展的主流趋势。根据相关市场研发报告，2023年全球智能建筑市场规模达到约970亿美元，为先进的建筑技术和服务提供了广阔的发展空间，也为物联网的软硬件产品提供了大量的商业机会。在为智能建筑的发展机遇欢呼雀跃之际，我们也面临不少壁垒和挑战。目前我国智能建筑缺乏整体规划和行业规范，建成的智能建筑质量良莠不齐；智能建筑工程的规划、设计和施工队伍的技术能力不强，相关人才极度匮乏也制约着我国智能建筑的发展，难以保证最终产品的实际质量；在智能建筑技术方面，原创性成果和国产化的集成产品缺乏，使得国外少数几家公司的产品一直占据国内智能建筑市场的主导地位，这不仅提高了智能建筑成本，阻碍了开发商的热情，而且令我国在智能建筑领域缺乏主动权，建成的智能建筑也很难完全适应国人的使用习惯、文化和国情。面对智能建筑的机遇和挑战，在高速发展的同时必须保持理性，不断深入研究物联网技术及其在智能建筑中的应用，逐渐形成自主的技术方案和规范的行业标准。在考虑经济效益的同时，也要充分考虑环境和社会效益，并不断培养相关人才，争取创建出更为广阔且可持续发展的智能建筑市场。

## 13.5 环境监测

环境监测是提出最早、应用最为广泛、影响最为深远的物联网应用之一。作为物联网感知识别层的重要手段，无线传感网在环境监测中有着与生俱来的优势。在无线传感网发展的早期，人们最初想到的无线传感网应用是将它部署在战场，通过监测战场环境来分析瞬息万变的局势。相对于传统的环境监测方式，无线传感网具有监测范围广、持续时间长、感知能力强、信息传递及时等特点，特别适合于在大尺度复杂环境监测领域发挥作用，成为沟通物理世界和数字世界的桥梁。

### 13.5.1 环境监测起源与发展

人类对环境的观察有着悠久的历史，自古以来，人类通过天体、气候、潮汐、水文、生物等自然因素的变化和环境变迁，获取对自然规律的认识，预测地质和气候灾害的发生。但是，主观的、基于经验的观察无法全面、准确、客观地反映自然规律，存在一定的局限性。

系统科学的环境监测开始于20世纪50年代。第二次世界大战以后，世界进入经济高速增长的时期，工业化水平加速提高。但由于人类对工业化进程的负面影响估计不足、预防不力，地球生态环境持续恶化，恶性污染事件频频发生，严重危及人类自身生存和可持续发展，人类对环境污染的关注程度迅速提高。因此，早期的环境监测主要是对污染物的被动监测(如对化学毒物含量的提取分析)，监测活动通常集中在污染严重的地点。

随着科学技术的发展，人们逐渐认识到影响环境质量的因素不仅是化学污染物，还包括物理因素，如噪声、光、热、气、电磁辐射、放射性、地质结构等，全面的环境质量评价需要包含对上述环境参数的测量。到20世纪70年代，环境监测的对象延伸至更多的环境参数，监测的范围也扩展到更大面积的区域。

近年来，人们对环境监测越来越重视，环境监测本身也发展为一门相对独立和完善的学科。环境监测是指通过对人类和环境有影响的各种物质的含量、排放量以及各种环境状态参数的检测，跟踪环境质量的变化，确定环境质量水平，为环境管理、污染治理、防灾减灾等工作提供基础信息、方法指导和质量保证。环境监测是开展一切环境管理和研究工作的前提。只有对监测信息进行全面分析、综合，才能全面、客观、准确地揭示监测数据的内涵，对环境质量及其变化作出正确的评价。

环境监测的对象包括：反映环境质量变化的各种自然因素；对人类活动与环境有影响的各种人为因素；对环境造成污染危害的各种成分。随着工业和科学的发展，环境监测的内涵也在不断扩展，由工业污染源的监测逐步发展到对大环境的监测，即监测对象不仅是影响环境质量的污染因子，还延伸到生物、生态变化的监测。

随着科学技术的发展，现有环境监测方法不断完善，监测范围也逐步扩大。但由于受测量手段、采样频率、采样数量、分析效率、数据处理等诸多方面的限制，环境监测的形式仍然是以人工或借助仪器为主，不能实时地反映环境变化并预测变化趋势，更不能根据监测结果及时产生有关应急措施的响应。另外，全球经济的高速发展和工业化速度的不断加快，使得全球气候变化和环境污染的趋势日益明显。特别是最近20年，*Nature* 和 *Science*

上发表的很多研究结果显示，温室气体效应和臭氧层破坏是全球环境和气候整体恶化的集中体现，人类赖以生存的地球因此出现了冰川消融、海平面上升以及干旱和洪涝频发等现象。2007年，突袭北半球多个国家的罕见高温天气，以及2010年中国西南地区发生的百年一遇的特大旱灾等，都被认为是极端天气频发的典型例证。如何采取有效措施准确监测、及时发现并有力控制环境变化，维护生态平衡，变事后治理为事前预防、事中控制已成为全球关注的焦点。

### 13.5.2 无线传感网与环境监测

20世纪80年代初，随着微电子、嵌入式计算和计算机网络技术的发展，自动监测成为可能。发达国家相继建立了具备自动连续监测功能的环境监测系统，新型感知和测量的电子设备也在不断推出。利用电子计算机控制和辅助数据采集、传输、分析和处理的过程，极大地提高了人类监测环境的广度、频度和深度。传感器的环境监测应用就是在这一时期逐步出现的。

无线传感网可应用在以下场景：

(1) 大范围监测。无线传感网突破了人工巡检和单点监测的空间局限性，成千上万个传感器节点协同工作，覆盖上百平方千米的区域。需要说明的是，针对某些特殊的环境监测应用，上述的范围可能还不够大。例如，在研究碳汇碳排放时，可以利用遥感技术来实现全球尺度或者国家尺度的二氧化碳监测，而无线传感网可以实现介于全球范围和局部单点之间的区域尺度监测。

(2) 长期无人监测。与人工巡检的方式不同，无线传感网可以长期部署在人迹罕至的恶劣环境中，无须人工维护或配置，不依赖任何基础设施。感知数据可以通过无线链路传递回监控中心。根据应用需求的不同，现有的无线传感网技术在仅有电池支撑的情况下可以连续工作几天到一年，如果采用太阳能、风能等技术，无线传感网的寿命还可以进一步提高。

(3) 复杂事件监测。无论是人工巡检还是单点监测，监控中心只能掌握一个或者几个监控点的实时情况。对于环境监测来说，有一部分需要关注的事件具有时间和空间关联性，即只有感知数据在时间上和空间上满足特定的条件，才认为事件发生。这样的事件不能通过人工巡检或者单点监测来实现。举个最简单的例子，在确定污染物扩散速度与方向时，需要部署在不同位置上的多个传感器节点对发现污染物的时间进行协同计算。

(4) 同步监测。采用人工巡检的方式，只有当巡检员到达某个监测地点后才能获取该位置的当前和历史环境数据，感知数据相对滞后，而通过巡检员携带感知数据返回监测中心的数据传输模式则进一步加剧了这种情况。这种异步监测的方式使得环境数据不能及时得到反馈，有可能导致错误的决策。但在无线传感网中，每个自主的传感器节点可以实时记录环境状况，感知数据只需通过传感器节点形成的无线多跳网络，就可以实时传输到监控中心。

### 13.5.3 无线传感网系统和部署

近十年，在世界各国研究人员的努力下，以无线传感网为基础的环境监测实验系统如雨后春笋般涌现，其系统设计和部署经验为实现大规模长期稳定运行的环境监测系统做出了积极的探索。这些系统主要涉及生物习性监测和高危灾害区域监测两类应用。

美国Intel实验室、加州大学伯克利分校等科研机构和大学于2002年开发的大鸭岛

(Great Duck Island)传感网,被普遍认为是最早的用于环境监测的真实传感网系统,该系统的主要任务是对大鸭岛上栖息的一种海燕在繁殖季节的习性(如海燕进出燕巢的时间和频率,雄燕和雌燕的分工模式等)进行持续观测,收集相关环境数据供动物学家分析。分析的结果将有助于人类有目的地保护海燕的栖息环境,保持岛上的物种和生态平衡。

生物习性监测有两个重要要求:

(1) 生物习性是在较长时间内生物活动蕴含的规律,因此必须长期持续细粒度观测。

(2) 不能人为干预观测过程,因为人类的介入会改变生物的自然习性,使观测结果偏离真实规律。

传统的环境监测技术很难同时满足这两项要求。观测活动通常是在远离人类居住区的野外进行的,环境恶劣,人类不适宜长期停留。要在这样的环境中持续监测只能依靠自动化设备和监测系统。而在无线传感网技术诞生之前,没有任何一项自动化监测技术可以在无须人类干预的条件下长期持续在野外运行。

计算机科学和动物学家合作在大鸭岛部署了一个由32个MICA节点构成的无线传感网。每个MICA节点只需使用两节AA干电池,并配备了一系列的传感器,以测量温度、湿度、光照和大气压力等,这些环境参数的动态变化与海燕进出燕巢的行为密切相关。另外,研究人员在传感器网络和系统层面也展开了一系列研究和测试工作,包括能量管理、数据采样和收集、路由和通信协议测试、网络任务调度、定位与时间同步等。

虽然大鸭岛系统的规模不大,部署时间也不到一个月,但它的成功实施具有两个重要意义:一是无线传感网技术首次应用到真实环境监测中,实现了自动持续的生物习性监测;二是作为第一个在野外环境中部署的无线传感网系统,该系统的实施和部署经验揭示了无线传感网在室外环境应用面临的各种工程和科研挑战。

另一个著名的生物习性监测传感网是美国普林斯顿大学的科研人员于2004年部署的Zebra Net。该系统部署于肯尼亚中部,通过在斑马身上捆绑GPS传感器采集细粒度的斑马群位置信息,以实现长期跟踪斑马群的迁徙为目标。为了保证捆绑在斑马身上的传感器节点在野外经久耐用,Zebra Net对节点封装进行了有针对性的加固加强。与大鸭岛系统不同的是,Zebra Net的传感器节点跟随斑马群的迁徙而不断移动,网络只在少数时段连通。因此,数据的缓存、延迟传输和网络管理在该系统中是较为突出的挑战。这个特征也符合同时期计算机网络的另一研究热点——容迟网络(Delay Tolerant Network,DTN)。该系统的另一个特点是使用了可充电的太阳能电池,使得在无人工充电的野外部署中传感器节点可以连续长期运转。

在无线传感网应用中,与生物习性监测平行的另一条主线是针对危险区域的环境监测。对高危灾害区域进行检测,有助于应对可能发生的自然灾害,辅助人们做出预警和预防措施。这类应用需求和生物习性监测类似,也需要在无人干预的环境中进行长期持续监测。

2004年,哈佛大学的科研人员在厄瓜多尔的一座活火山周围部署了一个包含16个节点的无线传感网,如图13-3所示。该系统连续运行了19天,以100Hz的频率持续采集地震波和声波强度等环境信息。该系统的部署成果是显著的,19天的连续运行共捕捉到229次地震、火山爆发和其他地震波事件,采集到的数据可用于地质监测和科学研究。该系统在无线传感网研究层面主要的贡献在于对高频数据采集过程中的传输可靠性、数据验证和校准等问题的探索。

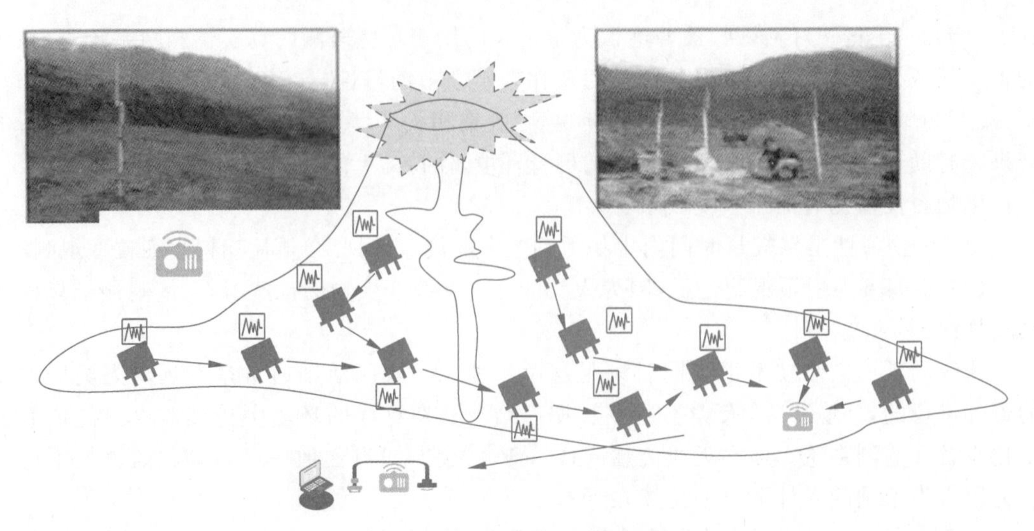

图 13-3　火山无线传感网络图

2004 年，麻省理工学院的科研人员在洪都拉斯北部阿关河流域部署了一个洪灾安全预警系统。该系统规模很小，只包含 9 个节点，每个节点根据位置不同而监测的流域面积为 1000～10 000$km^2$。需要特别说明的是，该系统采用了 4 种节点，包括 1 种计算节点和 3 种传感器节点（分别用于测量雨量、气温和水压）。传感器节点的通信频率和半径分别是 900MHz 和约 8km，除了 900MHz 的通信模块外，还额外配备了 144MHz、通信半径约 25km 的通信模块。利用如此强大的通信模块，相隔遥远的 9 个节点以异构互联的方式组成了一个洪灾预警系统，节点可根据环境自适应地调整采样时间和频率，获取需要的环境信息，结合洪灾预报模型的经验数据，为阿关河流域提供洪灾预警功能。

在全球气候变化日益引起各国关注的背景下，无线传感网逐渐应用到监测气候与环境变化关系的领域，于 2006 年发起的 Perma Sense 项目就是这样的应用之一。阿尔卑斯山山高地险，高海拔地区的永冻土与岩层历经气候变化与强风侵蚀，其结构形态不断发生变化，有潜在地质灾害的可能，对登山者与当地居民生命财产安全构成了极大威胁。该区域环境显然无法以人工方式长期监测，基于无线传感网的环境监测因此有了用武之地。

来自瑞士巴塞尔大学、苏黎世大学与苏黎世联邦理工学院的计算机与网络工程、地理与信息科学等领域的专家在瑞士阿尔卑斯山的岩床上部署了一个传感网系统，同时监测气候、地质结构和地表环境。该系统搜集到的数据可用于研究气候对环境造成的影响，如温度的变化对山坡地质结构的影响以及气候对土质渗水变化的影响等。同时，传感网数据经过分析处理后与地质结构模型相结合，还可作为提前预测雪崩、山体滑坡等自然灾害的重要信息，防患于未然。

## 13.6　发展与展望

21 世纪，互联网、新能源、大数据等技术的迅猛发展，从而使得社会发生巨大的改变，人类生产工业发生变革，使人类社会生活水平更上一个台阶。德国为应对全球挑战提出了“工业 4.0”的发展计划，我国根据发展的实际情况，提出《中国制造 2025》的国家战略规划。智能制造（Intelligent Manufacturing，IM）是一种由智能机器和人类共同组成的人机一体化智能系统，其具有高度集成化，包含智能制造技术和智能制造系统。毋庸置疑，智能制造必定是世界制造业今后的发展趋势。

### 13.6.1 国内智能制造的发展现状

随着科技的飞速发展,“中国制造”向“中国智造”转型的故事正在上演。随着5G时代的到来,众多中国科技企业迅速崛起,进一步推动了“中国智造”的发展进程。新冠疫情期间,不少智能制造企业展示出自己的“智造”实力。面对居民出行受限、企业复工受阻、医护人员出现人手短缺等情况,一些智能制造企业凭借技术积累和制造优势,推出送餐无人机、自动测温机器人和智能医用服务机器人等,助力疫情下的生活运转。

随着生产成本的不断上升,中国传统制造业的优势不断削弱,过去制造业是依靠发达国家来拉动,现在这种局面正在发生着改变。中国如何实现从制造向创造的转变,将长期成为我国制造业需要思考的问题。然而智能制造对于我国制造业是一个发展的好契机,应该把握好这次机遇,提升我国制造业综合水平,脱离低效率和高消耗的困境。

实际上,中国早期也对智能制造进行了初步的研究。早在1993年,中国对“智能制造系统关键技术”进行了探讨研究。近年来,政府和企业更加注重智能制造的发展,一是国家持续颁布了一些政策关于智能制造的发展,如《“十四五”智能制造发展规划》,以《“十四五”智能制造发展规划》为总纲,各地已经出台政策来支持智能制造。二是国家正在进行智能制造试点示范,五部委联合开展了“2023年度智能制造试点示范行动”,旨在遴选一批智能制造优秀场景,建设一批智能制造示范工厂和智慧供应链。

我国已经取得了一大批相关的基础研究成果,掌握了长期制约我国产业发展的部分智能制造技术,如机器人技术、感知技术、复杂制造系统、智能信息处理技术等。以新型传感器、智能控制系统、工业机器人、自动化成套生产线为代表的智能制造装备产业体系初步形成。

我国制造业数字化具备一定的基础。截至2023年,关键工序数控化率和数字化研发设计工具普及率分别达到62.2%和79.6%。

然而,与发达国家相比,我国还有较大差距,主要体现在以下几个方面:

(1) 智能制造基础理论和技术体系建设滞后。目前,我国主要侧重智能制造技术追踪和技术引进,基础研究能力相对不足,对引进技术的消化吸收力度不够,原始创新匮乏;控制系统、系统软件等关键技术环节薄弱,技术体系不够完整。

(2) 我国发展智能制造的数字化基础较为薄弱,制造业发展整体上还处于机械自动化向数字自动化过渡阶段,如果以德国工业4.0作为参照系,比较一致的看法是我国总体上还处于2.0时代,部分企业在向3.0时代迈进。

(3) 关键技术和核心部件受制于人。高端传感器、智能仪器仪表、高档数控系统、工业应用软件等市场份额不到5%,大型工程机械所需30MPa以上液压件全部进口,大型转载机进口部件占整机价值量的50%~60%。

(4) 高端软件产品缺乏。我国制造业的“两化”融合程度相对较低,低端CAD软件和企业管理软件得到很好的普及,但应用于各类复杂产品设计和企业管理的智能化高端软件产品缺失,在计算机辅助设计、资源计划软件、电子商务等关键技术领域与发达国家差距依然较大。

(5) 企业系统集成能力较为薄弱,缺乏像西门子、GE一样的国际级大型企业,质量和水平不高。

### 13.6.2 机遇与挑战

1. 机遇

当前，新一轮科技革命和产业变革加速发展，大数据、人工智能、物联网等新一代信息技术正在与制造业深入融合，不断改变着制造业的生产方式、组织方式和发展模式，数字化、网络化、智能化已经成为全球制造业发展的重要方向。在第四次工业革命，也就是这次世界经济加速向数字化转型的过程中，我国在多个领域实现了重大突破，新技术、新产品、新业态、新模式不断涌现；支撑智能制造发展的5G、大数据等技术方面处于全球第一梯队，为未来智能制造的全球竞争奠定了良好基础。我国具有全球最完整、规模最大的工业体系、强大的生产能力、完善的配套能力。我国已经拥有41个工业大类、207个工业中类、666个工业小类，形成了独立完整的现代工业体系，是全世界唯一拥有联合国产业分类当中全部工业门类的国家。随着智能制造深入推进，工业互联网发展进入快车道，一大批数字化车间和智能工厂已经建成。截至2023年，制造业重点领域企业关键工序数控化率和数字化研发设计工具普及率分别达到62.2%和79.6%。我国制造业始终秉承开放发展的理念，是对外开放、合作共赢的重要领域。我国已经成为全球货物贸易第一大国。一般制造业有序放开，已经与“一带一路”沿线40多个国家签署了产能合作协议，高铁、核电、卫星等成体系走出国门，中国制造在全球产业链、供应链中的地位和影响力持续攀升。

2. 挑战

当前世界经济形势复杂严峻，经济复苏具有不稳定性和不平衡性，新冠疫情的影响广泛而深远，各类衍生风险不容忽视，一些国家单边主义、保护主义、霸权主义仍然严重。近年来，美国、德国等发达国家加快实施以信息技术为核心驱动力的先进制造计划(如德国的工业4.0)，并且依托制造等领域的优势，构建数字驱动的工业生产制造体系，打造产业竞争新优势，抢占新一轮国际竞争制高点。我国面临着更加激烈的竞争。我国制造业领域一些核心技术受制于人，“卡脖子”问题突出，对外依存度高，新兴技术掌控能力有待提升。如全球工业设计仿真软件产业主要由美、德、法三国把控。许多企业仍然处于数字化起步阶段。如，芯片、传感器、工业机器人等核心技术装备与软件系统仍然依赖进口，严重制约了我国智能制造的发展。

3. 我国智能制造的未来发展趋势

智能制造在制造过程中能进行智能活动，通过人与智能机器的合作共事，把制造自动化的概念更新，扩展到柔性化、智能化和高度集成化。从而实现数字化智能工厂的落地，让制造企业通过数字化转型提升产品创新与管理能力，提质增效，从而赢得竞争优势。

当前，有不少制造企业已经走过机械化、自动化、数字化等发展阶段，已经搭建起完整的制造业体系和制造业基础设施，在产业链中具有重要地位。这让他们具备了实现智能制造、推动产业链变革的可能性和基础实力。就目前来看，国内现阶段智能制造的发展主要涉及以下几个方向：

(1) 工业体系的转型。在“互联网＋”背景下的制造业正在急速变化，智能制造表现为产品更新换代加快、设计周期减小，生产效率高。在这种趋势的推动下，中国传统的工业体系会向智能的工业体系转型。

(2) 制造业服务化。在信息时代，企业和用户是通过产品和服务建立关系的。服务融合在制造业的各个环节，有利于提升价值链。

（3）智能制造装备。企业需求具有感知、分析、控制等多功能的智能装备，包括高档数控机床、智能控制系统、智能仪器设备、智能工业机器人等。

当前，国内急需促进传统制造业结构调整和优化升级，从而提升我国在全球经济竞争中的地位。在信息时代，我国应把握住这次发展时机，在"互联网＋"和大数据的驱动下，实现"中国制造"向"中国智造"的转型。

智能制造推动企业转型升级，先进制造技术的加速融合使得制造业的设计、生产、管理、服务各个环节日趋智能化，智能制造正在引领制造企业全流程的价值最大化。归纳来看，智能制造至少能从以下6方面推动企业转型升级。

（1）智能设计。指应用智能化的设计手段及先进的设计信息化系统（CAX、网络化协同设计、设计知识库等），支持企业产品研发设计过程各个环节的智能化提升和优化运行。例如，在实践中，建模与仿真已广泛应用于产品设计，新产品进入市场的时间实现了大幅压缩。

（2）智能产品。在智能产品领域，互联网技术、人工智能、数字化技术嵌入传统产品设计，使产品逐步成为互联网化的智能终端，例如将传感器、存储器、传输器、处理器等设备装入产品中，使生产出的产品具有动态存储、通信与分析能力，从而使产品具有可追溯、可追踪、可定位的特性，同时还能广泛采集消费者个体对创新产品设计的个性化需求，令智能产品更具市场活力。

（3）智能装备。智能制造模式下的工业生产装备需要与信息技术和人工智能等技术进行集成与融合，从而使传统生产装备具有感知、学习、分析与执行能力。生产企业在装备智能化转型过程中可以从单机智能化或者单机装备互联形成智能生产线或者智能车间两方面着手。值得注意的是，单纯地将生产装备智能化还不能算真正意义上的装备智能化，只有将市场和消费者需求融入装备升级改造中，才算得上是真正实现全产业链装备智能化。

（4）智能生产，个性化定制。在传统工业时代，产品的价值与价格完全由生产厂商主导，厂家生产什么，消费者就只能购买什么，生产的主动权完全由厂家掌控。而在智能制造时代，产品的生产方式不再是生产驱动，而是用户驱动，即生产智能化可以完全满足消费者的个性化定制需求，产品价值与定价不再是企业一家独大，而是由消费者需求决定。

（5）智能管理。随着大数据、云计算等互联网技术、移动通信技术以及智能设备的成熟，管理智能化也成为可能。在整个智能制造系统中，企业管理者使用物联网、互联网等实现智能生产的横向集成，再利用移动通信技术与智能设备实现整个智能生产价值链的数字化集成，从而形成完整的智能管理系统。此外，生产企业使用大数据或者云计算等技术可以提高企业搜集数据的准确性与及时性，使智能管理更加高效与科学。

（6）智能服务。智能服务作为智能制造系统的末端组成部分，起到连接消费者与生产企业之间的作用，服务智能化最终体现在线上与线下的融合O2O服务，即一方面生产企业通过智能化生产不断拓展其业务范围与市场影响力；另一方面生产企业通过互联网技术、移动通信技术将消费者连接到企业生产当中，通过消费者的不断反馈与意见提升产品服务质量、提高客户体验度。

智能服务强调知识性、系统性和集成性，强调以人为本的精神，为客户提供主动、在线、全球化服务，它采用智能技术提高服务状态/环境感知、服务规划/决策/控制水平，提升服务质量，扩展服务内容，促进现代制造服务业这一新业态的不断发展和壮大。

视频

# 第14章 智慧供应链

供应链是连接产品或服务从原始生产者到终端消费者各个环节的复杂网络，它覆盖了从原材料提取、加工、生产、分销直至产品送达最终用户手中的整个流程。作为现代工业体系的核心，供应链对经济的持续和高效运转发挥着关键作用。通过整合供应商、生产商、分销商乃至顾客，供应链构筑了一个多功能的网络结构，旨在优化整体协作，以提升消费者的体验品质。高效的供应链管理意味着在供应链中所有环节的顺畅协调与集成，确保整个链条运作如同一个无缝衔接的一体化系统。我国正致力于提高供应链的智能化水平，以期实现制造业设备的智能化、供应链管理的数字化以及决策过程的智慧化，促进高质量发展模式的形成，这种模式具有集约性、包容性和可持续性的特点。本章深入剖析智慧供应链的关键技术和应用实例，并对其未来的发展趋势进行预测，为读者提供一个利用先进技术推动供应链革新的全面视角。

## 14.1 智慧供应链概述

我国已经明确提出了面向未来的"工业 4.0"和"中国制造 2025"等战略目标，这些目标旨在推进生产流程、物流系统以及信息技术等领域的智能化进程。随着这些领域的智能化转型，构建智慧供应链正逐渐成为供应链管理的新兴趋势。因此，对智慧供应链的概念进行阐释，并概述其所涉及的关键技术，对于帮助读者建立起对智慧供应链的基础理解和知识结构是十分必要的。

### 14.1.1 智慧供应链基本概念

智慧供应链是指将不断成熟的物联网技术与现代供应链管理的理念、策略及技术手段相结合，通过智能化、数字化、自动化和网络化的综合技术与管理体系，实现企业内部、企业之间以及企业与消费者之间的高效连接。图 14-1 展示了智慧供应链的框架。该供应链建立在人工智能、大数据和物联网技术的基础之上，利用人工智能技术支持生产流程的集成和自动化，依托大数据分析实现企业、工厂和消费者等多方的定制化和智能化决策，并通过物联网实现信息、数据、产品和需求的精确管理和数字化。

物联网负责感知和收集各类信息，为人工智能的决策过程提供必要的数据；同时，大数据中的有价值信息被人工智能处理和分析，以指导智慧供应链的持续优化；大数据还可以通过物联网系统实现信息的可视化，加入人为的判断和调整，确保智慧供应链在内外交互中有效运作，不断更新信息和响应需求，支持企业和消费者在生产、流通和消费过程中的价值创造和利用。

智慧供应链以市场和消费者需求为核心，围绕消费者、产品和市场展开，依靠大数据、人工智能等技术进行驱动，对产品的选择、定价、库存管理、销售、物流和配送等环节实施精准控制，实现智能决策、运营和营销，其最终目标是优化成本、提高效率和改善用户体验。

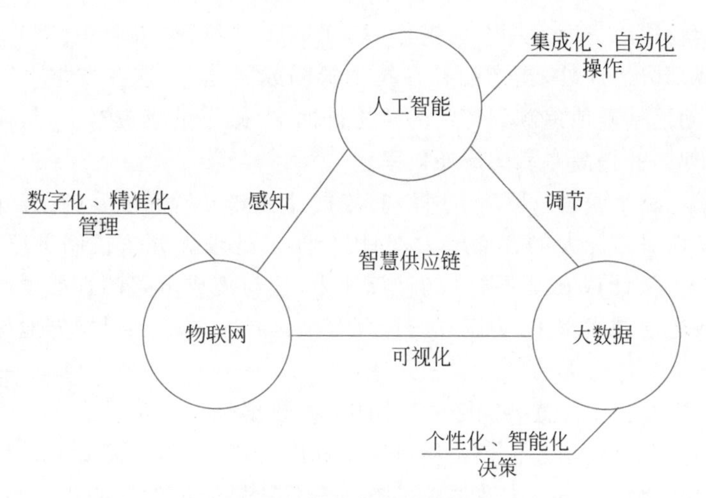


图 14-1 智慧供应链的框架

智慧供应链在多个方面显著优于传统的供应链模式。

(1) 在数字化方面,智慧供应链利用物联网、人工智能、5G、区块链和机器人等先进的数字技术,解决了传统供应链中数据难以开放共享的问题,能够对客户需求进行全面的精确分析和管理,并能迅速主动地适应市场变动。

(2) 在协同性方面,与各环节相对独立且资源整合能力较弱的传统供应链不同,智慧供应链强调不同环节之间的无缝对接、紧密合作以及积极互助,促进了多方利益的共赢。

(3) 在运作模式上,传统供应链多采用推动式模式,被动应对市场需求,常导致高库存和产品积压。而智慧供应链则倾向于拉动式模式,能主动适应用户需求并及时调整以应对市场变化。因此,智慧供应链取代传统供应链不仅是科技进步的必然趋势,也是生产力持续发展的必要条件。

### 14.1.2 智慧供应链应用技术概览

智慧供应链的形成是多项技术进步和相互协作的结果,它融合了自然科学与社会科学多个领域的前沿研究。在此,我们将对那些在智慧供应链中扮演关键角色或具有显著影响的技术进行概述,并提供一个概览。对于对这些技术感兴趣并希望深入了解的读者,建议参考相关专业的文献和书籍以获得更全面的信息。

(1) 物联网感知技术。物联网技术建立在传感技术的基础之上,主要通过 RFID、EPC 等技术自动追踪和记录供应链流程中的信息,进而增强物流供应链的透明度。这项技术能够为供应链管理提供即时数据,使得生产商和供应商能够进行更为精准的预测与库存控制,从而提升运营效率并降低成本。在智慧供应链中,物联网技术的应用涵盖了二维码、RFID 标签、各类传感器、视频分析、GPS 定位、无线通信以及光学扫描等多种方式。

(2) 可视化技术。可视化技术通过技术手段将产品信息转换成图像、视频和数字化形式,实现对产品的直观监控。这种技术提供了实时的数据展示功能,使管理层能够直观地掌握供应链的每个阶段,进而更有效地做出决策和进行流程优化。此外,可视化技术还为非专业人员管理任务提供了便利的平台,促进了销售与技术人员之间的沟通,并简化了企业与消费者之间的信息流通。

(3) 感知技术。智能感知技术通过使用高科技设备对产品进行识别和监测,其中包括面部识别、眼动追踪来验证个人身份,以及条形码扫描来实现物品的唯一标识。这些技术在质量控制和货物追踪方面发挥着关键作用。RFID、二维码、人脸识别和指纹识别等都是感知技术的组成部分。此外，当产品存在技术缺陷或问题时，这些技术可以为检验人员提供追溯途径，将问题精确地追溯到特定的原材料批次、操作员或机器上，从而最小化对整个供应链运作的影响，并提高产品的流通效率。

(4) 云计算。云计算是一种基于网络的数据计算和分析环境，它补充并强化了大数据的功能。这个环境具备庞大的存储能力，利用分布式处理和冗余机制迅速处理数据，并将结果返回给用户。云计算依赖于强大的计算能力，这与集成电路的性能紧密相连。各国都在努力提高集成电路技术水平，力图在云计算等关键技术领域取得领先地位并拥有技术主导权。

(5) 大数据技术。在智慧供应链的应用中，大数据是核心工具之一。无论是在采购管理的规划、生产过程、物流信息流还是质量检验标准的制定上，都需要通过收集数据并进行分析来实施控制和制定决策。大数据技术扮演着智慧供应链的核心指挥角色。此外，大数据还能深入挖掘用户的潜在需求，即使是用户未自觉的需求也可能通过其日常浏览的数据显露出来。利用大数据分析往往能够显著提高用户体验。

(6) 人工智能。人工智能技术能够自动执行供应链管理中的许多重复性和高频任务，如物流调度、库存控制和需求预测，从而提升整体的供应链效率。通过分析庞大的数据集，人工智能可准确预判市场需求、规划最优的生产策略并优化配送路径，协助企业在降低成本方面取得显著成效。另外，人工智能在风险管理和决策优化上也提供了强大支持，增强了企业的适应能力和响应速度。更先进的人工智能系统甚至拥有一定的创新思维，能在现有结构基础上提出改进的管理策略和组织模式。

(7) 数字孪生。数字孪生技术基于物理实体和实际场景数据，通过实时双向交互的仿真模型在虚拟空间中创建动态映射。这一技术也称为“元宇宙”。利用数字孪生，可以实现对货物输送过程的全程跟踪与监控。结合传感器数据和大数据分析，企业能够持续获取货物的位置、温度、湿度等关键信息。若出现异常状况，系统可自动触发警报并启动应对措施。这样的实时监控和反馈机制显著提升了物流供应链的可靠性与效率，并在面对突发事件时允许快速响应。

(8) 自动化技术。自动化技术是指在物流操作的存取、运输、分类和选择等环节中，通过使用高端自动化设备系统来提高操作效率，降低劳动成本。根据不同的场景需求，仓库自动化设备可以归类为仓库机器人、机械臂、立体仓库、分拣带和输送带等类型。自动化技术的主要优势在于它可以将人们从简单且重复性的体力劳动中解放出来，使人们将更多的时间和精力投入到任务规划和流程优化等智力劳动活动中。

通过上述的新技术的应用，为供应链提供智能决策，具体的智慧供应链架构如图 14-2 所示。在可视化、可感知、可调节的智慧供应链管理环境中，智慧供应链更加注重数据管理、网络优化、协同运营和服务创新。通过智慧供应链管理模式创新，持续增强供应链智能化水平；通过挖掘人类智慧，以知识赋能供应链；通过挖掘数据价值，以人工智能赋能供应链。

智慧供应链将人类智能与人工智能相结合，增强了供应链的可视化、感知能力和调节能力，并展现出智能化决策、数字化管理、自动化操作的特点。其技术优势可以从以下几个维度进行概括：

(1) 数据管理维度。智慧供应链通过整合人类的洞察力和人工智能，提升了供应链的

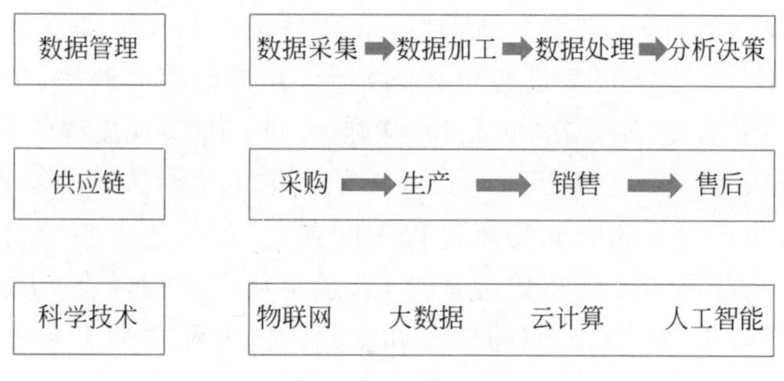


图 14-2 智慧供应链架构

智能化程度。它在数据的采集、存储、管理、分析和利用的全过程中发挥作用,不仅增加了数据本身的价值,还提高了数据的附加价值。此外,它的范围广泛,涵盖了数据质量管理、数据价值管理和数据资产管理等方面。

(2) 网络优化维度。以数字化、集成化、个性化为特征的智慧供应链,显著加快了物流、信息流和资金流的流动速度,同时增强了整个系统的灵活性、弹性和鲁棒性,从而提升了抵御风险的能力。由于采用了众多数字化工具,网络优化可以通过模拟仿真完成,节约了实际构建网络所需的人力、财力和时间成本。

(3) 协同运营维度。智能供应链充分整合了供应链内成员的信息、资源和核心能力,帮助成员互补不足、协同合作,实现了整体效应大于各部分之和的效果。智能供应链的实时交互特性使得动态决策、灵活运营、弹性管理和智能决策成为可能,极大地提升了供应链成员间的协同作用,并对外显现出强烈的一致性和规模效应。

(4) 服务创新维度。智慧供应链增强了自我创新能力,能够在任意时间和地点为客户提供全面服务,实现了无界限服务、协同服务等新型服务模式。得益于大数据的支持,"客户画像"的精度不断提高,智慧供应链可以依托数据、平台和客户反馈等因素,提供精准、有针对性的客户服务,从而提高客户满意度和忠诚度。任何供应链的最终目标都是服务客户,当客户的数量和质量提升后,必将推动智能供应链进一步发展和进化,增强竞争优势,形成良性循环。

## 14.2 智慧供应链中的物联网技术

随着全球经济的持续进步,各国正积极加强信息化建设,以提高工作效率和降低生产成本,从而在国际竞争中占据有利地位。作为半导体、通信网络、计算机和传感技术的集大成者,物联网技术已将日常生活中的各种设备连接起来,形成了一个庞大的网络,这不仅改变了人们的生活方式,也引领了理念的变革。物联网代表了信息产业的一场革命,是紧随计算机、互联网和移动通信网之后新的发展点。

科技的进步使得机器的数量已达到人口的4倍,物联网因此拥有巨大的市场潜力,其通信技术更是被视为未来通信的核心。物联网的核心在于将新一代信息技术广泛应用于各个领域,并与现有互联网整合。通过在电网、铁路、桥梁、隧道、公路、供水等系统中安装传感器,实现人类社会与物理系统的融合。在这个集成网络中,强大的中央计算机群能够对人员、机器、设备和基础设施进行实时管理和控制。

尽管全面实现物联网应用仍面临挑战,但物联网技术已在传感、通信和智能设备中得到应用。智慧交通、智慧物流、智慧城市、智慧工业和智慧农业等领域的大胆尝试和应用,都体现了对物联网概念的深入理解。所谓“智能”,是指自动从现场获取信息,通过网络传输到管理中心或平台,从系统角度进行分析和判断,并进行实时调整,实现流程的自动化、信息化和网络化。而“智慧”则是在“智能”的基础上,进一步实现流程的人性化。

物联网的前景极为广阔,它将极大地改变人们当前的生活方式。本章将重点介绍物联网在智慧供应链的生产加工和仓储物流过程中的典型应用,包括各应用系统的概述、技术特点和应用场景。物联网的发展需要与智能化、系统化产业相融合,从这些产业的应用中可以看出,物联网已经悄然融入人们的生产和生活。随着科技的不断进步,物联网的应用将变得无处不在。

### 14.2.1 生产加工环节

市面上能够买到的商品都离不开生产加工,可以说生产加工过程是商品的起点。因此如何提升生产加工的效率和产品质量,就成了生产者最为关心的问题之一。随着物联网技术的强势发展,许多生产者将其引入生产加工过程之中,从而促进了生产力的快速提高。本节将以工业和农业为例,介绍生产加工环节所运用和涉及的物联网技术。

1. 工业生产

科技与物联网的飞速发展催生了智能化的趋势。作为社会经济的支柱之一,工业在推动社会前进的同时,也向着智能化迈进。第一次工业革命于18世纪末在英国兴起,机器取代了手工艺;20世纪初,福特汽车公司创新的流水线生产模式引发了第二次工业革命;20世纪后半叶,随着信息技术和通信技术的飞速发展,第三次工业革命兴起,也称数字化革命;而第四次工业革命正发生在我们周围,其核心理念是“数字化制造”,亦即“智慧工业”。智慧工业不仅要求企业具备先进的制造能力,还要求企业能够在产品开发、生产计划等各个方面迅速响应市场变化。通过运用先进技术优化整个生产过程,信息化为工业化提供了强大的助力。制造业信息化技术的核心内容包括五个“数字化”,即设计数字化、制造装备数字化、生产过程数字化、管理数字化和企业数字化。制造业企业信息化的9项关键技术包括数字化、可视化、网络化、虚拟化、协同化、集成化、智能化、绿色化和安全化。随着全球经济一体化、知识经济的发展、产品虚拟可视化开发以及协同商务市场模式的深化,这9项关键技术在企业信息化工程中发挥着越来越重要的作用。计算机和网络技术为制造业带来了重大变革和机遇,而制造业不断增长的需求也推动了数字技术在产品开发、制造和发布方面的不断发展和进步。

智慧工业的实现得益于物联网技术的深入应用,并与未来的先进制造技术相结合,共同构建了全新的智能化制造体系。因此,物联网技术是工业生产的关键。而“物联网技术”的核心和基础仍然是“互联网技术”,它是在互联网技术基础上延伸和扩展出来的一种网络技术;其用户端延伸和扩展到了任何物品和物品之间,进行信息交换和通信。物联网技术是指通过射频识别、红外感应器、全球定位系统、激光扫描器等信息传感设备,按约定的协议,将任何物品与互联网相连接,进行信息交换和通信,以实现智能化识别、定位、追踪、监控和管理的一种网络技术。具体来说,物联网技术在工业生产中的应用包含以下几个方面:

(1) 生产过程工艺优化。物联网技术的应用提高了生产线过程检测、实时参数采集、生产设备监控、材料消耗监测的能力和水平。生产过程的智能监控、智能控制、智能诊断、智能决策、智能维护水平不断提高。例如,我国的钢铁企业应用各种传感器和通信网络,在生产过程中实现对加工产品的宽度、厚度温度的实时监控,从而提高了产品质量,优化了生产流程。

(2) 产品设备监控管理。各种传感技术与制造技术融合,实现了对产品设备操作使用记录、设备故障诊断的远程监控。例如,GE 医疗中国使用 iCenter 进行全面医疗数据跟踪、见解和分析。iCenter 通过传感器和网络对设备进行在线监测和实时监控,并提供设备维护和故障诊断的解决方案,实现更高效的工作流程管理。

(3) 环保监测及能源管理。物联网与环保设备的融合实现了对工业生产过程中产生的各种污染源及污染治理各环节关键指标的实时监控,在重点排污企业的排污口安装无线传感设备,不仅可以实时监测企业排污数据,而且可以远程关闭排污口,防止突发性环境污染事故的发生。我国的一些电信运营商已开始推广基于物联网的污染治理实时监测解决方案。

(4) 工业安全生产管理。把传感器嵌入矿山设备、油气管道、矿工设备中,可以感知危险环境中工作人员、设备机器、周边环境等方面的安全状态信息,将现有分散、独立、单一的网络监管平台提升为系统、开放、多元的综合网络监管平台,实现实时感知、准确辨识、快捷响应、有效控制。

运用 RFID 技术等物联网技术,可以改善传统工作模式,实现制造业对产品的全程控制和追溯。而开发一个完整的、基于 RFID 的生产过程控制系统,就是将 RFID 技术贯穿于生产全过程(订单→计划→任务→备料→冷加工→热加工→精加工→检验→包装→仓管→运输),形成企业的闭环生产。

从发展的眼光看,在制造业实施 RFID 技术还可从原材料制造、采购、半成品加工、成品制造、批发、配送到零售,贯穿全供应链的每个环节,直到最终消费者。因此在制造业采用 RFID 标签,可以打破一个系统内部使用的孤立性,而将 RFID 技术向供应链中端延伸。该项成果还可推广到其他相关的产品制造业应用,有很好的应用前景与行业示范作用。可以应用该项研究成果的行业甚至包括食品制造业。

下面以车间管理系统为例,介绍物联网技术在工业生产中用到的技术应用架构。基于 RFID 的车间管理系统包括以下部分。

(1) 总体架构和系统模型。通过对网络架构、工厂设备、通信路由、软硬件组合及系统规模与性能进行深入分析,确立监控系统软件与数据采集硬件设备之间的层次关系,确定各功能模块的划分、模块之间的接口,完成总体架构的建设,充分考虑系统的可集成性、可配置性、可适应性,可扩展性和可靠性。

(2) 软件平台架构。基于面向对象设计技术、分布式网络和各种先进的数据库及组态技术,建设适合即时、现场、远程监控、便于扩容和修改的系统软件基础平台,充分体现面向离散对象的系统应用集成,支持实时活动,实现基于现场管理规划和综合管理知识的管控结合。软件平台的架构建设主要包括软件系统功能定位、平台选型和数据采集、数据存储、网络应用、客户端查询浏览等架构。

(3) 功能模块。功能模块包括生产过程建模、生产计划及生产管理、现场数据采集、物料跟踪查询、在制品跟踪查询、处理品生命周期档案、质量及绩效分析查询、网际网络应用等部分,主要用于解决生产过程中出现的具体问题。

(4) 工作流规划。设计工作流模型及网络数据流规划,支持各种控制和沟通策略,支持生产过程的各种工作流程,实现制造生产和管理过程的自动驱动、记录、跟踪、分析、信息共享等，并容易实现与其他网络的无缝集成，形成一个信息流的顺畅通道。

(5) 设备通信与集成和数据接口技术。规范不同行业、不同类型的被监控设备与系统接口，包括各种设备和系统的数据格式及协议转换方式的研究，满足大容量、高速的数据存储和访问，具有实时、连续的历史数据检索与回放功能，提供复杂、特别的数据查询功能。

(6) 智能化决策。实时监控的目的在于为调度、运行操作人员的决策提供数据，该系统在反映生产状况的同时具有数据分析功能，进而提供操作方案和建议，从而大幅提高整体车间的运行效能。就目前的情况来看，这一问题尚未完全解决，仍有赖于智能技术的应用和专家经验的归纳表达。

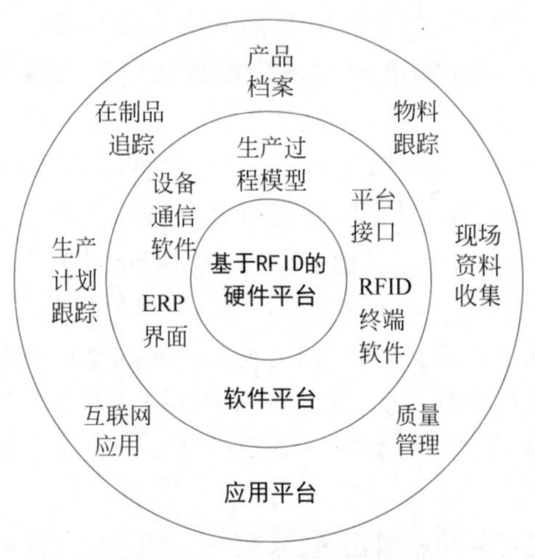


图 14-3 基于 RFID 的车间管理系统

基于 RFID 的车间管理系统如图 14-3 所示。

宝马公司在其装配线上应用了 RFID 系统，以精确追踪车辆和工具的位置。德国的宝马集装厂部署了一套由 Ubisense 提供的 RFID 实时定位系统，这套系统能够根据车辆的识别码(VIN)将待集装的汽车与相应的工具匹配起来，实现每辆车的定制化装配。利用这套系统，宝马能够在长达 2km 的生产线中，将每辆车的位置精确定位至 15cm 以内。

由于宝马的客户通常会订购个性化定制的汽车，每辆车都会根据客户的要求进行集装，包括特定的内饰、座椅和引擎。对于高端汽车制造商来说，如何向集装线工人快速准确地传达定制化装配指令是一个挑战。例如，在装配线的每个工位，在下一辆车到达之前，工人大约只有 50s 的时间来执行指示。因此，工人必须迅速了解每辆车应该安装哪些部件，以及使用哪些适当的工具和操作，如用扳钳拧紧螺栓。为了帮助工人快速判断到达集装线的汽车需要执行哪些装配工作，公司测试并尝试了多种方案，包括无源和有源 RFID、红外线和条形码。直到最近，宝马还在使用一套条形码方案，将条形码贴在汽车后端的行李箱上。工人使用手持条形码扫描器读取每个标签的序列号，然后将信息发送到制造商的后端系统，与汽车的 VIN 和装配要求相对应。然后工人会放下扫描器，拿起装配工具，按照接收到的软件指示正确执行所需任务。然而，这套系统耗时且容易出错。有时，条形码标签无法被读取，仅仅是因为工人忘记或没有足够的时间读取。据报道，质量控制部门经常会发现成品车安装了错误的部件，不得不将其送回集装线进行修改。这类错误每年的成本高达 140 万美元。

Ubisense 和 IBS 合作开发的宝马工具辅助系统结合了 IBS 的工具控制软件和 Ubisense 的 RLS 技术，帮助汽车制造商在 120 个工具站定位和识别生产资产、车辆和扭矩工具。这套系统于 2009 年全面投入使用，不仅可以识别每一辆经过集装线的车辆的位置，还能识别所有用于装配该车的工具。由于装配线上每辆车与前车的距离仅有约 30cm，而且经常有 5 种工具同时用于同一辆车，因此极其精确的定位显得非常必要。该系统的工作流程如下：当一辆汽车空壳进入集装线时，工人将其 VIN 码编入一个 Ubisense 的 RFID 标签，并将标签贴在汽车车盖上。标签随后通过一系列短距离信号(6～8GHz)发送汽车的 VIN 号。约有 380 台 Ubisense 阅读器安装在装配线上方，捕获读取范围内的任何 UWB 有源标签发送的 VIN 码,帮助系统识别每个标签的位置。此外,系统还测量每个信号的角度,以便更好地识别每个标签的位置。每件工具上也粘贴了一个类似的 UWB 标签,根据工具是否移动,以不同的速率发送其 ID 码。如果工具静止不动,则标签停止发送 ID 码,直到有人拿起它。当阅读器捕获标签的 ID 码时,通过电缆连接将其发送到后端数据系统。TAS 软件接着集成标签位置和现有的 IBS 工具控制,后者向贴有标签的车辆对应的工具发送正确的命令。

现在,随着 RFID 基础设施的到位,宝马公司可以将数据应用于其他目的,如追踪送回维修的位置。一旦工厂质量控制部门完成车辆质量检测,标签将被移除,在车盖上安装宝马标志后,标签可以重新使用。据说,这套系统最大的挑战是确保标签能在高金属环境中被精确读取,因为大量金属可能导致电磁信号反射,从而产生电磁兼容性问题。

2. 农业生产

我国是一个农业大国,地域辽阔,物产丰富,气候复杂多变,自然灾害频发,解决"三农"问题是我国政府比较关注的问题。随着科学技术的进步,智慧农业、精准农业的发展,物联网技术在农业中的应用逐步成为研究的热点。

物联网技术在现代农业中的运用主要涵盖了对农作物灌溉系统的监控、畜牧环境状况的跟踪、土壤和气候条件的实时监测,以及大范围的地形观测。通过搜集关键数据,如气温、风速、湿度、空气质量、降雨量、土壤湿度和 pH 值等,物联网使农业从业者能够进行基于数据的预测分析,帮助他们应对自然灾害、优化种植策略,从而提升农业生产的整体效益。此外,物联网还用于农产品安全生产环境的实时监控,确保"田间到餐桌"全过程的质量控制,并建立起完整的产品追溯系统,从生产源头到最终消费环节实现全面监管。物联网在农业领域的应用前景广阔,既是挑战也是机遇。就像 20 世纪 80 年代生物技术给农业科技带来的革命性进步一样,物联网技术的发展也将对现代农业产生深远的影响,推动其向更高效、更可持续的方向发展。

智慧农业集成了现代信息技术、计算机与网络科技、物联网、音视频技术、3S(遥感、地理信息系统、全球定位系统)技术、无线通信以及专家系统等前沿科技。通过这些技术的应用,农业生产能够实现远程可视化诊断、遥控操作和问题预警等智能化管理功能。其核心目标是以最高效率使用农业资源,尽可能地减少成本和能耗,降低对农业生态环境的破坏,并达成整个农业系统的优化。智慧农业的特征在于全产业和全过程的智能化,依托于全面的数据感知、可靠的数据传输和智能数据处理等物联网技术。其主要生产方式包括自动化生产、最优化控制、智能化管理、系统化物流和电子化交易,旨在创造一个高产、高效、低耗、优质、生态友好且安全的现代农业模式。

智慧农业的功能涵盖无线数据采集、无线控制、远程监视、自动灌溉、自动施肥、自动喷洒农药等。作为农业生产的先进阶段,它融合了互联网、移动通信网、云计算和物联网技术,依靠安装在农田的各种传感器(如温湿度传感器、土壤水分传感器、二氧化碳浓度传感器、光照强度传感器等)和无线传感器网络,实现对农业生产环境的智能感知、预警、决策支持和分析,并提供专家在线指导,从而为农业生产带来精准种植、可视化管理和智能化决策。智慧农业囊括了整个农作物生命周期,从技术科研、种植收割到物流销售,它无处不在。对智慧农业技术的科学应用,真正实现了农作物的全天候、反季节、周期性的规模化生产。它是一门集农业工程、现代生物技术、农业新材料、工业控制技术等学科于一体的综合科学技术,依托于现代化农业设施的智慧农业,蕴含丰富的科学技术,在大幅提升农产品的产量的同时，也降低了劳动力成本。

以农作物栽培为例，一个完整的物联网智慧农业平台系统通常由几个核心部分组成：数据采集模块、无线通信模块、远程监控模块、数据处理模块以及专家咨询系统。数据采集模块负责搜集农业环境中的关键参数，如光照强度、气温、空气和土壤湿度、土壤水分含量，并可对环境进行实时控制。此外，视频数据的采集也在此模块中进行。无线通信模块的作用是将采集到的数据传输至后端服务器。这一过程通过建立的无线传感器网络实现，确保信息传输的稳定与实时性。远程监控模块通过安装在农田的摄像头等设备实时捕捉视频图像，使用户能够通过计算机或移动设备随时查看现场情况，包括温湿度等环境参数，并进行远程操作调整。数据处理模块则对这些收集来的数据进行存储、管理和处理，为用户提供数据分析结果，辅助他们做出更好的决策。专家系统利用一个或多个领域专家的知识和经验，进行逻辑推理和判断，协助用户解决农业生产中的复杂问题，并提供专业的决策支持。总的来说，智慧农业系统的构架可以划分为 4 个主要部分：传感信息采集、视频监控、智能分析以及远程控制，它们共同构成了一个高效且互联的农业生产管理网络，具体如图 14-4 所示。

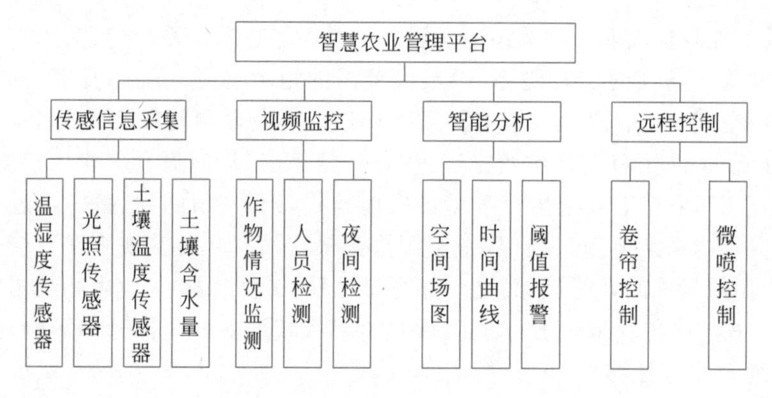


图 14-4　智慧农业系统

农业物联网的关键技术可分为以下 4 类：

1）信息感知技术

农业信息感知技术是农业生产的基础，作为智慧农业的神经末梢，是整个链条上需求总量最大和最基础的环节，主要涉及农业传感器技术、RFID 技术、GPS 技术以及遥感技术等。

（1）农业传感器技术是农业物联网的核心，也是智慧农业的核心。农业传感器主要用于采集各个农业要素信息，包括种植业中的光、温、水、肥、气等参数；畜禽养殖业中的二氧化碳、氨气和二氧化硫等有害气体含量，空气中尘埃、飞沫及气溶胶浓度，温湿度等环境指标等参数；水产养殖业中的溶解氧、酸碱度、氨氮、电导率和浊度等参数。

（2）RFID 技术与智慧工业相同。这是一种非接触式的自动识别技术，它通过射频信号自动识别目标对象并获取相关数据。该技术在农产品质量追溯中有着广泛的应用。

（3）GPS 是美国于 20 世纪 70 年代开始研制，于 1994 年全面建成，具有在海、陆、空进行全方位实时三维导航与定位能力的卫星导航与定位系统，具有全天候、离精度、自动化和高效益等显著特点。在农业生产中，GPS 技术的实时三维定位和精确定时功能，可以实时地对农田水分、肥力、杂草和病虫害、作物苗情及产量等进行描述和跟踪，农业机械可以将作物零要的肥料送到准确的位置，而且可以将农药喷洒到准确位置。

(4) 遥感技术在农业中利用高分辨率传感器，采集地面空间分布的地物光谱反射或辐射信息，在不同的作物生长期，实施全面监测，根据光谱信息，进行空间定性、定位分析，为农作物提供大量的田间时空变化信息。

2) 信息传输技术

农业信息感知技术是农业生产传输信息的必然路径，在智慧农业中运用最广泛的是无线传感网络(WSN)。无线传感网络是以无线通信方式形成的一个自组织多跳的网络系统，由部署在监测区域内的大量传感器节点组成，负责感知、采集和处理网络覆盖区域中被感知对象的信息，并发送给观察者。在智慧农业中，ZigBee 技术是基于 IEEE 802.15.4 标准的关于无线组网、安全和应用等方面的技术标准，被广泛应用在无线传感网络的组建中，如大田灌溉、农业资源监测、水产养殖和农产品质量追溯等。

3) 信息处理技术

信息处理技术是实现智慧农业的必要手段，也是智慧农业自动控制的基础，主要涉及云计算、GIS、专家系统和决策支持系统等信息技术。

(1) 云计算指将计算任务分布在大量计算机构成的资源池中，使各种应用系统能够根据需要获取计算力、存储空间和各种软件服务。农业生产中的海量感知信息需要高效的信息处理技术对其进行处理。云计算能够帮助智慧农业实现信息存储资源和计算能力的分布式共享，智能化信息处理能力为海量信息提供支撑。

(2) GIS 主要用于建立土地及水资源管理、土壤数据、自然条件、生产条件、作物苗情、病虫草害发生发展趋势、作物产量等的空间信息数据库和进行空间信息的地理统计处理、图形转换与表达等，为分析差异性和实施调控提供处方决策方案。

(3) 专家系统指运用特定领域的专门知识，通过推理来模拟通常由人类专家才能解决的各种复杂的、具体的问题，达到与专家具有同等解决问题能力的计算机智能程序系统。研制农业专家系统是为了依靠农业专家多年积累的知识和经验，运用计算机技术，克服时空限制，对需要解决的农业问题进行解答、解释或判断，提出决策建议，使计算机在农业活动中起到与人类农业专家类似的作用。

(4) 决策支持系统是辅助决策者通过数据、模型和知识，以人机交互方式进行半结构化或非结构化决策的计算机应用系统。农业决策支持系统在小麦栽培、饲料配方优化设计、大型养鸡场的管理、农业节水灌溉优化、土壤信息系统管理以及农机化信息管理上进行了广泛的应用研究。

4) 智能控制技术

智能控制技术是控制理论发展的新阶段，主要用来解决那些用传统方法难以解决的复杂系统的控制问题。目前，智能控制技术的研究热点有模糊控制、神经网络控制以及综合智能控制技术，这些控制技术在大田种植、设施园艺、畜禽养殖以及水产养殖中已经进行了初步应用。

下面介绍几个具体案例。

(1) 兰溪市的"托普云农"杨梅。

托普云农在兰溪市的杨梅产业案例是一个典型的智慧农业应用实例。该案例位于浙江省兰溪市，该地区以种植高品质的杨梅而闻名。为了提升杨梅产业的整体效率和产品质量，托普云农采用了以下几种技术和策略：

① 智能监控系统。该系统部署了基于物联网的传感器网络,用于实时监测杨梅生长环境中的关键参数,如土壤湿度、温度、光照强度等。这些数据通过无线网络传输至农场管理者的智能设备上,以便实时监控和调整农业生产条件。

② 精准灌溉与施肥系统。通过分析采集到的数据,智能系统能够为每块土地制定最优的灌溉和施肥方案,确保杨梅树获得最合适的养分和水分供应,同时减少资源浪费。

③ 病虫害智能识别与管理。利用图像识别技术,智能系统可以及时检测杨梅树上的病虫害迹象,并给出防治建议或自动启动相应的防治措施,从而降低化学农药的使用量,保护生态环境。

④ 数据分析与追溯平台。收集的所有数据都被上传至云端服务器,进行大数据分析。这有助于优化生产过程,提高产量和果品品质,并且建立起完善的产品追溯体系,消费者可以追溯每个杨梅的生长历史和质量信息。托普云农在兰溪市的杨梅产业案例体现了智慧农业如何通过现代信息技术来增强传统农业的竞争力,同时促进了地方经济的发展。这一案例也为其他农业产区提供了可借鉴的范例,展示了智慧农业技术在促进农业现代化和提高农产品质量安全水平方面的重要作用。

(2) 中化先正达集团的"先农数科"。

该团队搭建了一个智慧平台,旨在助力乡村振兴战略的实施。这个平台的核心在于利用数字技术优化农业生产流程,提高作物产量和质量,同时减少资源浪费。具体来说,该案例涉及以下几方面:

① 数据监控与分析。该团队开发的系统能够实时监测农田环境,包括土壤湿度、降水变化等关键指标。农民可以通过手机 App 随时查看这些数据,从而做出更精准的农业管理决策。

② 农艺指导。该团队中的农艺师根据收集到的数据和土壤质量,为农民提供专业的种植建议和技术支持,帮助他们提高作物的生长条件和产量。

③ 科技创新。作为中化先正达集团的一部分,该团队依托集团的全球研发能力和植保开发技术,将世界级的科技成果应用于我国的农业实践,推动农业现代化进程。

④ 模式创新。该团队是 MAP(Modern Agricultural Platform)模式的核心团队,这一模式专注于数字农业和数字乡村建设,通过创新的服务方式,提升整个农业产业链的效率。总的来说,"先农数科"案例展示了如何通过数字化转型,将传统农业升级为智慧农业,不仅提高了农业生产的效率,还促进了农村经济的发展,对实现乡村振兴战略具有重要意义。

(3) 荷兰的温室种植。

荷兰是世界著名的农业大国,其温室种植技术尤其闻名。荷兰拥有大约一万公顷的温室大棚,这些温室大棚一半用于观赏类植物(如花卉)种植,另一半则用于蔬菜种植。这些温室利用先进的环境控制系统,可以精确调节温度、湿度、光照等条件,以优化作物生长环境。这种技术的应用使得荷兰能够在有限的土地上高效生产高质量的农产品。荷兰在智慧农业方面的创新技术体现在以下几方面:

① 自动化控制技术。荷兰的设施农业实现了高度的自动化,包括光照系统、加温系统、液体肥料灌溉施肥系统、二氧化碳补充系统等。例如,花卉种植过程中采用智能分苗系统,从种植到移植都实现了自动化,甚至能够自动识别并剔除劣质苗和病苗。

② 信息技术。荷兰农业高度信息化,利用大数据进行作物管理和防控。通过田间监测和数据收集,农民可以更精准地管理作物生长,优化生产流程。

③ 循环利用技术。荷兰推动无土栽培、精准施肥、雨水收集等技术的研发和应用，致力于实现资源的循环利用。这些技术不仅减少了对环境的影响，还提高了废弃物的利用率。

### 14.2.2 仓储物流环节

智慧物流是物流行业中物联网技术的一种应用，它依赖于物联网的深度集成并借助尖端的信息管理、处理、采集和流通技术，以完成商品从供应端到需求端的全流程转移。这一过程包括仓储、运输、装卸、包装、流通加工和信息处理等关键活动。智慧物流的"智慧"体现在其能够实现车辆和货物的智能化监控，主动分析信息并全面监督物流过程；在企业内部及与外部的数据交换中实现智能化，通过互联网等技术实现供应链的整体化；在企业物流决策上实现智能化，通过实时数据监控和比较分析，持续优化物流流程和调度，及时满足客户的个性化需求；在大量的基础数据和智能分析的基础上，实现物流战略规划的建模、模拟和预测，确保未来物流战略的准确性和科学性。智慧物流展现了智能化、一体化、社会化和柔性化的特征。

基于EPC和RFID的物联网技术在我国引发了物联网的第一波热潮。作为信息技术的一次革命性创新，现代物流业的发展主线是基于信息技术的变革。物联网将推动物流配送网络的智能化，引领敏捷智能的供应链变革，实现物流系统中物品的透明化和实时化管理，使重要物品的物流可追踪管理成为可能。随着物联网技术的不断进步，智慧物流的未来发展前景将更加广阔。

1. 智慧物流的特征

智慧物流融合了数据库技术、数据挖掘、自动识别技术以及人工智能等多个技术领域，展现出智能化、柔性化、一体化和社会化等显著特征。其智能化体现在能够对运输车辆和货物进行实时监控，主动获取并分析信息，实现监控职能的智能化；通过电子数据交换(EDI)等技术，促进供应链的柔性化和一体化，实现企业内外数据通信的智能化；通过对实时数据的持续监控和分析，智慧物流利用条形码、集成智能技术、射频识别、传感器、GPS等先进物联网技术，在物流行业的运输、仓储、配送、包装、装卸等关键环节广泛应用这些技术和网络通信平台。这使得物流系统能模仿人类智能，具备思考、感知、学习、推理判断能力，并能自行解决物流过程中的一些问题。智慧物流实现了货物运输过程的自动化操作和高效率优化管理，从而提高了物流服务的水平，降低了成本，并减少了对自然和社会资源的消耗。

智慧物流系统的设计旨在精确获取关于物流车辆、货物、仓库等的信息，并能够与相关网络资源实现互联互通。该系统具备智能分析客户需求、规划物流方案以及优化运力匹配的能力，并支持物流服务在网络化和电子交易方面的实现。因此，基于物联网技术的智慧物流系统由3个主要子系统构成：

(1) 智慧物流管理系统。此系统通过利用互联网、RFID技术、移动互联网、卫星定位技术等手段，建立了一个广泛的信息网络，包括订单处理、货物代理通关、库存管理、货物运输和售后服务等各个环节。这促进了客户资源的优化、货物流转的控制、仓储的数字化、客户服务管理以及货运财务管理等方面的信息化支持。

(2) 物流电子商务系统。物流电子商务涉及使用网络技术和电子支付系统等工具，以实现物流服务的电子化、网络化和虚拟化交易，从而为物流服务提供商带来收益。

(3) 智慧交通系统。智慧交通系统为智慧物流系统提供关键的道路交通信息、车辆位置数据、ETC无停车收费系统、道路应急响应系统等，主要是为了确保车辆能够高效顺畅地运行，并实时监控车辆的位置和运动状态。

智慧物流通常具备以下特点：

(1) 信息透明度高。应用了众多信息技术，智慧物流系统拥有处理海量数据的能力，得益于物联网的开放性质，建立了一个开放式的管理与运营平台。该平台能够提供精确而完善的物流服务，并为客户提供市场调研、分析和预测，以及产品的采购和订单处理等服务。

(2) 综合运用物联网技术。物联网的核心在于物品的互联、互通及智能化。在智慧物流系统中，这意味着通过RFID技术、GPS技术、视频监控和互联网等手段，实现对货物、车辆、仓库和订单的动态实时可视化管理。同时，利用数据挖掘技术对大量数据进行分析整合，以实现智能化的物流管理和高效精准的物流服务。

(3) 物流与电子商务紧密结合。电子商务利用互联网和信息技术打破了信息不对称的壁垒，并消除了制造商、渠道商与消费者之间的障碍。

(4) 信息集中化管理。将物流、商流与信息流有效整合，确保信息的畅通无阻、准确无误和及时性，从而保障商品的生产、运输、分销和销售环节的高质量和高效率。

2. 智慧物流中的物联网技术架构

1) 仓储管理系统

目前，大多数仓库仍然依赖于在货架上张贴手写卡片来区分不同的货位，这种做法不仅耗时耗力，而且经常会导致取错货物或重复取货的错误。对于大型仓库来说，停业盘点所造成的损失是显而易见的，这是企业无法承受的。然而，如果不进行盘点，就无法真实地了解仓库的实际情况，这也是企业管理者不愿意面对的问题。在整个仓库作业中，叉车资源相对稀缺，如何充分利用叉车是提高整个仓库工作效率的关键。为了充分利用叉车，必须通过管理系统进行叉车调度，使其始终在最高效的线路上工作。为了满足上述要求，一般仓库会采取以下方式：

在货物入库前，设置打包区域(这一步也可以在产品生产线上完成)。根据实际仓库管理应用需求，将相应单品按指定数量打成独立的包装，并将操作信息写入标签内，然后将标签悬挂或粘贴在包装箱上。

在出/入库过程中，对货物进行检验。检验系统包括固定式读写器/天线、传感器系统、过程控制器、指示灯、报警器和指示面板(显示收发货信息、装货信息等)。管理人员可以实时掌握库存物资的进、销、存状况，实现信息透明的资产管理方式。这种方式具有以下优点：无须实施全面的盘点工作，从而减少物资积压，加速资金周转，便于指导生产；解决了人工统计容易出现的人为差错和信息交流不及时的传统管理模式；减少了人工统计的工作量，提高作业效率；从技术手段上遏制不轨行为的发生。

如果企业各仓库和各分支机构的仓库都安装了远距离射频识别设备，并实现了系统内的网络连接，那么这些设备将具备多种功能，如自动识别通行、实时记录进出、授权通行、非法进出报警、信息查询和数据分析等。这将有助于实时、准确、完整地掌握物资流动情况，提高科学管理效能。实施远距离射频识别技术将有利于协助物流体系达到可靠的安全保障，成为企业信息化管理的得力伙伴，更好地实现“监管”和“效益”的统一。

2) 物流监测系统

以清远华程科技有限公司所开发的WiSen平台为基础的物流仓储管理解决方案，专门为物流行业量身定制，能够实现以下多个方面的功能：

一是仓储运输货物及环境物理量监测分析。通过布设在仓库及运输车辆内的无线传感网模块，系统可以实现对货物(如药品、粮食、设备)、仓储及运输环境重要物理参数(如温度、湿度、光照、特定气体及粉尘浓度等)的监测。该系统可以连续、实时地采集和记录各类物理参数，并以数字、图形等方式进行存储和显示，当特定数据超过该限额时，系统可采用各种方式向操作人员发出警报，将信息通知各方，报警方式可由用户选择。系统可将所记录并保存的任意时间段、任意种类的数据以电子文档方式导出，以便打印、阅读或分发，文档格式可由用户定义，同时授权用户可通过互联网或局域网登录管理系统，对各个环境参数信息进行查询，使管理人员随时了解实时情况。该系统还满足了运输车辆接收、调度、配载等运输状态的跟踪需求，提供全方位的车辆定位和轨迹回放等服务，按照用户自定义的间隔连续记录车辆的位置信息，对该车辆在一段时间内的行驶情况进行跟踪，记录行驶轨迹，并根据需要随时回放该轨迹。

二是仓储入侵监测。通过在平台上搭载红外、微波等传感器，无线传感网可以实现对人员和物体侵入特定范围的预警和报警，并能够通过多种手段的复合探测，提高监测的灵敏度。同时，无线传感器的灵活布置特性，也使入侵监测的区域可以灵活调整，当监测区域需要改变，或者有临时监测需求时，可随时调整布设，实现监测的无缝衔接。

三是自动化管理控制。以平台为网络基础，仓储管理数据可以实现实时的采集、存储和分析，这可以提高采集系统的信息化和自动化管理水平，提高反应速度，提高生产效率，并使管理人员实时全面地掌握仓库的管理状况，为管理提供决策依据，进一步地为数字化仓储的建设打好信息基础。通过无线传感网收集的信息还可与控制中心的专家知识库系统互联，从而实现对数据的挖掘分析，给出科学的参考信息，如判断存储物品是否有发生性质、质量改变的可能等。同时，该平台还预留了可靠的数据下行信道，管理系统可以通过控制设备对仓储环境进行自动调节控制，实现动态反馈，提高管理效率。

四是管理信息整合。目前，仓储管理行业已经广泛应用了RFID技术作为身份识别和信息记录的方式，无线传感网与RFID都是通过射频进行通信，其系统具有天然的同源性，因此可以通过系统间的整合实现功能的良好互补。RFID负责完成对人员、货物、车辆等目标的识别，而无线传感网负责实现仓储环境的智能管理，为仓储监管系统提供基础数据，综合运用目标定位和搜寻技术，实现仓储管理的全方位信息支持。

3）货物收发系统

在当前的物流行业中，一个显著的挑战是如何压缩商品在流通过程中的物流成本。在商品从制造商到消费者手中的整个供应链流程中，物流或配送中心的角色变得日益重要，其运营成本占整体物流成本的比重不断上升。因此，削减配送中心的经营成本，提升其运营效率和效益，成为了一个至关重要的课题。

然而，传统的条码技术由于其固有的限制，对物流或配送中心的帮助是有限的，尤其是在效率方面。众所周知，条码识别需要将扫描器对准条码，而且每次只能读取一组条码。对于日常处理大量收发作业的物流中心来说，这种工作负担是巨大的，这在一定程度上限制了物流或配送中心效率的进一步提升。相比之下，RFID技术通过无线电波读取或写入RFID标签信息，不仅可以根据距离远近进行读取，而且能够同时识别多个RFID标签。更重要的是，RFID能穿透物体识别内部的RFID标签，因此，相较于条码技术，RFID具有显著的技术优势。

通过系统化的RFID架构部署,可以从RFID标签的制作、标签识别、RFID读写器/天线的安装、移动式RFID终端应用,到RFID网络和中间件的构建,全面覆盖物流环节中的发货确认、快速收货、快速发货、装卸统计等各个环节,最终建立一个快速、统一、无缝的可视化智能管理系统,实现物流管理的精确性和高效率的实时管理功能。

该系统主要由收货、上下架盘点、出货等几个部分构成。在收货系统中,通过粘贴在货箱上的RFID标签,可以对进入仓库的货物进行识别,并按类别摆放,以便于管理和查找。通过特殊的工艺,可以在标签表面打印条码、文字等信息,增加标签的可视性。上下架盘点系统允许工作人员使用手持式的智能数据终端,通过识别产品上的RFID电子信息或条码信息,进行上下架、盘点等操作。出货管理系统则在仓库的主要出货大门处安装RFID固定式识读系统,由RFID固定读写器、天线、传感器、指示灯等组成。安装有固定式识别系统的快速通道,可以在货物经过时快速、批量地识别货物上的RFID标签信息,从而实现全自动的物品快速确认和校验工作。RFID固定式识别系统通常应用于仓库进出大门、配送中心快速通道、货物装卸点及其他重要场合。

引入物联网技术于仓储物流过程,极大地降低了企业的管理成本,包括时间、人力、物力和财力,并显著提升了管理效益和精准度,为企业带来了显著的收益,同时也极大地提升了用户的服务体验。

3. 智慧物流的具体应用

本节下面介绍3个已用于企业中的智慧物流案例。

1) 华为松山湖物流中心

华为在松山湖自动物流中心建成后,为了进一步提升物流服务能力和客户体验,启动了智慧物流与数字化仓储项目。该项目的核心目标是通过构建一个实时可视、安全高效、按需交付的物流服务体系,以支持交付保障并改善物流运营效率。具体来说,项目的关键特点包括:

(1) 实时可视化管理。华为通过将全球100多个仓库的数据接入,实现了对货物进出库的实时监控和管理,这在过去是非常困难的。现在,无论是公司内部还是客户,都可以轻松追踪到货物的具体流转情况。

(2) 安全高效的物流服务。利用大数据、物联网和人工智能等新技术,华为云构建了一个具有竞争力的物流解决方案。这些技术不仅强化了数据连接,还打通了从生产、运输、仓储到分销的整个供应链信息流,确保了物流服务的高效性和安全性。

(3) 按需交付能力。通过使用人工智能算法,华为能够降低物流成本并提高物流效率。这种按需交付的模式,使得物流服务更加灵活,能够根据实际需求进行快速调整和响应。总体来说,华为的智慧物流与数字化仓储项目不仅提升了物流效率和客户体验,还为物流行业提供了一个成功转型的案例。通过这个项目,华为展示了如何利用先进的技术手段,实现物流服务的智能化和数字化转型。

2) 京东无人仓库

京东无人仓库由4个主要作业系统组成,分别是收货、存储、包装和订单拣选。这些系统通过高密度存储货架、自动打包机、六轴机械臂和自动引导车(AGV)等高科技设备完成各项任务。它运用了一系列先进的技术来实现物流自动化和智能化,包括自动存储系统、混合码垛技术、视觉检验技术、自动拣货与分类技术、智能控制系统等,还开发了天狼智能存储系统、地狼货到人系统、AGV"小红人"分拣系统等,这些系统覆盖了仓内作业的绝大部分场景。在软件层面，京东自主研发了能够操控全局的智能控制系统，从仓储到打包、再到分拣、出仓，所有环节都由这一系统指挥。自2018年起，京东在江浙沪地区90%的手机订单都是在这个无人仓库中完成分拣工作，这显示了其在电子产品物流处理方面的高效率。京东无人仓库是一个大规模的现代化物流中心，在2017年首次对外界开放参观，展示了京东在智慧物流领域的先进成果。

3）苏宁智能配送系统

苏宁利用无人机和自动驾驶车辆进行商品的配送，不仅提高了配送效率，还降低了人工成本。其主要技术应用在以下几方面：

（1）无人重卡和最后一公里配送机器人。苏宁的全链路"无人物流"系统实现了从无人仓库出发，通过无人驾驶的无人重卡迅速运输到分拨中心，然后由最后一公里无人配送机器人或无人机送至无人快递柜或客户手中的全流程无人配送。

（2）人工智能优化车辆运输路线。在天眼系统中，苏宁运用大数据技术研发了运输路线规划和动态调整系统模块，代替传统的调度员决策模式，优化现有运输网络布局和路线，实现了运输里程最短、成本最低、服务时效最优。

（3）数字化和智慧物流系统。苏宁智慧物流的核心是数字化，构建了一个金字塔架构，底层实现物流要素、流程节点的全面数字化，中层基于数据库融入机器学习等人工智能算法，帮助做出决策辅助，并通过预警平台指导业务运营，保证作业质量。

此外，苏宁的"货到人"拣选系统也是智能仓储的一部分，该系统由旋转货架负责存储、拣货出库和运送，而货到人拣选工作站则由作业人员操作。

## 14.3 智慧供应链新应用

智能供应链通过提高生产和商品流通的效率，不仅可助力企业增强生产力，还能促进下游零售商提升出货效率，这有助于产品更快地实现其使用价值，从而促进企业的进一步发展。此外，智能供应链能够对食品生产流程实施严格监管，增加食品安全性。一旦食品安全问题发生，物联网技术的应用使得问题追踪和源头溯源成为可能，准确识别问题的起因，最小化对生产和日常生活的广泛冲击。在产品生命周期结束后，智能供应链同样确保废物处理不对环境造成伤害，扮演着污染治理和环境保护的关键角色。接下来的内容将对这些智能供应链的创新应用进行探讨。

### 14.3.1 新零售模式

随着RFID技术、传感器以及物联网的迅猛发展，加之经验和政策的支持，零售行业已经迈入了智慧化的新纪元。这些技术的进步促进了零售领域的物流、生产、采购和销售系统的智能化融合，形成了与智慧生产相结合的智慧供应链。在销售终端，配备传感器的智能工具为消费者提供了划时代的购物体验。移动支付也不再是一个新鲜事物，它允许用户通过移动设备轻松完成商品或服务的支付，这种便捷性使得手机支付逐渐成为人们日常生活中的首选支付方式。移动支付的兴起标志着我们步入了一个消费新时代。

随着消费者逐渐倾向于线上购物，智慧零售的概念应运而生。零售商通过运用互联网技术和大数据分析提升管理效能，更精确地捕捉消费者行为和偏好，从而打破传统的供应链模式，为顾客带来更加个性化和多元化的购物体验。这种以数据驱动的方法不仅能够预测消费者需求，还能提供超越期望的购物体验。例如，利用RFID或GPS技术在产品上植入标签，这些标签随商品一起经过分销链路直至零售商手中，使得零售商借助集成的数据管理系统实现更高的货物管理精准度。掌握了商品在店内的确切位置，零售商就能迅速进行库存盘点。RFID 技术实现的100%库存准确率使零售商能够全面了解商品信息、位置及销售时间，而营销团队也可以利用这些数据快速提高销售业绩和品牌价值，同时改善顾客关系管理，并确保产品质量的智能追踪和检测。

移动支付可以分为两种主要形式：近场支付和远程支付。近场支付是指用户通过手机在实体场所如公交、商店等进行刷卡等便捷的支付。而远程支付则涉及通过网上银行、电话银行等方式发送支付指令，或使用邮寄、汇款等支付工具完成交易，例如，掌中付的电子商务、在线充值和视频服务等。手机支付的发展被视为支付方式的一种自然演进，并且对于不同利益相关者会产生以下影响：

(1) 对商户来说，手机支付提供了一个不受时间和空间限制的便捷支付平台，这不仅加快了支付流程，降低了运营成本，还减少了潜在客户的消费门槛，有助于创建多样化的市场营销策略，从而增强营销效果。

(2) 对服务提供商而言，一旦实现规模化推广并与现有的传统及移动互联网产业融合，手机支付将凭借其独特优势和广阔前景为服务提供商带来巨大的经济回报。

(3) 对消费者来讲，手机支付让资金的携带和支付过程变得更为便利，消除了支付的障碍，鼓励消费者尝试新的购物模式。配合恰当的管理和技术支持，支付的安全性也能得到加强。

随着互联网技术的迅速发展、个人计算机的普及，特别是以支付宝为代表的网上支付技术的突破，新型的零售形式彻底颠覆了以往的零售业游戏规则，零售门店形式第一次从实体化变为虚拟化。近年来，移动技术取得突破，实现了快速的移动上网，智能手机随之迅速普及，并迅速取代台式计算机，成为消费者，特别是年轻消费者日夜相伴的信息终端机和生活工具。这样，原来寄居在台式计算机里的零售店，也被消费者迅速搬到了智能手机里，零售店的“移动”再次颠覆了零售业的模式。主要包括以下两方面：

(1) “仅靠商品本身获利”的盈利模式被颠覆。

长期以来，零售业作为一个服务行业，“通过商品的购销差价获利”是零售业最传统，也是最主要的盈利模式。在这种模式下，零售企业只要能做到“低价进、高价出”就能获得很好的收益。但在互联网时代，顾客体验已变得越来越重要，因为顾客不仅是购买商品本身，更是在购买“购买过程”。这就要求零售商要有经营商品的能力，也必须拥有经营“购买过程”的能力，换句话说，就是在顾客购买的过程中，为顾客提供互动、新鲜、有趣的体验，从而创造附加价值，让顾客获得商品价值之外的溢价。

由于移动物联网技术的进步和广泛应用，消费者在购买过程中被动角色被扭转，代之以全新的购物体验。网络时代可以说是一个体验的时代。在竞争白热化的今天，通过商品差价获利的空间已经越来越窄。因此，如果零售商不尽快调整自己的盈利模式，没有能力用一个有竞争力的“购买过程”和“顾客体验”赢取更高的收益，那么，不仅顾客会大量流失，发展前景也不容乐观。

(2) “以商品为中心”的运营流程被颠覆。

零售管理理论认为，顾客的购买过程是由“动机—寻找—选择—购买—使用”5 个环节所组成的，与之相对应的是企业信息流、商流、资金流、物流的有序流动，最终构成了高效的运营流程。而信息技术的发展和应用，使这样的运营流程正在被改变。

首先，信息的流动从顾客产生购买动机的一刻就已经开始，并伴随顾客购买的全过程。

智能手机、网络、数字标牌、社交媒体等网络媒体发布的海量信息全方位、立体化地刺激着顾客的购买欲望，促使他产生购买动机。在寻找、选择和购买过程中，利用二维码、增强现实、数字化橱窗、RFID 等新技术，不仅可以大大缩短顾客寻找和选择商品的时间，更使整个过程充满趣味。在商品交易和使用过程中，顾客可以在社交媒体的帮助下完成购买，并上传使用评价。这时，信息的流动就形成了一个闭环。而二维码技术的革命性和先进性能完整地覆盖条形码的先天缺陷，将信息的流动带入新境界。

其次，单向的信息流动变为双向。社交媒体的出现，终结了企业与消费者之间的单向信息沟通模式。在网络社交平台上，消费者既能发表对产品质量、品牌的评价意见，又能与好友分享自己的购物体验；而商家则能及时了解这些意见或评价，从而调整策略或校正经营中的问题。智能手机所拥有的智能化、移动性和便携性特点，使消费者可以随时通过移动网络社交平台，与商家或好友保持良好的信息传递和互动。

再次，社交媒体技术、移动技术消除了商家与消费者间信息传递的空间距离，在两者间建立了密切的互动关系，这种关系使消费者拥有了强烈的参与感。对商家而言，利用信息技术寻求营销策略和营销手段上的重大突破，已成为可实现的战略目标。而移动支付技术的突破和移动支付应用的迅速普及，为网上购物者提供了重要的信用保障和便利。对商家而言，多渠道的支付手段对商家的财务管理能力和 IT 系统的支持能力都提出了更高的要求，但无论是实体店，还是网上商店，支付手段的安全性和便利性也会对是否赢得顾客青睐有着重要影响。

最后，物流配送环节的出现，彻底改变了传统零售商的运营模式和运营流程，迫使传统零售商必须对既有的 IT 系统做出极大的调整，而其调整的难度和风险关系到传统零售商战略转型的成败。

为了有效地开展智慧零售，小型零售店也需要学会如何整合线上线下资源，打造无缝的购物体验。当前，许多零售商已经建立了自己的网站、微博和微信平台，实施全渠道营销策略。许多店铺采用扫码支付等现代支付手段，有的与电商平台合作，创建了“线上购买、线下取货”的模式。通过这些创新，零售店不仅提升了服务能力，还能进一步利用实体店的独特优势，创造特色化的购物体验。

实体店的优势在于提供独特的购物体验和现场服务。与在线商店不同，实体店能够提供试穿试用、即时咨询等互动体验。通过改善店面设计、创新商品展示和增设休息区，店铺不仅能提升顾客的舒适度，延长他们的逗留时间，还能增加销售机会。随着社区商业的发展，小型零售店还可以提供代缴费用、送货上门等便利服务，满足居民的日常需求。优质的面对面服务是实体店的另一大优势。智慧零售的实施需要智慧的员工，这对员工的服务质量提出了更高的标准。因此，零售店应建立有效的员工激励机制，鼓励员工持续学习、迅速响应并主动承担责任，与企业共同成长。同时，零售店与顾客的互动不应局限于店内，通过扩展服务项目和参与社区活动，可以吸引更广泛的客户群体。

零售业的核心始终是商品。智慧零售应注重回归本质，包括确保商品质量、追求卓越、培育绿色环保的产品供应链等。这些专注于零售本质的行动将为零售店的长远发展提供坚实的基础。

下面介绍几个具体案例。

(1) 永辉云创。

永辉云创成立于2015年，是永辉超市旗下专注于创新业态的公司。它在业务上涵盖了社区生鲜、新零售、前置仓到家3个主要领域。永辉云创拥有超级物种、永辉生活App、永辉生活小店等业务板块。超级物种作为其一大亮点，结合了零售、餐饮以及App体验式消费，为用户提供了一个多元化的购物体验。公司通过线上线下融合的方式，利用大数据和人工智能等技术，提升了顾客的购物体验。例如，永辉生活App和小程序不仅提供了线上购物平台，还通过数据分析为用户提供个性化推荐和服务。永辉云创还拥有快速配送系统，能够实现最快30分钟送达的服务。这一服务依赖于高效的物流布局和技术支撑，如卫星仓的设置和智能调度系统的运用，确保了商品的快速配送到家。这些技术的应用使得永辉云创能够在新零售领域保持竞争力，并满足消费者对品质、性价比和体验的不断提升的需求。永辉云创旨在构建一个智慧零售的全新商业模式。具体如下：

① 创新的零售业态。公司不断探索和构建新的消费场景，如社区生鲜菜市和优质生鲜食材体验店等，以适应不同消费者群体的购物习惯和偏好。

② 数字化能力。通过数字化工具，例如，永辉生活App和小程序，永辉云创不仅提升了顾客的购物体验，还实现了线上线下的一体化。这些平台帮助公司累积了大量的数字化会员，为顾客提供更加个性化的服务。

③ 研发全生命周期管理体系。与Teambition公司合作，永辉云创建立了一套全面而精细的新零售研发全生命周期管理体系，这有助于提升产品从构思到上线运营的效率和质量。

(2) 苏宁易购。

苏宁易购在互联网零售时代持续推进智慧零售和场景互联战略。公司不仅在全品类拓展、全渠道在线、全客群融合方面做出努力，还通过开放供应云、用户云、物流云、金融云和营销云等技术手段，实现从线上到线下、从城市到县镇的全覆盖。这些技术支持了苏宁易购为消费者提供的"1小时场景生活圈"解决方案，全方位覆盖消费者的生活所需。公司采用前后端分离的架构，并运用React框架进行开发。为了提高首屏渲染速度，前端页面还使用了服务端渲染(SSR)技术；后端架构方面，可能会采用高效的数据库管理、云计算资源以及大数据处理等技术来支持其庞大的电商业务。苏宁易购在零售中主要采取了以下技术：

① 大数据与分析技术。通过收集和分析消费者行为数据，苏宁能够提供个性化推荐、优化库存管理、预测市场趋势，并进行精准营销。大数据分析还帮助苏宁更好地理解客户需求，从而提供更加定制化的服务。

② 人工智能。AI技术被用于聊天机器人、智能客服、语音识别和图像识别等场景，以提高服务效率和质量。例如，智能客服能够快速响应用户咨询，提高客户满意度。

③ 无人店铺技术。通过使用计算机视觉、传感器融合和机器学习等技术，苏宁易购能够实现无人店铺，提供无须排队结账的购物体验。

④ AR/VR技术。增强现实(AR)和虚拟现实(VR)技术被用于提升顾客的购物体验，例如，虚拟试衣间允许用户在不实际试穿的情况下预览衣服效果。

(3) 步步高商业集团。

步步高是一家多业态的商业集团，主要经营零售贸易、电子商务、商业地产、互联网金融和物流运输等业务。步步高在大西南区域市场深耕多年，截至2023年，拥有133家各业态门店，其中超市业态门店96家、百货业态门店37家。步步高积极响应新零售的发展趋势，通过线上线下融合的方式，推动传统零售业的转型升级。步步高采取了多种新零售手

段和技术来适应零售业的发展变化,具体如下:

① 线上线下融合。步步高实施了O+O战略,即线上线下融合的策略,通过云猴精选App打通了超市周边3km内的线上订单和配送业务,实现了线上购物与线下体验的结合。

② 数字化转型。自2017年起,步步高开始进行数字化转型,旨在成为一家数据驱动、线上线下融合的智慧零售企业。这一转型包括引入互联网背景的高管和技术投入,布局O2O业务,以及推出全球购业务等。

③ 服务升级。随着消费市场的升级,步步高也在服务上进行了提升,如通过消费者行为研究来更好地满足顾客需求,以及在产品和服务上进行创新,以吸引中产阶层等目标消费群体。

④ 科技创新。步步高致力于打造智慧零售模式,这涉及利用IT技术、消费者行为研究、消费者心理学等,以提供更加个性化的服务和更好的购物体验。

### 14.3.2 维护食品安全

若以食品为研究主体,则食品安全的首要内涵是指食品未受外界因素危害(如腐败、污染或冻伤),并且其固有属性(如营养价值、功能性和卫生状况)保持不变。反之,如果食品被外部污染物所污染,导致非原有物质的浓度超出法规标准,或者因腐败微生物的影响而发生变质,那么这些食品便被视为不安全。食品安全不仅涉及生产环节的安全,也包括了流通、销售以及整个供应链过程的安全;它关乎当前的安全,同样也着眼于未来的安全。

在现代食品工业领域,食品从产出到最终消费的过程中需经历多个环节,包括加工、运输和存储。这些环节中任何一环若存在缺陷,都可能导致食品安全风险,例如,因接触传染源或储存不当而引起的食品腐败。一个理想的食品安全监管系统应能够向销售方提供货源排序建议,向消费者提供食品质量安全证明,以及向生产商提供销售渠道分析。食品安全物联网采用的RFID技术为这一难题提供了有效的解决手段,它使得食品安全管理、追踪及评估成为可能。与传统条码技术相比,RFID的优势包括无须人工参与的自动识别、大批量远程读取能力、低环境依赖性、更长的使用寿命、数据加密能力和存储信息的可修改性。这些优点预示着RFID技术将给食品安全追踪管理带来革命性的改变。基于RFID技术的食品安全追溯系统解决方案应运而生,建议从食品的种植、养殖和生产加工阶段开始就贴上电子标签,记录所有流通环节,如运输、包装、分装和销售的详细信息,以便随时获取食品供应链上的数据,自动识别流通中的物品并读写相关信息,同时自动评估食品的安全性。

1. 保障生产过程中的食品安全

在食品的原材料生产阶段,如牧场对家畜的饲养过程中记录饲料和疫苗使用情况,以及农场在种植作物时记录的品种和施肥详情等,这些数据都被传输至食品安全管理系统并存储进数据库中。随后,在食品生产和加工的过程中,将带有唯一识别码的RFID电子标签附加在产品表面或包装上,这些标签的编码格式和长度都是遵循国家食品安全标准的。生产者利用读取设备与这些电子标签互动,并将关键信息(如原料来源、加工技术、加工者身份、产品质量、最佳食用日期和指南等)上传至食品安全数据库中。通过网络,这些信息可以被追踪和管理,以维护食品的质量与安全。

2. 保障运输过程中的食品安全

在物流过程中,运输扮演着至关重要的角色,是连接各环节的桥梁。包装、装卸、搬运等其他活动均以运输为核心展开。随着科技的发展和生产专业化程度的提升,运输已成为物质产品生产和消费不可或缺的一环。物流系统的效率在很大程度上依赖于运输效率的优化，因此，在众多物流活动中，运输起着决定性的作用。为了确保货物在到达目的地时保持新鲜和安全，实时监控在途车辆状况的能力至关重要。为此，供应商采用了先进的RFID温度标签来取代传统的条码技术。这些标签内置有天线、RFID芯片、温度传感器以及一个超薄的长效电池，并且标签可以重复使用。

在运输过程中，电子标签内的温度传感器能够持续监测并收集温度数据。这些数据不仅即时存储于RFID芯片中，还通过内置的天线和GPRS系统实时传输，使得管理人员无须亲临现场，即可通过计算机了解车厢内的实时状况。如果发生任何异常情况，系统将自动触发报警，管理人员可以通过手机迅速通知司机采取相应措施，从而减少因人为失误可能导致的风险。

3. 保障配送加工过程中的食品安全

当货车安全抵达配送中心后，必须经过验货确认无误后才能进入下一阶段的加工流程。如今，验收工作已不再依赖条码扫描器逐一检查货物的条码。工作人员只需将货物从车上卸下并放置在贴有RFID标签的托盘上，这些标签用于识别托盘信息，并将货物与托盘关联起来，以便在货物出现问题时能迅速追踪到具体是哪个托盘上的哪种货物。货物卸载完成后，叉车将其运送至加工点。

在货物通过入口时，安装在门上方的固定式阅读器会发射射频信号。当货物和托盘上的RFID标签进入阅读器的感应范围时，标签内的感应电流被激活并获得能量，随即向阅读器发送存储的信息。这一过程在叉车穿过大门的瞬间完成，阅读器接收到的信息迅速传输到计算机系统中。工作人员仅需查看显示屏，便能立即了解到该批货物的数量、种类等关键数据，无须手动检验。同样地，商品的包装上也使用了RFID标签取代了传统的条码。RFID标签的芯片中可以存储商品的名称、重量、储存温度、有效期等信息，甚至可以记录食品的来源、加工日期和工艺等详细数据。这些信息被保存在RFID芯片中，当消费者购买商品时，他们可以在销售终端查询到所需的相关信息。

4. 对食品安全进行评估

为确保食品在流通过程中的信息能够及时且准确地传递，必须构建一个高效的服务网络。这个网络及其数据库可以由食品生产商、销售商运营，或通过认证的第三方机构管理。食品安全数据库为每个RFID标签对应的食品创建了详细的数据记录，记录内容包括各流通环节的操作人员、环境参数、时间等关键信息。

利用该数据库，我们能够分析不同因素如何影响食品质量，并据此选择合适的指标体系来构建质量评估模型。通过对特定食品样本的检测与评价，可以获得优化质量评估模型所需的经验数据。利用RFID技术对食品安全实施全程监控，收集质量检测数据以及流通过程中的环境信息，并将这些信息整合进食品安全数据库。随后，根据收集到的数据对食品质量作出准确判断。最终，基于质量评估结果，提供针对性的销售建议。鉴于不同食品的加工工艺和最佳食用期存在差异，评估算法需根据食品的具体参数及专家经验进行定制，并可根据实际应用情况进行调整优化。

物联网技术的应用可以显著提高食品安全水平，实现几个关键目标。

(1) 食品信息透明化。消费者能够轻松访问食品的详细信息。无论是在餐桌上还是超市购物，都能获取食品的原料来源、加工者、生产日期、烹饪方式等详尽数据，增进对食品的了解和信任。

(2) 问题食品追溯。一旦发生食品安全问题,通过管理系统就能迅速追踪到问题产品的销售地点、负责人以及原产地等关键信息。食品安全追溯系统不仅能找到每件食品的最终消费者,还能定位到流通或生产过程中出现的问题环节,并及时采取措施,如将不安全的食品全部下架。

(3) 食品质量评估。利用生产商提供的食品加工工艺、建议食用期等信息,加上运输和销售过程中记录的环境参数和对应时间,通过食品安全评估算法自动评定食品的安全等级和新鲜度。这一评估手段可以预测在不同环境条件下食品变质的可能性,为销售商提供补货顺序的建议,帮助他们决定哪些食品应优先上架,哪些需要处理,哪些需要采购。若食品超出保质期限,系统会自动将其状态从“安全”更新为“过期”,以便工作人员立刻采取撤货行动。同时,系统能够向消费者提供食品质量安全报告,并为生产者提供改进食品质量的参考数据。

下面是几个具体案例:

(1) 农产品溯源。在我国,阿里巴巴推出了基于区块链的食品安全追溯系统。该系统允许消费者通过手机扫描产品上的二维码,查看关于农产品的生产、加工、运输等详细信息,确保食品来源的透明度和可追溯性。

(2) 实时监控。美国公司 Temptime Corp. 生产了一系列温度监测设备,这些设备可以实时监测食品的储存环境,并通过互联网将数据发送给管理人员。这确保了食品在整个供应链过程中的温度得到严格控制,特别是在冷链物流中防止食品变质。

(3) 冷链物流。全球知名的物流公司马士基(Maersk)与 IBM 合作,利用物联网技术开发了一个名为 TradeLens 的平台。该平台利用区块链技术实时追踪货物,包括温度敏感的食品,从而确保食品在全球范围内的运输过程中保持新鲜和安全。

(4) 食品状态管理。瑞士的 Teledyne e2v 公司提供了一套用于食品跟踪的 RFID 解决方案。这套系统可以帮助企业实时了解食品在整个供应链中的状态,从生产到最终的销售环节,从而提高库存管理的精确性和减少食品浪费。

### 14.3.3 供应链后端废物处理和环境保护

环境保护代表了人类面对现实或可能的环境挑战时所采取的全方位措施,旨在实现人与自然的和谐共存,确保社会经济的永续进步。这些措施涵盖了多个领域,包括工程技术、行政管理、法律法规、经济调控以及教育与宣传等方面。环境保护的兴起是对工业化进程中引发的环境问题日益严峻的反应,最初由工业化国家引领,并通过立法和公众宣传等途径提高全社会对污染问题的认识与行动。

目前我国面临环境污染问题较为严重。2023 年 5 月的沙尘天气表明,尽管国家实施了一系列生态修复工程并取得了积极进展,但荒漠化和沙化土地问题依然严峻。例如,截至 2019 年[①],我国的荒漠化土地面积为 257.37 万平方千米,占国土面积的 26.81%;沙化土地面积为 168.78 万平方千米,占国土面积的 17.58%。2019 年我国的氨氮排放量为 46.3 万吨。这表明虽然排放总量有所下降,但废水排放依然是一个重要的环境问题。根据生态环境部发布的通报,2022 年一季度国家地表水评价考核断面中,Ⅰ～Ⅲ类断面比例为 88.2%,同比增加 5.2 个百分点;劣Ⅴ类断面比例有所下降。这显示了我国水质改善的趋

① 我国每 5 年组织一次全国荒漠化和沙化土地调查工作,最近一次是 2019 年。

势,但同时也暗示了一定比例的河流受到了不同程度的污染。大气方面,2023 年平均重度及以上污染天数比例为 3.3%,这表明有一小部分时间空气质量会出现较为严重的污染情况;臭氧全国平均浓度为 82$\mu g/m^3$,这个数值较前几年有所上升,表明臭氧污染问题仍需关注;一氧化碳全国平均浓度为 1.3$mg/m^3$,同比上升 18.2%。因此,应对环境污染问题已成为当务之急。近年来,政府实施了一系列有效的环保举措,推动了低碳环保经济的发展理念。物联网技术在环境保护中的应用能够发挥监测和管理的作用,预先防止潜在的环境问题。

随着智慧地球概念的提出,环保领域开始关注如何充分利用各种信息通信技术,感知、分析、整合各类环保信息,对各种需求做出智能响应,使决策更加切合环境发展的需要。于是,"智慧环保"概念应运而生。智慧环保是数字环保概念的延伸和拓展,它借助物联网技术,将感应器和装备嵌入各种环境监控对象中,通过大数据和云计算将环保物联网整合起来,以实现人类社会与环保业务系统的统一,从而能以更加精确和动态的方式实现环保管理和决策。

智慧环保利用移动物联网技术的目的在于通过综合应用传感器、红外探测、射频识别等装置技术,实时采集污染源、生态等信息,构建全方位、多层次、全覆盖的生态环境监测网络,从而达到促进污染减排与环境风险防范、培育环保战略性新兴产业等目的。我国环境保护领域在多年的发展过程中,广泛采用传感器、RFID 等物联网相关技术,具有良好的物联网运作基础,对实现物联网在环保领域的深度运用提供了先决条件。具体来说,包括以下应用领域。

(1) 构建环保物联网体系。

物联网作为一个系统,具备与其他网络相似的内部架构。基于物联网的基本框架,可以根据环保领域的不同需求,如水污染检测、空气质量监测和噪声污染监测等,构建适用于环保领域的物联网体系。该体系通过各类传感器采集数据,利用多种通信网络实现数据的交换,并由相关管理部门进行集中处理。随后,这些部门将基于收集到的信息制定环保政策,最终实现信息发布、监测预警和源头控制等一系列环保行动。

(2) 开发智能化处理功能。

物联网技术的核心目的在于利用广泛收集的数据,结合数据挖掘等先进分析技术,对信息进行筛选和精炼,从而为决策者提供安全、可靠且有效的决策支持。因此,对数据的智能处理是物联网应用的一个关键特征。通过充分利用物联网的智能化优势,可以实现环境监测数据的智能转化,将基础监测数据转化为有价值的统计信息,主要可实现以下两个目标:

① 提高预警的准确性。物联网技术相较于传统的环保预警方法,能够增强实时动态监测的能力,确保在紧急情况下迅速应对环境污染问题。这不仅提高了预警的精确度和稳定性,还为采取进一步的污染防治措施提供了坚实基础。

② 为环保部门的污染治理提供坚实的决策支持。物联网技术的应用能够根据区域、时间和事件等环境变化信息,结合现有的环境管理经验,分析环境污染的成因和模式,识别污染治理的重点和难点,并提出有效的治理策略。这不仅缩短了环境决策的时间周期,还减少了人为决策的不确定性。

(3) 实现自动化控制目标。

物联网技术在环境保护领域的应用目标不仅仅是实现对环境污染的早期预警和智能

化决策，还包括在污染扩散前自动进行初步处理，以减缓或阻止环境污染的进一步恶化。通过将环保区域内部署的感应器和控制装置联网，形成一个统一的信息传输网络，并配备智能芯片，使环保设备拥有独立的计算和控制能力，打造出一个自动化控制系统。这样的系统能够在污染水平达到特定阈值时，自动执行一系列调节措施，迅速对污染状况进行调整。实现环保自动化控制的另一个关键原因是减轻中央信息处理部门的负担，特别是在紧急情况下，自动化系统能够争取宝贵的时间，为后续的污染治理工作打下基础。

(4) 推动环保简易化发展。

在环保行业，物联网技术的应用应着重其简化和普及，推动环保物联网设备向微型化和移动网络化方向发展，以满足日常生活中的环保需求。例如，物联网技术应当被应用于垃圾箱监测、垃圾车管理、生活污水处理等日常生活领域，而非仅限于大型环保项目。目前，移动物联网技术正处于发展初期，智能化和自动化已具备一定的基础。物联网的基础技术如RFID标签和红外感应具有简单、明确的目标和较低的智能应用门槛。

在控制生活环境污染方面，移动物联网技术的需求尤为显著。我们可以通过开发专业化的物联网基础技术功能来探索新的应用领域，形成产业规模并降低总体成本。同时，通过提升智能芯片嵌入技术的应用，可以在降低使用成本的同时，改造现有的环保设施和设备。这样不仅方便智能芯片的更新和淘汰，还能适应多变的环保功能需求。

(5) 组织环保跨平台网络。

在环保监测工作中，由于关键监测点通常分布广泛且远离基础设施完善的区域，网络条件往往不甚理想，这对物联网数据的快速稳定传输产生了挑战。如果完全依赖互联网作为传输平台，一方面，需要在多样的自然环境中部署大量的网络接入设备，这无疑会增加物质成本；另一方面，互联网连接一旦受限，物联网的运行就可能中断，无法保证流畅性。为了确保物联网在环保工作中的有效运行，有必要建立一个以互联网为核心，同时结合多种网络平台的综合性网络环境。将互联网作为核心网络的原因在于，环保工作需要处理和采集的信息量大，且对于城市和大型环保项目等基础设施良好的区域，互联网具有明显的优势。而采用多网络平台的理由在于，尽管许多环保监测区域相对孤立，但它们大多已经具备一定的信息传输基础设施。我们可以充分利用现有的电视、电话网络等，为数据传输提供硬件支持，并积极发展局部无线传感网络，为环保监测区域的系统化管理创造条件。

当前，环境监控领域的物联网技术已经取得了显著进展，有多个城市成功建立了关键污染源的监测与控制系统、城区空气质量监测系统、污水处理监控设施、饮用水源监测系统以及机动车排放检测设施。这些系统使得政府能够实时掌握企业的生产和排污情况，迅速识别任何违规行为，及时进行精准处置。这不仅极大地提高了政府的管理效率，也促使企业加强技术研发和推动产业升级。下面介绍几个具体案例。

(1) 水文监控。

为实时监测黄河的水文信息，我国设计了“黄河河道巡查监控网络”，它是一个集成了多种高科技手段的复杂系统，旨在实现对河道全域的实时监控和高效管理。该监控网络通过以下几个关键组成部分发挥作用：

① 视频监控系统。在内蒙古地区，项目一期工程以视频监控为主体，建设了111路视频监控，实现了对13个河道流域、28个堤岸路口和4个堤防所的实时监控。此外，部署在黄河岸线监控制高点的高速智能球机，可以通过云台摄像机监测水岸线。

② 无人机巡查。日常巡河工作中，除了利用视频监控外，还采用无人机进行常态化巡

查。已配备95架无人机在重要工程地点如马渡、赵口部署全天候河道巡查预警机，这些无人机能够传回4K高清画面，从高空视角监测河流态势变化和工程抢险情况。

③ 智能感知设备。为了实时监测河道和堤防动态，86道坝岸上配备了根石走失监测设备，在重点河段安装了44处水尺和220处智能语音警示系统。这些设备可以全方位实时监测河道状态。

④ 信息通信平台。河南黄河云视讯平台被用作一个指挥中心，接入了171台(套)终端设备，能够实时召开会议，发挥指挥中枢作用。

(2) 空气质量监测。

中科光电公司将物联网技术与立体监测技术结合，构建了基于激光雷达，以傅里叶变换红外光谱、紫外差分光谱为核心的多种技术平台，研发了大气颗粒物监测激光雷达、大气臭氧探测激光雷达、拉曼激光雷达、多轴差分光谱仪、傅里叶变换红外光谱仪等多项具有自主知识产权的核心产品；提供大气复合污染监测、走航快速溯源、大气环境光化学监测、激光雷达组网、化工园区大气立体监测等多种解决方案，并在国内率先开展空气质量改善绩效服务、运维和数据分析服务等业务。其研发的大气环境立体走航观测车可实现边走边测，既能掌握污染成因、污染来源、污染趋势，也能及时发现污染源、精确定位污染源，在大气污染的防治和管理中发挥重要作用，真正做到"测管"协同，在环境监测和环境监察系统都有广泛应用。

(3) 垃圾桶RFID项目。

垃圾桶RFID项目是一种利用RFID来优化垃圾收集和处理过程的系统。该项目通过在垃圾桶上安装RFID标签，以及在垃圾收集车辆和相关设施上安装RFID读写器，实现对垃圾桶的编号、数量、重量、时间、地点等信息的实时关联和监控。垃圾车会配备RFID读写器，用于读取垃圾桶上的RFID标签数据，并将这些数据上传到后台系统。当垃圾车进出社区时，车辆读卡器可以读取车上的RFID标签，从而记录垃圾车的进出时间和地点。这些设施中的RFID读写器可以记录垃圾的重量和处理情况，确保垃圾处理的全程监管与追溯。此外，整个系统可以通过无线模块与后台实时连接，从而实现垃圾从社区清分、运输到最终处理的全过程监管。这样的系统不仅提高了垃圾处理的效率和质量，还能提供科学的数据分析依据，有助于城市管理者更好地规划和优化垃圾处理流程。上海作为我国的经济中心，一直在智慧城市建设方面走在前列。目前在垃圾分类和处理方面，上海市已经运用该项目，极大地提升了垃圾收集的效率，还促进了居民垃圾分类的习惯养成，提升了社区垃圾管理的网络化、智能化和信息化水平。

## 14.4 智慧供应链发展趋势及未来展望

智能供应链作为一个前沿领域，展现出广阔的应用潜能和增长空间。随着近年来物联网技术的迅猛发展和深度整合，智慧供应链得以在强大的技术支撑之上，朝着清晰的发展方向迈进。这不仅将重塑经济运作、生产模式、社会管理，甚至个人日常生活，而且预计将催化生产和生活方式的重大转型，以更好地迎合人民群众多样化的物质需求。

### 14.4.1 智慧供应链的发展趋势

1. 智慧供应链生态持续向好

在欧美地区，物联网的进展遵循着一条清晰的轨迹：法规、政策、标准、技术和应用。这一发展模式得益于欧美全球500强企业的强大研发实力，确保了技术不会成为行业进步的障碍。相对而言，我国在高端技术层面尚有差距，因此往往需要等技术研发达到一定程度后，其他环节如应用、标准、政策和法律才会跟进。目前，我国物联网产业的发展重点在于技术创新和试点应用，初步呈现出以技术为先导，随后是应用、标准、政策和法律的发展模式。智慧供应链的构建将极大地依赖于物联网产业的进步。

从纵向视角来看，智慧供应链所需的核心技术，如自动控制、信息传感、射频识别等，已经成熟或接近成熟，而下游应用也早已存在。智慧供应链的发展应以应用为导向，需要与其他产业相结合，共同进步。构建一个有效的通道至关重要，这不仅是连接智慧供应链上下游的纽带，还能够促进产业链各环节的协同发展，增强智慧供应链的沟通、协调和发展能力。

从横向视角来看，智慧供应链实现了跨专业、跨行业的联动，极大地便利了终端用户。随着通道作用的不断演变，智慧供应链的未来也将不断发展。因此，要推动智慧供应链生态系统的进步，关键在于构建并维护一个健康的通道，确保其持续增长；并通过通道带动整个产业生态的共同繁荣，实现不同产业间的互联互通，从而加速产业融合。这是智慧供应链得到广泛应用和推广的重要基础。

目前以物联网技术为核心的智慧供应链生态环境已初具雏形。在未来几年内，其产业生态环境在各环节将在以下方面发生改变。

(1) 作为物联网设备制造商的上游供应商，传感器设备生产商和代理商需针对市场的动态及物联网相关设备的需求，扩充其产品线并降低生产成本。与传感器制造商类似，芯片生产商也应当根据市场需求，开发和生产专用于无线传感网的芯片，并与下游企业建立互动合作关系，共同促进发展。

(2) 作为物联网技术的核心，设备制造商在未来几年应迅速提高产品性能，紧跟市场趋势，推动技术进步，升级软硬件及解决方案，并推出更多创新产品和解决方案。软件开发商在信息处理、图形展示、决策支持等方面的功能将显著增强，并通过与最终用户的沟通，优化专家系统的决策能力。

(3) 系统集成商通过整合无线传感网和必要的其他应用模块，为最终用户提供全面的智慧供应链系统解决方案。系统集成商将利用自身在行业的经验资源和优势，直接向最终用户推广智慧供应链的相关技术和服务，还可使用设备制造商提供的传感节点设备，结合传感器、软件等产品，实现系统功能，并负责安装施工、调试和售后服务，帮助企业和消费者融入智慧供应链体系。

(4) 物联网产业生态环境的整体提升为智慧供应链的未来应用和市场扩展奠定了坚实的基础。物联网在其他领域的成功应用不仅能够保障智慧供应链的运营和网络通信，也将促进智慧供应链的繁荣发展。

2. 商业模式发生巨大转变

作为一个兴起的领域，智慧供应链展现出巨大的发展潜力。探索新的行业应用并拓展现有市场，将为物联网企业提供更多机会，这也是未来几年智慧供应链发展的主要动力。目前，物联网技术在精准农业、建筑施工、矿业安全、环境监测、物流管理等领域已展现出技术优势，关键在于如何利用这些领域的增长势头带动智慧供应链的快速发展，同时探索新的应用场景，这将是推动智慧供应链发展的关键所在。智慧供应链正经历从定制开发向通用产品的转变，以及从单一产品销售向产品与服务并重的商业模式转型。这一转变不仅为其市场快速扩张提供了坚实的基础,也为进一步完善智慧供应链创造了机遇。面对成熟的有线传感网络、Wi-Fi、GPRS等技术,智慧供应链需借助其成本效益、部署灵活性和实时数据采集等优势,寻找创新的应用和市场定位,以应对市场的挑战。具体包括以下几方面:

(1) 内生需求的刺激。智慧供应链的进步应当基于现实和应用的需求,而不是仅仅为了技术本身的发展。虽然在物联网技术早期,脱离实际需求的技术推广可能有其意义,但随着技术和市场的发展,这种脱离实际的应用模式已经变得不再适用。

(2) 填补技术空缺。物联网技术的兴起使得许多先前不可能实现的功能变得可行。将物联网技术与智慧供应链的具体需求相结合,是智慧供应链发展的主要方向,也是最容易取得应用成果和创新突破的领域。

(3) 降低企业运营成本。物联网在企业管理中的应用理念已经开始被管理者接受,智慧供应链的推广和应用将进一步推动实现物联网"万物互联"的模式,从而进一步降低企业的运营成本并创造更多价值。

(4) 提升产品附加值。智慧供应链的应用不仅能够为企业在成本方面创造价值,还能够通过提高产品的附加值和用户体验来增加价值。例如,在物流仓储行业,物联网技术可以实时监控货物状态,极大地提升了客户对物流企业服务的满意度。食品溯源等技术也在保障食品安全和提升企业效益方面起到了重要作用,增加了产品的附加值。

3. 跨行业沟通协作成为现实

物联网产业在无线传感网、云计算、RFID等领域均展现出积极的发展趋势。这些行业的发展对于智慧供应链的应用和推广至关重要。然而,从长期视角来看,要实现智慧供应链的显著进步,还需要在市场扩展、产业链整合以及上下游互利合作等方面做出更多努力。这不仅需要物联网技术的持续更新,还要求优势产业与物联网行业进行跨界合作,共同打造真正的智慧供应链体系。

智慧供应链的发展主要受到政策支持和国内需求的推动。通信运营商凭借其雄厚的资本、丰富的市场资源以及长期建立的市场信誉,在构建智慧供应链方面具有独特的优势。近年来,全球通信运营商都在积极推动物联网产业的发展,并在不同国家和地区建立了物联网设备的连接桥梁。国内运营商的M2M级物联网在医疗、交通等领域的市场开拓上发挥了关键作用,并计划在未来几年继续加大对物联网的投资,与企业紧密合作,全方位拓展智慧供应链的应用范围。

通信运营商不仅能够促进智慧供应链的发展,同时也是其重要组成部分。在智慧供应链中,大量数据由广泛分布的传感器网络收集并通过汇聚点传送到互联网或移动网络。随着应用场景的日益复杂化,移动网络将以其无线接入和广泛覆盖的特性,承担起更多智慧供应链通信任务,将智慧供应链的各个环节有机连接起来。同时,运营商在未来几年的发展中还将扮演集成商的角色,成为物联网产业的核心之一。目前,智慧供应链的上下游产业相对独立,尚未形成相互促进的良性循环。由于物联网设备供应商在市场上仍处于较弱地位,运营商的强势介入将为上游企业的发展注入信心。作为产业链中最强的一环,运营商通过资源整合,能显著降低下游产品生产和市场推广的成本,从而促成上下游互利的可持续发展循环。

### 14.4.2 智慧供应链的优势机遇

1. 政策驱动

我国政府对物联网发展的重视程度是有目共睹的。早在1999年,中国科学院就开始研究传感网；2006 年，我国制定了信息化发展战略；2007 年，十七大提出工业化和信息化融合发展的构想；2009 年，“感知中国”的新兴命题又迅速地进入了国家政策的议事日程。可以毫不夸张地说，在短短几年之内，物联网在我国政府的大力支持下，已经由一个单纯的科学术语变成了活生生的产业现实。2009 年 9 月，我国传感网标准工作组建立。随后，又在上海的浦东国际机场和世博园区建造了目前世界上最大的物联网技术系统。《信息通信行业发展规划物联网分册(2016—2020)》中提出加强对物联网技术研发、应用落地和产业发展的引导。2021 年，国务院印发了《“十四五”数字经济发展规划》，旨在推动数字经济的发展，其中物联网作为数字经济的重要组成部分，其发展也被纳入规划之中。可以说，国家宏观政策的支持与引导是我国物联网发展不可或缺的政策优势，而这种优势必将会对智慧供应链的构建起到重要推动作用。

2. 规模优势

物联网的本质要求其需要达到一定规模以形成有效的智能系统。目前，限制物联网产业规模化的主要障碍是成本。没有足够的规模，成本难以降低；而高成本又抑制了规模的扩张。打破这一恶性循环的关键在于实现规模成本优势，以解决限制物联网发展的价格问题。我国的无线通信网络已经实现了全国范围内的覆盖，为智慧供应链的扩展提供了坚实的基础设施。预计未来物联网将超越传统互联网，成为一次具有更深远影响的科技革命。这场革命不仅将扩大物品流通渠道和服务范围，还将为用户带来更高效、更高品质的生活体验，并催生众多新兴的行业和市场机会。我国拥有庞大的人口、坚实的物质基础和广阔的市场，这些优势使其具备推动智慧供应链规模化、推广和产业化的条件。可以预见，在未来全球智慧供应链的发展中，我国将占据重要地位。

3. 技术研发

物联网作为早期在我国启动的行业，得益于国家和政府在政策层面的积极支持，使得我国在物联网技术研发方面一直走在国际前列。我国与美国、日本、德国、英国等技术先进的国家一起，成为该行业国际标准制定的重要领导者之一，其影响力不可小觑。与计算机和互联网产业不同，我国在物联网行业的领先地位不仅体现在技术上的大幅领先，还体现在能够将物联网技术从实验室研发阶段推进到大规模商业运营。这样的做法在国际上是比较少见的。我国在通信、网络和传感器等领域拥有大量具有自主知识产权的技术专利，这些技术领域的优势为我国智慧供应链未来的发展提供了坚实的软实力基础。

4. 产业化优势

许多我国城市曾经依赖高能耗、高污染的粗放型发展模式来推动经济增长，但随着环境的日益恶化和资源的枯竭，迫切需要新能源产业或新兴高科技产业集群来支撑未来的经济发展。智慧供应链正好提供了这样的机会，将市场的关注点转移到虚拟网络对经济增长的推动作用上。投资智慧供应链的战略不仅有助于维持经济增长，还能在新的经济模式下抢占先机。智慧供应链的技术基础包括传感器制造、芯片制造、设备生产、网络服务、网络运营、软件开发及服务商等环节。尽管当前智慧供应链的技术尚未成熟，且难以在短期内实现大规模产业化和广泛应用，但国内庞大的市场规模和完整的产业链，从材料、技术、器件、系统到网络，使我国成为世界上少数能够实现物联网完整产业链的国家之一，这对智慧供应链的构建至关重要。在智慧供应链的发展过程中，既可以选择相对成熟的技术进行转化应用，也可以将产业链中的环节嵌入其他国内产业中进行整合应用，从而加快智慧供应链的发展速度。

### 14.4.3 智慧供应链的现实挑战

1. 高端技术仍较缺乏

物联网技术的核心包括 RFID 和无线传感器技术，这两者使得物品能够通过计算机网络自动识别，并实现信息的互联与共享，而无须人工干预。然而，标准化、成本和技术难题被公认为阻碍 RFID 和无线传感网发展的三大挑战，这些也限制了基于物联网的智慧供应链的发展。当前在国内，提供 RFID 服务的主要是国外厂商的代理集成。

在智慧供应链所需的集成电路研发方面，国内尚未掌握最尖端的技术，一些高端产品仍由外国公司控制，高灵敏度和高可靠性的传感器仍需进口。高端技术的缺乏不仅影响了国际标准的制定竞争，还严重削弱了我国在这些产品上的市场影响力。此外，由于 RFID 和无线传感网属于新兴技术，企业在采用新技术时，除了考虑应用性、稳定性和安全性外，还会重视行业内的实际应用案例。在缺乏成功案例的情况下，企业对引入 RFID 和无线传感网持谨慎态度，这也延缓了智慧供应链在企业中的广泛应用。

2. 缺乏统一的标准与协调机制

智慧供应链作为一个新兴领域，还处于初创阶段，许多企业的盈利状况尚未达到理想水平。尽管各地政府对智慧供应链的发展表示支持，但缺乏具体的财政资助，这使得风险投资者在资金投入方面保持谨慎，从而影响了智慧供应链发展的步伐。这一现状迫切要求政府以远见卓识的战略视角，出台政策以促进相关产业的发展。

统一的技术标准和协调机制是互联网能够全球普及的关键因素。然而，观察我国智慧供应链的当前发展，情况令人担忧。由于缺乏统一的技术标准和协作平台，众多进入该领域的企业各自独立运作，开发了许多无法互相兼容和通信的技术解决方案。若这一问题得不到妥善解决，它将成为制约我国智慧供应链长期发展的关键障碍。

3. 安全隐私存在风险

物联网的普及为我们的日常生活带来了极大的便利，然而，这也增加了我们对它的依赖。一旦物联网遭到恶意攻击或破坏，个人隐私和敏感信息可能会被盗取，更不用说国家的军事和财产安全了。从互联网时代的黑客活动来看，我们可以预见到这种行为可能造成巨大危害。

RFID 作为物联网中的一项关键技术，可能引发一系列信息安全问题。首先，RFID 标签的基本功能是确保任何标签的标识或识别码都能被远程扫描，并且标签会自动、无差别地响应阅读器的指令，将其存储的信息传输给阅读器。这一特性可以用于追踪和定位特定用户或物品，获取相关信息。然而，如果这些个人信息被恶意截获，隐私泄露的风险将大大增加，不法分子可能利用这些信息进行非法活动。其次，物联网通过实时数据交换提高了办事效率和透明度，但同时也暴露了个人偏好数据，甚至是反映内心深处需求的数据。对于个人来说，无法确保这些数据不被泄露，也无法确保这些数据不被用于对自己不利的地方，从而难以摆脱制造商、零售商、营销者等的强制监视。最后，在物联网时代，基本的日常管理将由人工智能处理，从事物联网病毒制造的人可能会比互联网时代更加猖獗，一旦受到病毒攻击，可能会导致工厂停产、社会秩序混乱，甚至直接威胁人类的生命安全。基于物联网的智慧供应链也必须面对这些问题的影响和威胁。

4. 污染和能耗较高

在当前的物联网世界，大量的无用信息处理正在消耗看似无穷无尽的计算资源，并耗费大量电力，同时排放大量二氧化碳。根据预测，到2035年前后，我国的传感网终端数量将达到数千亿个；而到2050年，传感器将无处不在地融入我们的生活。尽管我国在应用领域的研究方面与欧美等发达国家站在同一起跑线上，但要真正迎接物联网时代，必须考虑环境和能耗问题。以环境为代价换取生产力的发展已被证明是不可持续的。因此，智慧供应链的发展之路仍然充满挑战，还有许多难题需要解决。

视频

# 第15章 军事应用

军事即军队事务，是与国家武装力量有关的一切事务的总称。军事是战争和国防等事项的集中体现，内容极为丰富，与政治、经济、科技、文化、外交等领域都有着密切的联系。军事活动主要包括国防建设与军队建设、战争准备与战争实施等。近年来，随着部队执行多样化任务能力的提升，抗震救灾、反恐维稳等非战争任务也成为军队新的军事使命，进一步扩大了军事活动的范围和内涵。

国防建设和军队建设包括国防设施建设、武器装备采购、军事人员招募、部队战斗力维持等日常性事项，其中部队演习训练等属于军队建设的内容，但在性质上与战时状态近似，因此常常视为作战状态。在国防和军队日常建设中，物联网有着大量的应用场景，如保障供应、设施监控、远程医疗等，这些场景的应用模式与民用比较类似。

军用与民用最大的差别在于作战状态下。以信息技术为核心的新军事革命，推动着战争形态由兼具机械化和信息化特征的信息化条件下局部战争向信息化战争过渡。信息化战争更加强调作战空间的多维性和立体性、作战力量的多元性和实用性、作战行动的整体性和快速性、作战指挥的统一性和可控性，实现信息融合和力量联合，从而形成强大的作战能力，以总体的威力克敌制胜。

图 15-1　物联网军事应用领域

指挥控制是信息化战争的核心，指挥控制需要侦察监视、环境保障、战场监视、勤务支援、单兵装备等多个领域的支撑，如图 15-1 所示，物联网在上述领域都有着广阔的应用空间。

## 15.1　物联网军事应用领域

### 15.1.1　侦察监视

侦察监视是利用多种传感器探测目标的红外、光波、声波、振动、无线电波等物理特征信息，从而发现目标并监视其行动的过程。各种侦察监视器材装备搭载不同的作战平台，就形成了对战场侦察监视的不同手段。地面侦察监视的主要手段除传统的光学侦察外，还有无线电通信侦察、雷达侦察、地面传达侦察等；水下侦察监视主要采用水声探测，非声探测以及水下激光探测仍然处于探索阶段；空中侦察监视则主要利用航空器在环绕地球的大气空间中对敌方军队及其活动、阵地、地形等情况进行侦察与监视，具有灵活、机动、准确和针对性强的特点；空间侦察监视是指利用航天器的光电遥感器和无线电接收机等侦察设备获取情报，特点是轨道高、发现目标快、侦察范围广，可以长期反复地监视全球，也可定期或连续地监视某一区域，而不受国界和地理条件的限制。

侦察监视是物联网技术较早应用的军事领域之一，并且随着信息技术的发展其应用一直在不断深化和发展。根据国内外军事应用实践，传感器网络是物联网在侦察监视方面主要的军事应用模式，也给侦察监视领域带来了新的技术发展方向。

当前，传感器网络的建设是军事侦察探测技术发展的重点。传感器网络是指基于通信手段连接的大量分布部署的传感器节点，按照统一的协议、模型或机制组合运作，联合实现对感知对象实时、不间断感知探测的智能化、自组织网络。这里的通信手段包括有线、无线、卫星通信、数据链等，传感器节点包括根据感知需要调用的部署于陆、海、空、天、电的各类感知装备，感知对象可以是军事侦察探测的任意对象。

显然，物联网的传感器网络模式能够充分支持传感器网络构建，尤其是无线传感网(WSN)技术可以直接投入应用。由于军事侦察监视的对象比较特殊，可能涉及数百米至数千千米的区域，也有高速、超光谱或隐身的目标特性，还需要抗干扰、抗入侵的自我防护能力，同时由于情报信息的重要性，因此除了少数的战斗级应用外，大多数侦察监视装备都需要配套的运行管控、信号接收和数据处理节点，如卫星地面接收站、预警机载情报处理系统等。事实上，按照军事常识，传感器装备指的就是感知单元和处理单元的组合。因此，除了无线传感网在情报侦察领域的直接应用外，更多的是拓展物联网的传感器网络模式，来构建满足军事需要的传感器网络。

在侦察监视领域，基于传感器网络模式的物联网军事应用主要分为无线传感网和联合感知探测网两种方式。

1. 无线传感网方式

无线传感网方式的侦察监视是指在预定区域部署大量的用于感知、探测、监测等的多类微小型传感器，通过无线自组织网络将这些传感器连接起来，通过协作，感知、采集和处理网络覆盖区域中感知对象的信息，包括影像、方位、速度、温度、振动等各种属性，并通过无线网络接入军事通信网，将获取到的信息及时发送给情报处理机构或指挥所，实现对预定区域内敌方动态或目标情报的及时掌握。

早在20世纪60年代越南战争期间，为切断越军补给线，美军研制出大量振动传感器，通过飞机从“胡志明小道”上空投下。这些传感器构成了密密麻麻的“蛛网”，每当有人员或者车辆经过时，传感器就会探测到目标产生的振动记录其方向和速度等数据，并通过无线方式发送远程的监控中心，美军技术人员根据“传感器网络”回传的相关信息，一旦判断出有越军车队经过，指挥中心就会向驻扎在越南的美军发送指令，引导战机飞临目标上空实施轰炸。经过几十年发展，一些军事强国先后研制出收集战场信息的“智能微尘”系统、远程监视战场环境的“伦巴斯”系统、侦听武器平台运动的“沙地直线”系统、专门侦听电磁信号的“狼群”系统等一系列军事传感器网络系统。其中，“智能微尘”系统的探测元件只有沙粒大小，却能实现信息收集、处理和发送等全部功能，从而提升了作战过程中的制信息权能力。

无线传感网的优势在于具有移动性、自组织性、动态拓扑等，可以动态组网、抗毁顽存。但是在应用方面，存在硬件资源有限、能量受限、易受物理环境影响等问题。另外，无线传感网除非进行大规模组网，否则无法满足军事侦察监视大范围、多目标和高复杂性等要求。因此，无线传感网通常应用于战术级或战斗级的军事行动中，实施小规模、小范围的作战侦察监视。

2. 联合感知探测网方式

在信息化的今天，军事通信技术高速发展，各类通信手段层出不穷，已经具备了全球覆盖的通信保障能力，为大范围、大区域的传感器组网提供了充分的物理支持条件。联合感知探测基于通信网将各类感知探测传感器、信息处理节点、信息服务分发节点及用户节点联系起来，组成栅格化的感知探测网，综合运用所有相关的感知探测和信息处理资源，集传感器调度管控、信息采集获取、信息处理加工、信息按需分发及情报保障需求采集功能于一体，统一处理形成大区域、全要素、实时的战场统一作战图像与信息，为指挥决策和作战行动提供各类情报信息保障服务。

联合感知探测网以通信网为基础，由部署在通信网中的以下几类节点构成：

(1) 传感器节点。包括部署在陆、海、空、天、水下的各类传感器，进行战场监视、目标探测和情报信息收集，对目标进行联合监视、识别和探测，形成一体化的感知和保障能力。

(2) 管控处理节点。包括传感器管理控制节点和信息处理节点，控制传感器对目标进行组网跟踪，对目标信息进行融合处理和识别，多个计算节点分布处理、提取所需信息，形成一致的态势情报。

(3) 信息服务节点。包括信息存储、分发和服务门户节点，对网上所有节点的数据、信息进行注册管理，按需搜索、数据挖掘，实时为作战平台和用户实时分发信息。

(4) 情报用户节点。有效利用从信息服务节点实时获取的、符合任务需求的侦察监视情报信息和统一的战场综合态势，进行计划拟制等相关活动。同时，向信息服务节点提交进一步的感知探测需求信息。

联合感知探测网的核心机理是将所有可用的传感器资源、信息处理和计算资源及信息服务资源进行综合与优化，使其像一个巨大的单一感知探测装备一样一体化运作，实现对目标对象更准确、更全面、更快捷的侦察和感知。

联合感知探测网具备以下能力：

(1) 传感器节点能力共享，即实现我方部队内甚至与联盟部队的传感器资源共享，打破以往的各自独立使用的局面。

(2) 联合接力侦察监视，即可以针对具体的同一个感知目标，调用多种、多项侦察监视资源进行联合与接力感知探测。

(3) 信息多源同步处理，即可以在多个处理节点对获取到的原始数据按照不同的需求和使用模式，同步进行处理，快速形成统一、完整的战场态势。

(4) 服务按需分发共享，即基于服务节点和分发网络，实现“将恰当的信息、在恰当时机、以恰当的方式、送达恰当的地点、供恰当的用户使用”，同时所有用户获取到的分散或局部态势在整体上是协调一致的。

### 15.1.2 环境保障

地理环境、气象水文、海洋洋流、电磁辐射及核生化污染程度等作战环境条件是军事作战必须关心的问题，拥有“天时地利”的优势能够为作战胜利提供先天的保障条件。因此，在战争对抗中，作战的任何一方都需要准确、及时地掌握这些环境影响因素的规律、情况和参数等，通过科学、正确的计划来规避对自身不利的因素，充分利用有利条件，在作战中先敌获取优势。由于战场环境信息保障是对自然环境信息的认知、掌握和利用，因此物联网在此方面大有可为。

物联网在战场环境信息保障方面的军事应用主要包括 RFID 和传感器组网两种方式，这两种方式分别应用于不同的场合，也可以应用于同一项保障活动中的不同阶段，给军事战场环境信息保障作业活动带来巨大的工作效率提升。

首先，在一些相对稳定的战场环境保障信息获取方面，可以基于 RFID 方式实现这些信息或数据的直接传送。

某一局部区域或预设点位的地理测绘数据、中长期气象信息、某一季节时段的洋流状况，以及某一段时间内的水质污染情况等都是相对稳定的，当这些信息作为环境基础数据对作战的影响相对较弱时，可以通过探测系统基于 RFID 记录数据、其他用户读取 RFID 数据的方式，使数据得到多次共享和使用，同时可以大大减轻对信息传送的压力。这种应用方式的典型场景是在部队行军过程中，先遣保障分队将测量数据记录在 RFID 电子标签上，并将标签贴附在道路两边的树木、桥梁等位置，后续作战分队经过时通过无线读取 RFID 电子标签，自动读取到这些数据。

目前，这种方式在地理测绘、气象水文和核生化探测等保障活动中都已经有了较为广泛的应用。

其次，在信息实时获取方面，基于传感器组网的物联网应用模式将给军事战场环境保障作业带来突破性的发展。

地理空间环境信息保障、气象水文信息保障、战场电磁环境信息保障及核生化信息探测等军事活动，都是将传感器布设在预定区域，感知探测获取所需的数据和信息。如果基于传感器组网技术，将各类传感器通过无线或有线网络连接起来，形成一个自组织、多层次、自治的保障信息智能传感器网络，再通过远程接入手段接入指挥机构，即可实现无人化、抗损毁、相对长期运行的战场环境信息保障模式，降低战场环境信息保障活动中作战保障人员的作业工作量，尤其适合于敌方、高辐射、高污染等危险区域，大大提高战场环境信息保障的效率，为获取信息优势奠定基础。例如，在核生化探测与防护方面，采用纳米生物等传感技术，研制核生化武器监测网络系统，在作战部队配备手持传感终端，或在车辆、大型武器装备上嵌入专用传感器，可在第一现场、第一时间自动侦察感知、实时动态监测核生化武器潜在袭击事件，实现“三防”预警。“三防”处置机构可通过远程网络实时掌控监测信息并协同处置作业，从而提高“三防”处置的反应速度、质量和效率。图 15-2 所示为基于物联网的战场环境保障信息网示意图。

美国桑迪亚国家实验室与美国能源部合作，共同研制出能够尽早发现以地铁、车站等场所为目标的生化武器袭击，并及时采取防范对策的系统。该系统融合检测有毒气体的化学传感器和网络技术于一体。安装在车站的传感器一旦检测到某种有害物质，就会自动向管理中心通报，自动进行引导旅客避难的广播，并封锁有关入口等。该系统除了能够在专用管理中心进行监视之外，还可以通过网络进行远程监视。

此外，地理环境信息保障本身也是物联网军事运用的基础。物联网通过射频识别、红外感应器、全球定位系统、激光扫描传感设备等构成前端感知网来感知对象，最终实现智能识别、定位、跟踪、监控和管理。在这种需求下，物联网天生就需要一种统一的能进行空间定位、空间分析的可视化地理空间平台。基于地理信息构成的统一基础信息平台，能够使传感器的布设更加优化、科学、合理，组网效率更高。传感器网络建成之后，通过基础地理信息平台可以实现传感器的定位、追踪、查找、控制，最终把所有的物联对象都落到这个统一的空间平台上来。

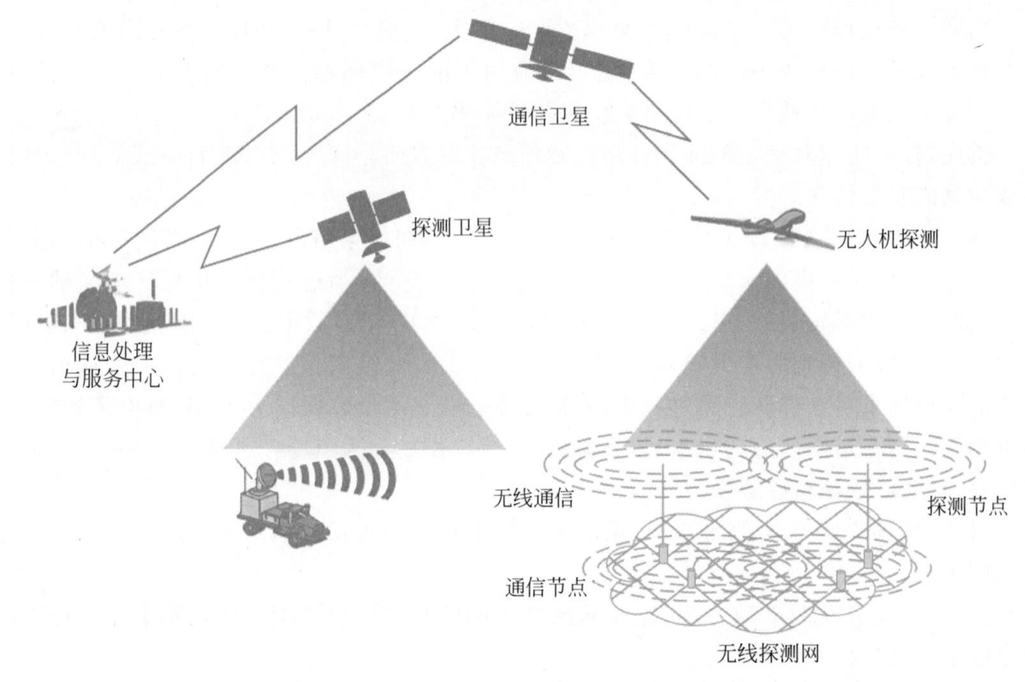


图 15-2　基于物联网的战场环境保障信息网示意图

### 15.1.3　战场监视

战场是敌对双方实施作战活动的空间，也是军队遂行军事任务的区域。在信息化条件下，战场已经拓展到陆、海、空、天、电五维空间，而且随着远程精确打击武器、电子战装备的发展、反恐斗争等军事任务的拓展，战场已经不再是传统的确定交战区域，每个与国防相关的空间都可能成为战场，既包括前方阵地、边海防、空防和战略要地，也包括城市、太空甚至计算机网络。战场监视与管控是一项重要的国防军事活动，是做好主动防御、积极备战、快速反应和高效交战的重要举措。

在战场监视与管控领域中物联网的典型应用模式是传感器组网模式，即由多类、多个探测、测量、监视、识别传感器通过无线或有线通信网相连接，对某一固定区域或目标进行连续、不间断的监测，为决策、管理和控制提供支持信息。同时，对于航空、航天等监控应用，还可以通过地基、海基、跟踪与数据中继卫星、星座专用测控网等进行组网，对巡航导弹、无人机、卫星等测控对象发射控制指令，实施远距离控制。另外，敌我识别系统、导航定位系统是战场监视与管控领域的支持系统，实现对区域内管控对象的识别和机动位置跟踪。下面以机场周界防入侵检测系统、战场目标机动跟踪系统、基于物联网的航空管制系统和航天测控系统为例，简要介绍物联网在战场监视与管控方面的应用构想。

(1) 机场周界防入侵检测系统主要基于分布式光纤传感监测与定位技术，利用激光、光纤传感和光通信等设备在机场周围敷设了一道人眼看不见的"光子围墙"，一旦发现入侵可立即发出定位报警，对威胁到机场安全的突发事件进行监控和报警。系统能形成大范围预警圈和警戒圈，任何入侵都会产生扰动波，形成警报，实现无缝隙、无死角、无盲区的全区域传感监测。

(2) 战场机动目标跟踪系统主要基于敌我识别、机动导航、移动定位、战术通信组网及时空统一等技术，实现对战场上的作战、侦察、通信、勤务等各类机动力量的机动位置、任务执行情况、突发意外情况，以及力量、物资和医疗等补给和保障需求等情况的实时准确掌握，为战术级部队的指挥控制提供信息保障和支持。采用物联网理念，基于有线通信、无线通信及卫星通信等手段，实现战场上陆、海、空等不同空间的各类指挥机构、作战单元、保障要素、武器平台等的联合组网，建立起一个整体的信息网络，同时制定统一的信息采集、传输、处理和共享规范，从而实现在一张地图上进行所有作战要素的基础及动态情况查询和掌控，在指挥机构形成统一的战场综合态势，为获取战场的决策优势和行动优势，提供充分的信息支持。如图15-3所示为战场机动目标跟踪系统示意图。

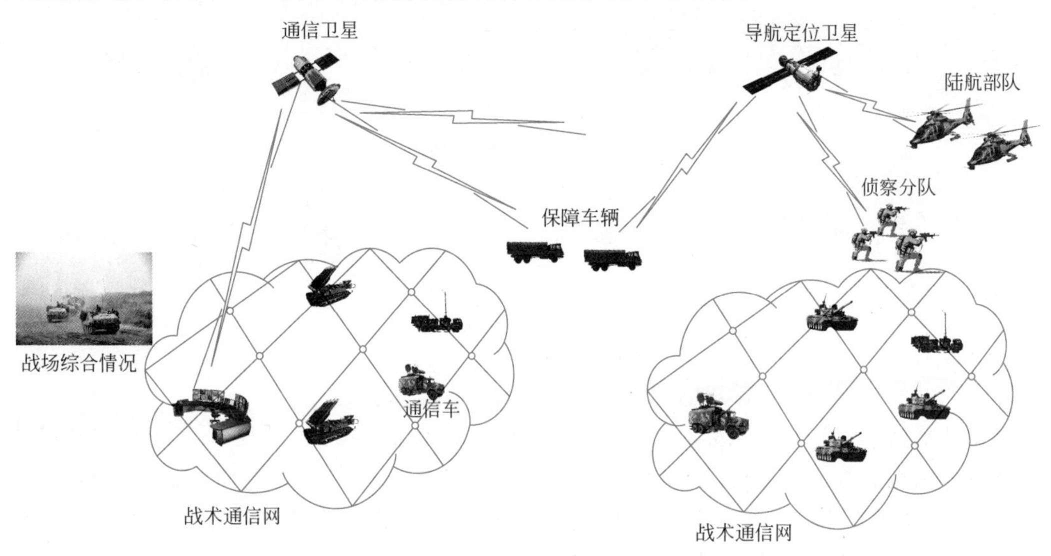


图15-3 战场机动目标跟踪系统示意图

(3) 航空管制系统是运用各类技术设备，按照区域划分和管制规定，对管制空域内飞行器的起降和航行活动进行实时监视、控制和指挥的系统。系统通过无线电通信和导航等手段对管制飞机进行管理，依托脉冲测量雷达及无线电、光学跟踪系统等对控制空域内的飞机进行跟踪和监测，避免其脱离航线，影响正常飞行秩序。同时对于未经允许闯入的飞机进行跟踪和监测。航空管制系统由近程、中程、远程一次雷达、二次雷达和机场监视雷达组成的雷达系统，地空通信和平面通信网组成的通信系统，近程/远程导航设备、进场着陆设备组成的无线电导航系统，以及航空管制机构配置的数据处理与显示系统等组成。目前国内外积极发展以卫星星载通信导航监视系统为主体的航空管制技术，实现地面、机载、星载设备配合运用，提高管控能力和飞行安全。基于物联网理念，可以实现航空管制机构、地面雷达监视装备、星载通信导航监视装备，以及机场、飞行器等系统组成要素之间的联合组网，构建天、空、地一体的航空管制网，实现对空域内目标的持续跟踪和接力监测，将大幅提升航空管制的时效性和精确性。

(4) 航天测控系统是跟踪测量航天器飞行状态并控制其运动和工作状态的专用系统，通过对航天器进行跟踪测量、监视、控制，测定和控制航天器的运动，检测和控制航天器上各种装置和系统的工作，接收来自航天器的专用信息，与载人航天器的乘员进行通信联络等。航天测控系统由航天控制中心和若干配有跟踪测量、遥控和遥测设备的航天测控站组成。航天测控站是航天测控和数据采集网的基本组成部分，直接接收测量信息，将控制指令发送给航天器。航天测控站一般由测量系统、遥测系统、通信系统、电视系统、时间统一系统、计算机系统和辅助设备等组成。与航空管制系统的构建思路相似，航天测控系统采用物联网理念，将各组成部分及航天器基于通信系统进行联网，制定统一的信息采集、传输、处理和共享规范及工作响应机制，也可以构建起天、空、地一体的航天测系统，实现对航天器持续、精确地跟踪、探测与控制。如图 15-4 所示为基于物联网的航天测控系统示意图。

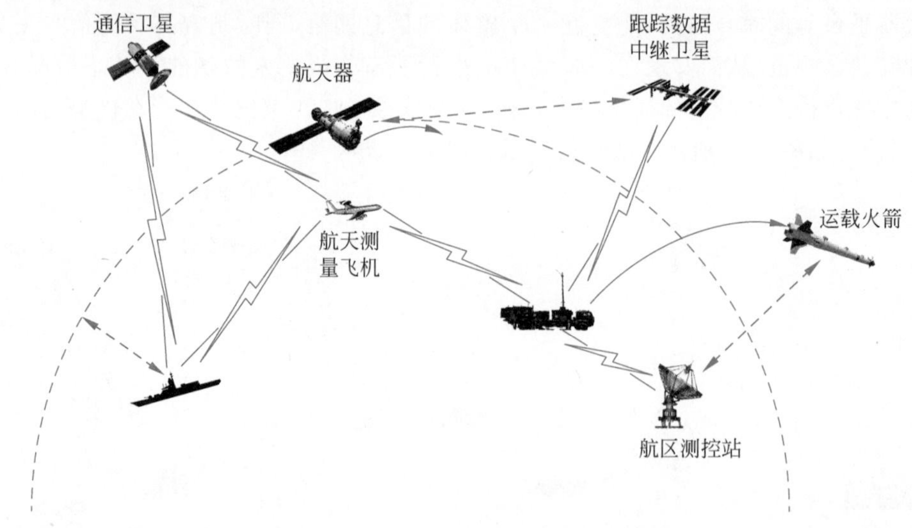


图 15-4　基于物联网的航天测控系统示意图

"知己知彼，百战不殆。"战场监视与管控就是要实现"知己"，不仅要掌握己方作战力量、资源与区域的静态情况，还要掌握动态情况。在这方面，指挥控制、侦察监视、战场环境信息保障等功能也能够提供一些直接或间接的支持，如果真如本节所设想的，战场上、区域内我方所有资源、要素都能按照彼此的功能、特点实现基于物联网的互联，那么笼罩在战场上的我方"迷雾"将逐步变得透明和清晰，使指挥机构、管控机构的指挥控制行动更加准确、快速且有效，作战效果与预期更加接近，战场节奏更加可控、协调、有序。

### 15.1.4　勤务支援

勤务支援保障的能力是信息化战争取得胜利的重要因素。勤务支援保障利用物联网强大的信息优势，将物资、人员信息全部存储到计算机网络中，依托信息化平台，采取精确方式为部队提供"适时、适地、适量"的保障，大大提高了保障的效率和效益，实现"储、供、救、运、修"的精确化保障。

物联网在勤务支援保障的"储、供、运、救、修"等各个环节都有着非常大的应用空间。

1. 储

物资储备就是勤务支援的源头，先有了储备才能组织有效供应。物资器材需要储备，良好的储存环境可以保持武器装备的优良性能，延长军需物资的储存时间。当然，各种装备物资对储存环境的要求不尽相同，这就对建立仓库提出了很高的要求。可以利用物联网感知和监测技术，对仓库全方位不间断地监控，包括仓库内的温度、湿度，以及仓库周边等主要辖区的安全防盗。目前，越来越多的测量、控制、现场分析设备已发展为具有数字通信接口的智能设备，实现了数字化控制与管理，为勤务支援保障提供物资储存的实时情况。

2. 供、运

在军械弹药库、油料库、通信器材库、装甲器材库、军需库等场景，建立以物联网技术为基础的军用物资在储、在运的状态自动感知与智能控制信息系统。采用 RFID 技术，在各类军用物资上附加安装电子标签，通过读写器自动识别和定位分类，可以实施快速收发作业，并实现从生产线、仓库到散兵线的全程动态监控；在物流系统中利用RFID技术与卫星定位技术，可以完成重要物资的定位、跟踪、管理和高效作业，提高对供给、运输环境的感知与监控能力以及快速反应能力，达到物资供给、配送的可视化、实时化、精确化、高效化。图15-5为物资器材的在储、在运分发示意图。

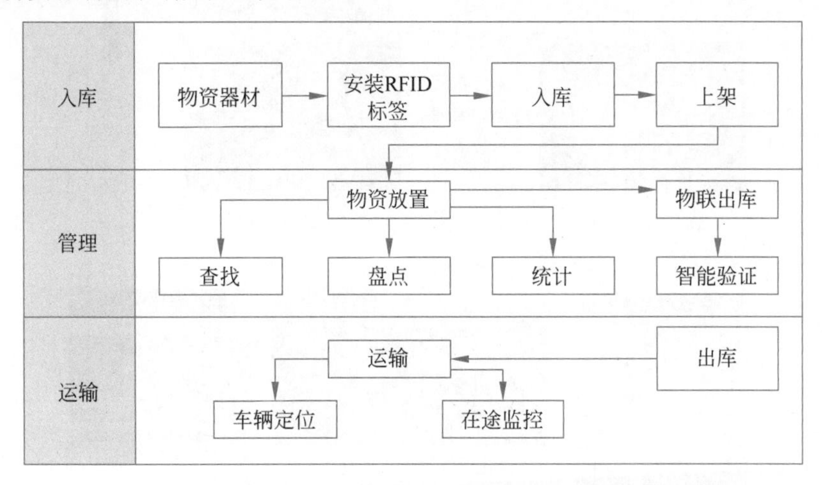


图15-5 物资器材的在储、在运分发示意图

3. 救

建立士兵电子伤情管理系统，实时动态监测战斗人员的生命体征，卫勤保障实时伴随，快速确定战场伤员位置，完整记录士兵病例，全智能化的医护战场资源协调，实现伤员运送途中的实时监控，缩短伤员的治疗时间，提高伤员的治愈率，最大限度地保障军队的战斗力。可以设想，基于物联网技术，在硝烟弥漫的战场，每名官兵除随身携带包含个人血型、用药禁忌、病史等信息的"电子伤票"外，手腕上还佩戴着手表大小的信号发射器。部队遭到炮火袭击，受伤的官兵在进行自救互救的同时，通过信号发射器发出求救信号。同时，基于物联网建立"电子伤情管理系统"，通过与"电子伤票"系统和一体化指挥平台嵌入连接，实现战场搜救的"精确定位"。野战救护所的救护人员根据电子战场态势图上显示出的伤员准确位置、伤病情况，确定救助等级，同时搜救小组就近选择路线前往搜寻，在最短的时间内给予伤员最佳救助。图15-6为士兵电子伤情管理系统示例。

4. 修

建立通用终端平台，为各种装备实现保障软件的开发提供技术基础，使得多种技术保障手段能够在一种硬件终端上实施。战场上，当武器装备损毁时，通过装备战场技术保障通用平台，可接收装备上的终端设备信息，利用装备的自动检测维修系统，帮助装备维修人员迅速判断故障，并进行快速修理。对于复杂的故障，维修人员可以借助数字化通信网，向远在千里之外的技术专家请教。技术专家则可以通过显示屏，对维修人员进行技术指导，从而在技术上实现远程诊断和远程修理，从战术上实现远程支援。

目前，军事勤务支援保障是物联网应用最为成熟的军事领域，国内外都有着非常成熟的应用实例。美军联合全资产可视系统(JTAV)就是基于物联网实现了物资、器材、弹药等军用资产的透明化管理。图15-7为基于物联网的JTAV系统的技术原理。

图 15-6　士兵电子伤情管理系统示例

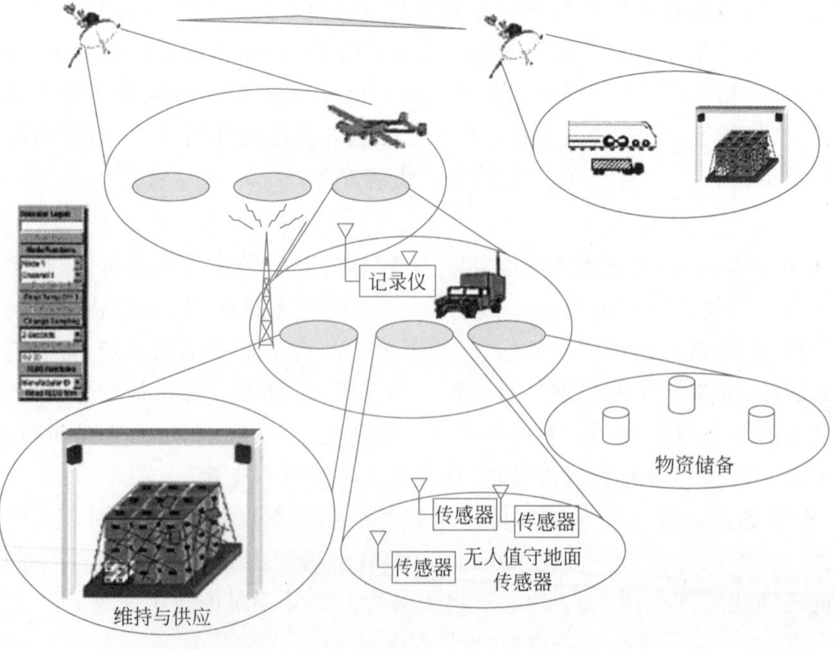


图 15-7　基于物联网的 JTAV 系统原理图

### 15.1.5 单兵装备

随着未来战争的发展和信息化作战的需要，士兵作为战场分队作战中最基本的作战单元，将不再是传统意义上的独立个体，未来的士兵将是适应信息化战场需求的数字化单兵。数字化单兵能够始终感知周围的态势发展，并且能够始终把最新的态势告知其上级和同伴。利用物联网可以实现数字化单兵装备的互联互通，并能充分实现数字化单兵系统的全方位感知和实时传输功能，为指挥控制下的精确打击提供充分的技术支撑，进一步提升士兵的作战效能。

美国、英国、法国、俄罗斯、德国等军事强国纷纷在开发相应的单兵系统，例如，美国的陆地勇士(Land Warrior)(如图15-8所示)、英国的未来步兵(FIST)、法国的FELIN、俄罗斯的勇士-21外骨骼、德国的IDZ系统等。

图15-8 美军的陆地勇士单兵系统

虽然出现了越来越多的数字化单兵装备，但现有的数字化单兵装备应用范围有限，其机动能力、智能化程度不高，部分设备还需手动输入操作。真正意义上的数字化单兵装备，部署更加灵敏，具有的高智能化水平可以使得士兵具备独立遂行作战的能力。但是，要制造出完全“智能”的数字化单兵装备并在战场上充分发挥士兵的作战效能，还有很多技术问题亟待突破。

物联网能将包括人在内的所有对象相互连接，并允许它们之间相互通信，不仅包括人与人的通信，还包括了物与人、物与物之间的通信。利用物联网，在现有数字化单兵装备的基础上，充分结合人工智能技术、纳米技术，强化其与士兵本身生理系统的“沟通”，可以更好地提升数字化单兵装备的智能化水平，大幅促进士兵的战斗力。

此外，还可以利用物联网，加强数字化单兵与其他信息作战系统的集成，优化数字化单兵装备的运行流程，实现周围态势的自动化感知和信息的实时传输。利用卫星、光纤、短波、数据链等各种通信手段，结合新一代的网络技术，让每个数字化单兵都可以实时注册，并能实现区域组网，实现数字化单兵之间的互联互通和战场信息的共享，为区域范围内的指挥控制和协同作战提供充分的技术支撑。

基于物联网的数字化单兵应用设想如图 15-9 所示。

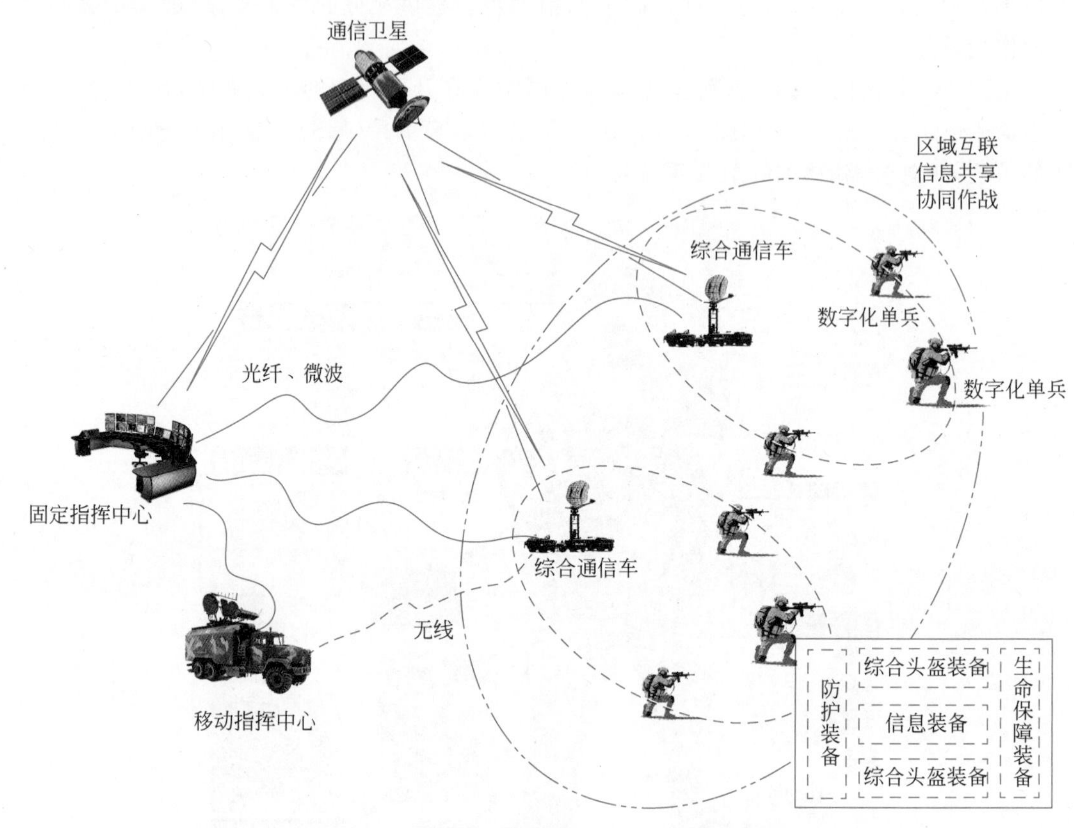


图 15-9　基于物联网的数字化单兵应用设想

## 15.2　物联网军事应用案例

### 15.2.1　军事物流系统

军事物流是物流体系的重要分支，是军事后勤体系的基石。军事物流是指军事物资经由采购、运输、储存、包装、维护保养、配送等环节，最终抵达部队用户而被消耗，从而实现其空间转移的全过程。军事物流的本质是通过向部队用户提供所需要的物资，解决部队用户在物资需求方面存在的数量、质量、时间、空间四大矛盾。军事物流的研究对象是用于军事目的的各种物质资料，从供给地向军事消费地流转的全部过程。

基于物联网的军事物流系统架构由共用信息基础设施和建立在其基础之上的应用服务系统组成，包括感知层、网络层、服务层、应用层 4 个层次。其中，感知层和网络层属于共用信息基础设施，服务层和应用层属于应用服务系统。基于物联网的军事物流系统的总体架构如图 15-10 所示。

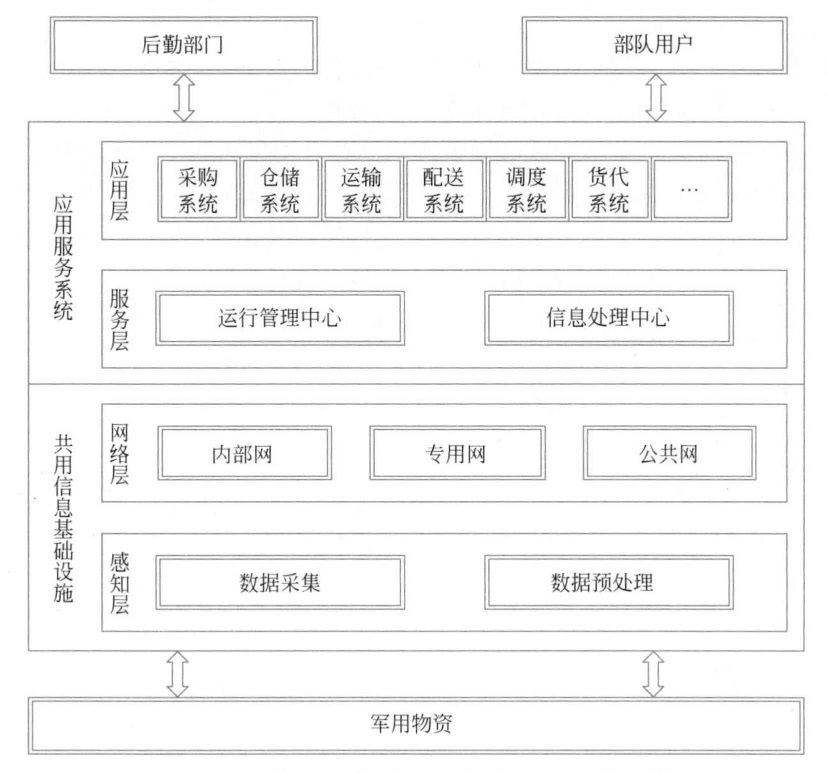


图 15-10　基于物联网的军事物流系统的总体架构

1. 共用信息基础设施

共用信息基础设施可分为感知层和网络层，其中，感知层主要完成物体信息的采集、融合和处理；网络层是进行军事物流信息交换、数据传递的通路，包括各级各类网络。

1）感知层

感知层采用条码识别、RFID、智能图像识别等多种技术对各类军事物流对象进行信息采集，这种采集具有实时、自动化、智能化、信息全面等特点，同时将采集的数据经过多种处理方式提取出有用的感知数据。感知层主要包括数据采集系统和数据预处理系统。

数据采集是军事物流系统的基础。通过自动识别技术可以加速识别军事物资和采集数据、减少业务处理时间和提供数据准确性。单一的采集终端只能提供单一且分散的数据，与有活力的自动信息系统相联合后，它既能提供整个军事物流数据中准确、及时和详尽的物资信息，又能改进系统处理方式。数据采集系统是统揽数据采集工作的基础架构。数据采集系统依托传感器技术、网络技术等，各数据采集终端单元或加工单元有机地连接成一个整体，完成数据的规范、统一、传递等任务。其输入端连接分散于各个地理位置的数据采集设备和设施，可以对各种数据进行自动识别；输出端实时向数据加工系统发送数据。数据采集系统有两大功能：在线监视和统计分析。向管理级提供有关作业在线的实时、准确、完整的信息，充分体现物联网技术给军事物流带来的实时监控效果和全新的数据管理方式。

数据预处理系统主要完成传感器数据预处理、目标/事件探测、目标特征提取优化、数据聚合、数据汇聚、协同处理等功能，初步完成目标属性的判断及目标状态的简单预测，涉及的关键技术主要有数据预处理技术、特征提取技术、模式识别技术及决策融合技术等。

2）网络层

对于军事物流而言，根据网络层的性质和特点可以划分为内部网、专用网、公共网三级网络。其中，内部网主要用于内部管理和业务，如目前的办公自动化或业务自动化等网络；专用网用于业务领域之间、业务和职能领域之间的信息交换和共享；公共网主要用于远程信息利用、移动办公及面向用户的事务处理和信息发布。考虑到基于物联网的军事物流的特殊要求，内部网与专用网之间采用逻辑隔离，专用网与公共网之间采用物理隔离。这 3 种网的界限会随着军事物流系统实施主体的定义范畴的变化而变化，主要取决于信息共享程度，最终反映在安全机制和策略上。网络层的三级网络结构如图 15-11 所示。

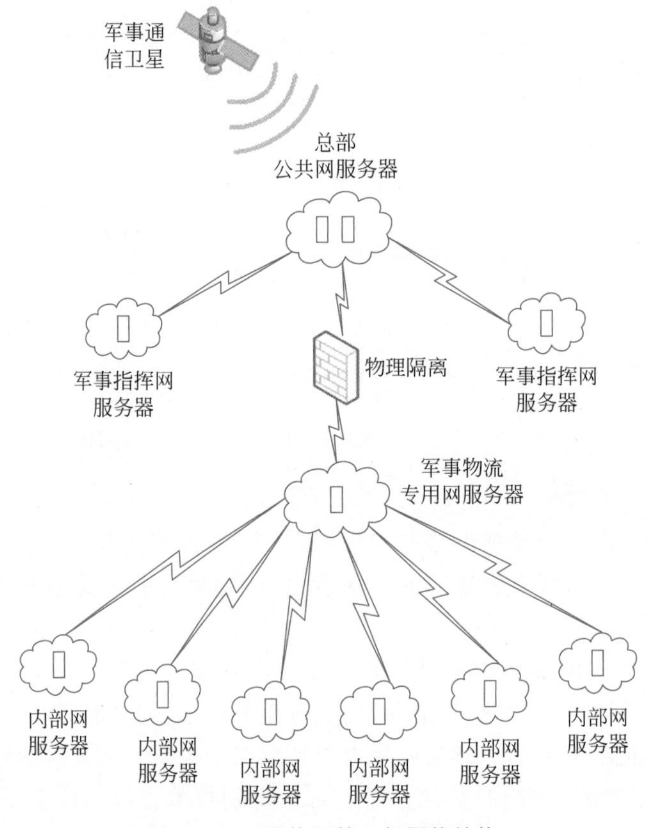


图 15-11　网络层的三级网络结构

基于物联网的军事物流系统网络以公共网为基础，以内部网为核心，实现物流系统内部工作流的电子化、自动化，并通过专用网允许其他部门或人员对内部应用的授权访问和实现相互间授权的信息交换，从而达到信息资源的共享、信息交换和合作，为用户提供实时、便利的在线服务和交流。

公共网主要由全国性通信网和物流业务领域信息网构成，并且依托军队有线网、军事卫星通信网等主干网络，为军事物流系统提供畅通、可靠的基础信道。信息高速公路建设是基于物联网的军事物流系统的基础，为物流信息的采集、传输、综合、共享提供了全新的技术可能性，使信息流及时、准确地传递。

专用网允许其他业务部门或职能部门使用特定的权限穿过防火墙，从公共网访问内部网指定的数据或启动指定进程，为内部人员协作、信息共享提供支持链路。专用网可以通过公共网、虚拟专用网或无线通信网等技术来实现。网络管理者通过加载现有的公共网连接中的防火墙或路由器中的加密和认证功能，来确保数据的安全抵达。无线通信网的提出和发展满足了机动保障对象接入公共网的需求，提供了一套开放和统一的技术平台及软硬件接口，使用户可以使用移动设备轻松地访问和获取以统一内容格式表示的公共网或内部网的信息和各种服务。

内部网是物流管理部门或单位内部使用的安全网，使用公共网技术，包括协议、浏览器和服务器，并且受到内部的安全“防火墙”的保护。内部网和传统的局域网、广域网硬件基础结构相同，通信标准和服务与信息标准采用公共网标准。通过内部网，物流管理部门可以实现军事资产信息更精确、架构更合理、部门结合更紧密、分工更清楚、功效更优良、用户运作更清晰。

2. 应用服务系统

应用服务系统建立在共用信息基础设施之上，提供具体的军事物流功能服务和应用支持，具体分为服务层和应用层。

1）服务层

基于物联网的军事物流系统是在一个相对开放的计算机和网络支撑环境下实现的，服务层为军事物流系统各种数据、过程等多种对象的协同运作提供各种服务及运行时的支撑环境，从而降低系统集成的复杂度，提高应用间集成的有效性，将信息系统实施规划中确定的各种应用系统、服务、人员、信息资源及数字化设备的协调关系，映射汇聚到集成化运行的可执行系统中去。服务层主要由信息处理中心和运行管理中心构成。

（1）信息处理中心。

信息处理中心由网络应用平台、应用集成平台、信息门户平台和安全基础平台组成。

① 网络应用平台主要由计算机网络硬件、通信设施、存储设备及服务器组成，是系统及系统软件运行的物理基础，为整个军事物流信息系统提供基本的网络基础设施及系统软硬件支持。网络应用平台一方面通过网络基础设施连接网络节点的各类网络通信设备，保证网络中节点之间正确地传送信息和数据；另一方面还要与外部信息基础设施实现互联和互通。

网络应用平台利用各种先进、成熟的网络技术和通信技术，采用统一的网络协议，建设一个可实现各种综合网络应用的高速计算机网络系统，将各级后勤部门和保障实体、保障对象通过网络连接起来。为了尽可能地利用好对满足多种网络应用需求最为关键的稀缺带宽资源，避免可能出现的网络性能问题，必须在军事物流系统网络建设中的每个细节做出努力，把网络的性能优化到极限，解决相关网络性能问题。

网络应用平台的功能是为用户提供丰富便捷的网络应用（如实时多媒体视频/音频、网络远程通信、网络会议等）和各种网络服务（如电子邮件、文件共享、信息查询），为各类用户提供多种形式的访问，获得所需要的各种军事物资信息；为系统提供可靠的、高速的和可控制的网络环境，传输各类数据资源，实现广泛的信息资源共享，积极扩展网络，扩大联网的范围和规模，并最终实现整个军事物资信息的全面共享。

② 应用集成平台为基于物联网的军事物流系统的各个具体应用系统的无缝接入与集成提供基础支持。20 世纪末、21 世纪初，信息技术领域发生的一个重大变化就是大型机逐渐隐去，取而代之的是各种网络工作站。终端用户获得了比以前更强大的处理能力，分布于整个后勤领域的硬件资源拥有了比以前更强大的功能。这种变化最初是从硬件开始的，而今将更多地体现在软件方面：

一是提供应用间的互操作性。应用集成平台支持位于同一层次上的各种构件之间进行信息交换，方便使用系统间功能服务，特别是资源的动态发现和运行检查。

二是提供分布环境中应用的可移植性。提供应用程序在系统中迁移的潜力，并且不破坏应用所提供的或正在使用的服务，包括静态的系统重构及动态的系统重构。

三是提供系统中应用分布的透明性。分布的透明性屏蔽了由系统的分布所带来的复杂性，分布的透明性使应用编程者不必关心系统是分布的还是集中的，从而可以集中设计具体的应用，大大降低应用集成编程的复杂性。

③ 信息门户平台使不同层次的决策者或用户都能够简单便捷地访问军事物流系统，使系统提供的信息用于多方位的决策。

从应用的角度来看，信息门户平台就是采用标准浏览器，将信息处理的能力扩展为对所有数字对象和信息，进行获取、分类和组织，建立索引，并提供转换、过滤、聚合和检索的能力，实现信息目录和内容的有效管理，跨越地域、部门、组织，建立联系，提供对军事物流系统的单点访问，使每个用户都能通过统一界面访问经授权的内部和外部信息。

从管理角度来看，信息门户平台是一个实现资源的整合、内外部的交流沟通，同时把业务扩展到公共网络的应用平台，为各类物资用户部门提供一个单一的访问军事物流系统各种信息资源的入口，使用户部门能够释放存储在部门内部和外部的各种信息，使工作人员通过这个门户从单一的渠道访问其所需的个性化信息，获得个性化服务和进行物流保障活动，它是管理、查询、日常业务运作和办公协作的共用平台。物流部门通过门户系统及时向用户提供准确的信息来优化业务工作，提供管理和保障能力。随着网上业务的不断发展演变，信息门户平台还可以拓展业务范围，创造新的管理和服务模式。

④ 安全基础平台为基于物联网的军事物流系统提供基本的安全保证。安全贯穿于基于物联网的军事物流系统体系框架的各个层次。网络的互联互通性和信息资源的开放性都容易对军队军事物流系统保密信息构成巨大威胁。安全问题是一个复杂的问题，必须有一套可靠、实用与可实施的方案。

安全基础平台主要包括 5 个层次：一是网络层安全保护，从防火墙、防病毒、网络传输方面来增强信息系统的安全性，以防信息泄露和防黑客入侵；二是系统平台安全性，对各个流程模块数据访问的安全控制；三是应用数据层，对大量文档数据的管理、保护、备份、灾难恢复；四是信息系统应用安全防护，建立完善的用户身份和隐私保护机制；五是规章制度层，建立起一套规范化的信息保密措施与管理维护规章制度。

(2) 运行管理中心。

为了基于物联网的军事物流系统运行和建设的顺利开展，需要设计组织架构和管控模式。组建运行管理中心有助于发挥“提高附加服务价值”的作用，有效完成整合资源、建立标准、统一技术、集中研发、规划决策、集中管理等任务。各业务部门是执行单位、信息反馈单位、部门可视化实现单位，应更加集中精力从事业务工作。运行管理中心由数据资源中心、网络管理中心和安全保障中心组成。

① 基于物联网的军事物流系统的突出特点是网络按集成分布框架体系存储数据信息，根据数据的地域分布，分别存储各地的数据备份信息。数据资源中心将有关集成信息存储在公共数据中心中进行统一的协调和管理。通过数据中心对各职能业务部门的授权实现对数据的存取。其职能是：负责建设并维护基于物联网的军事物流系统信息目录体系；负责系统基础性信息资源的开发和维护；控制各个相关单位的逻辑连接；管理并维护各单位业务系统之间的信息交换体系。

基于物联网的军事物流系统数据主要由数据资源模块(中心数据库)和数据开采、信息融合模块组成,它为整个系统提供数据、信息支持。中心数据库系统是基于各个业务部门的原有数据库建立起来的异构分布数据库系统,同时充分考虑到数据的使用频度和使用范围,可以将某些部门的数据集中起来进行统一管理,实现部门间的数据共享。数据开采、信息融合模块基于中心数据库构建,为信息交换提供其所需要的服务、工作信息。

数据资源中心还为基于物联网的军事物流系统提供跨平台、跨系统、跨部门的消息通信、事件管理和流程控制等服务功能,基于该中心完成各部门内部、后勤部门之间、部门与保障对象之间的信息交互和数据交换。

② 基于物联网的军事物流系统建设中,大规模的通信网络、传输体系和各种基于IT技术的业务支撑系统、客户服务系统都需要借助有效的网络管理中心。网络管理中心的主要职能是负责系统的统一管理控制和统一标准的制定、发布和实施,同时负责整个基于物联网的军事物流系统的异地备份和灾难恢复等。另外,网络管理中心保障基于物联网的军事物流系统硬件网络基础设施的正常运行,提供对访问用户的物理接入安全控制。

一是性能管理,对通信网中网络元素的性能及网络通信性能进行管理,网管人员可非常方便地检查网络的性能参数,包括现时数据和历史数据。

二是统计管理,统计管理用于监视和记录用户对网络资源的使用情况,计算网络的运行时间和流量,并进行分析和审计。

三是配置管理,负责控制网络的配置信息,提供有关工具手段,使网络管理者可以生成、查询及修改网络各部分运行参数和条件。

四是故障管理,用于检测网络环境中的异常操作和现象,主要包括故障检查、故障诊断、故障修复及故障记录等。通过对管理信息的分析和处理,网络管理人员可以及时发现问题,通过跟踪分析和故障隔离等多种方法,逐步确定故障的原因和位置,进行错误报警和实施有效隔离。

③ 基于物联网的军事物流系统的信息安全保密是首要关键问题。安全保障中心负责制定基于物联网的军事物流系统总体安全策略,通过系统安全漏洞扫描、系统入侵检测和系统安全审计等安全运行监管机制提供全网的安全运行管理,同时为用户提供灵活的工具,以便鉴别用户及其数据,控制用户对资源的存取,同时对网上的机密信息实施保护。作为一个完整的信息安全体系,基于物联网的军事物流系统安全保障中心由安全组织体系、安全管理体系和安全技术体系三大部分组成。

一是安全组织体系,主要是建立安全中心,由安全保密管理中心、密钥管理中心、授权服务中心等子机构组成。安全中心负责建立和维护整个信息系统中的信任组织结构,提供密钥管理服务,提供信息系统的访问授权服务;负责建设管理公钥系统、授权管理等安全基础设施,为基于物联网的军事物流系统提供智能化信息服务和智能化授权服务。

二是安全管理体系,在安全评估的基础上制定安全政策,包括信息系统安全等级的分类、与安全等级相对应的安全措施要求、对参与系统开发和运行的单位的要求和约束、系统安全升级、安全问题的报告制度和程序、紧急情况处理和应急措施等。即通过安全评估、安全政策、安全标准、安全审计4个环节加以规范并实现有效管理。

三是安全技术体系,包括构建防火墙系统、入侵检测、防病毒、CA认证、异地备份等。

2)应用层

基于物联网的军事物流系统应用面向后勤物流保障机构、人员及保障对象,给用户带来的最大好处是能够充分利用已有的资源,为各类保障实体提供个性化服务,因此建立合理使用的信息系统非常必要。

(1) 采购系统。采用规范化的企业采购模式和管理流程,适用开放式或供应链采购方式,包括网上招标、供应商管理、采购计划管理、需求管理、报价管理、审批管理、合同管理、订货管理、补货管理、结算管理、信用管理、风险管理等功能,从成本降低、效率提高和流程控制等各方面为军事物流系统创造价值。

(2) 仓储系统。可以对所有的,包括不同地域、不同属性、不同规格、不同成本的仓库资源,实现集中管理。采用条码、射频等先进的物流技术设备,对出入仓货物实现联机登录、存量检索、容积计算、仓位分配、损毁登记、简单加工、盘点报告、存期报警和自动仓储费用计算等仓储信息管理。支持整储散储等各种储存计划,支持平仓和立体仓库等不同的仓库格局,并可向用户提供远程的仓库状态查询、账单查询和图形化的仓储状态查询。

(3) 运输系统。对所有运输工具,包括自由车辆和协作车辆以及临时车辆实行实时调度管理,提供货物分析、配载计算,以及最佳运输路线选择等功能。支持全球定位和地理信息系统,实现车辆的运行监控、车辆调度、成本控制和单车核算,并提供网上车辆及货物的跟踪查询。

(4) 配送系统。按照即时配送原则,满足后期零库存管理的原材料配送管理,满足小批量多品种的连锁配送管理,满足共同配送和多级配送管理要求。支持在多供应商和多购买商之间精确、快捷、高效的配送模式。支持以箱为单位和以部件为单位的灵活配送方式。支持多达数万种配送单位的大容量并发配送模式;支持多种运输方式、跨区域配送方式。结合先进的条码技术、GPS/GIS 技术、电子商务技术,实现智能化配送。

(5) 调度系统。用于战役以上层次物流业务的集中管理,适用于网状物流、多址仓库、多式联运、共同配送、车队管理等时效性强、机动性强、需要快速反应的物流作业管理,以应对被保障部队的柔性需求,减少部门之间的沟通环节,保证物流作业的运行效率。

(6) 货代系统。满足国内一级货运代理的要求,完成代理货物托运、接取送达、订舱配载、多式联运等多项业务需求,支持航空、铁路、公路和船务运输代理业务。配合物流的其他环节,实现物流的全程化管理,实现门对门、一票到底的物流服务。

### 15.2.2 智慧军营系统

营区是部队日常生活、训练、战备的重要场所,军队体系部门众多、地点分散、环境复杂,成为日常维护工作的主要障碍。由于面积大,管理难度大,涉及的部门又比较多,因此给管理人员带来了很大的困难。

按照集中部署、集成建设、集约保障、科学管理的思路,加快建设功能完备、安全防护、信息智能、生态节约、军营文化特色鲜明的现代营房,是军队建设发展的现实需要,是顺应国家经济社会发展的时代选择,也是营区建设科学发展的必由之路,对于提高军队营区综合保障能力,实现全面建设现代勤务支援保障目标,促进军队革命化、现代化、正规化建设,具有十分重要的意义。

基于物联网的智慧营区是以营区的数字化信息为基础,以计算机、网络、多媒体、虚拟现实等数字化技术手段为依托,通过 RFID、传感器等感知方式,与营区保障的诸多环节紧密融合,对营区管理、供水供电、供热供气、环保绿化、安全防护等业务信息实现高效采集、存储、传输、处理及应用,从而优化资源配置,提高保障服务水平的信息平台。

智慧营区建设也是军队信息化建设的一个重要组成部分。加强部队营区智能化升级改造，将信息化管理与安全防护、人员监控、装备监管、环境监测等方面有效地结合在一起，可以切实将信息化融入军队管理中，确保部队安全工作落到实处，有效提高部队训练、工作效能，进一步提高部队战斗力。

智慧营区建设框架示意图如图 15-12 所示，根据智慧营区建设的要求和安防、装备、设施、管控等各业务部门的实际情况，各业务部门可以有选择地进行系统动态重组。

图 15-12　智慧营区建设框架示意图

1. 智能安防体系建设

物联网的问世不仅为国防建设创造了历史机遇，也为物联、安全防范等技术企业提供了新的市场空间。以“智能化”为发展方向，以安全防范与物联网技术相融合为特征，许多新型的安全防范技术与产品、解决方案，纷纷闪亮登场，令安全至上的军用市场焕发出勃勃生机。物联网与智能监控、视频分析、周界报警、应急指挥、传感网、射频电子、防雷消防、自动控制等技术相融合，在军事设施、交通运输、物流仓储、通信指挥、处突防暴、巡逻值勤、弱电系统、军工生产等方面，将构建出实时感知、实时监控、实时预警体系。

随着信息化速度的不断推进，军事武器装备的不断发展，技防项目需求日益旺盛，要以“军事管理实时化、应急指挥可视化、安全防范智能化”为目标，构建各种系统，合理搭建系统所需产品结构，规划产品采购，做好各系统的集成。

智慧营区建设包括营区实时监控、周界防入侵检测等多个子系统。

1）营区实时监控系统

对营区周界全天候、全方位实时监控，营区围墙一线采用最新的传感器技术、网络视频监控技术、红外夜视技术，将监控感应系统的视频等信息联网传输，云计算集中处理，以实现对所有非授权出入营区的人员、车辆等分布式全天候监控并提供实时报警。

2）周界防入侵检测系统

周界防入侵检测系统主要基于分布式光纤传感监测与定位技术。系统是利用激光、光纤传感和光通信等高科技技术构建的安全报警系统，是一种对威胁公众安全的突发事件进行监控和报警的现代防御体系。分布式光纤周界监控预警系统好像在重要区域的周界处敷设了一道人眼看不见的“光子围墙”，一旦发现入侵可立即发出定位报警，忠诚地守卫着要害目标。系统能形成大范围预警圈和警戒圈，发现入侵时光纤就会产生扰动波，形成警报。系统灵敏度极高，光纤敷设之处就是传感位置，实现全程传感监测无缝隙、无死角、无盲区。

3）超隐形周界防入侵系统

采用埋地式的液体软管分布式压力传感器，形成一个完全隐蔽的周界探测系统。由于没有任何能量泄漏和电磁辐射，因此具有反侦察能力；同时也不易受电磁干扰，是一种高度隐蔽的、可靠的周界保护系统。当入侵者试图进入保护区域时，将会对埋地软管产生一定的压力，通过管内的填充液体传送到传感器内的压电感应膜，并转换成相应的电信号。通过对电信号的特征进行提取及分析，实现系统的预警及报警功能。

4）应急联动报警系统

通过报警监控电子地图，可实时监控门窗或设备的状态，包括门窗开启或关闭状态、强行进入、开门超时、当地 TTL 报警、防撬报警、低电压报警、通信报警等。具体形式为：通过地图关联，从地图上某个待定的区域切换到另一个地图；实时播放某个摄像头的视频监控界面，也可设置当发生某个门禁报警事件时自动弹出对应摄像头的监控界面，或设置报警发生时自动录像、拍照等功能；设置录像的时间，包括事件发生前多长时间和事情发生后多长时间，以及延迟多长时间开始录像。

5）营区访客系统

集身份验证、身份证自动阅读及登记、各种证件扫描录入、对访客拍照及对访客发放进出门凭证功能于一体，高效记录访客的证件信息，并能灵活地查询及管理来访历史资料，加强出入登记凭证的收发管理、存档、分析。可接入中心管理平台，实现集中管理和查询。

6）人员进入营区

单位统一管理卡的发放、注销、回收。对官兵的考勤情况进行记录、查询和管理。接入中心管理平台，实现集中管理和查询。

7）安全门禁系统

采用非接触式智能卡、指纹识别、人脸识别等技术，主要实现对营区内各库房、建筑物大门、楼层门和重要房间门的控制，刷卡(或指纹、人脸识别)开门并保存出入记录。系统采用开放式门禁，对使用者进行多级控制；同时对单位内不同的区域和特定的门实行进出管制，可以实现联网实时监控。系统硬件包括监控工作站、门禁控制器、感应式读卡机、电控锁、电源箱等；软件采用大型数据库、可视化图形界面、在线式监控，通过管理中心的平台软件可实现与其他子系统的联动控制。

8）智能视频监控和报警系统

与周界、门禁、访客等系统进行联动，值班人员无须 24 小时紧盯监控视频，任何系统发生报警，监控视频都会自动切换至报警现场，同时回放报警前一段时间的录像，使值班人员及时掌握现场情况，立即进行报警处置，防患于未然。

综上所述，利用物联网技术研制新型智能化安防系统，形成了覆盖营区的一体化安全防御体系，提高了部队安全预警和应急处置的能力，并在此基础上将安防系统的终端延伸到车辆和人员管控上，真正实现了智能化、信息化和规范化管理。

2. 构建营区物联网

建设智慧营区，要通过布设营区设备网，加装设备控制箱，连通局域网建成营区物联网，提供互联互通的平台，进而实现设备数据的实时交换。

1）营区物联网构建的原则

（1）实用性和先进性原则。

在设计营区物联网系统时首先应该注重实用性，紧密结合具体应用的实际需求。在选择具体的网络通信技术时一定要同时考虑当前及未来一段时间内的主流应用技术，不要一味地追求新技术和新产品。一方面，新的技术和产品都有一个成熟的过程，立即选用可能会出现各种意想不到的问题；另一方面，最新技术的产品价格通常非常昂贵，会造成不必要的资金浪费。

性价比高，实用性强，这是对一个网络系统最基本的要求。组建营区物联网也一样，特别是在组建大型营区物联网系统时更是如此。否则，虽然网络性能足够，但可能造成投资的浪费。

在组建营区物联网时，应尽可能采用先进的传感网技术以适应更高的多种数据、语音（VoIP）、视频（多媒体）传输需要，使整个系统在相当一段时期内保持技术上的先进性。

（2）安全性原则。

根据物联网自身的特点及部队对保密工作的要求，除了需要解决通信网络的传统安全问题之外，还存在一些与已有网络安全不同的特殊安全问题。例如，营区物联网机器/传感器节点的本地安全问题、传感器网络的传输与信息安全问题、核心承载网络的传输与信息安全问题以及营区物联网业务的安全问题等。

营区物联网安全涉及许多方面，最明显、最重要的就是对外界入侵、攻击的检测与防护。现在的互联网几乎时刻受到外界的安全威胁，稍有不慎就会被病毒、黑客入侵，致使整个网络陷入瘫痪。在一个安全措施完善的网络中，不仅要部署病毒防护系统、防火墙隔离系统，还应尽可能部署入侵检测、木马查杀和物理隔离系统等。当然所选用系统的具体等级还要根据网络规模的大小和安全需求而定，并不一定要求每个网络系统都全面部署这些防护系统。

除了防病毒、黑客入侵之外，网络系统安全性需求还体现在用户对数据的访问权限上，一定要根据相应工作需求为不同用户、不同数据域配置相应的访问权限。同时，用户账户的安全性也应受到重视，要采取相应的账户防护策略，保护好用户账户，以防被非法盗取。

（3）标准化、开放性、互联性和可扩展性原则。

物联网系统是一个不断发展的应用信息网络系统，所以它必须具有良好的标准化、开放性、互联性与可扩展性。

标准化是指积极参与国际和国内相关标准制定。物联网的组网、传输、信息处理、测试、接口等一系列关键技术标准应遵循国家标准化体系框架及参考模型，推进接口、架构、协议、安全、标识等物联网领域的标准化工作；建立起适应物联网发展的检测认证体系，开展信息安全、电磁兼容、环境适应性等方面的监督检验和检测认证工作。

开放性和互联性是指凡是遵循物联网国家标准化体系框架及参考模型的软硬件、智能控制平台软件、系统级软件或中间件等都能够进行功能集成、网络集成、互联互通，实现网络通信、资源共享。

可扩展性是指设备软件系统抽象、核心框架及中间件构造、模块封装应用、应用开发环境设计、应用服务抽象与标准化的上层接口设计、面向系统自身的跨层管理模块化设计、应用描述及服务数据结构规范化、上下层接口标准化设计等要有一定的兼容性，保障物联网应用系统以后扩容、升级的需要，能够根据物联网应用不断深入发展的需要，较为方便地扩展网络覆盖范围，扩大网络功能，使系统具备支持多种通信媒体、多种物理接口的能力，可实现技术升级、设备更新等。

在进行网络系统设计时，在有标准可执行的情况下，一定要严格按照相应的标准进行设计，特别是在节点部署、综合布线和网络设备协议支持等方面。只有基于开放式标准，坚持统一规范的原则，才能为其未来的发展奠定基础。

(4) 可靠性与可用性原则。

可靠性与可用性原则决定了所设计的网络系统是否能够满足用户应用和稳定运行的需求。网络的“可用性”体现在网络的可靠性及稳定性方面。网络系统应能长时间稳定运行，而不应经常出现这样或那样的运行故障，否则给用户带来的损失可能是非常巨大的。

电源供应在物联网系统的可用性保障方面也居于重要地位，尤其是关键网络设备和关键用户机，需要为它们配置足够功率的不间断电源，以免数据丢失。

为保证营区各项目业务应用，营区物联网必须具有高可靠性，尽量避免系统单点故障。要在网络结构、网络设备、服务器设备等各方面进行高可靠性的设计和建设。在采用硬件备份、冗余等可靠性技术的基础上，还需要采用相关的软件技术提供较强的管理机制、控制手段和事故监控与网络安全保密等技术措施，以提高整个营区物联网系统的可靠性。

构建营区物联网除应遵循以上所说原则外，可管理性也是进行营区物联网建设时需要关注的问题。由于营区物联网系统本身具有一定的复杂性，随着业务的不断发展，营区物联网需要采用智能化、可管理的设备，同时采用先进的网络管理软件，实现先进的分布式管理，最终能够实现对整个网络运行情况的监控，并做到合理分配网络资源、动态配置网络负载、迅速确定网络故障等。通过先进的管理策略、管理工具来提高物联网的运行可靠性，简化网络的维护工作，从而为维护和管理提供有力的保障。

2) 营区物联网构建的步骤

营区物联网规划是在用户需求分析和系统可行性论证的基础上，确定营区物联网总体方案和网络体系结构的过程。网络规划直接影响到营区物联网的性能和分布情况，它是营区物联网系统建设的一个重要环节。营区物联网构建的步骤主要包括：

(1) 用户需求调查与分析。

物联网是在互联网的基础上，利用射频识别、无线数据通信、计算机等技术，构造一个覆盖世界上万事万物的实物互联网。与其说物联网是一个网络，不如说是一个应用业务集合体，它将千姿百态的各种业务网络组成一个互联网络。营区物联网也是如此，因此，在规划设计营区物联网时，应紧密结合部队实际情况，充分调查分析物联网的应用背景和工作环境，及其对硬件和软件平台系统的功能要求及影响。这是首先要做的，也是在进行系统设计之前需要做的。

(2) 网络系统的初步设计。

在全面、详细地了解了用户需求,并进行了用户现状分析和成本/收益评估之后,在用户和项目负责人认可的前提下,就可以正式进行营区物联网系统设计了。首先需给出一个初步的方案,一般包括以下几个方面:

① 确定网络的规模和应用范围。确定营区物联网覆盖范围(这主要根据终端用户的地理位置分布而定)和定义营区物联网应用的边界(着重强调的是用户的特殊职能应用和关键应用,如 MIS 系统、数据库系统、广域网连接、VPN 连接等)。

② 统一建网模式。根据用户营区物联网规模和终端用户地理位置分布确定营区物联网的总体架构,比如是要集中式还是要分布式,是采用客户机/服务器相互作用模式还是对等模式等。

③ 确定初步方案。将营区物联网系统的初步设计方案用文档记录下来,并向用户和项目负责人提交,审核通过后方可进行下一步运作。

(3) 营区物联网系统详细设计。

确定网络协议体系结构。根据应用需求,确定用户端系统应该采用的拓扑结构类型,可选择的网络拓扑通常包括星状、树状和混合型等。如果涉及接入广域网系统,则还需确定采用哪种中继系统,确定整个网络应该采用的协议体系结构。

① 设计节点规模。确定营区物联网主要传感器节点设备的档次和应该具备的功能,这主要根据用户网络规模、应用需求和相应设备所在的位置而定。传感网中核心层设备性能要求最高,汇聚层的设备性能次之,边缘层的性能要求最低。在接入广域网时,应主要考虑安全性、保密性、带宽、可连接性、互操作性等问题。

② 确定网络操作系统。在一个营区物联网系统中,安装在服务器的操作系统决定了整个系统的主要应用、管理模式,也基本上决定了终端用户所采用的操作系统和应用软件。

③ 网络设备的选型和配置。根据网络系统和计算机系统的设计方案,选择性价比最好的网络设备,并以适当的连接方式加以有效组合。

④ 综合布线系统设计。根据用户的传感器节点部署和网络规模,设计整个网络系统的综合布线图,在图中要求标注关键传感器节点的位置、传输速率、接口等特殊要求。综合布线图要符合国际、国内布线标准。

⑤ 确定详细方案。确定网络总体及各部分的详细设计方案,并形成正式文档提交给项目负责人和用户审核,以便及时发现问题,予以纠正。

(4) 用户和应用系统设计。

前面 3 个步骤用于设计营区物联网构架,此后是具体的用户和应用系统设计,其中包括具体的用户应用系统设计和 ERP 系统、MIS 系统选择等。具体包括以下几方面:

① 应用系统设计。分模块设计出满足用户应用需求的各种应用系统的框架,特别是一些部队特殊职能的应用和关键应用。

② 计算机系统设计。根据用户业务特点、应用需求和数据流量,对整个系统的服务器、传感器节点、用户终端等外设进行配置和设计。

③ 系统软件的选择。为计算机系统选择适当的数据库系统、ERP 系统、MIS 系统及开发平台。

④ 机房环境设计。确定用户端系统的服务器所在机房和一般工作站机房环境,包括温度、湿度、通风等要求。

⑤ 确定系统集成详细方案。将整个系统涉及的各个部分加以集成，并最终形成系统集成的正式文档。

(5) 系统测试和试运行。

系统设计后还不能马上投入正式运行，而是要先做一些必要的性能测试和小范围的试运行。性能测试一般需要利用专用测试工具进行，主要测试网络接入性能、响应时间，以及关键应用系统的并发运行等。试运行是对营区物联网系统的基本性能进行评估，试运行时间一般不少于一个星期。小范围试运行成功后即可全面试运行，全面试运行时间一般不少于一个月。在试运行过程中出现的问题应及时加以改进，直到用户满意为止。

营区物联网构建的内容主要包括：

① 营区局域网。依托军事综合信息网，通过架设光纤、双绞线、路由器、交换机等传输设备，将营区内各建筑物、办公室、战士宿舍、值班室等所有需接入计算机终端的房间进行互通互联，构成信息网络，为数据的传输做好硬件准备。

② 营区设备网。根据用户需求，依照设计安排，在每个信息点处依据该点位所担负的职能安装相应的智能设备，采集、处理相应的点位信息，并能够将所搜集信息上传至营区数据中心统一存储、管理，构成营区智能设备网。

③ 设备控制箱。设备控制箱用于连接营区局域网和设备网。与设备网连接实现设施设备数据采集和控制，与局域网连接实现数据网络传输。

④ 模数转换器。模数转换器安装在传感器、变频器、电动阀等设备前端，通过总线与设备控制箱连接，实现模拟与数字信号相互转换。

3. 设施设备智能改造

建设智慧营区，要求对营区供水、供电、供热和中央空调等设施设备进行智能改造，实现设施设备智能管控。

1) 供水设备智能改造

根据营区对水的需求，对传统的供水设备进行改造，或加装智能供水设备，以保证士兵们在便捷取水的同时节约水资源。主要的供水设备有智能水表、电动水阀、水压传感器、变频控制器、智能龙头等。这些设备均具有标准的通信接口，满足常用通信协议，口径与安装管径匹配，能与其他设备互联互通，确保能够在网络中传输所收集的信息，方便对水资源的集中管理，达到合理利用水资源的目的。

2) 供电设备智能改造

根据营区对电能的需求，对供电设备进行改造，利用时间、光线、声响等因素控制灯光的开启与关闭；对锅炉、路灯等设备加装温度、光控等传感器，以实时监视锅炉、路灯的运行状态；采用无线传感网和无线局域网技术，实现对灯、空调等设备的远程监控，同时为工作人员配备手持终端，方便工作人员现场处理设备故障；对营区内照明、音响、太阳能、锅炉等设备进行数字化管理，实现定点、定时、按需开启和关闭。主要加装的供电设备有智能电表、智能电闸、路灯控制器、电热水炉控制器等。这些设备均具有标准的通信接口，满足常用通信协议，符合计量标准，功率与用电负荷匹配。通过这些智能改造能达到用电方便、管理高效、节约资源的目的。

3) 供热设备智能改造

根据供暖特点，通过微处理器控制模块、气候补偿器、变频器等先进技术，对原有燃气锅炉供暖系统进行节能优化控制的改造。通过改造，可解决原有系统存在的能源浪费现象,降低供暖成本,达到良好的节能降耗效果。对锅炉房加装管温传感器、管压传感器、变频控制器、电动三通混水调节阀、气候补偿器、室外测温仪等设备,实时感知管温管压,并将数据通过标准的通信接口,依据标准的通信协议传输给数据处理中心进行分析处理。安装供热管网流量控制器,及时对管网流量进行调节。在营区建筑物供热管道入水口处及公寓房每户安装热量表,适时检测热量;在需分时或恒温控制的房间安装电动二通闸阀及室内温控仪,实现对温度的按需控制。对中央空调加装室内温控仪、管温传感器、新风管保温器等智能设备,有效控制中央空调,达到高效服务、节约资源的目的。

4. 装备营具智能识别

对装备和营具加装射频识别卡或二维码,标识基本属性和管理责任,实现装备营具智能识别与管理。电子标签主要用来标识营产营具的相关信息,如型号、使用状态等。大门控制系统在工作时,通过自动识别设备获得营产营具电子标签的信息,根据电子标签中记录的装备和器材信息及出入记录判断其合法性,来管理营产营具进出。可见电子标签是整个系统正常工作的基础,必须重点管理。

1)系统组成

电子标签发放与管理系统由电子标签读写器、计算机和编码管理软件组成。通过计算机上编码管理软件的控制,电子标签读写器将录入的营产营具信息写入电子标签的存储器中。电子标签发放与管理系统是一个相对比较独立的系统,除单机操作外还可以获取系统数据库中营产营具信息,然后按照预定编码规则编码后更新电子标签内的信息。

2)系统功能

根据录入的营产营具的相关信息,按照预定的编码规则,将电子标签号、营产营具参数等标识信息写入电子标签内。对电子标签进行检测,包括合法性检测、编码信息校对、性能状况检测等。对废弃的电子标签进行格式化操作,清除原来电子标签所存储的信息,使电子标签失去原有标识信息的功能。

通过建设军械、油料、车场等处调度室和信息中心,对所属器材、装备、后勤保障进行数字化监控管理,贴上电子标签,有效感知装备、器材的任何动作,并通过网络使上级部门能及时快捷地掌握情况。在装备器材出入库时,按单件射频自动识别出入库情况并登记;系统自行对装备器材库存现状进行盘点,并能计划申请对装备器材的动用、补充、维修、报废等;对于装备器材的维修情况也能详细记录。

要实现上述系统功能,首先要对装备安装射频电子标签或二维码标签,对营具安装二维码标签,并在营区相应管理部门配套安装射频读写器、二维码扫描器、条码打印机等管理设备,实现对装备和营具的智能管理。

5. 营区环境智能监测

营区环境是官兵赖以生存的空间,营区环境的好坏与官兵的健康息息相关。对营区水质、空气洁净度、温度、湿度、噪声等进行在线智能监测,实现营区环境变化动态分析和实时预警,确保官兵在良好的环境中生活。

目前,营区气象系统(也称为环境自动监测系统)是运用现代传感技术、自动测量技术、自动控制技术、计算机应用技术,以及专用分析软件和通信网络组成一个综合性的在线自动监测体系。根据获取到的环境数据进行污染预测、实时监控、分析决策,以及采取环保行动构成环境监控的完整过程,该系统是融技术性、智能性和决策性于一体的灵活、高效的处理系统。

营区气象系统主要包括空气质量监测系统、污染源自动监测系统和水质自动监测系统。

1）空气质量监测系统

空气质量监测主要是通过对空气中的污染物成分与浓度进行鉴定，然后通过计算分析来判断的。对空气质量监测系统得到的数据进行分析，得到空气中二氧化硫、二氧化氮和可吸入颗粒物浓度的级别预报，使营区官兵及时获得空气质量等级预报。通过在监测区域广布监测子站，各站每天都会对二氧化硫、二氧化氮、可吸入颗粒等进行自动监测。这些监测子站配备最先进的空气监测设备，这些设备能够定期自动采集空气样本，然后送到专用分析仪器进行分类监测，最后把分析得到的数据送到控制中心，由控制中心对监测子站传回的数据进行分析，得出当天空气质量监测结果。

2）污染源自动监测系统

污染源在线监控是环境监控系统中不可缺少的一部分，通过污染源监控平台，全面管理营区内主要污染源（水源、烟尘等）的排放总量控制，制止环境违法行为。为提高监察效率，系统必须采用自动化、信息化、科学化的手段，建立监管的系统平台，为节能减排、环境统计、排污申报、排污收费等提供可靠的依据。系统也可通过对前端监测设备的集中管理和配置，实现环境监测的集成与联动，对营区重点污染源排放的视频监测，同时对包括图像在内的各类数据进行存储，以便日后查证。

3）水质自动监测系统

水质自动监测可以对水质进行自动、连续监测，数据远程自动传输，随时查询所设站点的水质数据，并实现水质信息的在线查询、分析、计算、图表显示、打印等，实现各单位之间水质信息的互访共享，实现全流域水环境综合评价。使用该系统可及早发现水质的异常变化，为防止下游水质污染迅速做出预警预报，及时追踪污染源，从而为管理决策服务。

在系统设备方面，实现对营区环境的智能监测，要用到一系列的监测设备，如水质在线检测仪、温湿度检测仪、噪声检测仪、空气质量检测仪、辐射监测仪等，这些设备均具有符合标准的通信接口，满足营区数据传输所需的通信协议，通过各种传感器在线采集营区水质、温度、湿度、噪声、空气质量、辐射指数等监测设备数据，并将收集到的数据上传至营区数据中心进行动态分析处理，网上公示营区环境质量信息，一旦发现某项环境参数超标即时报警，立即进行改善处理，确保营区环境健康整洁。

6. 建设营区管控中心

营区管控中心的建设目的，是设立营区专用控制室，配置中央服务器，应用营区数字化综合管理信息系统，实现营区保障和营区设施设备集中管控。

营区管控中心主机房是信息管理中心、业务处理中心、通信网络中心，提供基础支持服务、数据资源服务、安全服务、存储服务的所有服务器都置于该机房。为保证中心机房承担的各项重要任务不间断地正常运行，必须在保证安全的前提下，为高性能计算机系统提供安全、稳定、可靠的工作环境。因此，安全、先进、实用是管控中心设计的总体要求。

营区管控中心设施组成如图 15-13 所示。

营区管控中心存储单位各项信息数据库，如人员数据库、装备数据库、地理信息数据库、物品数据库等，对下属单位统一授权开放，做好信息采集及向上级单位上报工作。通过网络平台实现数据共享、交换、比对、查询和更新。

同时各部门要根据自身的业务特点及需求，建设好各自应用系统的业务数据库，这些业务数据库均由营区管控中心统一存储、管理。业务数据库的建设必须依据统一标准，实

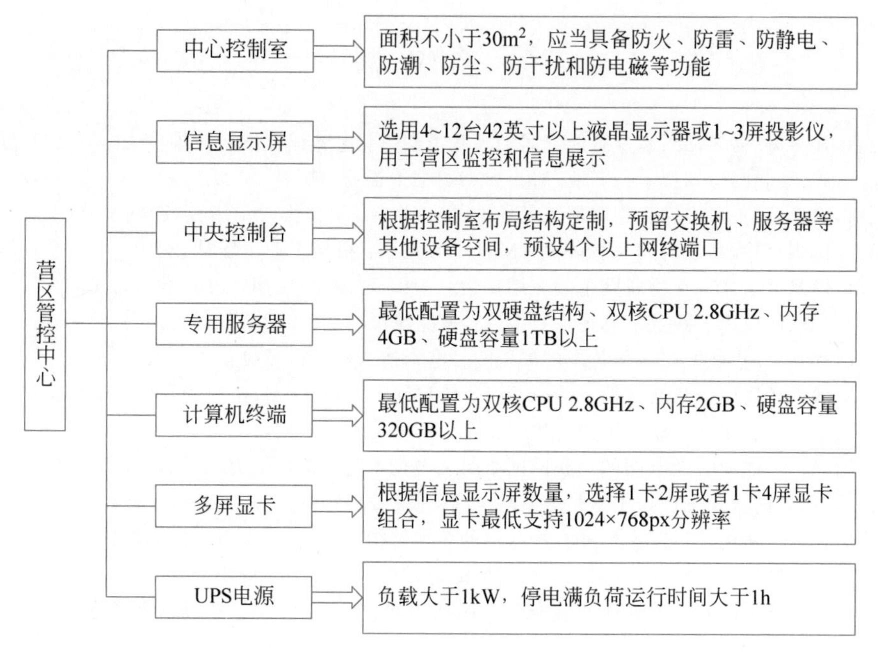


图 15-13　营区管控中心设施组成

现信息资源有序采集、更新和应用，实现信息资源在同级单位各部门间的横向交换、共享和公开，以及信息资源的纵向传输，满足各级单位部门的信息需求。

# 参考文献


[1] 周晓慧，亓相涛. 物联网兴起及智能家居的现状考察[J]. 电脑编程技巧与维护，2015，(24)：115-117.

[2] 马振洲，等. 物联网感知技术与产业[M]. 北京：电子工业出版社，2021.

[3] 何凤梅，詹青龙，王恒心，等. 物联网工程导论[M]. 北京：清华大学出版社，2018.

[4] 宁焕生. RFID重大工程与国家物联网 [M]. 4版. 北京：机械工业出版社，2019.

[5] 招继恩. 信息通信技术在物联网中的应用探索[J]. 数字技术与应用，2021，39(5)：16-18.

[6] 李子阳. 物联网应用实践及信息通信技术[J]. 智能城市，2020，6(2)：58-59.

[7] 马振寰，孙嘉泽. 物联网与通信技术的展望[J]. 电子技术，2023，52(1)：186-187.

[8] 肖凯. 物联网环境中信息通信技术的应用[J]. 信息记录材料，2021，22(12)：213-214.

[9] 郭瑞. 信息通信技术在物联网中的运用[J]. 网络安全技术与应用，2019(8)：95-96.

[10] 隋春明，颜佳. 面向智能电网的物联网网络层关键技术[J]. 吉林电力，2012，40(6)：19-20，39.

[11] 刘仰华. 物联网数据处理技术[J]. 信息与电脑(理论版)，2012，(7)：87-88.

[12] 诸瑾文，王艺. 从电信运营商角度看物联网的总体架构和发展[J]. 电信科学，2010，(4)：1-5.

[13] 石井. 物联网的信息安全技术研究[J]. 信息记录材料，2023，24(7)：187-190.

[14] 刘昊. 物联网环境下网络信息传播安全控制技术研究 [J]. 现代工业经济和信息化，2022，12(4)：111-113.

[15] 王辉. 电子信息技术在物联网中的应用实践思考[J]. 现代工业经济和信息化，2022，12(11)：132-133，136.

[16] 郑俊强，邵胤，瞿良勇. 基于物联网的IT多通道信息安全监控研究[J]. 微型电脑应用，2022，38(11)：111-114.

[17] 史博轩. 基于信任锚的物联网身份认证系统研究[D]. 北京：北京信息科技大学，2021.

[18] 方晖. 基于区块链技术的物联网信息安全技术[J]. 数字技术与应用，2023，41(1)：225-227.

[19] 马骁. 基于信息安全的网络隔离技术研究与应用[J]. 电子元器件与信息技术，2020，4(5)：26-27.

[20] 邳志刚，张毅. 矿用物联网设备无线充电方案研究[J]. 煤炭技术，2023，42(4)：241-244.

[21] 黄宇红，杨光，曹蕾，等. NB-IoT物联网 技术分析与案例详解[M]. 北京：机械工业出版社，2018.

[22] 甘泉. LoRa物联网通信技术[M]. 北京：清华大学出版社，2021.

[23] 王喜瑜，刘钰，刘利平. 5G无线系统指南 知微见著，赋能数字化时代[M]. 北京：机械工业出版社，2022.

[24] 童文，朱佩英. 6G无线通信新征程 跨越人类、物联，迈向万物智联[M]. 北京：机械工业出版社，2021.

[25] 张更新. 卫星互联网 微波通信关键技术[M]. 北京：人民邮电出版社，2022.

[26] 张阳，郭宝. 万物互联：蜂窝物联网组网技术详解[M]. 北京：机械工业出版社，2018.

[27] 唐宏，林国强，王鹏，等. Wi-Fi 6：入门到应用[M]. 北京：人民邮电出版社，2021.

[28] 成刚，蒋一名，杨志杰. Wi-Fi 7开发参考：技术原理、标准和应用[M]. 北京：清华大学出版社，2023.

[29] 陈灿峰. 低功耗蓝牙技术原理与应用[M]. 北京：北京航空航天大学出版社，2013.

[30] 谭晖. 物联网及低功耗蓝牙5.x高级开发[M]. 北京：电子工业出版社，2022.

[31] 姜仲，刘丹. ZigBee技术与实训教程：基于CC2530的无线传感网技术 [M]. 2版. 北京：清华大学出版社，2018.

[32] [德]Zwick T，Wiesbeck W，Timmermann J，等. 超宽带射频系统工程[M]. 许雄，韩慧，牛凤梁，等译. 北京：国防工业出版社，2020.

[33] 岳光荣，李连鸣，成先涛，等. 60GHz频段 短距离无线通信[M]. 北京：国防工业出版社，2014.

[34] 王淼. NFC技术原理与应用[M]. 北京：化学工业出版社，2014.

[35] 汪井源，徐智勇，李建华，等. 无线光通信原理与应用[M]. 南京：东南大学出版社，2023.

[36] 李联宁. 物联网安全导论[M]. 北京：清华大学出版社，2013.

[37] 赵贻竹,鲁宏伟,徐有青,等.物联网系统安全与应用[M].北京:电子工业出版社,2014.

[38] 布莱恩·罗素,德鲁·范·杜伦.物联网安全[M].2版.戴超,冷门,张兴超,等译.北京:机械工业出版社,2020.

[39] 斯里迪普塔·米斯拉,穆图库马鲁·马赫斯瓦兰,萨尔曼·哈希米.物联网的安全挑战与应对[M].刘琛,译.北京:人民公安大学出版社,2020.

[40] 林美玉,韩海庭,龙承念.物联网安全:理论、实践与创新[M].北京:电子工业出版社,2021.

[41] 吴巍,徐书彬,贾哲,等.物联网安全与深度学习技术[M].北京:电子工业出版社,2022.

[42] 邓庆绪,张金,顾林,等.物联网中间价技术与应用[M].北京:机械工业出版社,2021.

[43] 丁飞.物联网开放平台:平台构架、关键技术与典型应用[M].北京:电子工业出版社,2018.

[44] 陈敏,黄铠.认知计算与深度学习:基于物联网云平台的智能应用[M].北京:机械工业出版社,2018.

[45] 丁春涛,曹建农,杨磊,等.边缘计算综述:应用、现状及挑战[J].中兴通讯技术,2019,(3):1-7.

[46] 梁家越,刘斌,刘芳.边缘计算开源平台现状分析[J].中兴通讯技术,2019,(3):8-14.

[47] [瑞典]皮特·瓦厄.物联网实战指南[M].黄峰达,王小兵,译.北京:机械工业出版社,2020.

[48] Zhou J,Li P,Zhou Y,et al. Toward new-generation intelligent manufacturing[J]. Engineering,2018,4(1):11-20.

[49] Pan Y. Heading toward artificial intelligence 2.0[J]. Engineering,2016,2(4):409-413.

[50] Tian G Y,Yin G,Taylor D. Internet-based Manufacturing:A review and a new infrastructure for distributed intelligent manufacturing[J]. Journal of Intelligent Manufacturing,2002,13(5):323-338.

[51] Bryner M. Smart manufacturing:The next revolution[J]. Chemical Engineering Progress,2012,108(10):4-12.

[52] 刘云浩.物联网导论[M].3版.北京:科学出版社,2017.

[53] 王志亮,石志国.物联网工程导论[M].西安:西安电子科技大学出版社,2011.

[54] 陈国嘉.移动物联网[M].北京:人民邮电出版社,2015.

[55] 鄂旭.物联网概论[M].北京:清华大学出版社,2015.

[56] 张冀,王晓霞,宋亚奇,等.物联网技术与应用[M].北京:清华大学出版社,2017.

[57] 王易.数字化时代智慧物流供应链体系的构建[J].轻工科技,2024,40(2):177-180.

[58] 王显培.新零售下的物流与供应链应对策略[J].商场现代化,2024,(5):42-44.

[59] 常翠翠."智慧物流"背景下的供应链管理探究[J].中国航务周刊,2024,(7):77-79.

[60] 简冠群,朱树琪.数智化视域下企业供应链转型的路径及价值效益[J].商业经济,2024,(2):113-117,156.

[61] 李东,吕爽.物联网和人工智能技术在农业中的应用研究[J].现代农机,2024,(2):11-13.

[62] 姚淑杰,王德荣,董春梅,等.物联网技术在智慧农业中的应用[J].当代农机,2023,(11):71-72.

[63] 林锋,刘思雨.物联网技术在工业自动化控制中的应用[J].产业创新研究,2023,(22):90-92.

[64] 杜仲栋.远程控制和物联网技术在工业自动化控制中的应用[J].中国设备工程,2023,(12):190-192.

[65] 陈泽群.工业自动化中物联网技术的应用[J].现代工业经济和信息化,2023,13(3):61-63.

[66] 孙建军.物联网技术在仓储物流领域中的应用研究[J].物流工程与管理,2023,45(12):40-42.

[67] 林秋妍.物联网技术在仓储物流领域的运用[J].中国储运,2022,(9):178-179.

[68] 张浩.基于泛在网络的新零售供应链管理研究[D].北京:北京邮电大学,2021.

[69] 陈潜.传感器技术在食品安全监测中的应用与发展[J].中国食品工业,2024,(3):93-95.

[70] 赵相霞.物联网技术在食品安全追溯管理中的应用与发展[J].食品安全导刊,2022,(18):168-171.

[71] 徐钰哲.智慧环保建设问题的研究[D].上海:上海财经大学,2021.

[72] 邢彦,毋毅,吉喆阳,等.探析环保物联网的体系架构及其在水环境监测中的应用[J].数字通信世界,2017,(10):190.

[73] 范睿.基于物联网技术的生态环境监测分析[J].皮革制作与环保科技,2023,4(16):28-30.

[74] 毕永良,杨任能.生态环境监测物联网关键技术应用分析[J].皮革制作与环保科技,2022,3(17):48-50.

[75] 郑黎明,刘培国,王宏义,等.无源物联网:背景,概念,挑战及研究进展[J].电子与信息学报,2023,(7):2293-2310.

[76] Huynh N V,Hoang D T,Lu X,et al. Ambient Backscatter Communications: A Contemporary Survey[J]. IEEE Communications Surveys & Tutorials,2018,20(4):2889-2922.

[77] Hong W,Jiang Z H,Yu C,et al. The role of millimeter-wave technologies in 5G/6G wireless communications[J]. IEEE Journal of Microwaves,2021,1(1):101-122.

[78] Zhang L,Zhao H,Hou S,et al. A Survey on 5G Millimeter Wave Communications for UAV-Assisted Wireless Networks[J]. IEEE Access (Volume: 7):2169-3536.

[79] Angad S. Rekhi,Butrus T. Khuri-Yakub,Amin Arbabian. Wireless Power Transfer to Millimeter-Sized Nodes Using Airborne Ultrasound[J]. IEEE Transactions on Ultrasonics,Ferroelectrics,and Frequency Control,2017,64(10):1526-1541.

[80] Liou E C,Kao C C,Chang C H,et al. Internet of underwater things: Challenges and routing protocols[J]. 2018 IEEE International Conference on Applied System Invention (ICASI):13-17.

[81] Marhenke T,Twiefel J,Hasener J,et al. Influences on the ultrasonic transmission behavior of wood based materials[J]. 2017 IEEE International Ultrasonics Symposium (IUS):06-09.

[82] 王悦民,李衍,陈和坤.超声相控阵检测技术与应用[M].北京:国防工业出版社,2014.

[83] Guo X Z,He Y. Research on cross technology communication[J]. Journal of Computer Research and Development,2023,60(1):191-205.

[84] 蓝羽石.物联网军事应用 [M].北京:电子工业出版社,2012.

[85] 徐小龙.物联网室内定位技术 [M].北京:电子工业出版社,2017.

[86] 周继明,江世明.传感技术与应用 [M].长沙:中南大学出版社,2016.

[87] 中华人民共和国工业和信息化部办公厅.物联网基础安全标准体系建设指南(2021 版)[EB/OL].(2021-9-23)[2024-6-26]. https://www.gov.cn/zhengce/zhengceku/2021-10/26/content_5644937.htm.